Dipl.-Ing. Torsten Schoch

EnEV 2009
und DIN V 18599
Wohnbau

Kompaktdarstellung
Kommentar
Praxisbeispiele

2., aktualisierte und erweiterte Auflage

Bauwerk

Bibliografische Information der Deutschen Nationalbibliothek
Die Deutsche Nationalbibliothek verzeichnet diese Publikation in der Deutschen Nationalbibliografie; detaillierte bibliografische Daten sind im Internet über http://dnb.d-nb.de abrufbar.

Schoch
EnEV 2009 und DIN V 18599
Wohnbau
2. Aufl. Berlin: Bauwerk, 2010

ISBN 978-3-89932-137-1

www.bauwerk-verlag.de
info@bauwerk-verlag.de

Druck und Bindung:
Druckhaus "Thomas Müntzer" GmbH, Bad Langensalza

Vorwort

Mit der EnEV 2009 erfolgte erstmals auch für den Wohnbau eine Umstellung des Nachweisverfahrens der energetische Bewertung von Gebäuden auf die Normreihe der DIN V 18599. Zwar ist das Nachweisverfahren nach DIN V 4108-6 in Verbindung mit DIN V 4701-10 im öffentlich-rechtlichen Nachweis noch anwendbar, der Trend zeichnet sich aber ab, dass bereits im Rahmen der nächsten Novelle die DIN V 18599 – eventuell ergänzt und erweitert um europäische Normen – als einziges Nachweisverfahren festgeschrieben werden wird.

Im Vergleich zur Anwendung der Norm im Nichtwohnungsbau, die in meinem Buch „EnEV 2009 – Nichtwohnbau" beschrieben wurde, ist im Wohnungsbau durch die Beibehaltung des Ein-Zonen-Modelles der nachweisvorbereitende Aufwand deutlich minimiert – die Probleme, die sich aus dem ganzheitlichen Berechnungsansatz ergeben, sind dennoch sehr ähnlich.

Das Buch wendet sich an alle Ingenieure, Architekten und Studierende, die sich einerseits mit den von der EnEV 2009 an Wohngebäude gestellten Anforderungen und andererseits mit der von der Normreihe der DIN V 18599 vorgegebenen Nachweisführung beschäftigen. Der Autor verzichtet darauf, die Nachweisführung ausschließlich mit PC-Programmen vorzuführen, denn erstens hat mittlerweile jeder seinen Favoriten bei den Nachweisprogrammen und zweitens sind nur wenige Zwischenergebnisse aus den Programmen zu entnehmen.

Auch wenn heute fast ausschließlich die Nachweisführung mit dem PC erfolgt, so bietet das Buch eine wichtige Unterstützung dafür, die von den Programmen eingeforderten Eingangsdaten und deren Relevanz zu beurteilen und – nicht minder wichtig – auch Fehler in den Programmen zu erkennen und zu werten.

Im ersten Teil des Buches werden die Grundlagen der Nachweisführung, die wichtigsten Gleichungen zur Bilanzierung von Wohngebäuden und die Anforderungen, die gemäß EnEV 2009 für neu zu errichtende Wohngebäude einzuhalten sind, erläutert. In einem übersichtlich gestalteten Berechnungsbeispiel wird die Methode der Nachweisführung Schritt für Schritt vorgeführt, ergänzt um Sonderthemen, die bei der Nachweisführung von Wohngebäuden praxisrelevant sein können. Das Berechnungsbeispiel ist derart aufgebaut, dass es zum Nachrechnen einlädt.

Die 2009 veröffentlichten Korrekturen der DIN V 18599 werden in diesem Buch nur dann berücksichtigt, wenn offensichtliche Fehler in den Gleichungen der Ausgabe 2007 korrigiert worden sind. Auf Änderungen zum Beispiel bei der Berechnung der Leitungslängen von Warmwasserheizungen wird lediglich hingewiesen, da diese Änderungen für den öffentlich-rechtlichen Nachweis bis dato nicht anzuwenden sind, weil die EnEV 2009 statisch auf die Ausgabe der Norm von 2007 verweist.

Mein besonderer Dank gilt dem Bauwerk-Verlag, insbesondere Herrn Prof. Klaus-Jürgen Schneider, für die stets kritische und zielorientierte Begleitung und für die gezeigte Geduld in der Phase der Erstellung des Manuskriptes.

Auch danke ich Herrn Roman Trapp für dessen Unterstützung bei der graphischen Aufarbeitung des Manuskriptes.

Neumünster, August 2010 — Torsten Schoch

Inhaltsverzeichnis

	Vorwort	5
1	Die Energieeinsparverordnung 2009	11
1.1	Einleitung	11
1.2	Novelle des Energieeinsparungsgesetzes (EnEG)	11
1.3	Der Energiebedarfsausweis für Wohngebäude	12
2	Bestandteile und Gliederung der EnEV 2009	17
3	Anforderungen an neu zu errichtende Wohngebäude	18
3.1	Berechnungsverfahren zur EnEV 2009 für Wohngebäude	26
3.1.1	Berechnung des Jahres-Primärenergiebedarfs	26
3.1.2	Berechnung des Jahres-Heizwärmebedarfs von Wohngebäuden	26
3.1.3	Berechnung des spezifischen Transmissionswärmeverlustes	28
3.1.4	Berechnung des spezifischen Lüftungswärmeverlustes	30
3.1.5	Berechnung der solaren Wärmegewinne	30
3.1.6	Berechnung der internen Wärmegewinne	32
3.1.7	Berechnung des Ausnutzungsgrades der Wärmegewinne	32
3.1.8	Berechnung des Jahresenergiebedarfs für Warmwasserbereitung	33
3.1.9	Berechnung der Anlagen-Aufwandszahl	33
4	Primärenergiebedarf nach DIN V 4701-10	34
4.1	Definition	34
4.2	Größen und Einheiten	34
4.3	Anlagenaufwandszahl	35
4.4	Bilanzierungsverfahren	36
4.5	Randbedingungen	38
5	Energetische Bilanzierung von Heizungsanlagen	39
5.1	Methodik der Bilanzierung	39
5.2	Berechnung der Aufwandszahl für die Wärmeerzeugung	41
5.3	Verluste der Wärmeverteilung	45
5.4	Verluste der Wärmeübergabe	48
5.5	Verluste der Wärmespeicherung	48
5.6	Hilfsenergiebedarf	50
6	Energetische Bilanzierung der Trinkwassererwärmung	54
6.1	Methodik der Bilanzierung	54
6.2	Berechnung der Aufwandszahl der TWW-Erzeugung	56
6.3	Verluste der TWW-Verteilung	58
6.4	Verluste der Übergabe des Trinkwarmwassers	61
6.5	Verluste aus der Speicherung des Trinkwarmwassers	61
6.6	Hilfsenergiebedarf	64
7	Berechnungsverfahren nach DIN V 18599	67
7.1	Berechnung des Jahresprimärenergiebedarfs	67
7.2	Berechnung des Heizwärmebedarfs (Nutzwärmebedarfs)	72
7.2.1	Wärmetransferkoeffizient für Transmission	73

7.2.2	Berechnung des Wärmetransferkoeffizienten für Lüftung	73
7.2.3	Berechnung der Bilanztemperatur des Gebäudes/der Zone	76
7.2.4	Berechnung der Transmissionswärmesenken und –quellen	77
7.2.5	Berechnung der Lüftungswärmesenken/-quellen	78
7.2.6	Wärmequellen	78
7.2.7	Ausnutzungsgrad der Wärmegewinne	80
7.3	Die maximale Heizleistung einer Gebäudezone	81
8	Energetische Bewertung des Heizsystems nach DIN V 18599-5	81
8.1	Energieaufwand der Wärmeübergabe	82
8.2	Verluste der Wärmeverteilung	83
8.3	Die Wärmeverluste der Erzeugung im Aufstellraum	86
8.4	Hilfsenergien	92
9	Energetische Bilanzierung der Trinkwassererwärmung nach DIN V 18599-8	96
9.1	Methodik der Bilanzierung	96
9.2	Verluste der TWW-Verteilung	98
9.3	Verluste der TWW-Speicherung	100
9.4	Verluste der Übergabe	100
9.5	Wärmeverluste der Erzeugung	101
9.6	Hilfsenergien	104
10	Wirkungsweise von Wärmebrücken	109
10.1	Allgemein	109
10.2	Berücksichtigung des Einflusses zusätzlicher Verluste über Wärmebrücken	109
10.3	Transmissionswärmeverluste unter Beachtung zusätzlicher Verluste über Wärmebrücken	112
10.4	Nachweis der Gleichwertigkeit nach Beiblatt 2	113
10.5	Empfehlungen zur energetischen Betrachtung	120
11	Nachweis des sommerlichen Wärmeschutzes	122
12	Das Erneuerbare-Energien-Wärmegesetz	127
12.1	Allgemeines	127
12.2	Mindestanteile erneuerbarer Energien	128
12.3	Nachweisführung	131
13	Beispiel für die Bilanzierung eines Gebäudes nach EnEV 2009	136
13.1	Allgemeines	136
13.2	Grundriss und Ansichten	136
13.3	Eingangsdaten für den Nachweis des Gebäudes	137
13.4	U-Werte der opaken Außenbauteile	139
13.5	U-Wert der transparenten Bauteile	140
13.6	Ermittlung der Flächen und des Gebäudevolumens	142
13.7	Berechnung des Höchstwertes des auf die wärmeübertragende Umfassungsfläche bezogenen Transmissionswärmeverlustes	145
13.8	Energetische Bewertung nach DIN V 4701-10/4108-6	145
13.9	Energetische Bewertung nach DIN V 18599	156
13.9.1	Grundsätze des Verfahrens	156

13.9.2	Berechnung des Nutzwärmebedarfs und der max. Heizlast nach DIN V 18599-2	157
13.9.3	Berechnung des Nutz- und Endenergiebedarfs für die Warmwasserbereitung	169
13.9.4	Berechnung des Endenergiebedarfs und des Primärenergiebedarfs für die Heizwärme nach DIN V 18599-5	182
13.9.5	Berechnung des Primärenergiebedarfs für das Gebäude	195
13.9.6	Nachweis nach dem EEWärmG in Verbindung mit DIN V 18599	195
13.10	Iterationsschritte	196
13.11	Berechnungsergebnisse unter Nutzung der Software EnEV PRO 2011	197
13.12	Der Energieausweis	198
14	Sonderthemen bei der energetischen Bewertung von Wohngebäuden	200
14.1	Berücksichtigung einer Photovoltaikanlage	200
14.2	Lüftungsanlagen	204
14.2.1	Abluftanlagen nach DIN V 18599	204
14.2.2	Zu- und Abluftanlagen mit Wärmeübertrager nach DIN V 18599-6	207
14.2.3	Unbeheizte Glasvorbauten nach DIN V 18599-2	212
14.3	Wärmepumpen	216
14.3.1	Allgemeines	216
14.3.1.1	Beispiel Luft-Wasser-Wärmepumpe	220
14.3.2	Alternativ-, Teilparallel- und Parallelbetrieb	228
14.3.3	Besonderheiten bei Wärmepumpen mit von der Außentemperatur abweichenden Quellentemperaturen	232
14.3.4	Besonderheiten bei Erzeugung von Heizwärme und Trinkwarmwasser	232
14.3.5	Abluft-Wasser-Wärmepumpen in Wohngebäuden	233
Anhang A	Auszug aus EnEV 2009, wichtige Paragraphen für den Wohnbau	237
Anhang B	Erneuerbare-Energien-Wärme-Gesetz EEWärmeG	260
	Normenverzeichnis	273
	Literaturverzeichnis	274
	Stichwortverzeichnis	275

Die Energieeinsparverordnung 2009

1.1 Einleitung

Die EU hat sich das Ziel gestellt, bis zum Jahre 2012 die so genannten Treibhausgase (z.B. CO2) um 8 % zu senken. Da Deutschland mit einem jährlichen CO2-Ausstoß von ca. 980 Mio Tonnen zu den größten Emittenten der EU gehört, stehen hierorts Reduzierungen von ca. 21 % an. Ohne Einbeziehung der Bauwirtschaft kann ein derart anspruchsvolles Ziel nicht erreicht werden.

Dieser Einsicht folgend, hat die EU am 4.1.2003 die Richtlinie „Gesamtenergieeffizienz von Gebäuden" veröffentlicht und mit der Forderung verbunden, sie innerhalb von 3 Jahren in nationales Recht zu überführen. Die Kernpunkte lassen sich wie folgt zusammenfassen:

- Gebäude sind nach einheitlichen Maßstäben energetisch zu beurteilen.
- Werden Gebäude beurteilt, so sind alle eingesetzten Energien zu berücksichtigen. Schließlich werden viele Gebäude nicht nur beheizt, sondern auch gekühlt.
- Wenn gebaut wird, so hat das Bauen unter Beachtung von Mindeststandards zu erfolgen.
- Heizungen und Warmwasserspeicher verlieren an Leistung, sprich: Effizienz. Sie sind daher in überschaubaren Zeiträumen zu inspizieren und zu ertüchtigen.
- Der Nutzer muss wissen, auf was er sich einlässt, wenn er eine Immobilie mietet oder kauft. Amtsprache: Verpflichtung, einen Energiepass auszustellen.
- Der öffentliche Verbraucher muss in die Vorbildrolle, deshalb: Aushang der Pässe, um einen notfalls kritischen Blick der Bevölkerung zu ermöglichen.

In Deutschland führt die Umsetzung der EG-Richtlinie zu einigen Änderungen:

1. Die Energieeinsparverordnungen aus den Jahren 2002/2004/2007 wurden überarbeitet. Für den Nichtwohnbau wird der Energiebedarf für Kühlung und Beleuchtung in die Bilanzierung einbezogen.
2. Um die Vorgaben zur Reduzierung des CO2-Ausstoßes für Deutschland zu erreichen, werden ab 2009 die Anforderungen um ca. 30 % verschärft. Zusätzlich werden Vorgaben zum obligatorischen Einsatz von erneuerbaren Energien im Neubau wirksam.
3. Ein neues Energieeinspargesetz schafft alle Voraussetzungen, einen Energiepass auch für den Gebäudebestand zu fordern.

1.2 Novelle des Energieeinsparungsgesetzes (EnEG)

Um die Vorgaben der EG-Effizienzrichtlinie in nationales Recht überführen zu können, bedarf es einer nationalen Gesetzgebung. Das Gesetz zur Einsparung von Energie in Gebäuden -Energieeinsparungsgesetz- schafft bereits seit Jahren die gesetzlichen Grundlagen für Energieeinsparmaßnahmen bei Neubauten und im Gebäudebestand. Es stellt insofern auch die Grundlage für die bisherigen Wärmeschutz-/Energieeinsparverordnungen dar. Um den Forderungen der EG-Richtlinie nach einem ganzheitlichen Beurteilungsansatz für Gebäude zu entsprechen, wurden Änderungen im EnEG erforderlich. Gleiches gilt für die Forderung, die Pflicht zur Ausstellung eines Energiebedarfsausweises künftig auch auf den Gebäudebestand auszuweiten. Die 2005 beschlossene Novelle beinhaltet daher folgende wesentliche Änderungen:

1. Die Verpflichtung aus dem EnEG, bei Einbau und Aufstellung von Anlagentechnik in Gebäuden stets dafür Sorge zu tragen, dass nicht mehr Energie verbraucht wird als zur bestimmungsgemäßen Nutzung erforderlich ist, wurde auch auf Kühl- und Beleuchtungsanlagen ausgedehnt. Damit können in der künftigen Energieeinsparverordnung notwendige Regelungen zur Beurteilung solcher Anlagen und zur Einbeziehung in die Gesamtbilanzierung erlassen werden.

2. Künftige Rechtsverordnungen der Bundesregierung dürfen sich fortan auch auf die Effizienz von Beleuchtungssystemen beziehen.

Die wichtigsten Änderungen sind im neuen § 5a des EnEG enthalten. Dieser Paragraph bezieht sich ausschließlich auf die Ausstellung von Energieausweisen. Die Bundesregierung wird hierorts ermächtigt, Vorgaben für die nachfolgenden Anforderungen zu definieren und über eine Rechtsverordnung (mit Zustimmung des Bundesrates) einzuführen:

- Zeitpunkt und Anlässe für die Ausstellung und Aktualisierung von Energieausweisen;
- Ermittlung, Dokumentation und Aktualisierung von Angaben und Kennwerten;
- Angabe von Referenzwerten;
- Empfehlungen zur Verbesserung der Energieeffizienz;
- Verpflichtung, Energieausweise bestimmten Behörden und Dritten zugänglich zu machen;
- Aushang der Energieausweise in Gebäuden, in denen Dienstleistungen für die Allgemeinheit erbracht werden;
- Berechtigung zur Ausstellung der Energieausweise einschließlich der Anforderungen an die Qualifikation der Aussteller sowie
- Ausgestaltung der Energieausweise.

Zusätzlich aufgenommen wurden ferner neue Tatbestände für Ordnungswidrigkeiten. So können künftig Geldbußen bis 50.000 € verhängt werden, wenn vorsätzlich oder fahrlässig Rechtsverordnungen über Anforderungen an den Wärmeschutz von Gebäuden und über die Ausstellung von Energieausweisen verletzt werden.

Besondere Aufmerksamkeit dürfte auch die in § 5a nunmehr festgeschriebene Ermächtigung für die Bundesregierung hervorrufen, die Qualifikation der Aussteller für Energieausweise künftig selbst festzulegen. Überraschenderweise führte diese Ermächtigung zu keinerlei Widerspruch der Bundesländer, die heute allein über die erforderliche Qualifizierung, zumindest im Rahmen der Landesbauordnung, entscheiden. Inwieweit die nach EnEG berechtigten Aussteller auch künftig im Zuge des öffentlich-rechtlichen Nachweises tätig werden dürfen, bleibt zunächst ungeklärt.

Mit der Novelle des EnEG sind nunmehr alle rechtlichen Grundlagen für eine neue Energieeinsparverordnung gelegt worden.

1.3 Der Energiebedarfsausweis für Wohngebäude

Die EG-Richtlinie zur Energieeffizienz von Gebäuden fordert im Artikel 7 bei der Errichtung, beim Verkauf oder bei der Neuvermietung von Gebäuden einen Energieausweis zugänglich zu machen. Abgestellt wird auf einen Kennwert, der es dem Nutzer ermöglicht, eine Effizienz des Gebäudes möglichst anhand von Referenzwerten abzuleiten. In diesem Sinne handelt es sich auch um einen erweiterten Verbraucherschutz, denn unter den Bedingungen wachsender Energiepreise muss es dem Käufer/Nutzer möglich sein, die Entscheidung über den Kauf oder die Anmietung einer Immobilie von bestimmten energetischen Kennwerten abhängig zu machen. Davon unbenommen bleibt die allgemeine Forderung, mit den Ausweisen selbst auch Alternativen zur Verbesserung der Energieeffizienz eines Gebäudes aufzuzeigen. Beide Aufgaben – Verbraucherschutz und Verbesserung der Energieeffizienz von Gebäuden – hat der künftige Energieausweis zu erfüllen. Das schließt ein, Energieausweise zunehmend auch in den öffentlichen Gebäuden auszuhängen, um einerseits eine gewisse Vorbildwirkung zu erzielen und andererseits auch Effizienzmaßnahmen für die öffentlichen Gebäude anzukurbeln.

Die Inhalte und die Gestaltung des Energieausweises wurden in einem groß angelegten Feldversuch der DENA (Deutsche Energieagentur) ausgelotet und getestet. Als sicher gilt, dass der künftige Energieausweis mit mehr Transparenz für den Nutzer einhergehen wird, inwieweit ihm das konkret bei der Abschätzung von zu erwartenden Energiekosten helfen wird, bleibt abzuwarten. Unterstützend wird die Einteilung von Gebäuden in Effizienzklassen wirken, die es sozusagen ermöglicht, ein Haus nach der Energieeffizienz auszuwählen wie heute einen Kühlschrank. Voraussetzung ist natürlich, dass die Klassifizierung den tatsächlich zu erwartenden durchschnittlichen Verbrauchsdaten folgt und nicht, wie in der Vergangenheit, mit vielen Einschränkungen im Nachhinein relativiert wird. Auch die ständige Kaprizierung auf die schlimmen Verbrauchergewohnheiten helfen nicht weiter, weil heutzutage die Masse der Verbraucher sehr wohl weiß, wie man sich energetisch richtig zu verhalten hat.

In diesem Kontext wurden auch Diskussionen geführt, ob denn künftig Verbrauchsausweise und/oder Bedarfsausweise zu erstellen sind. Klar ist, dass für den Neubau ausschließlich der Bedarfsausweis eine Rolle spielen kann, da zum Zeitpunkt der Erstellung sachlogisch keine Verbrauchsdaten vorliegen. Anders beim Gebäudebestand: Nichts ist aufschlussreicher als die Heizkostenabrechnung so mancher Vormieter und Mieter. Nachteil: Gebäude sind auf der Basis von Verbrauchswerten nur schwerlich zu vergleichen, da beim Verbrauch selbstverständlich das Nutzerverhalten und die konkreten klimatischen Bedingungen im Abrechnungszeitraum eine Rolle spielen. Überdies können allein aus Verbrauchsdaten keine Modernisierungsmaßnahmen abgeleitet werden, da hierzu umfangreiche rechnerische Analysen erforderlich sind. Die EG-Richtlinie verlangt jedoch, Energieausweise im Bestand generell mit Modernisierungsvorschlägen zu verknüpfen.

In Tabelle 1 sind die Voraussetzungen dargelegt, unter denen entweder ein Bedarfsausweis und/oder ein Verbrauchsausweis zu erstellen sind:

Tabelle 1: Anwendung von Verbrauchs- oder Bedarfsausweisen

Anwendungsfall	Bedarfsausweis	Verbrauchsausweis
Das Gebäude wird neu errichtet	Ja	Nein
Ein bestehendes Gebäude wird verkauft bzw. ein Wohnungs- oder Teileigentum bzw. grundstückgleiches Recht an einem bebauten Grundstück wird veräußert	Ja	Ja
Ein bestehendes Gebäude/Wohnung oder eine sonstige selbständige Nutzungseinheit wird vermietet oder verpachtet (auch Leasing)	Ja	Ja

Beispiele für die mögliche Gestaltung eines Energieausweises sind in den Bildern 1 und 2 dargestellt.

Der Energieausweis für Nichtwohngebäude wird aufgrund der von Wohngebäuden abweichenden Bilanzierung mit anderen „Inputs“ versehen (siehe Schoch-09). So sind zum Beispiel die vom Planer gewählte Zonierung des Gebäudes und die Bedarfsanteile für Kühlung und Beleuchtung in die Ausweise mit aufzunehmen.

Für Gebäude, die einer Aushangpflicht für den Ausweis nach EG-Richtlinie unterliegen (z.B. öffentliche Gebäude mit Publikumsverkehr) wird zusätzlich geregelt, wie dieser Aushang zu gestalten ist, damit ein interessierter Besucher nicht mit Daten „beschossen“ wird, sondern sich schnell eine Übersicht über die energetische Qualität des Gebäudes machen kann.

Wer darf Energieausweise ausstellen? Geregelt wird die Ausstellungsberechtigung für bestehende Wohngebäude im § 21 der EnEV 2009 wie folgt:

1. Personen mit berufsqualifizierendem Hochschulabschluss

   a) den Fachrichtungen Architektur, Hochbau, Bauingenieurwesen, Technische Gebäudeausrüstung, Physik, Bauphysik, Maschinenbau oder Elektrotechnik oder

   b) einer anderen technischen oder naturwissenschaftlichen Fachrichtung mit einem Ausbildungsschwerpunkt auf einem unter Buchstabe a genannten Gebiet,

2. Personen im Sinne der Nummer 1 Buchstabe a im Bereich Architektur der Fachrichtung Innenarchitektur,

3. Personen, die für ein zulassungspflichtiges Bau-, Ausbau- oder anlagentechnisches Gewerbe oder für das Schornsteinfegerwesen die Voraussetzungen zur Eintragung in die Handwerksrolle erfüllen, sowie Handwerksmeister der zulassungsfreien Handwerke dieser Bereiche und Personen, die auf Grund ihrer Ausbildung berechtigt sind, ein solches Handwerk ohne Meistertitel selbständig auszuüben,

4. Staatlich anerkannte oder geprüfte Techniker, deren Ausbildungsschwerpunkt auch die Beurteilung der Gebäudehülle, die Beurteilung von Heizungs- und Warmwasserbereitungsanlagen oder die Beurteilung von Lüftungs- und Klimaanlagen umfasst,

5. Personen, die nach bauordnungsrechtlichen Vorschriften der Länder zur Unterzeichnung von bautechnischen Nachweisen des Wärmeschutzes oder der Energieeinsparung bei der Errichtung von Gebäuden berechtigt sind, im Rahmen der jeweiligen Nachweisberechtigung.

Voraussetzung für die Ausstellungsberechtigung ist

- ein Ausbildungsschwerpunkt im Bereich des energiesparenden Bauens oder einschlägige Berufserfahrung in diesem Sektor von mind. 2 Jahren oder
- eine erfolgreiche Fortbildung im Bereich des energiesparenden Bauens oder eine
- nicht nur auf bestimmte Gewerke beschränkte Bauvorlageberechtigung nach Landesbauordnungsrecht oder
- eine öffentliche Bestellung als vereidigter Sachverständiger für ein Sachgebiet in Bereich des energiesparenden Bauens oder in wesentlichen bau- oder anlagentechnischen Tätigkeitsbereichen des Hochbaus.

Im Einzelfall kann die nach Landesrecht zuständige Behörde oder ein mit der Wahrnehmung der öffentlichen Aufgabe Beliehener auf Antrag den Ausbildungsabschluss einer Person in anderen als den oben genannten Fachrichtungen oder Ausbildungsgängen als gleichwertig anerkennen.

Sollen Energieausweise für Neubauten im öffentlich-rechtlichen Nachweis zur Erlangung einer Baugenehmigung ausgestellt werden, so ist derjenige zur Ausstellung berechtigt, der nach den bauordnungsrechtlichen Vorschriften der Länder zur Unterzeichnung von bautechnischen Nachweisen des Wärmeschutzes oder der Energieeinsparung berechtigt ist.

ENERGIEAUSWEIS für Wohngebäude

gemäß den §§ 16 ff. Energieeinsparverordnung (EnEV)

Gültig bis: 02.10.2019 **1**

Gebäude

Gebäudetyp	Mehrfamilienhaus
Adresse	Musterstr. 123b, 12345 Musterstadt
Gebäudeteil	Vorderhaus
Baujahr Gebäude	1927
Baujahr Anlagentechnik[1]	1982
Anzahl Wohnungen	9
Gebäudenutzfläche (A_N)	575 m²
Erneuerbare Energien	
Lüftung	
Anlass der Ausstellung des Energieausweises	☐ Neubau ☒ Vermietung/Verkauf ☐ Modernisierung (Änderung/Erweiterung) ☐ Sonstiges (freiwillig)

Hinweise zu den Angaben über die energetische Qualität des Gebäudes

Die energetische Qualität eines Gebäudes kann durch die Berechnung des **Energiebedarfs** unter standardisierten Randbedingungen oder durch die Auswertung des **Energieverbrauchs** ermittelt werden. Als Bezugsfläche dient die energetische Gebäudenutzfläche nach der EnEV, die sich in der Regel von den allgemeinen Wohnflächenangaben unterscheidet. Die angegebenen Vergleichswerte sollen überschlägige Vergleiche ermöglichen (**Erläuterungen – siehe Seite 4**).

☒ Der Energieausweis wurde auf der Grundlage von Berechnungen des **Energiebedarfs** erstellt. Die Ergebnisse sind auf **Seite 2** dargestellt. Zusätzliche Informationen zum Verbrauch sind freiwillig.

☒ Der Energieausweis wurde auf der Grundlage von Auswertungen des **Energieverbrauchs** erstellt. Die Ergebnisse sind auf **Seite 3** dargestellt.

Datenerhebung Bedarf/Verbrauch durch: ☐ Eigentümer ☒ Aussteller

☐ Dem Energieausweis sind zusätzliche Informationen zur energetischen Qualität beigefügt (freiwillige Angabe).

Hinweise zur Verwendung des Energieausweises

Der Energieausweis dient lediglich der Information. Die Angaben im Energieausweis beziehen sich auf das gesamte Wohngebäude oder den oben bezeichneten Gebäudeteil. Der Energieausweis ist lediglich dafür gedacht, einen überschlägigen Vergleich von Gebäuden zu ermöglichen.

Aussteller

Max Mustermann
Musterfirma GmbH
Musterstraße 12
12345 Musterstadt

03.10.2000 — Datum

P. Mustermann — Unterschrift des Ausstellers

1) Mehrfachangaben möglich

Bild 1: Muster eines Energieausweises, Seite 1

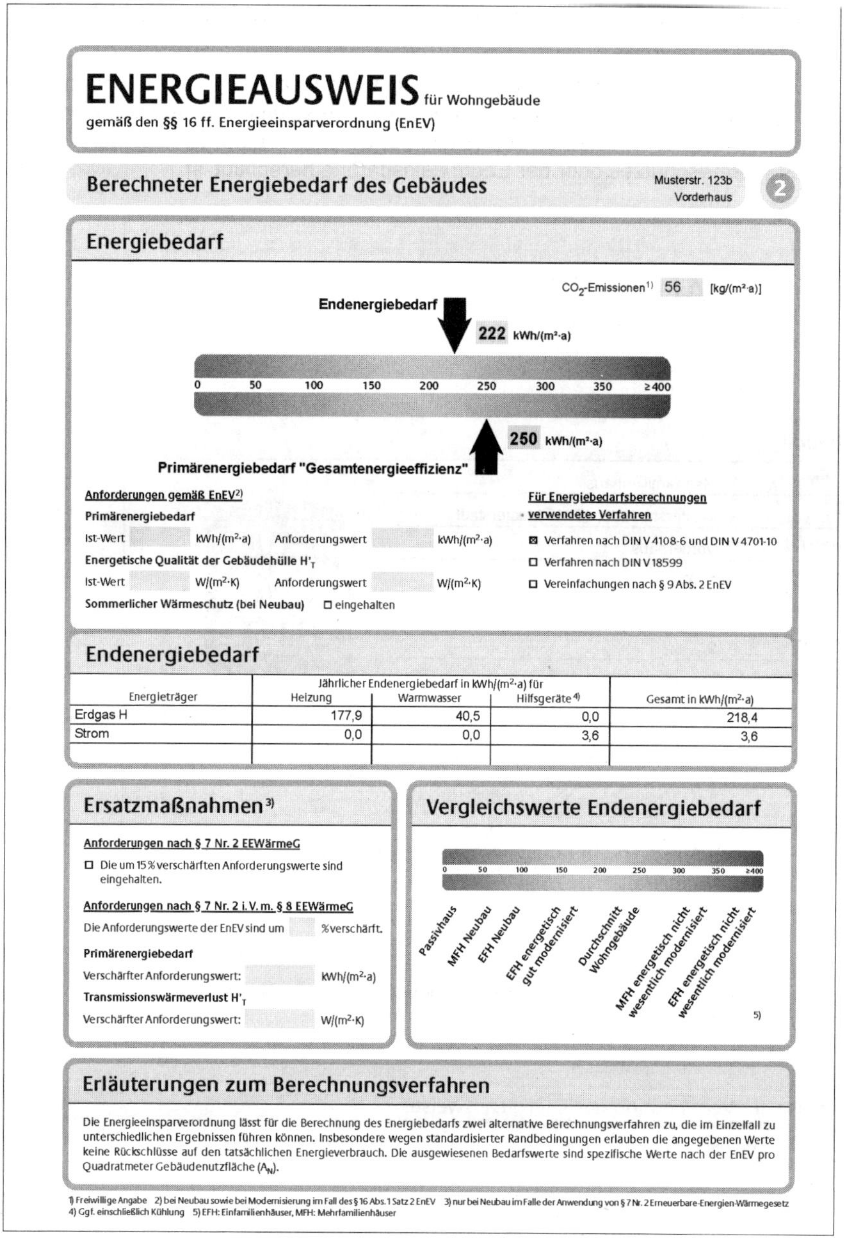

ENERGIEAUSWEIS für Wohngebäude

gemäß den §§ 16 ff. Energieeinsparverordnung (EnEV)

Berechneter Energiebedarf des Gebäudes — Musterstr. 123b, Vorderhaus — 2

Energiebedarf

CO_2-Emissionen[1)] 56 [kg/(m²·a)]

Endenergiebedarf 222 kWh/(m²·a)

0 50 100 150 200 250 300 350 ≥400

250 kWh/(m²·a)

Primärenergiebedarf "Gesamtenergieeffizienz"

Anforderungen gemäß EnEV[2)]

Primärenergiebedarf

Ist-Wert kWh/(m²·a) Anforderungswert kWh/(m²·a)

Energetische Qualität der Gebäudehülle H'_T

Ist-Wert W/(m²·K) Anforderungswert W/(m²·K)

Sommerlicher Wärmeschutz (bei Neubau) ☐ eingehalten

Für Energiebedarfsberechnungen verwendetes Verfahren

☒ Verfahren nach DIN V 4108-6 und DIN V 4701-10

☐ Verfahren nach DIN V 18599

☐ Vereinfachungen nach § 9 Abs. 2 EnEV

Endenergiebedarf

Energieträger	Jährlicher Endenergiebedarf in kWh/(m²·a) für Heizung	Warmwasser	Hilfsgeräte[4)]	Gesamt in kWh/(m²·a)
Erdgas H	177,9	40,5	0,0	218,4
Strom	0,0	0,0	3,6	3,6

Ersatzmaßnahmen[3)]

Anforderungen nach § 7 Nr. 2 EEWärmeG

☐ Die um 15 % verschärften Anforderungswerte sind eingehalten.

Anforderungen nach § 7 Nr. 2 i. V. m. § 8 EEWärmeG

Die Anforderungswerte der EnEV sind um %verschärft.

Primärenergiebedarf

Verschärfter Anforderungswert: kWh/(m²·a)

Transmissionswärmeverlust H'_T

Verschärfter Anforderungswert: W/(m²·K)

Vergleichswerte Endenergiebedarf

0 50 100 150 200 250 300 350 ≥400

Passivhaus; MFH Neubau; EFH Neubau; EFH energetisch gut modernisiert; Durchschnitt Wohngebäude; MFH energetisch nicht wesentlich modernisiert; EFH energetisch nicht wesentlich modernisiert [5)]

Erläuterungen zum Berechnungsverfahren

Die Energieeinsparverordnung lässt für die Berechnung des Energiebedarfs zwei alternative Berechnungsverfahren zu, die im Einzelfall zu unterschiedlichen Ergebnissen führen können. Insbesondere wegen standardisierter Randbedingungen erlauben die angegebenen Werte keine Rückschlüsse auf den tatsächlichen Energieverbrauch. Die ausgewiesenen Bedarfswerte sind spezifische Werte nach der EnEV pro Quadratmeter Gebäudenutzfläche (A_N).

1) Freiwillige Angabe 2) bei Neubau sowie bei Modernisierung im Fall des § 16 Abs. 1 Satz 2 EnEV 3) nur bei Neubau im Falle der Anwendung von § 7 Nr. 2 Erneuerbare-Energien-Wärmegesetz 4) Ggf. einschließlich Kühlung 5) EFH: Einfamilienhäuser, MFH: Mehrfamilienhäuser

Bild 2: Muster eines Energieausweises, Seite 2

2 Bestandteile und Gliederung der EnEV 2009

Bereits mit der EnEV 2002 ist in Deutschland erstmals ein ganzheitlicher Ansatz für die Beurteilung der Energieeffizienz von Gebäuden „erprobt“ worden. Mit der Begrenzung des Primärenergiebedarfs unter Einbeziehung aller Verluste und Gewinne in Gebäuden war Deutschland der EG-Effizienzrichtlinie schon ein paar Jahre voraus. Nur in den nachfolgend aufgezeigten Schwerpunkten war eine Anpassung des nationalen Rechts erforderlich.

- Die Einbeziehung des Bedarfs an Energie für die Kühlung und Beleuchtung von Nichtwohngebäuden.
- Einführung des Energieausweises für den Gebäudebestand als Pflichtmaßnahmen bei Neuvermietung oder Verkauf des Gebäudes/der Wohnung.
- Aushangpflicht bei öffentlichen Gebäuden.
- Inspektion von Klimaanlagen.
- Besondere Berücksichtigung von regenerativen Energien bei der Planung von Gebäuden ab einer bestimmten Gebäudenutzfläche.

Der sachliche Änderungsbedarf wurde mit der EnEV 2007 umgesetzt, die EnEV 2009 dient vornehmlich der Verschärfung der Anforderungen.

In Tabelle 2 sind die Gliederung und die wesentlichen Bestandteile der EnEV 2009 als Übersicht dargestellt.

Tabelle 2: Aufbau und wesentliche Bestandteile der EnEV 2009

Abschnitt 1	Allgemeine Vorschriften Anwendungsbereich Begriffe
Abschnitt 2	Zu errichtende Nichtwohngebäude
Abschnitt 3	Zu errichtende kleine Nichtwohngebäude und bestehende Nichtwohngebäude
Abschnitt 4	Anlagen für Heizung, Warmwasser, Kühlung und RLT
Abschnitt 5	Energieausweise
Abschnitt 6	Gemeinsame Vorschriften Ordnungswidrigkeiten Gemischt genutzte Gebäude Regeln der Technik Ausnahmen, Befreiungen Verantwortliche Ordnungswidrigkeiten
Abschnitt 7	Schlussvorschriften Allgemeine Übergangsvorschriften Übergangsvorschriften für Energieausweise und Aussteller Übergangsvorschriften zur Nachrüstung bei Anlagen und Gebäuden Inkrafttreten, Außerkrafttreten

3 Anforderungen an neu zu errichtende Wohngebäude

Die Anforderungen, die sich aus der EnEV 2009 für Wohngebäude ergeben, sind in Tabelle 3 dargestellt.

Tabelle 3: Anforderungen an Wohngebäude gemäß § 3 der EnEV 2009

Nr.	Beschreibung	Anmerkung
1	Zu errichtende Wohngebäude sind so auszuführen, dass der Jahres-Primärenergiebedarf für Heizung, Warmwasserbereitung, Lüftung und Kühlung den Wert des Jahres-Primärenergiebedarfs eines Referenzgebäudes gleicher Geometrie, Gebäudenutzfläche und Ausrichtung mit der in Bild 3 und Tabelle 4 angegebenen technischen Referenzausführung nicht überschreitet.	Keine Bilanzierung der Beleuchtung bei Wohngebäuden. $Q_{Pvorh} \leq Q_{Pref}$ Bilanzierung des Kühlbedarfs unter Verwendung vereinfachter Annahmen.
2	Zu errichtende Wohngebäude sind so auszuführen, dass die Höchstwerte des spezifischen auf die wärmeübertragende Umfassungsfläche bezogenen Transmissionswärmeverlusts nach Tabelle 5 nicht überschritten werden.	$H'_{Tvorh} \leq H'_{Tzul}$
3	Für das zu errichtende Wohngebäude und das Referenzgebäude ist der Jahres-Primärenergiebedarf nach einem der in Anlage 1 der EnEV 2009 genannten Verfahren zu berechnen. Das zu errichtende Wohngebäude und das Referenzgebäude sind mit demselben Verfahren zu berechnen	Grundsatz: Berechnung hat nach DIN V 18599 zu erfolgen, **alternativ nach** DIN V 4108-6/DIN V 4701-10 **Mischungsverbot !!**
4	Zu errichtende Wohngebäude sind so auszuführen, dass die Anforderungen an den sommerlichen Wärmeschutz (siehe Abschnitt 11) eingehalten werden.	$S_{vorh} \leq S_{zul}$ (Nachweis über den zul. Sonneneintragskennwert, Anwendung von Simulationsverfahren zulässig.
5	Bei zu errichtenden Wohngebäuden sind Bauteile, die gegen die Außenluft, das Erdreich oder Gebäudeteile mit wesentlich niedrigeren Innentemperaturen abgrenzen, so auszuführen, dass die Anforderungen des Mindestwärmeschutzes nach den anerkannten Regeln der Technik eingehalten werden. Ist bei zu errichtenden Gebäuden die Nachbarbebauung bei aneinandergereihter Bebauung nicht gesichert, müssen die Gebäudetrennwände den Mindestwärmeschutz einhalten.	Nachweis der Einhaltung des Mindestwärmeschutzes nach DIN 4108-2, Einhaltung des Mindestwärmeschutzes ist unabhängig vom vorhandenen H'_T.

Tabelle 3: (Fortsetzung) Anforderungen an Wohngebäude gemäß § 3 der EnEV 2009

Nr.	Beschreibung	Anmerkung
6	Der verbleibende Einfluss von Wärmebrücken bei der Ermittlung des Jahres-Primärenergiebedarfs ist nach Maßgabe des jeweils angewendeten Berechnungsverfahrens zu berücksichtigen. Soweit dabei Gleichwertigkeitsnachweise zu führen wären, ist dies für solche Wärmebrücken nicht erforderlich, bei denen die angrenzenden Bauteile kleinere Wärmedurchgangskoeffizienten aufweisen, als in den Musterlösungen der DIN 4108 Beiblatt 2 : 2006-03 zugrunde gelegt sind.	ΔU_{WB} gemäß DIN V 4108-6 oder DIN V 18599-2 **Achtung:** Der Einfluss von Wärmebrücken auf H'_{Tvor} ist **immer** nach DIN V 4108-6 zu ermitteln.
7	Zu errichtende Wohngebäude sind so auszuführen, dass die wärmeübertragende Umfassungsfläche einschließlich der Fugen dauerhaft luftundurchlässig entsprechend den anerkannten Regeln der Technik abgedichtet ist. Die Fugendurchlässigkeit außen liegender Fenster, Fenstertüren und Dachflächenfenster muss den Anforderungen nach Tabelle 8 genügen. Wird die Dichtheit überprüft, kann der Nachweis der Luftdichtheit bei der Berechnung des Jahres-Primärenergiebedarfs berücksichtigt werden.	Außenliegende Fenster, Fenstertüren und Dachflächenfenster müssen den Klassen nach Tabelle 8 entsprechen.
8	Zu errichtende Gebäude sind so auszuführen, dass der zum Zwecke der Gesundheit und Beheizung erforderliche Mindestluftwechsel sichergestellt ist.	Hinweise auf einzuhaltenden Mindestluftwechsel siehe DIN V 18599, DIN V 4701-10 und DIN 1946

Für das in der EnEV 2009 zugrunde gelegte Referenzgebäude sind für die wärmeübertragenden Umfassungsflächen folgende *U*-Werte festgelegt.

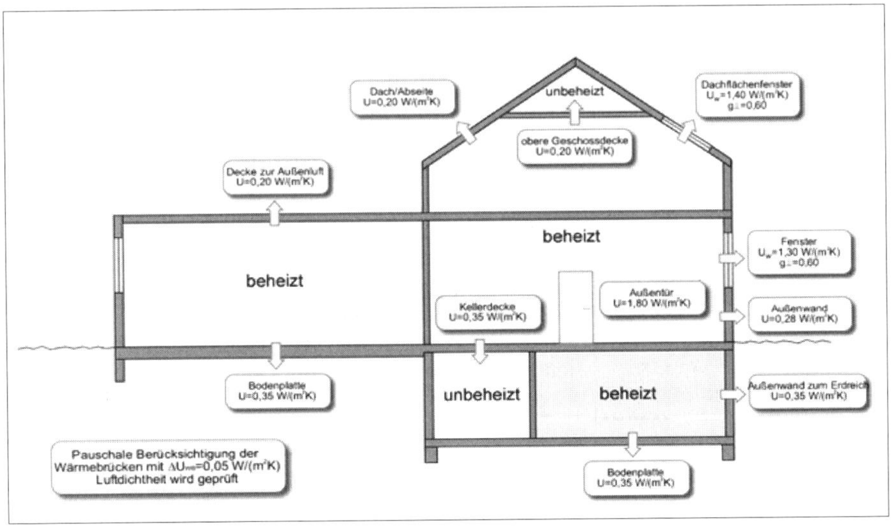

Bild 3: U-Werte der wärmeübertragenden Umfassungsfläche für das Referenzgebäude

Hinweis: Diese *U*-Werte dienen zur Ermittlung des zulässigen Jahresprimärenergiebedarfs, sie stellen keine Anforderungswerte im Sinne eines Maximalwertes dar.

Alle sonstigen Annahmen für das Referenzgebäude sind der Tabelle 4 zu entnehmen.

Tabelle 4: Annahmen für das Referenzgebäudes nach EnEV 2009

Zeile	Bauteil/System	Referenzausführung/Wert (Maßeinheit)	
1	Luftdichtheit der Gebäudehülle	Bemessungswert n_{50}	Bei Berechnung nach - DIN V 4108-6:2003-06 mit Dichtheitsprüfung - DIN V 18599-2:2007-02 nach Kategorie I
2	Sonnenschutzvorrichtung	keine Sonnenschutzvorrichtung	
3	Heizungsanlage	• Wärmeerzeugung durch Brennwertkessel (verbes sert), Heizöl EL, Aufstellung: - für Gebäude bis zu 2 Wohneinheiten innerhalb der thermischen Hülle - für Gebäude mit mehr als 2 Wohneinheiten außerhalb der thermischen Hülle • Auslegungstemperatur 55/45 °C, zentrales Verteilsystem innerhalb der wärmeübertragenden Umfassungsfläche, innen liegende Stränge und Anbindeleitungen, Pumpe auf Bedarf ausgelegt (geregelt, Δp konstant), Rohrnetz hydraulisch abgeglichen, Wärmedämmung der Rohrleitungen gemäß Vorgaben der EnEV • Wärmeübergabe mit freien statischen Heizflächen, Anordnung an normaler Außenwand, Thermostatventile mit Proportionalbereich 1 K	
4	Anlage zur Warmwasserbereitung	• zentrale Warmwasserbereitung • gemeinsame Wärmebereitung mit Heizungsanlage • Solaranlage (Kombisystem mit Flachkollektor) entsprechend den Vorgaben nach DIN V 4701-10 oder DIN V 18599-5 • Speicher, indirekt beheizt (stehend), gleiche Aufstellung wie Wärmeerzeuger, Auslegung nach DIN V 4701-10 oder DIN V 18599-5 als - kleine Solaranlage bei AN < 500 m² (bivalenter Solarspeicher) - große Solaranlage bei AN > 500 m² • Verteilsystem innerhalb der wärmeübertragenden Umfassungsfläche, innen liegende Stränge, gemeinsame Installationswand, Wärmedämmung der Rohrleitungen nach Anlage 5, mit Zirkulation, Pumpe auf Bedarf ausgelegt (geregelt, Δp konstant)	
5	Kühlung	keine Kühlung	
6	Lüftung	zentrale Abluftanlage, bedarfsgeführt mit geregeltem DC-Ventilator	

Die Anforderungen an den spezifischen auf die wärmeübertragende Umfassungsfläche bezogenen Transmissionswärmeverlust sind der Tabelle 5 zu entnehmen.

Tabelle 5: Höchstwerte des spezifischen auf die wärmeübertragende Umfassungsfläche bezogenen Transmissionswärmeverlusts

Zeile	Gebäudetyp		Höchstwert des spezifischen Transmissionswärmeverlustes
1	Freistehendes Wohngebäude	Mit $A_N \leq 350\ m^2$	$H'_T = 0{,}40\ W(m^2K)$
		Mit $A_N > 350\ m^2$	$H'_T = 0{,}50\ W(m^2K)$
2	Einseitig angebautes Wohngebäude		$H'_T = 0{,}45\ W(m^2K)$
3	Alle anderen Wohngebäude		$H'_T = 0{,}65\ W(m^2K)$
4	Erweiterung und Ausbauten von Wohngebäuden gemäß §9 Absatz 5 der EnEV		$H'_T = 0{,}65\ W(m^2K)$

Ein Beispiel zur Berechnung des spezifischen auf die wärmeübertragende Umfassungsfläche bezogenen Transmissionswärmeverlust ist in Tabelle 6 enthalten.

Tabelle 6: Beispiel eines freistehenden Einfamilienhauses $A_N < 350\ m^2$

Bauteil	Fläche [m²]	*U*-Wert [W/(m²K)]	*F*x-Faktor	H_T [W/K]
Außenwand	131,91	0,31	1,0	40,89
Fenster	21,71	1,30	1,0	28,22
Bodenplatte	70,56	0,36	0,6	15,24
Kehlbalken	42,80	0,17	0,8	5,82
Dach	40,20	0,17	1,0	6,83
Abseite	19,00	0,17	0,8	2,45
Wärmebrückenzuschlag: $0{,}05\ W/(m^2K) \cdot 326{,}18\ m^2$				16,31
Summe: H_T				115,76
$H'_T = 115{,}76\ W/K / 326{,}18\ m^2 = 0{,}35$				0,35 < 0,40

Wird die Nachweisführung nach DIN V 18599 gewählt, so sind neben den Randbedingungen des von der EnEV vorgegebenen Referenzgebäudes weitere Nutzungs-Randbedingungen zu beachten (Tabelle 7).

Tabelle 7: Nutzungsrandbedingungen für Wohngebäude nach DIN V 18599-10

Kenngröße	Randbedingungen	Festlegung
Raum-Solltemperatur	20°C	
Anteil der mitbeheizten Fläche an der Gesamtfläche a_{TB}	EFH 0,25 MFH 0,15	
Minimaltemperatur, Auslegung Heizfall	20°C	
Interne Wärmequellen	EFH 50 Wh/(m²d) MFH 100 Wh/(m²d)	
Nutzungszeiten	Nutzungszeit	0:00 - 24:00 Uhr
	tägliche Betriebszeit WLA	0:00 - 24:00 Uhr
	tägliche Betriebszeit Heizung	6:00 - 23:00 Uhr
	tägliche Betriebsdauer WLA	24 h/d
	tägliche Betriebsdauer Heizung	17 h/d
	Betrieb WLA: Heizperiodenbetrieb	Heizzeit
	Jährliche Nutzungstage	365 d/a
Nutzwärmebedarf Trinkwarmwasser	EFH 12 kWh/(m²a) MFH 16 kWh/(m²a)	
Nutzungsbedingter Mindestaußenluftwechsel	nicht bedarfsgeführt: n_{nutz} bedarfsgeführt: n_{nutz}	$0{,}50\ h^{-1}$ $0{,}45\ h^{-1}$
Mittlerer Anlagenluftwechsel	nicht bedarfsgeführt: n_{mech} bedarfsgeführt: n_{mech}	$0{,}40\ h^{-1}$ $0{,}35\ h^{-1}$

Hinweis zur Tabelle 7: Alle Angaben mit Flächenbezug beziehen sich auf die Wohnfläche des Gebäudes. Da diese aber nicht die Bezugsfläche nach EnEV darstellt, sind die Werte auf die Nutzfläche A_N umzurechnen. Gemäß § 19 der EnEV kann bei Gebäuden mit bis zu 2 Wohneinheiten mit beheiztem Keller die Nutzfläche mit dem 1,35-fachen Wert der Wohnfläche und bei sonstigen Gebäuden mit dem 1,2-fachen Wert der Wohnfläche angesetzt werden. Die Tabellenwerte sind folglich durch 1,2 bzw.1,35 zu dividieren. Das gilt auch für den Anteil der mitbeheizten Fläche an der Gesamtfläche.

Tabelle 8 beinhaltet die Anforderungen an Fenster, Fenstertüren und Dachflächenfenster im Sinne der Einhaltung der Anforderungen an die Dichtheit des Gebäudes.

Tabelle 8: Klassen der Fugendurchlässigkeit von außenliegenden Fenstern, Fenstertüren und Dachflächenfenstern

Zeile	Anzahl der Vollgeschosse eines Gebäudes	Klasse der Fugendurchlässigkeit nach DIN EN 12207-1
1	bis zu 2	2
2	mehr als 2	3

Eine Auswahl weiterer Anforderungen der EnEV 2009 an neu zu errichtende Wohngebäude enthält die Tabelle 9:

Tabelle 9: Zusätzliche Anforderungen an die Anlagentechnik und an die Gebäudehülle

Komponente	Anforderungen
Gebäudehülle	Änderungen an der Gebäudehülle dürfen nicht zu einer Verschlechterung der energetischen Qualität führen. **Beispiel:** Ein Teil der Fenster werden erneuert (< 10 % der Bauteilfläche), der neue *U*-Wert darf nicht größer sein als der alte, aber auch der Gesamtenergiedurchlassgrad darf nicht reduziert werden, es sein denn, es werden Kompensationmaßnahmen vorgesehen und ggfs. nachgewiesen.
Energiebedarfssenkende Einrichtungen in Anlagen	Diese Einrichtungen sind vom Betreiber betriebsbereit zu halten, im Falle des Abschaltens sind Kompensationsmaßnahmen erforderlich.
Klimaanlagen	Betreiber von in Gebäude eingebauten Klimaanlagen mit einer Nennleistung für den Kältebedarf von mehr als zwölf Kilowatt haben alle zehn Jahre eine energetische Inspektion durch berechtigte Personen durchführen zu lassen.
Heizkessel und sonstige Wärmeerzeugersysteme	Heizkessel sind sachgerecht zu bedienen. Komponenten der Heizkessel, die deren Wirkungsgrad wesentlich beeinflussen, sind regelmäßig zu warten. Es sind nur Heizkessel zu verwenden, die das CE-Kennzeichen auf der Grundlage der veröffentlichten Rechtsvorschriften tragen. Ausgenommen sind z.B. einzeln produzierte Heizkessel oder Heizkessel, die für den Betrieb von nicht marktüblichen Brennstoffen ausgelegt sind. Werden Heizkessel in Gebäude eingebaut, deren Primärenergiebedarf nicht nachgewiesen wird oder werden kann (z.B. kleine Gebäude), so gilt folgende Anforderung: Der Einbau und die Aufstellung zum Zwecke der Inbetriebnahme ist nur zulässig, wenn das Produkt aus Erzeugeraufwandszahl e_g und Primärenergiefaktor f_p nicht größer als 1,30 ist. Die Erzeugeraufwandszahl e_g ist nach DIN V 4701-10 : 2003-08, Tabellen C.3-4b bis C.3-4f zu bestimmen. Der Primärenergiefaktor f_p ist für den nicht erneuerbaren Anteil nach DIN V 4701-10 : 2003-08, geändert durch A1 : 2006-12, zu bestimmen. Werden Niedertemperatur-Heizkessel oder Brennwertkessel als Wärmeerzeuger in Systemen der Nahwärmeversorgung eingesetzt, gilt die Anforderung des generell als erfüllt.

Tabelle 9: (Fortsetzung) Zusätzliche Anforderungen an die Anlagentechnik

Komponente	Anforderungen
Verteilungseinrichtungen und Warmwasseranlagen	Ausstattungspflicht von Zentralheizungen zur Verringerung und Abschaltung der Wärmezufuhr und der elektrischen Antriebe in Abhängigkeit von der Außentemperatur und der Zeit. Es ist eine Regelung der Raumtemperatur vorzusehen, mehrere Räume können über eine Gruppenregelung zusammengefasst werden. Zentralheizungen mit mehr als 25 kW Nennleistung müssen über eine stufenweise geregelte Umwälzpumpe verfügen. Zirkulationspumpen müssen über eine selbsttätig wirkende Ein- und Ausschaltung verfügen. Die Wärmeabgabe der Rohrleitungen ist nach Tabelle 10 zu begrenzen.
Klimaanlagen mit einer Nennleistung für den Kältebedarf von mehr als 12 kW und raumlufttechnische Anlagen mit einem stündlichen Luftvolumenstrom von mindestens 4000 m^3.	Diese Anlagen sind so auszuführen, dass die auf das Fördervolumen bezogene elektrische Leistung der Einzelventilatoren (alternativ: der gewichtete Mittelwert aller Zu- und Abluftventilatoren) bei Auslegungsvolumenstrom den Grenzwert der Kategorie SFP 4 nach DIN EN 13779 : 2007-09 nicht überschreitet. Werden diese Anlagen dazu verwendet, die Raumluftfeuchte zu verändern (Be- oder Entfeuchtung), so ist sicherzustellen, das selbsttätig wirkende Regelungseinrichtungen vorhanden sind. Diese Sollwerte für die Be- und Entfeuchtung müssen getrennt eingestellt werden können und für die als Führungsgröße mind. die Zu- oder Abluftfeuchte dient. Werden Anlagen in Gebäude oder Gebäudezonen mit einem nutzflächenbezogenen Volumenstrom von mehr als 9 m^3 installiert, so sind zusätzlich Einrichtungen zur last- oder zeitabhängigen Einstellung der Volumenströme vorzusehen (sogenannter VVS- variabler Volumenstrom). Auf diese Regelung darf nur verzichtet werden, wenn aufgrund hygienischer Anforderungen oder aus Gründen des Arbeitsschutzes erhöhte Zuluftvolumenströme erforderlich sind.

Tabelle 10: Erforderliche Wärmedämmung von Wärmeverteilungs-, Warmwasser-, Kälteverteilungs- und Kaltwasserleitungen sowie Armaturen

Zeile	Art der Leitungen/Armaturen	Mindestdicke der Dämmschicht, bezogen auf eine Wärmeleitfähigkeit von 0,035 W/(m•K)
1	Innendurchmesser bis 22 mm	20 mm
2	Innendurchmesser über 22 mm bis 35 mm	30 mm
3	Innendurchmesser über 35 mm bis 100 mm	gleich Innendurchmesser
4	Innendurchmesser über 100 mm	100 mm
5	Leitungen und Armaturen nach den Zeilen 1 bis 4 in Wand- und Deckendurchbrüchen, im Kreuzungsbereich von Leitungen, an Leitungsverbindungsstellen, bei zentralen Leitungsnetzverteilern	1/2 der Anforderungen der Zeilen 1 bis 4
6	Leitungen von Zentralheizungen nach den Zeilen 1 bis 4, die nach dem 31. Januar 2002 in Bauteilen zwischen beheizten Räumen verschiedener Nutzer verlegt werden	1/2 der Anforderungen der Zeilen 1 bis 4
7	Leitungen nach Zeile 6 im Fußbodenaufbau	6 mm
8	Kälteverteilungs- und Kaltwasserleitungen sowie Armaturen von Raumlufttechnik- und Klimakältesystemen	6 mm

Hinweise zur Tabelle 10: Soweit Wärmeverteilungs- und Warmwasserleitungen an die Außenluft grenzen, sind diese mit dem Zweifachen der Mindestdicke nach Tabelle 10 Zeile 1 bis 4 zu dämmen.

Tabelle 10 ist nicht anzuwenden, soweit sich Leitungen von Zentralheizungen nach den Zeilen 1 bis 4 in beheizten Räumen oder in Bauteilen zwischen beheizten Räumen eines Nutzers befinden und ihre Wärmeabgabe durch frei liegende Absperreinrichtungen beeinflusst werden kann.

Bei Materialien mit anderen Wärmeleitfähigkeiten als 0,035 W/(m•K) sind die Mindestdicken der Dämmschichten entsprechend umzurechnen. Für die Umrechnung und die Wärmeleitfähigkeit des Dämmmaterials sind die in anerkannten Regeln der Technik enthaltenen Berechnungsverfahren und Rechenwerte zu verwenden.

Bei Wärmeverteilungs- und Warmwasserleitungen sowie Kälteverteilungs- und Kaltwasserleitungen dürfen die Mindestdicken der Dämmschichten nach Tabelle 10 insoweit vermindert werden, als eine gleichwertige Begrenzung der Wärmeabgabe oder der Wärmeaufnahme auch bei anderen Rohrdämmstoffanordnungen und unter Berücksichtigung der Dämmwirkung der Leitungswände gegeben ist.

3.1 Berechnungsverfahren zur EnEV 2009 für Wohngebäude

In diesem Abschnitt wird die öffentlich-rechtliche Nachweisführung für Wohngebäude nach DIN V 4108-6 in Verbindung mit DIN V 4701-10 erläutert.

3.1.1 Berechnung des Jahres-Primärenergiebedarfs nach DIN V 4701 in Verbindung mit DIN V 4108-6

$$Q_p = (Q_h + Q_W) \cdot e_p \tag{1}$$

Q_h Jahres-Heizwärmebedarf

Q_W Jahres-Energiebedarf für Warmwasserbereitung

e_p Anlagen-Aufwandszahl

Wird die Raumluft in Wohngebäuden gekühlt, so ist der nach DIN V 4701-10 oder 18599 berechnete Jahres-Primärenergiebedarf und der Endenergiebedarf mit den Werten nach Tabelle 11 zu erhöhen.

Tabelle 11: Korrekturwerte für Wohngebäude mit Kühlung nach EnEV 2009

Verwendetes Kühlgerät	ΔQ_P in kWh/(m²a)	ΔQ_E in kWh/(m²a)
Fest installiertes Raum-Klimagerät der Energieeffizienzklasse A-C nach der Richtlinie 2002/31/EG sowie bei Kühlung mittels Wohnungslüftungsanlage mit reversibler Wärmepumpe.	16,2	6,0
Bei Einsatz von Kühlflächen im Raum in Verbindung mit Kaltwasserkeisen und elektrischer Kälteerzeugung, z.B. über reversible Wärmepumpen.	10,8	4,0
Bei Deckung des Energiebedarfs für Kühlung aus erneuerbaren Wärmesenken (Wie Erdsonden, Erdkollektoren, Zisternen).	2,7	1,0
Sonstige Geräte	18,9	7,0

3.1.2 Berechnung des Jahres-Heizwärmebedarfs von Wohngebäuden

Die Berechnung erfolgt nach DIN EN 832 mit dem Monatsbilanzverfahren und den Randbedingungen in Anhang D von DIN V 4108-6.

Der Jahres-Heizwärmebedarf ist die Wärmemenge, die einem Gebäude jährlich zugeführt werden muss, um die mittlere Gebäude-Innentemperatur der beheizten Räume einzuhalten.

$$Q_h = \sum_{M=1}^{12} Q_{h,M,pos} \qquad (2)$$

M	Monat, z. B. M=6 für Juni;
$Q_{h,M,pos}$	monatlicher Heizwärmebedarf mit positiver Wärmebilanz d.h. $Q_{h,M} > 0$;
$Q_{h,M}$	monatlicher Heizwärmebedarf.

$$Q_{h,M} = Q_{l,M} - \eta_M \cdot Q_{g,M} \qquad (3)$$

$Q_{l,M}$	monatliche Wärmeverluste;
$Q_{g,M}$	monatliche Wärmegewinne;
η_M	monatlicher Ausnutzungsgrad der Wärmegewinne.

Monatliche Wärmeverluste $Q_{l,M}$

$$Q_{l,M} = 0{,}024\,\mathrm{kh} \cdot H \cdot (\theta_i - \theta_{e,M}) \cdot t_M \qquad (4)$$

H	spezifischer Wärmeverlust;
θ_i	Innenlufttemperatur ($\theta_i = 19\,°\mathrm{C}$ für Gebäude mit normalen Innentemperaturen);
$\theta_{e,M}$	mittlere Außenlufttemperatur des Monats M (für Referenzklima in DIN V 4108-6);
t_M	Anzahl der Tage des Monats M.

0,024 kh = 24 h = 1d

Ein Verfahren zur Berücksichtigung des Einflusses der Nachtabschaltung bzw. Nachttemperaturabsenkung von Heizungen auf die Wärmeverluste ist in Anhang C von DIN V 4108-6 dargestellt (siehe auch Schoch-02).

Monatliche Wärmegewinne $Q_{g,M}$

$$Q_{g,M} = 0{,}024\,\mathrm{kh} \cdot (\Phi_{S,M} + \Phi_{i,M}) \cdot t_M \qquad (5)$$

$\Phi_{S,M}$	mittlerer monatlicher solarer Wärmegewinn;
$\Phi_{i,M}$	Wärmegewinn aus internen Wärmequellen (mittlere interne Wärmeleistung);
t_M	Anzahl der Tage des Monats M.

0,024 kh = 24 h = 1d

Spezifischer Wärmeverlust H

$$H = H_T + H_V \tag{6}$$

H_T spezifischer Transmissionswärmeverlust;

H_V spezifischer Lüftungswärmeverlust.

3.1.3 Berechnung des spezifischen Transmissionswärmeverlustes

Im Folgenden wird der vereinfachte Berechnungsansatz mit Temperatur-Korrekturfaktoren dargestellt. Zu berücksichtigen sind alle Bauteile, welche das beheizte Gebäude begrenzen.

$$H_T = \sum_i F_i \cdot U_i \cdot A_i + H_{WB} + H_{T,FH} \tag{7}$$

F_i Temperatur-Korrekturfaktor für Bauteil i nach Tabelle 12 (berücksichtigt Wärmeverlust über Flächen, die nicht an die Außenluft grenzen [1]);

U_i Wärmedurchgangskoeffizient des Bauteils i;

A_i Fläche des Bauteils i;

H_{WB} spezifischer Wärmeverlust durch Wärmebrücken;

$H_{T,FH}$ spezifischer Wärmeverlust für Bauteile mit Flächenheizung.

[1] Im vereinfachten Monatsbilanzverfahren nach Anhang D von DIN V 4108-6 auch für Bauteile, die ans Erdreich grenzen.

H_{WB} kann folgendermaßen berechnet werden:

$$H_{WB} = \Delta U_{WB} \cdot A \tag{8}$$

ΔU_{WB} = 0,10 W/(m²K) oder
ΔU_{WB} = 0,05 W/(m²K)
bei Anwendung der Planungsprinzipien nach DIN 4108 Bbl. 2.
Ebenso ist eine genaue Berechnung nach DIN V 4108-6 möglich.

Die wärmeübertragende Umfassungsfläche A darf bei der Berücksichtigung der Wärmebrücken um die Flächen von Außenbauteilen vermindert werden, bei denen der Wärmebrückeneinfluss bereits im Wärmedurchgangskoeffizienten U enthalten ist.

$H_{T,FH}$ wird nach DIN V 4108-6, für spezielle Systeme nach DIN EN 832, berechnet und ist für eine mindestens 8 cm dicke Wärmedämmung ($\lambda \leq 0{,}04\ \mathrm{W\,m^{-1}\,K^{-1}}$ bzw. $R = 2{,}0\ \mathrm{m^2\,K\,W^{-1}}$) zwischen der Heizfläche und den Außenbauteilen vernachlässigbar.

Tabelle 12: Temperatur-Korrekturfaktoren für das Monatsbilanzverfahren nach DIN V 4108-6

Bauteil	F_i [1]					
Außenwand, Fenster, Decke über Außenluft	1,00					
Dach (als Systemgrenze)	1,00					
Dachgeschossdecke (Dachraum nicht ausgebaut)	0,80					
Wände und Decken zu Abseiten (Drempel)	0,80					
Wände und Decken zu unbeheizten Räumen	0,50					
Wände und Decken zu Räumen mit niedrigen Innentemperaturen	0,35					
Wände und Fenster zu unbeheiztem Glasvorbau bei Verglasung des Vorbaus mit						
- Einfachverglasung	0,80					
- Zweischeibenverglasung	0,70					
- Wärmeschutzverglasung	0,50					
unterer Gebäudeabschluss	$B' < 5\,m$ [2]		$5\,m \leq B' \leq 10\,m$ [2]		$B' > 10\,m$ [2]	
	R_f bzw. R_w in m^2KW^{-1} [3]					
	≤ 1	> 1	≤ 1	> 1	≤ 1	> 1
Flächen des beheizten Kellers:						
- Fußboden des beheizten Kellers	0,30	0,45	0,25	0,40	0,20	0,35
- Wand des beheizten Kellers	0,40	0,60	0,40	0,60	0,40	0,60
Fußboden [4] auf Erdreich ohne Randdämmung	0,45	0,60	0,40	0,50	0,25	0,35
Fußboden [4] auf Erdreich mit Randdämmung						
- 5 m breit, waagerecht	0,30		0,25		0,20	
- 2 m tief, senkrecht	0,25		0,20		0,15	
Kellerdecke und Kellerinnenwand:						
- zum beheizten Keller mit Perimeterdämmung	0,55		0,50		0,45	
- zum unbeheizten Keller ohne Perimeterdämmung	0,70		0,65		0,55	
aufgeständerter Fußboden	0,90					
Bodenplatte von Räumen mit niedrigen Innentemperaturen	0,20	0,55	0,15	0,50	0,10	0,35

1) Gelten analog für Bauteile, die Räume mit niedrigen Innentemperaturen begrenzen, außer für Fußböden auf dem Erdreich.

2) $B' = \frac{A_G}{0{,}5 \cdot P}$ *mit Bodengrundfläche* A_G *und Umfang der Bodengrundfläche* P.

3) Wärmedurchlasswiderstand von Bodenplatte R_f *(oben bezeichnet als Fußboden und Bodenplatte) bzw. der Kellerwand* R_w, *ggf. flächengewichtetes Mittel aus den Wärmedurchlasswiderständen von Bodenplatte und Kellerwand.*

4) Fließendes Grundwasser: Erhöhung von F_i *um 15 %*

5) Randdämmung: $R > 2\,m^2KW^{-1}$, *Bodenplatte ungedämmt.*

Für die Berechnung des Wärmeverlustes über das Erdreich kann alternativ auch das Verfahren nach DIN EN ISO 13370 verwendet werden. Insbesondere bei Bodenplatte mit Randdämmung und bei beheizten Kellern kann mit diesem Verfahren der rechnerische Verlust im Vergleich zur Verwendung von Temperaturkorrekturfaktoren reduziert werden. Bei Bodenplatten von Wohngebäuden auf Erdreich (nicht unterkellert) ohne Randdämmung lohnt sich dagegen die Anwendung des detaillierten Verfahrens nicht (siehe auch Abschnitt 13.9.2).

3.1.4 Berechnung des spezifischen Lüftungswärmeverlustes

Der spezifische Lüftungswärmeverlust H_V ist der auf die Temperaturdifferenz zwischen Innen- und Außenluft bezogene, an Luftströmungen gekoppelte Wärmestrom.

Im Folgenden wird nur die freie Lüftung betrachtet, für maschinelle Lüftung ist H_V nach DIN V 4108-6 zu berechnen (Weitere Hinweise sind im Abschnitt 14 enthalten).

$$H_V = n \cdot V \cdot \rho_L \cdot c_{p,L} \tag{9}$$

n	Luftwechselrate (n=0,7h^{-1}, mit Nachweis der Luftdichtheit n=0,6h^{-1});
ρ_L	Dichte der Luft;
$c_{p,L}$	spezifische Wärmekapazität der Luft bei konstantem Druck;
$\rho_L \cdot c_{p,L}$	wirksame Wärmespeicherfähigkeit der Luft je Volumeneinheit.

$(\rho_L \cdot c_{p,L}) = 1{,}2 \cdot 10^3$ Jm^{-3} K^{-1} = 0,34 Wh m^{-3} K^{-1}

3.1.5 Berechnung der solaren Wärmegewinne

Die Berechnung der monatlichen solaren Gewinne erfolgt nach Gleichung 10. Nach DIN V 4108-6 müssen Wärmegewinne durch unbeheizte Glasvorbauten und opake (nicht transparente) Bauteile (einschließlich transparenter Wärmedämmung) gesondert berechnet werden. Bei öffentlich-rechtlichen Nachweisen brauchen jedoch solare Wärmegewinne über opake Bauteile nicht berücksichtigt zu werden.

Monatlicher solarer Wärmegewinn $\Phi_{S,M}$

$$\Phi_{S,M} = \sum_{j=1}^{m} I_{s,M,j} \cdot \sum_{i=1}^{n} F_{F,ji} \cdot F_{S,ji} \cdot F_{C,ji} \cdot g_{ji} \cdot A_{ji} \tag{10}$$

i	Bauteil
j	Orientierung (z.B. Süd, Ost, West, Nord);
$I_{s,M,j}$	mittlere monatliche Strahlungsintensität der Sonne, die auf das Bauteil mit der Orientierung j auftrifft (für Referenzklima in DIN V 4108-6 siehe Tabelle 14);
F_F	Abminderungsfaktor für den Rahmenanteil, Verhältnis der durchsichtigen Fläche zur Gesamtfläche der verglasten Einheit, wenn nicht genauer bekannt: F_F = 0,7;
F_S	Abminderungsfaktor infolge Verschattung, übliche Anwendungsfälle: F_S = 0,9 [1)];
F_C	Abminderungsfaktor für Sonnenschutzvorrichtungen, nach Anhang D von DIN V 4108-6 ist F_C = 1 anzusetzen;
g	wirksamer Gesamtenergiedurchlassgrad des Bauteils, berücksichtigt Abminderung durch nicht senkrechten Strahlungseinfall, $g = F_W \cdot g_\perp$;

$g_{\perp}$	Gesamtenergiedurchlassgrad bei senkrechtem Strahlungseinfall.
F_W	Abminderungsfaktor bei nicht senkrechtem Strahlungseinfall, F_W = 0,9
A	Flächeninhalt der strahlungsaufnehmenden Oberfläche des Bauteils

[1] Bei überwiegend baulicher Verschattung muss F_S nach DIN V 4108-6 berechnet werden. Bei überwiegend verschatteten Fenstern kann vereinfachend Nordorientierung angenommen werden.

Tabelle 13: Richtwerte für den Gesamtenergiedurchlassgrad bei senkrechter Einstrahlung transparenter Bauteile nach DIN V 4108-6 [1]

transparentes Bauteil	$g_{\perp}$
Einfachverglasung	0,87
Doppelverglasung	0,75
Wärmeschutzverglasung, doppelverglast mit selektiver Beschichtung	0,50 bis 0,70
Dreifachverglasung, normal	0,60 bis 0,70
Dreifachverglasung mit zweifach selektiver Beschichtung	0,35 bis 0,50
Sonnenschutzverglasung	0,20 bis 0,50

[1] Der Gesamtenergiedurchlassgrad kann auch den entsprechend den Landesbauordnungen veröffentlichten Kennwerten für Bauprodukte bestimmt werden.

Tabelle 14: Strahlungsintensitäten und Außentemperaturen für das Referenzklima Deutschland entsprechend DIN V 4108-6

Orientierung	Neigung [°] [1]	$I_{s,M}$ [Wm^{-2}]											
		Jan	Feb	Mrz	Apr	Mai	Jun	Jul	Aug	Sep	Okt	Nov	Dez
horizontal	0	33	52	82	190	211	256	255	179	135	75	39	22
Süd	30	51	67	99	210	213	250	252	186	157	93	55	31
	45	57	71	101	205	200	231	235	178	157	97	59	34
	60	60	71	98	190	179	203	208	162	150	95	60	35
	90	56	61	80	137	119	130	135	112	115	81	54	33
Süd-Ost	30	45	62	93	203	211	248	251	183	149	87	49	28
	45	49	64	92	198	200	232	236	175	148	88	51	30
	60	49	62	88	185	182	208	213	161	140	85	51	30
	90	44	52	70	140	132	146	153	120	109	69	44	26
Süd-West	30	45	62	93	203	211	248	251	183	149	87	49	28
	45	49	64	92	198	200	232	236	175	148	88	51	30
	60	49	62	88	185	182	208	213	161	140	85	51	30
	90	44	52	70	140	132	146	153	120	109	69	44	26
Ost	30	33	51	78	181	199	230	240	170	129	72	38	21
	45	32	49	74	172	187	221	224	160	123	69	37	20
	60	30	46	68	160	171	201	205	148	114	65	35	19
	90	25	37	53	125	131	150	156	115	90	51	28	15

Tabelle 14: (Fortsetzung) Strahlungsintensitäten und Außentemperaturen für das Referenzklima Deutschland entsprechend DIN V 4108-6

Orientierung	Neigung [°] [1)]	$I_{s,M}$ [Wm⁻²] Jan	Feb	Mrz	Apr	Mai	Jun	Jul	Aug	Sep	Okt	Nov	Dez
West	30	33	51	78	181	199	238	240	170	129	72	38	21
	45	32	49	74	172	187	221	224	160	123	69	37	20
	60	30	46	68	160	171	201	205	148	114	65	35	19
	90	25	37	53	125	131	150	156	115	90	51	28	15
Nord-West	30	22	39	63	151	180	222	221	150	105	57	28	16
	45	20	35	56	132	158	194	194	133	91	51	26	14
	60	18	32	49	116	139	168	170	118	81	46	23	13
	90	14	25	38	89	105	124	128	90	62	35	18	10
Nord-Ost	30	22	39	63	151	180	222	221	150	105	57	28	16
	45	20	35	56	132	158	194	194	133	91	51	26	14
	60	18	32	49	116	139	168	170	118	81	46	23	13
	90	14	25	38	89	105	124	128	90	62	35	18	10
Nord	30	20	34	54	137	173	217	214	142	90	49	26	15
	45	19	32	47	101	143	184	180	115	66	45	24	14
	60	17	29	44	79	109	143	139	90	59	41	22	13
	90	14	23	34	64	81	99	100	70	48	33	18	10
$\theta_{e,M}$ [°C]		-1,3	0,6	4,1	9,5	12,9	15,7	18,0	18,3	14,4	9,1	4,7	1,3

[1)] Neigung des Bauteils gegen die Horizontale.

3.1.6 Berechnung der internen Wärmegewinne

Mittlere interne Wärmeleistung $\Phi_{i,M}$

$$\Phi_{i,M} = q_i \cdot A_N \qquad (11)$$

q_i nutzflächenbezogener Wärmegewinn (siehe Tabelle 15)

Tabelle 15: Nutzflächenbezogene Wärmegewinne nach Anhang D von DIN V 4108-6

Gebäude	q_i [Wm⁻²]
Wohngebäude	5
Büro- und Verwaltungsgebäude	6
alle anderen Gebäude (falls nicht anderweitig festgelegt)	5

3.1.7 Berechnung des Ausnutzungsgrades der Wärmegewinne

Der Ausnutzungsgrad der Wärmegewinne (interne und solare) ist abhängig vom Verhältnis zwischen den Gewinnen und Verlusten und von der thermischen Trägheit des Gebäudes.

$$\eta_M = \frac{1-\gamma_M^a}{1-\gamma_M^{a+1}} \quad \text{für } \gamma_M \neq 1 \qquad (12)$$

$$\eta_{\mathrm{M}} = \frac{\mathrm{a}}{\mathrm{a}+1} \quad \text{für } \gamma_{\mathrm{M}} = 1 \tag{13}$$

γ_{M} Verhältnis der Wärmegewinne zu den Wärmeverlusten in einem Monat

a numerischer Parameter

$$\gamma_{\mathrm{M}} = \frac{Q_{\mathrm{g,M}}}{Q_{\mathrm{l,M}}} \tag{14}$$

$$\mathrm{a} = 1 + \frac{\tau}{16\,\mathrm{h}} \tag{15}$$

$$\tau = \frac{C_{\mathrm{wirk}}}{H} \tag{16}$$

τ Zeitkonstante eines Gebäudes

C_{wirk} in der Heizperiode wirksame Wärmespeicherfähigkeit eines Gebäudes

C_{wirk} kann auch nach DIN V 4108-6 berechnet werden. Vereinfachend können die Angaben in Tabelle 16 benutzt werden.

Tabelle 16: Rechenwerte für die wirksame Wärmespeicherfähigkeit von Gebäuden nach DIN V 4108-6

leichte Gebäude - Gebäude in Holztafelbauart ohne massive Innenbauteile - Gebäude mit abgehängten Decken und überwiegend leichten Trennwänden - Gebäude mit hohen Räumen (Turnhallen, Museen usw.)	$C_{\mathrm{wirk}} = 15 \frac{\mathrm{Wh}}{\mathrm{m^3\,K}} \cdot V_{\mathrm{e}}$
schwere Gebäude - Gebäude mit massiven Innen- und Außenbauteilen ohne untergehängte Decken	$C_{\mathrm{wirk}} = 50 \frac{\mathrm{Wh}}{\mathrm{m^3\,K}} \cdot V_{\mathrm{e}}$

3.1.8 Berechnung des Jahresenergiebedarfs für Warmwasserbereitung

Der Nutzenergiebedarf für die Erwärmung von Trinkwasser q_{tw} wird nach EnEV in der der Berechnung des Jahres-Primärenergiebedarfs mit q_{tw} = 12,5 kWh $\mathrm{m^{-2}\,a^{-1}}$ berücksichtigt.

3.1.9 Berechnung der Anlagen-Aufwandszahl

Die primärenergiebezogene Gesamt-Anlagenaufwandszahl e_{p} beschreibt das Verhältnis der von der Anlagentechnik aufgenommenen Primärenergie zur abgegebenen Nutzwärme. Sie wird nach DIN V 4701-10 mit einem der folgenden Verfahren berechnet:

- Tabellenverfahren: Vorplanungsphase, Heizungsanlagen, für die keine Diagramme vorliegen

- Detailliertes Verfahren: Ausführungsplanung, nahezu alle energetischen Verbesserungen der Anlagentechnik können berücksichtigt werden

Berücksichtigt werden die Funktionen Heizen, Lüften und Trinkwassererwärmung. Der Kühlbedarf ist nach Tabelle 11 mit pauschalen Zuschlägen zu berücksichtigen.

4 Primärenergiebedarf nach DIN V 4701-10

4.1 Definition

Unter Primärenergiebedarf wird die Energiemenge verstanden, die zur Deckung des Jahresheizenergiebedarfs Q_H und des Trinkwasserenergiebedarfs Q_{TW} benötigt wird unter Einbeziehung aller zusätzlichen Energiemenge, die durch vorgelagerte Prozesse (Förderung, Transport, Umwandlung der Energie) außerhalb des Gebäudes entstehen.

4.2 Größen und Einheiten

Tabelle 17: Symbole und Einheiten

Symbol	Bezeichnung	Einheit	Bemerkung
A	Fläche	m²	
α	Deckungsanteil	--	0 bis 1
Q	Energie	kWh/a	Energiemenge pro Jahr
Q	flächenbezogene Energiemenge pro Jahr	kWh/(m²a)	ohne Index oder Index „WE" = Wärmeenergie, mit Index „HE" = Hilfsenergie
$\dot{Q}$	Wärmestrom	kW	
Q_{tw}	Trinkwasserwärmebedarf	kW	
e_P	Anlagenaufwandszahl	--	auf Primärenergie bezogen
f_P	Primärenergieumwandlungsfaktor	--	
ϑ	Temperatur	°C	
$\Delta\vartheta$	Temperaturdifferenz	K	
V	Volumen	m³	V_e = Gebäudevolumen: von der wärmeübertragenden Umfassungsfläche des Gebäudes umschlossenes Volumen, Systemgrenze „Außenmaße" nach DIN EN ISO 13789
A_N	Nutzfläche	m²	$A_N = 0{,}32 \cdot V_e$
Q_h	Jahresheizwärmebedarf	kWh/a	Jahresheizwärmebedarf nach DIN V 4108-6, soweit dort keine Wärmerückgewinnung berücksichtigt wurde ($Q_{WR} = 0$) Summe aus dem Jahres-Heizwärmebedarf nach DIN V 4108-6 und Q_{WR} nach DIN V 4108-6, soweit dort Wärmerückgewinnung berücksichtigt wurde ($Q_{WR} \neq 0$)

Hinweis: In der [DIN V 4701-10] werden alle flächenbezogenen Werte mit „q" und alle absoluten Werte mit „Q" und dem jeweiligen Index bezeichnet. Durch Multiplikation mit der Gebäudenutzfläche A_N kann jeder „q-Wert" auf einen „Q-Wert" umgerechnet werden.

Tabelle 18: Indizes

Index	Bedeutung	Index	Bedeutung
A	Anlage	*L*	Lüftung...(Wärmebedarf)
B	Brennstoff	*L*	Lüftung...(Energiebedarf)
ce	Übergabe im Raum (control+ emission)	*N*	Nutz...
d	Verteilung (distribution)	*P*	Primärenergie
E	Endenergie	*S*	Speicher
EWT	Erdwärmetauscher	*Tw*	Trinkwarmwasser (Wärmebedarf)
g	Erzeugung (generation)	*TW*	Trinkwarmwasser (Energiebedarf)
h	Raumheizung...(Wärmebedarf)	*WE*	Wärmeenergie (auch ohne Index)
H	Raumheizung...(Energiebedarf)	*WÜT*	Wärmeübertrager
HE	Hilfsenergie	*U*	Umgebung
i,j	Allgemeiner Zählindex		
i	Innen		

4.3 Anlagenaufwandszahl

Die primärenergiebezogene Anlagen-Aufwandszahl e_{P} beschreibt das Verhältnis der von der Anlagentechnik aufgenommenen Primärenergie zur abgegebenen Nutzwärme.

$$e_{\mathrm{P}} = \frac{Q_{\mathrm{P}}}{(Q_{\mathrm{h}} + Q_{\mathrm{tw}})} \quad \text{mit} \quad Q_{\mathrm{P}} = Q_{\mathrm{H,P}} + Q_{\mathrm{L,P}} + Q_{\mathrm{TW,P}} \tag{17}$$

Q_{P}	Primärenergiebedarf
Q_{h}	Heizwärmebedarf
Q_{tw}	Trinkwasserwärmebedarf (nur bei Wohngebäuden)
$Q_{\mathrm{H,P}}$	Primärenergiebedarf des Heizstranges
$Q_{\mathrm{L,P}}$	Primärenergiebedarf des Lüftungsstranges
$Q_{\mathrm{TW,P}}$	Primärenergiebedarf des Trinkwarmwasserstrangs (nur bei Wohngebäuden)

Der Trinkwasserwärmebedarf q_{tw} wird für öffentlich-rechtliche Nachweise grundsätzlich mit 12,5 kWh/a, bezogen auf die Gebäudenutzfläche, angenommen. Dies entspricht etwa einem täglichen Warmwasserbedarf von 23 Litern pro Person bei 50 °C Wassertemperatur.

Die primärenergiebezogene Anlagenaufwandzahl ist für den öffentlich-rechtlichen Nachweis mit folgenden Randbedingungen zu berechnen.

Tabelle 19: Übersicht der Randbedingungen nach DIN V 4701-10

Kriterium	Größe	Wert		Einheit
Mittlere Gebäudeinnentemperatur	ϑ_{i}	19		°C
Trinkwasser-Wärmebedarf	q_{tw}	12,5		kWh/ (m²a)
Norm-Anlagenluftwechsel für mechanische Lüftungsanlagen	$\eta_{A,Norm}$	0,4		1/h
		Monatsbilanzverfahren nach DIN V 4108-6	HP-Verfahren nach EnEV	
Heizgrenztemperatur	t_{G}	berechnen	10	°C
Dauer der Heizperiode	t_{HP}	berechnen	185	d
Gradtagzahlfaktor	F_{Gt}	berechnen	69,6	kKh/a
Nutzfläche	A_{N}	berechnen	berechnen	m²

Weitere Formeln für die Berechnung von Aufwandszahlen für Teilabschnitte einer Gesamtanlage (z.B. für Erzeugung, Wärmeübergabe, Verteilung) können DIN V 4701-10 entnommen werden. Sie dienen ausschließlich zur Beurteilung einzelner Teilbereiche, für den öffentlich-rechtlichen Nachweis sind sie ohne Belang.

4.4 Bilanzierungsverfahren

Zur Ermittlung des Primärenergiebedarfs Q_{P} stehen drei gleichwertige Verfahren zur Auswahl:

Diagrammverfahren:

Grafische Ermittlung der Anlagen-Aufwandszahl e_{P} und des Endenergiebedarfs anhand von Aufwandszahl-Diagrammen nach DIN V 4701-10 und Beiblatt 1 zu DIN V 4701-10 in Abhängigkeit vom ermittelten flächenbezogenen Heizwärmebedarf q_{h} und der beheizten Nutzfläche A_{N}.

Die Verwendung von Aufwandszahl-Diagrammen bietet sich an, wenn die Anlagen mit allen Komponenten (Erzeuger, Verteilung, Übergabe und Speicherung) bereits festgelegt ist und die gewählte Konfiguration in der DIN V 4701-10 enthalten ist.

Tabellenverfahren:

Das Tabellenverfahren basiert auf dem detaillierten Verfahren mit den in der Norm verwendeten Standard-Randbedingungen. Der Anwender hat die Möglichkeit, in der Regel in Abhängigkeit von der Nutzfläche des Gebäudes, für die gegebene Anlagenkonfiguration die Verlust- und Gewinnwerte zu ermitteln und schrittweise in eine Tabelle einzutragen.

Das detaillierte Verfahren:

Für die genaue rechnerische Ermittlung des Primärenergiebedarfs sind in DIN V 4701-10 Formeln enthalten. Das detaillierte Verfahren ist dann zu verwenden, wenn für die gewählten Anlagen vom Hersteller auf der Grundlage der gültigen Prüfnormen Werte zur Verfügung gestellt werden, die von den Standardwerten des Tabellenverfahrens abweichen. Das detaillierte Verfahren ermöglicht in der Regel eine effizientere Auslegung der Anlagen in Relation zu den beiden vorgenannten Verfahren.

Das detaillierte Verfahren und das Tabellenverfahren können miteinander kombiniert werden. Dies wird insbesondere dann der Fall sein, wenn nur für Teile der Anlage (z.B. für den Wärmeerzeuger) Herstellerangaben zur Verfügung stehen und ansonsten auf die Standardrandbedingungen zurückgegriffen werden muss.

Unabhängig vom verwendeten Verfahren folgt die Bilanzierung immer der in Bild 4 dargestellten Bedarfsentwicklung:

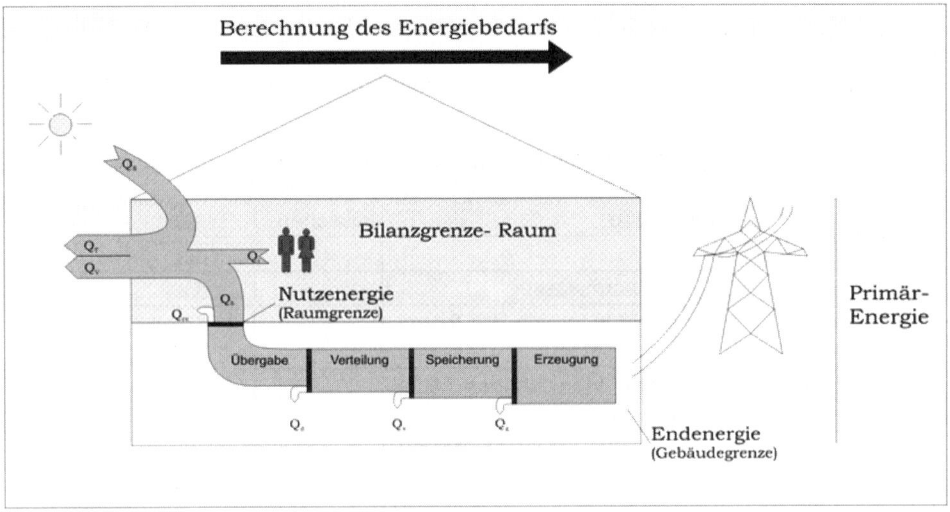

Bild 4: Berechnung des Primärenergiebedarfs

Die Nutzenergie (Heizwärmebedarf) ist nach DIN V 4106-8 [siehe oben] zu berechnen.

Für die Berechnung des Primärenergiebedarfs aus dem Endenergiebedarf stehen statische Umrechnungsfaktoren (Primärenergiefaktoren) zur Verfügung.

Tabelle 20: Primärenergiefaktoren für den nicht erneuerbaren Anteil nach DIN V 4701-10

Energieträger		Primärenergiefaktoren f_p
Brennstoffe	Heizöl EL	1,1
	Erdgas H	1,1
	Flüssiggas	1,1
	Steinkohle	1,1
	Braunkohle	1,2
	Holz	0,2
Nah/ Fernwärme aus KWK	fossiler Brennstoff	0,7
	erneuerbarer Brennstoff	0,0
Nah/Fernwärme aus Heizwerken	fossiler Brennstoff	1,3
	erneuerbarer Brennstoff	0,1
Strom	Strom-Mix	2,6

Bei Systemen, die mit Nah- und Fernwärme versorgt werden, kann abweichend von Tabelle 20 der Primärenergiefaktor auch über ein detailliertes Verfahren nach DIN V 4701-10 ermittelt werden.

4.5 Randbedingungen

Die energetische Bewertung der Gebäudetechnik erfolgt nach DIN V 4701-10 unter festgelegten statischen Randbedingungen. So wird beispielsweise die Dauer der Heizzeit mit 185 d angegeben - und zwar unabhängig vom Dämmniveau des Gebäudes. Die Einhaltung der Randbedingungen ist für den öffentlich-rechtlichen Nachweis zwingend vorgeschrieben und ermöglicht somit eine Vergleichbarkeit gleicher Gebäudetypen bezüglich ihres Primärenergiebedarfs.

Tabelle 21: Allgemeine Randbedingungen für den Nachweis zu errichtender Gebäude

Kenngröße	Zeichen	Einheit	Wert
Dauer der Heizperiode	t_{HP}	d/a	185
Bereitstellungsdauer für Trinkwarmwasser	t_{TW}	d/a	350
Mittlere Umgebungstemperatur innerhalb der thermischen Hülle	$\vartheta_{u,m}$	°C	20
Mittlere Umgebungstemperatur (ganzjähriges Mittel) Außerhalb der thermischen Hülle, Keller, Dach	$\vartheta_{u,m}$	°C	13
Mittlere Umgebungstemperatur (nur Heizperiode) Außerhalb der thermischen Hülle, Dach	$\vartheta_{u,m}$	°C	5
Mittlere Temperatur des Trinkwarmwassernetzes (mit Zirkulationsleitung)	$\vartheta_{TW,m}$	°C	50
Mittlere Temperatur des Trinkwarmwassernetzes (ohne Zirkulationsleitung)	$\vartheta_{TW,m}$	°C	32
Wärmeverlustfaktor für Komponenten außerhalb der thermischen Hülle	f_a	-	1
Wärmeverlustfaktor für Komponenten innerhalb der thermischen Hülle	f_a	-	0,15
Wärmeverlustfaktor für absperrbare Heizungsrohre Innerhalb der thermischen Hülle	f_a	-	0,1
Teilbeheizungsfaktor für nicht absperrbare/nicht absperrbare Heizungsrohre	f_b	-	1,0/0,8
Betriebszeit pro Tag eines Heizstranges	z	h/d	24

Die für die Bilanzierung von Heizungsanlagen anzunehmenden Systemtemperaturen für den Wärmeerzeuger und für den Heizkreis können der Tabelle 22 entnommen werden.

Tabelle 22: Randbedingungen zur Berechnung von Heizkreisen und Wärmeerzeugern

		Auslegungstemperaturen des Heizkreises			
Mittlere Temperatur:		90°/70°C Radiatoren	70°/55°C Radiatoren	55°/45°C Radiatoren	35°/28°C Fußboden-heizung
Heizkreis		56 °C	46 °C	38 °C	26 °C
Wärmeerzeuger/Erzeuge	Konstanttemperatur-Kessel	70 °C	70 °C	70 °C	70 °C
	Niedertemperatur-Kessel	--	46 °C	38 °C	26 °C
	Brennwert-Kessel	--	41 °C	35 °C	24 °C
	Wärmepumpe, konstant	--	--	45 °C	31 °C
	Wärmepumpe, leistungsgeregelt	--	--	41 °C	28 °C

5 Energetische Bilanzierung von Heizungsanlagen

5.1 Methodik der Bilanzierung

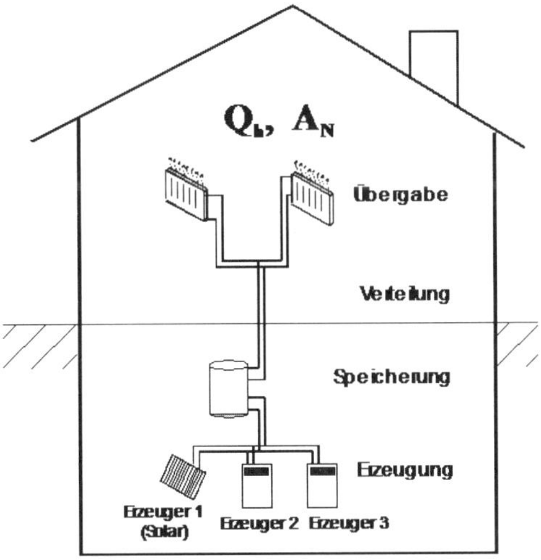

Bild 5: Darstellung eines Heizstranges nach DIN V 4701-10

Die Bilanzierung des Heizstranges erfolgt wie in Bild 6 dargestellt:

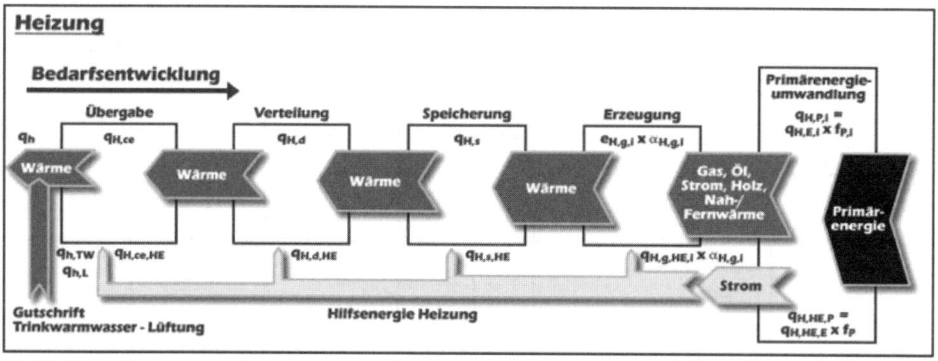

Bild 6: Berechnungsmethodik eines Heizstranges

Der Gesamtaufwand zur Bereitstellung der nach DIN V 4108-6 ermittelten Nutzwärme eines Gebäudes setzt sich zusammen aus dem:

- Aufwand für die Wärmeübergabe an den Raum (z.B. über Thermostatventile),
- Aufwand für die Verteilung der Wärme im Gebäude (Leitungsnetz),
- Aufwand für die Speicherung der Wärme (z.B. Pufferspeicher) und dem
- Aufwand für die Erzeugung der Wärme durch den Wärmeerzeuger.

Zusätzlich ist die benötigte Hilfsenergie (Strom) für alle Anlagenkomponenten zu berücksichtigen (Pumpen, elektrisch betriebene Regelung etc.).

Die Berechnung des Primärenergiebedarfs der Heizungsanlage erfolgt nach Gleichung 18 und 19, hier nutzflächenbezogen dargestellt:

Wärmeenergie:

$$q_{\mathrm{H,WE,P}} = \left(q_{\mathrm{h}} - q_{\mathrm{h,TW}} - q_{\mathrm{h,L}} + q_{\mathrm{H,ce}} + q_{\mathrm{H,d}} + q_{\mathrm{H,s}}\right) \cdot \sum_i \left(e_{\mathrm{H,g,i}} \cdot \alpha_{\mathrm{H,g,i}} \cdot f_{\mathrm{P,i}}\right) \tag{18}$$

$q_{\mathrm{H,WE,P}}$	Wärme-Primärenergiebedarf;
q_{h}	Heizwärmebedarf des Gebäudes (Nutzwärme) nach DIN V 4108-6;
$q_{\mathrm{h,TW}}$	Gutschrift aus der Speicherung/Verteilung des Trinkwarmwassers;
$q_{\mathrm{h,L}}$	Gutschrift aus Wärmerückgewinnung;
$q_{\mathrm{H,ce}}$	Wärmeverlust Übergabe der Wärme an den Raum;
$q_{\mathrm{H,d}}$	Wärmeverlust der Wärmeverteilung;
$q_{\mathrm{H,s}}$	Wärmeverlust der Speicherung;
$e_{\mathrm{H,g,i}}$	Aufwand der Wärmeerzeugung;
$\alpha_{\mathrm{H,g,i}}$	Deckungsanteil an der Wärmeerzeugung (max. 1 = 100 %);
$f_{\mathrm{P,i}}$	Primärenergiefaktor (siehe Tabelle 20).

Hinweis: Index „i" = bei mehreren Wärmeerzeugern/Heizsträngen sind diese jeweils getrennt zu bilanzieren.

Hilfsenergie:

$$q_{\mathrm{H,HE,P}} = \left(q_{\mathrm{H,ce,HE}} + q_{\mathrm{H,d,HE}} + q_{\mathrm{H,s,HE}} + \sum_i q_{\mathrm{H,g,HE,i}} \cdot \alpha_{\mathrm{H,g,i}} \right) \cdot f_{\mathrm{P}} \tag{19}$$

$q_{\mathrm{H,HE,P}}$	Primär-Hilfsenergiebedarf
$q_{\mathrm{H,ce,HE}}$	Hilfsenergiebedarf für die Wärmeübergabe
$q_{\mathrm{H,d,HE}}$	Hilfsenergiebedarf der Wärmeverteilung
$q_{\mathrm{H,s,HE}}$	Hilfsenergiebedarf der Wärmespeicherung
$q_{\mathrm{H,g,HE,i}}$	Hilfsenergiebedarf der Wärmeerzeugung
$\alpha_{\mathrm{H,g,i}}$	Deckungsanteil des Wärmeerzeugers
$f_{\mathrm{P,i}}$	Primärenergiefaktor der verwendeten Energie (Strom in der Regel 2,6)

Die flächenbezogenen Werte multipliziert mit der Nutzfläche A_{N} ergeben einen Jahres-Primärenergiebedarf in KWh des zu bilanzierenden Heizstrangs:

$$Q_{\mathrm{H,P}} = \left(q_{\mathrm{H,WE,P}} + q_{\mathrm{H,HE,P}} \right) \cdot A_{\mathrm{N}} \tag{20}$$

mit A_{N} = Gebäudenutzfläche = 0,32 · V_{e}

Bei Gebäuden mit mehreren Heizsträngen und/oder Wärmeerzeugern sind zusätzlich die Hinweise in DIN V 4701-10 zu beachten.

5.2 Berechnung der Aufwandszahl für die Wärmeerzeugung

Ausgehend vom Teillast-Wirkungsgrad $\eta_{30\%}$, dem Bereitschaftsverlust $q_{\mathrm{B,70}}$ und der Nenn-Wärmeleistung $\dot{Q}_{\mathrm{n}}$ wird die Aufwandszahl $e_{\mathrm{H,g}}$ des Kessels in Abhängigkeit von der Kesselbelastung bestimmt. Bei Brennwertkesseln erfolgt zusätzlich eine Anpassung des Wirkungsgrades an die Kesseltemperatur.

Konstant- und Niedertemperaturkessel $e_{\mathrm{H,g}} = 1 / (f_{\varphi} \cdot \eta_{\mathrm{K}})$ (21)

Brennwertkessel, Gas oder Öl: $e_{\mathrm{H,g}} = 1 / (f_{\varphi} \cdot (\eta_{\mathrm{K}} + 0{,}003 \cdot (\vartheta_{30\%} - \vartheta_{\mathrm{km}}))$ (22)

$e_{\mathrm{H,g}}$	Aufwandszahl in [-];
f_{φ}	Belastungsfaktor des Kessels (siehe unten) in [-];
η_{K}	Wirkungsgrad des Kessels in [-];
$\vartheta_{30\%}$	mittlere Rücklauftemperatur bei der Messung des 30%-Teillastwirkungsgrades;
ϑ_{km}	mittlere Kesseltemperatur laut in [°C] nach Tabelle 22.

Hinweis: Für die mittlere Rücklauftemperatur bei der Messung des 30%-Teillastwirkungsgrades sind in DIN V 4701-10 keine Standardwerte enthalten. Bei derzeit am Markt üblichen Brennwertkesseln liegt dieser Wert im Bereich zwischen 30 und 35 °C. Sollten keine Herstellerangaben verfügbar sein, so wird empfohlen, bei einer Heizkreisauslegung von 70°/55°C den $\vartheta_{30\%}$ mit 35 °C und bei Auslegung von 55°/45°C mit 30°C anzunehmen.

Der Kesselwirkungsgrad η_K:

Für Öl-Brennwertkessel: $\eta_K = 1{,}05 \cdot \eta_{30\%} + q_{B,\vartheta} \cdot (1 - f_c) / \varphi_H$ (23)

Für alle anderen Kessel: $\eta_K = 1{,}00 \cdot \eta_{30\%} + q_{B,\vartheta} \cdot (1 - f_c) / \varphi_H$ (24)

Hinweis: Die Differenzierung zwischen den Kesselarten wurde vorgenommen, um Öl-Brennwertkessel bei der energetischen Bewertung nicht zu benachteiligen, da die Primärenergiefaktoren f_p einheitlich auf den unteren Heizwert bezogen sind.

η_K Wirkungsgrad des Kessels in [-];
$\eta_{30\%}$ Wirkungsgrad des Kessels bei 30%-Teillast in [-];
$q_{B,\vartheta}$ Bereitschaftsverluste des Kessels;
f_c Wärmeverlustfaktor in [-];
φ_H Belastungsgrad des Kessels in [-].

Ist der 30%-Teillastwirkungsgrad $\eta_{30\%}$ des Wärmeerzeugers nicht bekannt, so kann er unter Verwendung der nachfolgend aufgeführten Gleichungen berechnet werden. Werden Herstellerangaben verwendet, so ist darauf zu achten, dass diese mindestens den Anforderungen der Richtlinie EWG 92/42 (Heizkesselwirkungsgradrichtlinie) entsprechen.

30%-Teillastwirkungsgrad:

Konstanttemperatur-Heizkessel (bei $\vartheta_{K,m,Prüfung}$ = 50°C bestimmt):

$$\eta_{30\%} = (81{,}5 + 3{,}0 \log(\dot{Q}_n))/100 \quad (25)$$

Niedertemperatur-Heizkessel (bei $\vartheta_{K,m,Prüfung}$ = 40°C bestimmt):

$$\eta_{30\%} = (89 + 1{,}5 \log(\dot{Q}_n))/100 \quad (26)$$

Gas-Brennwertkessel (bei $\vartheta_{K,m,Prüfung}$ = 30°C bestimmt):

$$\eta_{30\%} = (98 + 1{,}0 \log(\dot{Q}_n))/100 \quad (27)$$

Gas-Brennwertkessel „verbessert“ (bei $\vartheta_{K,m,Prüfung}$ = 30°C bestimmt):

$$\eta_{30\%} = (103 + 1{,}0 \log(\dot{Q}_n))/100 \quad (28)$$

Öl-Brennwertkessel (bei $\vartheta_{K,m,Prüfung}$ = 30°C bestimmt):

$$\eta_{30\%} = (98 + 1{,}0 \log(\dot{Q}_n))/100 \quad (29)$$

mit $\dot{Q}_n$ = Nenn-Wärmeleistung des Kessels in [kW]

Wärmeverlustfaktor:

$$f_c = 25 \cdot q_{B,\vartheta} \quad (30)$$

f_c Wärmeverlustfaktor, in [-]

$q_{B,\vartheta}$ Bereitschaftsverluste des Kessels

Bei Aufstellung der Wärmeerzeuger außerhalb der gedämmten Gebäudehülle (thermischen Hülle) ist f_c mit 1,0 anzunehmen. Als innerhalb der thermischen Hülle des Gebäudes sind nur Geräte anzunehmen, die unabhängig von der Raumluft arbeiten. Der Wärmeverlustfaktor ist hierbei von den Bereitschaftsverlusten abhängig.

Der Belastungsfaktor f_φ ist abhängig von der Kesselbelastung φ_H und $q_{B,\vartheta}$ zu bestimmen:

$$f_\varphi = (1 + (1 / 0,3 - 1) \cdot q_{B,\vartheta}) / (1 + (1 / \varphi_H - 1) \cdot q_{B,\vartheta}) \qquad (31)$$

f_φ Belastungsfaktor des Kessels in [-];

$q_{B,\vartheta}$ Bereitschaftsverluste des Kessels in [-];

φ_H Belastungsgrad des Kessels in [-].

Der Belastungsgrad φ_H des Kessels:

$$\varphi_H = \frac{t_{100\%}}{t_{HP}} = \frac{\left(q_h + q_{H,ce} + q_{H,d} + q_{H,s} - q_{h,TW} - q_{h,L}\right) \cdot A_N \cdot \alpha_{H,g}}{\left(\dot{Q}_n \cdot t_{HP} \cdot 24\right)} = \frac{Q_H^* \cdot \alpha_{H,g}}{\left(\dot{Q}_n \cdot t_{HP} \cdot 24\right)} \qquad (32)$$

φ_H Belastungsgrad des Kessels in [-];

$t_{100\%}$ Laufzeit des Kessels zur Beheizung bei Nenn-Wärmeleistung in d/a;

t_{HP} Länge der Heizperiode in d/a;

q_h Heizwärmebedarf nach DIN V 4108-6 in kWh/(m²a);

$q_{H,ce}$ Wärmeverlust für die Heizwärme-Übergabe in kWh/(m²a);

$q_{H,d}$ Wärmeverlust für die Heizwärme-Verteilung in kWh/(m²a);

$q_{H,s}$ Wärmeverlust für die Heizwärme-Speicherung in kWh/(m²a);

$q_{h,TW}$ Heizwärmegewinn aus der Trinkwarmwasserversorgung in kWh/(m²a);

$q_{h,L}$ Heizwärmebeitrag der Lüftungsanlage in kWh/(m²a);

$A_{N,}$ Gebäude-Nutzfläche in m²;

$e_{H,g}$ Deckungsanteil des Erzeugers in [-];

$\dot{Q}_n$ Nenn-Wärmeleistung des Kessels in kW;

Q_H^* vom Wärmeerzeuger bereitzustellende Heizwärme in kWh.

Ist Q_H^* nicht bekannt (Vorplanungsphase), so kann φ_H mit folgender vereinfachten Annahme berechnet werden:

$$\varphi_H = 0,046 \cdot (\dot{Q}_n / 0,42)^{0,286} \qquad (33)$$

Bereitschaftswärmeverluste:

$$q_{B,\vartheta} = q_{B,70} \cdot (\vartheta_{km} - 20) / (70 - 20) \qquad (34)$$

$q_{B,\vartheta}$ Bereitschaftsverluste des Kessels;

$q_{B,70}$ Bereitschaftswärmeverlust des Kessels bei einer mittleren Kesseltemperatur von 70°C in [-];

ϑ_{km} mittlere Kesseltemperatur in °C.

Vereinfachte Annahmen für die Bereitschaftswärmeverluste $q_{B,70}$:

Konstanttempertur-Heizkessel: $$q_{B,70} = 0{,}12 \cdot (\dot{Q}_n / 0{,}42)^{-0{,}4} \quad (35)$$

Niedertemperatur- und Brennwertkessel: $$q_{B,70} = 0{,}06 \cdot (\dot{Q}_n / 0{,}42)^{-0{,}4} \quad (36)$$

Ist die Kessel-Nennwärmeleistung nicht bekannt, so kann sie mit der Gleichung 37 berechnet werden:

$$\dot{Q}_n = 0{,}42 \cdot A_N^{0{,}7} \quad (37)$$

Unter Anwendung der vorgenannten Gleichungen ergeben sich die nach DIN V 4701-10 für das Tabellenverfahren ermittelten Aufwandszahlen.

Tabelle 23: Aufwandszahlen der Wärmeerzeugung nach DIN V 4701-10

Beheizte Nutzfläche	Aufwandszahl $e_{H,g}$ [-]									
	Konstanttemperaturkessel	Niedertemperaturkessel			Brennwertkessel			Gas-Brennwertkessel verbessert ($\eta_{30\%} \geq (103 + 1{,}0 \log(\dot{Q}_n))/100$)		
	Aufstellung außerhalb der thermischen Hülle									
	alle	70/55	55/45	35/28	70/55	55/45	35/28	70/55	55/45	35/28
A_N [m²]	$e_{H,g}$ [-]									
100	1,38	1,15	1,14	1,12	1,08	1,05	1,00	1,03	1,00	0,95
150	1,33	1,14	1,13	1,11	1,07	1,05	1,00	1,02	0,99	0,95
200	1,30	1,13	1,12	1,11	1,07	1,04	0,99	1,01	0,99	0,95
300	1,27	1,12	1,12	1,10	1,06	1,04	0,99	1,01	0,98	0,95
500	1,23	1,11	1,11	1,10	1,05	1,03	0,99	1,00	0,98	0,94
750	1,21	1,11	1,10	1,10	1,05	1,03	0,99	1,00	0,98	0,94
1.000	1,20	1,10	1,10	1,09	1,05	1,02	0,99	0,99	0,97	0,94
1.500	1,18	1,10	1,09	1,09	1,04	1,02	0,98	0,99	0,97	0,94
2.500	1,16	1,09	1,09	1,09	1,04	1,02	0,98	0,99	0,97	0,94
5.000	1,14	1,09	1,08	1,08	1,03	1,01	0,98	0,98	0,97	0,93
10.000	1,13	1,08	1,08	1,08	1,03	1,01	0,98	0,98	0,96	0,93

Wird der Wärmerzeuger innerhalb der thermischen Hülle aufgestellt und ausschließlich raumluftunabhängig betrieben, so ergeben sich die in Tabelle 24 dargestellten Aufwandszahlen. Diese Annahme gilt allerdings nur bis zu einer Gebäudenutzfläche von maximal 500 m² (übliche Anwendungsgrenze derartiger Kessel).

Tabelle 24: Aufwandszahl für die Wärmeerzeugung nach DIN V 4701-10 für raumluftunabhängige Betriebsweise

Beheizte Nutzfläche	Aufwandszahl $e_{H,g}$ [-]									
	Konstant-temperaturkessel	Niedertemperaturkessel			Brennwertkessel			Gas-Brennwertkessel verbessert ($\eta_{30\%} \geq (103 + 1{,}0 \log(\dot{Q}_n))/100$)		
	ausschließlich raumluftunabhängige Betriebsweise Aufstellung innerhalb der thermischen Hülle									
	alle	70/55	55/45	35/28	70/55	55/45	35/28	70/55	55/45	35/28
A_N [m²]	$e_{H,g}$ [-]									
100	1,30	1,08	1,09	1,10	1,03	1,01	0,99	0,98	0,97	0,94
150	1,24	1,08	1,09	1,10	1,03	1,01	0,99	0,98	0,96	0,94
200	1,21	1,08	1,08	1,09	1,03	1,01	0,99	0,98	0,96	0,94
300	1,18	1,08	1,08	1,09	1,03	1,01	0,99	0,98	0,96	0,94
500	1,15	1,08	1,08	1,09	1,03	1,01	0,98	0,98	0,96	0,94

Aufwandzahlen für andere Wärmeerzeuger (z.B. Wärmepumpen) sind der DIN V 4701-10 und [Schoch -02] zu entnehmen.

5.3 Verluste der Wärmeverteilung

Wärmeabgabe zentraler Warmwasserheizungs-Rohrnetze:

$$Q_{H,d,i} = \frac{1}{1000} \cdot U_i \cdot L_i \cdot \left(\vartheta_{HK,m} - \vartheta_{u,m}\right) \cdot f_a \cdot f_b \cdot t_{HP} \cdot z \qquad (38)$$

$Q_{H,d,i}$ Wärmeabgabe eines Rohrabschnitts „i“, in kWh/a;
U_i längenspezifischer Wärmedurchgangskoeffizient in W/mK;
L_i Länge des Rohrabschnitts i, in m;
$\vartheta_{HK,m}$ mittlere Temperatur des Rohrabschnitts „i“, in °C;
$\vartheta_{u,m}$ mittlere Umgebungstemperatur, in °C;
f_a Wärmeverlustfaktor, in [-]
f_b Korrekturfaktor in [-]
t_{HP} Dauer der Heizperiode, in d/a;
z Laufzeit der Pumpe pro Tag, in h/d.

Die flächenbezogene Wärmeabgabe eines Rohrnetzes:

$$q_{H,d} = \frac{\Sigma Q_{H,d,i}}{A_N} \qquad (39)$$

$q_{H,d}$ flächenbezogene Wärmeabgabe des Heizungsnetzes in kWh/(m²a);
$Q_{H,d,i}$ Wärmeabgabe eines Rohrabschnitts, in kWh/a;

A_N Nutzfläche des Gebäudes, in m².

Tabelle 25: Annahmen für das Rohrleitungsnetz nach DIN V 4701-10

Kenngröße	Zeichen	Einheit	Bereich V L_V	Bereich S L_S	Bereich A L_A
Wärmedurchgangs-koeffizient	U	W/mK	0,2 bzw. 0,255	0,255	0,255
mittlere Umge-bungstemperatur	$\vartheta_{u,m}$	°C	13 bzw. 20	20	20
Wärmeverlustfaktor	f_a	-	1 bzw. 0,15	0,15	0,10
Korrekturfaktor	f_b	-	1	1	0,8
Laufzeit der Pumpe	z	h/d	24	24	24
Leitungslänge bei außen liegenden Strängen	L	m	$28{,}5 + 0{,}05 \cdot A_N$	$0{,}075 \cdot A_N$	$0{,}55 \cdot A_N$
Leitungslänge bei innen liegenden Strängen	L	m	$27{,}5 + 0{,}025 \cdot A_N$	$0{,}075 \cdot A_N$	$0{,}55 \cdot A_N$

L_V Leitungslänge zwischen Wärmeerzeuger und vertikalen Steigleitungen. Diese (horizontalen) Leitungen können im unbeheizten Bereich (Keller, Dachgeschoss) oder im beheizten Bereich (im Estrich) liegen.

L_S Strangleitungen (vertikal und ggf. auch horizontal). Diese Leitungen liegen im beheizten Bereich, entweder an den Außenwänden (Außenverteilung) oder überwiegend im Innern des Gebäudes (Innenverteilung). Durchgängige Zirkulation des Heizmediums.

L_A Anbindeleitungen. Absperrbare Leitungen im beheizten Bereich. Verbindung zwischen den zirkulierenden Leitungsabschnitten und den Heizkörpern.

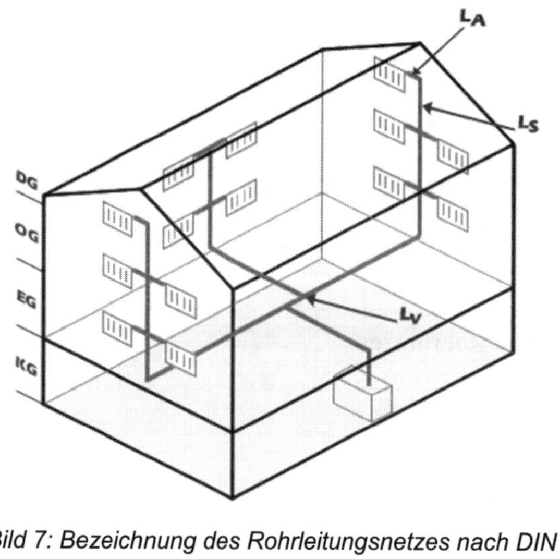

Bild 7: Bezeichnung des Rohrleitungsnetzes nach DIN V 4701-10

Werden die Standardrandbedingungen nach Tabelle 25 verwendet, so ergeben sich in Abhängigkeit von der Lage der Verteilungsstränge und von der Vor-/Rücklauftemperatur die in den Tabellen 26 und 27 dargestellten flächenbezogenen Verlustwerte.

Hinweis: Auch bei Vorhandensein einer Rohrleitungsplanung kann im öffentlich-rechtlichen Nachweis nach EnEV auf die Standardrandbedingungen zurückgegriffen werden, wenn diese zu geringeren Verlustwerten führen.

Tabelle 26: Flächenbezogener Wärmeverlust der Wärmeverteilung

Nutzfläche A_N	flächenbezogener Wärmeverlust der Verteilung q_d [kWh / m² a]							
	horizontale Verteilung außerhalb der thermischen Hülle							
	Verteilungsstränge außen liegend				Verteilungsstränge innen liegend			
	90/70°C	70/55°C	55/45°C	35/28°C	90/70°C	70/55°C	55/45°C	35/28°C
100	15,2	11,4	8,6	4,4	13,8	10,3	7,8	4,0
150	11,5	8,6	6,5	3,2	10,3	7,7	5,8	2,9
200	9,7	7,2	5,4	2,7	8,5	6,3	4,8	2,3
300	7,9	5,8	4,4	2,1	6,8	5,0	3,7	1,8
500	6,4	4,7	3,5	1,7	5,4	3,9	2,9	1,3
750	5,7	4,2	3,1	1,4	4,6	3,4	2,5	1,1
1.000	5,3	3,9	2,9	1,3	4,3	3,1	2,3	1,0
1.500	4,9	3,6	2,7	1,2	3,9	2,9	2,1	0,9
2.500	4,6	3,4	2,5	1,1	3,7	2,7	1,9	0,8
5.000	4,4	3,2	2,4	1,1	3,4	2,5	1,8	0,8
10.000	4,3	3,1	2,3	1,0	3,3	2,4	1,8	0,7

Tabelle 27: Flächenbezogener Wärmeverlust der Wärmeverteilung

Nutzfläche A_N	flächenbezogener Wärmeverlust der Verteilung q_d [kWh / m² a]							
	horizontale Verteilung innerhalb der thermischen Hülle							
	Verteilungsstränge außen liegend				Verteilungsstränge innen liegend			
	90/70 °C	70/55 °C	55/45 °C	35/28 °C	90/70 °C	70/55 °C	55/45 °C	35/28 °C
100	4,3	3,1	2,2	0,8	4,1	2,9	2,1	0,7
150	3,8	2,7	1,9	0,7	3,6	2,5	1,8	0,6
200	3,5	2,5	1,7	0,6	3,3	2,3	1,6	0,6
300	3,2	2,2	1,6	0,6	3,0	2,1	1,5	0,5
500	2,9	2,1	1,5	0,5	2,8	2,0	1,4	0,5
750	2,8	2,0	1,4	0,5	2,7	1,9	1,3	0,5
1.000	2,8	2,0	1,4	0,5	2,6	1,8	1,3	0,5
1.500	2,7	1,9	1,3	0,5	2,5	1,8	1,3	0,4
2.500	2,7	1,9	1,3	0,5	2,5	1,8	1,2	0,4
5.000	2,6	1,9	1,3	0,5	2,5	1,7	1,2	0,4
10.000	2,6	1,8	1,3	0,5	2,4	1,7	1,2	0,4

5.4 Verluste der Wärmeübergabe

Die Verluste der Wärmeübergabe berücksichtigen die Tatsache, dass es bei der Übertragung der Wärme von einem Medium auf das andere (Wasser-Luft) zumindest zeitweise zu einer Überhitzung der Raumluft kommen kann. Der Grad der Überhitzung ist dabei vor allem von der Regelgenauigkeit des verwendeten Regelsystems und von seiner Trägheit abhängig.

In Tabelle 28 sind die Standardwerte für den Übergabeverlust bei Warmwasserheizungen mit freien Heizflächen (Heizkörper) und integrierten Heizflächen (Wand- oder Fußbodenheizungen) dargestellt. In Neubauten werden heute überwiegend freie Heizflächen mit Thermostatventilen und einem Auslegungsproportionalitätsbereich von 1 Kelvin eingesetzt.

Tabelle 28: Flächenbezogener Verlust der Wärmeübergabe q_{ce} von Warmwasserheizungen für die Übergabe der Wärme im Raum nach DIN V 4701-10

System		Regelung	q_{ce} in kWh/m²a	Bemerkungen
Freie Heizflächen	a) überwiegende Anordnung der Heizflächen im Außenwandbereich	Thermostatregelventile und andere P-Regler mit Auslegungsproportionalbereich:		
		2 Kelvin	3,3	
		1 Kelvin	1,1	
		elektronische Regeleinrichtung	0,7	zeit- und temperaturabhängig arbeitend, mit PI- oder vergleichbarem Regelverhalten
		elektronische Regeleinrichtung mit Optimierungsfunktion	0,4	mit zusätzlichen Funktionen wie z.B. Fensteröffnungs- oder Präsenzerkennung
	b) überwiegende Anordnung im Innenwandbereich		q_{ce} + 1,1	
Integrierte Heizflächen	Fußbodenheizungen und andere Flächenheizungen	Einzelraumregelung mit Zweipunktregler		
		Schaltdifferenz 2 Kelvin	3,3	
		Schaltdifferenz 0,5 Kelvin	1,1	
		elektronische Regeleinrichtung	0,7	zeit- und temperaturabhängig arbeitend
		elektronische Regeleinrichtung mit Optimierungsfunktion	0,4	mit zusätzlichen Funktionen wie z.B. Fensteröffnungs- oder Präsenzerkennung

5.5 Verluste der Wärmespeicherung

In Heizkreisen werden Pufferspeicher vornehmlich zur Verringerung der Taktfrequenz (Häufigkeit des Zuschaltens des Brenners) eingesetzt. Überdies werden mit Pufferspeichern auch solare Wärmeeinträge gespeichert, die dann in Zeiten mit geringer Wärmeanforderung vorrangig genutzt werden können. Wärmeverluste des Speichers sind abhängig von:

- seinem Aufstellungsort (innerhalb oder außerhalb der thermischen Hülle),
- der Dämmung des Speichers und
- der Temperatur des Rohrabschnitts.

Herstellerangaben dürfen verwendet werden, wenn diese auf Prüfungen nach DIN 4753-8 basieren.

$$q_{\mathrm{H,s}} = \frac{1{,}2 \cdot \frac{(\vartheta_{\mathrm{HK,m}} - \vartheta_{\mathrm{u,m}})}{45} \cdot f_{\mathrm{a}} \cdot t_{\mathrm{HP}} \cdot q_{\mathrm{B,S}}}{A_{\mathrm{N}}} \tag{40}$$

$q_{\mathrm{H,s}}$ flächenbezogener Bereitschafts-Wärmeverlust des Speichers in kWh/(m²a);
$\vartheta_{\mathrm{HK,m}}$ mittlere Temperatur des Rohrabschnitts in °C;
$\vartheta_{\mathrm{u,m}}$ mittlere Umgebungstemperatur in °C;
f_{a} Wärmeverlustfaktor in [-];
t_{HP} Dauer der Heizperiode in d/a;
$q_{\mathrm{B,s}}$ Bereitschafts-Wärmeverlust in kWh/d;
A_{N} Gebäude-Nutzfläche in m².

Liegen keine Messwerte für den flächenbezogenen Bereitschafts-Wärmeverlust vor, so kann dieser vereinfacht nach Gleichung (41) bestimmt werden:

$$q_{\mathrm{B,S}} = 0{,}5 + 0{,}25 \cdot V^{0,4} \tag{41}$$

$q_{\mathrm{B,S}}$ Bereitschafts-Wärmeverlust in kWh/d
V Speicher-Nenninhalt in l.

Ist auch der Nenninhalt noch nicht festgelegt, so kann dieser mit Gleichung (42) oder (43) in Abhängigkeit von der Gebäudenutzfläche A_{N} berechnet werden.

$V = 4 + A_{\mathrm{N}}^{0,7}$ bei Kombination des Speichers mit einer Wärmepumpe (42)
$V = 10{,}5 + A_{\mathrm{N}}^{0,7}$ bei Kombination mit Biomassen-Wärmeerzeuger (43)

Beispiel: Pufferspeicher mit Wärmepumpe
Gebäude mit einen Volumen von $V_{\mathrm{e}} = 600\ \mathrm{m}^3$
Gebäudenutzfläche: $A_{\mathrm{N}} = 0{,}32 \cdot 600 = 192\ \mathrm{m}^2$
Bereitschafts-Wärmeverlust des Pufferspeichers:
$q_{\mathrm{B,S}} = 0{,}5 + 0{,}25 \cdot (4 \cdot 192^{0,7})^{0,4} = 2{,}40\ \mathrm{kWh/(m^2a)}$

Werden die vereinfachten Annahmen nach Gleichung 42 und 43 verwendet, so ergeben sich für den Fall einer Kombination des Speichers z.B. mit einer Wärmepumpe die in Tabelle 29 aufgezeigten flächenbezogenen Wärmeverlustwerte.

Tabelle 29: Flächenbezogener Wärmeverlust der Wärmespeicherung

Nutzfläche A_N [m²]	Wärmeverlust $q_{H,s}$ [kWh/(m²a)]			
	Aufstellung innerhalb der thermischen Hülle		Aufstellung außerhalb der thermischen Hülle	
	55/45°C	35/28°C	55/45°C	35/28°C
100	0,3	0,1	2,6	1,4
150	0,2	0,1	1,9	1,0
200	0,2	0,1	1,5	0,8
300	0,1	0,0	1,1	0,6
500	0,1	0,0	0,7	0,4
750	0,1	0,0	0,5	0,3
1000	0,0	0,0	0,4	0,2
1500	0,0	0,0	0,3	0,2
2500	0,0	0,0	0,2	0,1
5000	0,0	0,0	0,2	0,1
10000	0,0	0,0	0,2	0,1

5.6 Hilfsenergiebedarf

Bei der Erzeugung, Übergabe, Verteilung und Speicherung der Heizwärme wird Hilfsenergie (Strom) zum Betrieb der Anlagenkomponenten verwendet. Dieser Energiebedarf ist bei der energetischen Bewertung der Heizungsanlage zu berücksichtigen.

Hilfsenergiebedarf Wärmeerzeugung (Kessel):

Der Hilfsenergiebedarf des Wärmeerzeugers (Kessels) ist abhängig von der elektrischen Leistungsaufnahme des Kessels, von der Dauer der Heizperiode und vom Belastungsgrad.

$$q_{H,g,HE} = \frac{\varphi_H}{0,3} \cdot \frac{t_{HP} \cdot 24 \cdot P_{HE}}{A_N} \tag{44}$$

$q_{H,g,HE}$ flächenbezogener Hilfsenergiebedarf des Kessels in kWh/(m²a);

P_{HE} elektrischen Leistungsaufnahme des Kessels in kW;

A_N Gebäude-Nutzfläche in m²;

φ_H Belastungsgrad des Kessels in [-],

t_{HP} Länge der Heizperiode in d/a.

Ist die elektrische Leistungsaufnahme des Kessels nicht bekannt, so kann diese unter Beachtung der Nennwärmeleistung des Kessels vereinfacht mit

$$P_{HE} = 0,015 \cdot \dot{Q}_n^{\,0,48} \tag{45}$$

berechnet werden.

Bei Verwendung anderer Wärmeerzeuger siehe DIN V 4701-10, [Schoch-02] und [Schoch-04].

Der Hilfsenergiebedarf, der sich unter Einbeziehung der Standardrandbedingungen ergibt, ist in Tabelle 30 aufgeführt.

Tabelle 30: Hilfsenergiebedarf Wärmeerzeugung (für alle Kesselarten)

A_N in m²	100	150	200	300	500	750	1000	1500	2500	5000	10000
$q_{g,HE}$ [kWh/m²a]	0,79	0,66	0,58	0,48	0,38	0,31	0,27	0,23	0,18	0,13	0,09

Hilfsenergiebedarf Wärmeverteilung (Warmwasser-Rohrnetz):

Die Bestimmung des Hilfsenergiebedarfs der Heizungs-Umwälzpumpe in Warmwasser-Rohrnetzen erfolgt auf der Grundlage der Gleichung 46.

$$q_{\mathrm{H,d,HE}} = \frac{P_{\mathrm{Pumpe}} \cdot t_{\mathrm{HP}} \cdot z}{f_{\mathrm{p}} \cdot 1000 \cdot A_{\mathrm{N}}} \qquad (46)$$

$q_{\mathrm{H,d,HE}}$ flächenbezogener Hilfsenergiebedarf der Pumpe in kWh/(m²a);
P_{Pumpe} Nennleistungsaufnahme der Pumpe in W – nach Auslegung oder Tabelle 31
t_{HP} Dauer der Heizperiode in d/a;
z Laufzeit der Pumpe pro Tag in h/d;
f_{p} Korrekturfaktor für regelbare Pumpe in [-];
A_{N} Nutzfläche des Gebäudes in m²;

Ist die Nennleistungsaufnahme nicht bekannt (fehlende Herstellerangaben), so kann sie auf Basis der in Tabelle 31 enthaltenen Gleichungen berechnet werden.

Tabelle 31: Elektrische Leistungsaufnahme P_{Pumpe} von Heizungs-Umwälzpumpen bei Verwendung von freien Heizflächen in [W]

	Spreizung [K]	P_{Pumpe} [W]
90°/70°-Heizkreis	20	41 + 0,046 . A_N
70°/55°-Heizkreis	15	44 + 0,059 . A_N
55°/45°-Heizkreis	10	45 + 0,085 . A_N

Werden integrierte Heizflächen verwendet (z.B. Fußboden- oder Wandheizungen), so ist für die in diesem Fall übliche Temperaturspreizung von 35°/28°C (7 K) die elektrische Leistungsaufnahme nach Gleichung 47 zu berechnen.

$$P_{\mathrm{Pumpe}} = 80 + 0{,}150 \cdot A_{\mathrm{N}}\ [\mathrm{W}] \qquad (47)$$

Der flächenbezogene Hilfsenergiebedarf wird auch durch die Regelbarkeit der eingesetzten Pumpen beeinflusst. Werden ungeregelte Pumpen verwendet, so ist der Korrekturfaktor f_{p} immer mit 1 anzusetzen, bei geregelten Pumpen ist Gleichung 48 zu verwenden.

$$f_{\mathrm{p}} = \left(1{,}4 - \frac{20}{A_{\mathrm{N}}}\right) \qquad (48)$$

Werden die oben aufgezeigten Standardrandbedingungen verwendet, so ergeben sich die in Tabelle 32 enthalten Bedarfswerte.

Tabelle 32 : Flächenbezogener Hilfsenergiebedarf für eine Temperaturspreizung von 20, 15, 10 und 7 K

Nutzfläche A_N	Geregelte Pumpen				Ungeregelte Pumpen			
	freie Heizflächen			integrierte Heizflächen	freie Heizflächen			integrierte Heizflächen
[m²]	20 K 90/70 °C	15 K 70/55 C	10 K 55/45 C	7 K 35/28 °C	20 K 90/70 °C	15 K 70/55 °C	10 K 55/45 C	7 K 35/28°C
100	1,69	1,85	1,98	3,52	2,02	2,22	2,38	4,22
150	1,12	1,24	1,35	2,40	1,42	1,56	1,71	3,03
200	0,86	0,95	1,06	1,88	1,11	1,24	1,38	2,44
300	0,61	0,68	0,78	1,39	0,81	0,91	1,04	1,85
500	0,42	0,48	0,57	1,01	0,57	0,65	0,78	1,38
750	0,33	0,38	0,47	0,83	0,45	0,52	0,64	1,14
1.000	0,28	0,33	0,42	0,74	0,39	0,46	0,58	1,02
1.500	0,23	0,28	0,37	0,65	0,33	0,39	0,51	0,90
2.500	0,20	0,24	0,33	0,58	0,28	0,34	0,46	0,81
5.000	0,17	0,22	0,30	0,53	0,24	0,30	0,42	0,74
10.000	0,16	0,20	0,28	0,50	0,22	0,28	0,40	0,70

Hinweis: Ist der Hilfsenergiebedarf der Umwälzpumpe bereits in der Berechnung des Hilfsenergiebedarfs des Wärmeerzeugers enthalten (integrierte Umwälzpumpe), so kann auf eine separate Berechnung von $q_{d,HE}$ an dieser Stelle verzichtet werden.

Hilfsenergiebedarf Wärmeübergabe

Wird bei der Wärmeübergabe an den Raum keine Hilfsenergie eingesetzt (Regelfall), so ist $q_{ce,HE}$ ist mit 0 kWh/m²a anzunehmen. Für Systeme mit Ventilatoren (z.B. Luftheizungen) wird ein flächenbezogener Hilfsenergiebedarf von 0,5 kWh/m²a angenommen. Bei anderen Systemen (z.B. Thermostatventil mit Stellmotoren) ist der Hilfsenergiebedarf gegebenenfalls abzuschätzen.

Hilfsenergiebedarf Wärmespeicherung (Pufferspeicher)

In manchen Systemen werden die Pufferspeicher mit separaten Umwälzpumpen versorgt. Für diesen Fall ist auch der Hilfsenergiebedarf dieser Umwälzpumpe zu berücksichtigen.

$$q_{H,s,HE} = \frac{P_{Pumpe} \cdot t_P}{1000 \cdot A_N} \qquad (49)$$

$q_{H,S,HE}$ flächenbezogener Hilfsenergiebedarf der Pumpe in kWh/(m²a);

P_{Pumpe} Nennleistungsaufnahme der Pumpe in W;

t_P Betriebsdauer der Umwälzpumpe in h/a;

A_N Nutzfläche des Gebäudes in m².

Wird die Pumpe gleichzeitig mit dem Wärmeerzeuger benutzt, so ergibt sich eine Betriebsdauer von:

$$t_P = 0{,}33 \cdot 24 \cdot t_{HP} \quad (t_{HP} = \text{Länge der Heizperiode}) \qquad (50)$$

Bei separatem Betrieb ist die Betriebsdauer mit 24 h/Heiztag anzunehmen. Die Anzahl der Heiztage ergibt sich aus 24 x Heizperiodendauer.

Die Pumpenleistung, sofern nicht bekannt, kann vereinfachend mit der Gleichung 51 ermittelt werden.

$$P_{Pumpe} = 40 + 0{,}03 \cdot A_N \qquad (51)$$

P_{Pumpe} Nennleistungsaufnahme der Pumpe in W;

A_N Nutzfläche des Gebäudes in m².

Beispiel:

Gebäude mit $A_N = 192\ m^2$

Speicherpumpe, paralleler Betrieb mit Wärmeerzeuger (Kessel)

$t_P = 0{,}33 \cdot 24 \cdot 185 = 1465\ h/a$

$P_{Pumpe} = 40 + 0{,}03 \cdot 192 = 46\ W$

$$q_{H,s,HE} = \frac{46 \cdot 1465}{1000 \cdot 192} = 0{,}35\ kWh/m^2a$$

Werden die Standardrandbedingungen nach DIN V 4701-10 verwendet, so ergeben sich die in der Tabelle 33 zusammengestellten Bedarfswerte für die Hilfsenergie.

Tabelle 33: Hilfsenergiebedarf Wärmespeicherung $q_{g,HE}$

A_N in m²	100	150	200	300	500	750	1000	1500	2500	5000	10.000
$q_{g,HE}$ [kWh/m²a]	0,63	0,43	0,34	0,24	0,16	0,12	0,10	0,08	0,07	0,06	0,05

6 Energetische Bilanzierung der Trinkwassererwärmung

6.1 Methodik der Bilanzierung

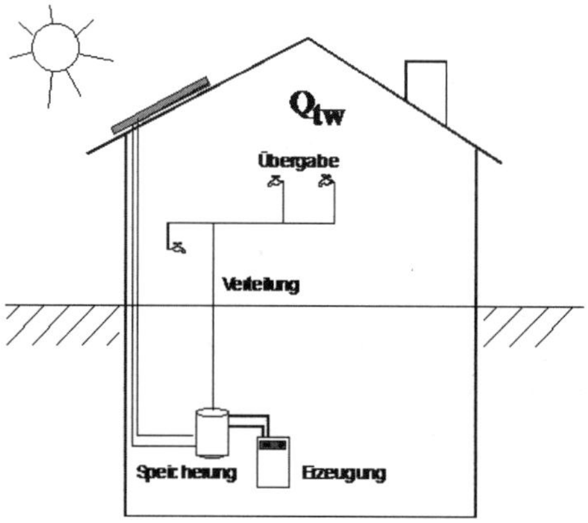

Bild 8: Darstellung eines Trinkwarmwasser-Stranges nach DIN V 4701-10

Die Bilanzierung der Trinkwassererwärmung erfolgt auf der Grundlage des in Bild 9 dargestellten Berechnungsschemas.

Hinweis: Trinkwarmwasser wird in den folgenden Abschnitten mit TWW abgekürzt.

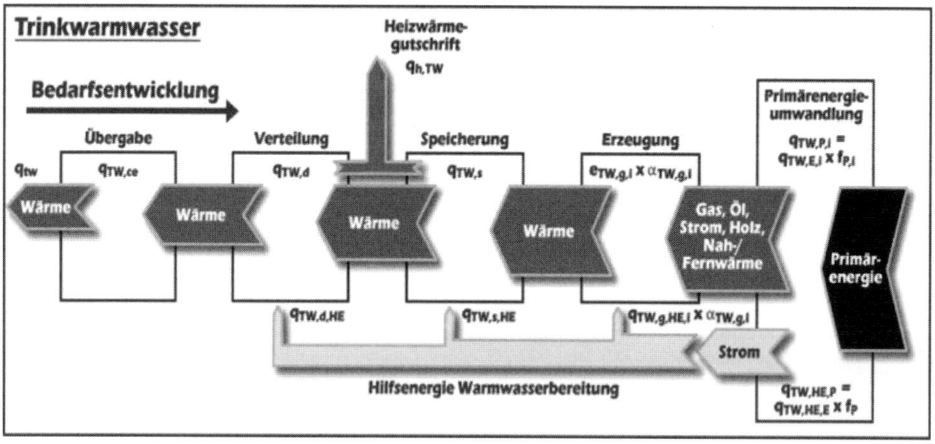

Bild 9: Berechnungsmethodik der Trinkwassererwärmung

Der Gesamtaufwand zur Bereitstellung des Trinkwarmwassers für ein Gebäudes setzt sich zusammen aus dem:

- Aufwand für die Übergabe des Trinkwarmwassers;
- Aufwand für die Verteilung des Trinkwarmwassers (Leitungsnetz);
- Aufwand für die Speicherung des Trinkwarmwassers und dem
- Aufwand für die Erzeugung des Trinkwarmwassers.

Zusätzlich ist die benötigte Hilfsenergie (Strom) für alle Anlagenkomponenten zu berücksichtigen (z.B. Zirkulationspumpen).

Die Berechnung des Primärenergiebedarfs der Trinkwassererwärmung erfolgt nach Gleichung 52 und 53, hier nutzflächenbezogen dargestellt:

Wärmeenergie:

$$q_{TW,WE,P} = \left(q_{tw} + q_{TW,ce} + q_{TW,d} + q_{TW,s}\right) \cdot \sum_i \left(e_{TW,g,i} \cdot \alpha_{TW,g,i} \cdot f_{P,i}\right) \quad (52)$$

$q_{TW,WE,P}$	Wärme – Primärenergiebedarf;
q_{tw}	Trinkwasserwärmebedarf;
$q_{TW,ce}$	Wärmeverlust Übergabe TWW;
$q_{TW,d}$	Wärmeverlust der TWW-Verteilung;
$q_{TW,s}$	Wärmeverlust der Speicherung des TWW;
$q_{TW,g,i}$	Aufwand der TWW-Erzeugung(Kehrwert des Wirkungsgrades eines Kessels);
$\alpha_{TW,g,i}$	Deckungsanteil an der TWW-Erzeugung (max. 1 = 100 %);
$f_{P,i}$	Primärenergiefaktor der verwendeten Energie.

Hinweis: Index „i“ = bei mehreren TWW-Erzeugern/Heizsträngen sind diese jeweils getrennt zu bilanzieren.

Hilfsenergie:

$$q_{TW,HE,P} = \left(q_{TW,ce,HE} + q_{TW,d,HE} + q_{TW,s,HE} + \sum_i q_{TW,g,HE,i} \cdot \alpha_{TW,g,i}\right) \cdot f_P \quad (53)$$

$q_{TW,HE,P}$	Primär-Hilfsenergiebedarf;
$q_{TW,ce,HE}$	Hilfsenergiebedarf für die TWW-Übergabe;
$q_{TW,d,HE}$	Hilfsenergiebedarf der TWW-Verteilung;
$q_{TW,s,HE}$	Hilfsenergiebedarf der TWW-Speicherung;
$q_{TW,g,HE,i}$	Hilfsenergiebedarf der TWW-Erzeugung;
$\alpha_{TW,g,i}$	Deckungsanteil des TWW-Erzeugers;
$f_{P,i}$	Primärenergiefaktor (für Strom in der Regel = 2,6).

Aus der Multiplikation mit der Nutzfläche A_N resultiert der Jahres-Primärenergiebedarf in kWh für die Bereitstellung des Trinkwarmwassers:

$$Q_{TW,P} = (q_{tw,WE,P} + q_{tw,HE,P}) \cdot A_N \quad (54)$$

mit A_N = Gebäudenutzfläche

Bei Gebäuden mit mehreren Strängen zur Trinkwarmwasserversorgung und/oder mehreren Trinkwarmwasser-Erzeugern sind die Hinweise zur Zusammenfassung der Bilanzierung nach DIN V 4701-10 zu beachten.

6.2 Berechnung der Aufwandszahl der TWW-Erzeugung

Aufbauend auf dem Nennleistungs-Wirkungsgrad $\eta_{100\%}$, dem Bereitschaftsverlust $q_{B,70}$ und der Nenn-Wärmeleistung $\dot{Q}_n$ wird die Aufwandszahl $e_{TW,g}$ des Kessels unter Berücksichtigung der vorhandenen Kesselbelastung bestimmt

$$e_{TW,g} = (1 + (1 / \varphi_{TW} - 1) \cdot (1 - t_{HP} / t_{TW}) \cdot q_{B,\vartheta}) / \eta_{100\%} \tag{55}$$

$e_{TW,g}$ Aufwandszahl in [-];
$\eta_{100\%}$ Wirkungsgrad des Kessels bei Nennleistung in [-];
$q_{B,\vartheta}$ Bereitschaftsverluste des Kessels bei der mittleren Kesseltemperatur in [-];
φ_{TW} Belastungsgrad des Kessels in [-];
t_{TW} Bereitstellungsdauer für Trinkwarmwasser in d/a;
t_{HP} Länge der Heizperiode in d/a.

Wird ein Kessel ganzjährig ausschließlich zur TWW-Bereitstellung genutzt, so ist $t_{HP} = 0$. Der Belastungsgrad des Kessels wird nach Gleichung (56) berechnet:

$$\varphi_{TW} = \frac{t_{100\%}}{t_{TW}} = \frac{\left(q_{tw} + q_{TW,ce} + q_{TW,d} + q_{TW,s}\right) \cdot A_N \cdot \alpha_{TW,g}}{\left(\dot{Q}_n \cdot t_{TW} \cdot 24\right)} = \frac{Q^*_{TW} \cdot \alpha_{TW,g}}{\left(\dot{Q}_n \cdot t_{TW} \cdot 24\right)} \tag{56}$$

φ_{TW} Belastungsgrad des Kessels in [-];
$t_{100\%}$ Laufzeit des Kessels bei Nenn-Wärmeleistung in d/a;
t_{TW} Bereitstellungsdauer für Trinkwarmwasser in d/a;
q_{tw} Trinkwarmwasserbedarf in kWh/(m²a);
$q_{TW,ce}$ Wärmeverlust für die Trinkwarmwasser-Übergabe in kWh/(m²a);
$q_{TW,d}$ Wärmeverlust für die Trinkwarmwasser-Verteilung in kWh/(m²a);
$q_{TW,s}$ Wärmeverlust für die Trinkwarmwasser-Speicherung in kWh/(m²a);
A_N Gebäude-Nutzfläche in m²;
$\alpha_{TW,g}$ Deckungsanteil des Erzeugers in [-];
$\dot{Q}_n$ Nenn-Wärmeleistung des Kessels in kW;
Q^*_{TW} Wärmebedarf der Trinkwarmwasseranlage.

Der Bereitschaftswärmeverlust des Kessels bei mittlerer Kesseltemperatur beträgt:

$$q_{B,\vartheta} = q_{B,70} \cdot (\vartheta_{K,m} - 20)/(70-20) \tag{57}$$

$q_{B,\vartheta}$ Bereitschaftsverluste des Kessels bei der mittleren Kesseltemperatur in [-];
$q_{B,70}$ Bereitschaftswärmeverlust des Kessels bei einer mittleren Kesseltemperatur von 70°C in [-];
$\vartheta_{K,m}$ mittlere Kesseltemperatur in °C.

Mittlere Kesseltemperatur:

Konstanttemperaturkessel:	$\vartheta_{K,m} = 70\ °C$	(58)
Kombikessel:	$\vartheta_{K,m} = 35\ °C + 0{,}002 \cdot A_N$	(59)
Niedertemperatur- und Brennwert-Heizkessel:	$\vartheta_{K,m} = 35\ °C + 0{,}002 \cdot A_N$ (für $A_N > 10.000\ m^2 : \vartheta_{K,m} = 55\ °C$	(60)

Der Bereitschaftswärmeverluste bei einer mittleren Kesseltemperatur von 70°C :

Konstanttemperaturkessel: $$q_{B,70} = 0{,}12 \cdot (\dot{Q}_n / 0{,}42)^{-0{,}4} \quad (61)$$

Niedertemperatur- und Brennwert-Heizkessel: $$q_{B,70} = 0{,}06 \cdot (\dot{Q}_n / 0{,}42)^{-0{,}4} \quad (62)$$

Werden Kombikessel (integrierte Trinkwassererwärmung) verwendet, so ist zwischen Kesseln mit Wärmetauscher K_{DL} (Tauschervolumen < 2 Liter) und Kesseln mit Kleinspeicher K_{Sp} (Speichervolumen 2 Liter bis 10 Liter) zu unterscheiden.

$$K_{DL} : q_{B,70} = 0{,}012 \quad (63)$$
$$K_{Sp} : q_{B,70} = 0{,}022 \quad (64)$$

Die Nennwärmeleistung kann vereinfachend nach Gleichung (65) berechnet werden:

$$\dot{Q}_n = 0{,}42 \cdot A_N^{0{,}7} \text{ bzw. für Kombikessel } \dot{Q}_n = 24\ kW \quad (65)$$

Der Nennleistungs-Wirkungsgrad $\eta_{100\%}$ in [-] in Abhängigkeit von der Kessel-Nennwärmeleistung $\dot{Q}_n$ in [kW] bei einer Prüftemperatur von 70°C beträgt:

Konstanttemperaturkessel:: $$\eta_{100\%} = (85{,}0 + 2{,}0 \cdot \log(\dot{Q}_n))/100 \quad (66)$$

Niedertemperaturkessel: $$\eta_{100\%} = (88{,}5 + 2{,}0 \cdot \log(\dot{Q}_n))/100 \quad (67)$$

Brennwertkessel: $$\eta_{100\%} = (92{,}0 + 2{,}0 \cdot \log(\dot{Q}_n))/100 \quad (68)$$

Brennwertkessel verbessert: $$\eta_{100\%} = (94{,}0 + 2{,}0 \cdot \log(\dot{Q}_n))/100 \quad (69)$$

Beispiel:

Gebäudenutzfläche: 192 m² , Brennwertkessel

Nennwärmeleistung:

$$\dot{Q}_n = 0{,}42 \cdot 192^{0{,}7} = 16{,}65\ kW$$

Nennleistungs-Wirkungsgrad:

$$\eta_{100\%} = (92{,}0 + 2{,}0 \cdot \log(16{,}65))/100 = 0{,}93\ [-]$$

Werden bei der Berechnung der Aufwandszahl für die TW-Erwärmung die vereinfachten Annahmen verwendet, so ergeben sich die Werte nach Tabelle 34.

Hinweis: Der Belastungsgrad φ_{TW} des Kessels wurde mit einem Trinkwasserwärmebedarf von $Q^*_{TW} = 70{,}56 \cdot A_N^{0,7} + 2{,}12 \cdot A_N^{1,2}$ ermittelt. Ist der Trinkwasserwärmebedarf des Gebäudes bekannt, so sollte statt dieser Vereinfachung immer der tatsächliche Bedarfswert für die Ermittlung der Aufwandszahl herangezogen werden.

Tabelle 34: Aufwandszahlen $e_{TW,g}$ der Trinkwassererwärmung für Heizkessel

A_N [m²]	Konstant-temperatur-kessel (Öl und Gas)	Niedertem-peraturkes-sel (NT)	Brennwert-kessel	Gas-Brenn-wertkessel verbessert	Kombikes-sel NT DL/KSp	Kombikes-sel Bren-wert DL/KSp
	$e_{TW,g}$ [-]					
100	1,82	1,21	1,17	1,15	1,27/1,41	1,23/1,36
150	1,71	1,19	1,15	1,13	1,22/1,32	1,19/1,28
200	1,64	1,18	1,14	1,12	1,20/1,27	1,16/1,24
300	1,56	1,17	1,13	1,11	1,17/1,22	1,14/1,19
500	1,46	1,15	1,12	1,10	1,15/1,18	1,11/1,15
750	1,40	1,14	1,11	1,09		
1.000	1,36	1,14	1,10	1,08		
1.500	1,31	1,13	1,10	1,07		
2.500	1,26	1,12	1,09	1,07		
5.000	1,21	1,11	1,08	1,06		
10.000	1,17	1,10	1,08	1,05		

Für andere Wärmeerzeuger (z.B. Wärmepumpen, elektrische Trinkwassererzeuger) können die Anlagenaufwandszahlen der DIN V 4701-10 oder [Schoch -02] entnommen werden.

6.3 Verluste der TWW-Verteilung

Die Berechnung der Wärmeabgabe eines Rohrabschnittes „i“ mit oder ohne Zirkulationsleitung erfolgt nach Gleichung 70.

Wärmeabgabe des TW-Rohrleitungsnetzes:

$$Q_{TW,d,i} = \frac{1}{1000} \cdot U_i \cdot L_i \cdot \left(\vartheta_{TW,m} - \vartheta_{u,m}\right) \cdot t_{TW} \cdot z \qquad (70)$$

$Q_{TW,d,i}$ Wärmeabgabe des Rohrabschnitts in kWh/a;
U_i längenspezifischer Wärmedurchgangskoeffizient in W/(mK);
L_i Länge des Rohrabschnitts in m;
$\vartheta_{TW,m}$ mittlere Temperatur des Rohrabschnitts in °C;
$\vartheta_{u,m}$ mittlere Umgebungstemperatur in °C;
t_{TW} Bereitstellungsdauer für Trinkwarmwasser in d/a;
z Laufzeit der Zirkulationspumpe in h/d.

Flächenbezogene Wärmeabgabe:

$$q_{\mathrm{TW,d}} = \frac{\Sigma Q_{\mathrm{TW,d,i}}}{A_{\mathrm{N}}} \tag{71}$$

$q_{\mathrm{TW,d}}$ flächenbezogene Wärmeabgabe des Trinkwarmwassernetzes in kWh/(m²a);
$Q_{\mathrm{TW,d,i}}$ Wärmeabgabe des Rohrabschnitts in kWh/a.
A_{N} Nutzfläche des Gebäudes in m².

Laufzeit der Zirkulationspumpe:

$$z = 10 + \frac{1}{0{,}07 + \frac{50}{A_{\mathrm{N}}}} \tag{72}$$

z Laufzeit der Zirkulationspumpe, in [h/d]
A_{N} Nutzfläche des Gebäudes, in [m²]

Die Leitungslängen der Rohrleitungen können der jeweiligen Hausplanung entnommen werde. Liegt diese nicht vor, so sind nach DIN V 4701-10 die in Tabelle 35 dargestellten vereinfachten Annahmen möglich.

Tabelle 35: Vereinfachte Annahmen für das TW-Leitungsnetz nach DIN V 4701-10

Kenngröße	Zeichen	Einheit	Bereich V L_V	Bereich S L_S	Bereich SL L_{SL}
Wärmedurchgangskoeffizient	U	W/mK	0,2	0,2	0,2
Mittlere Umgebungstemperatur	$\vartheta_{\mathrm{u,m}}$	°C	13 bzw. 20	20	20
Wärmeverlustfaktor	f_{a}	-	1 bzw. 0,15	0,15	0,15
Leitungslänge mit Zirkulation	L	m	$26 + 0{,}02 \cdot A_{\mathrm{N}}$	$0{,}075 \cdot A_{\mathrm{N}}$	---
Leitungslänge ohne Zirkulation	L	m	$13 + 0{,}01 \cdot A_{\mathrm{N}}$	$0{,}038 \cdot A_{\mathrm{N}}$	---
Stichleitungslänge nur bei Übergabe in angrenzenden Räumen mit gemeinsamer Installationswand	L	m	---	---	$4 \cdot \left(\frac{A_{\mathrm{N}}}{80}\right)$
Stichleitungslänge im Standardfall	L	m	---	---	$6 \cdot \left(\frac{A_{\mathrm{N}}}{80}\right)$

Mit

L_V Leitungslänge zwischen Wärmeerzeuger und vertikalen Steigleitungen. Diese (horizontalen) Leitungen können im unbeheizten Bereich (Keller, Dachgeschoss) oder innerhalb der thermischen Hülle (z.B. im Estrich) liegen.

L_S Strangleitungen (vertikal und ggf. auch horizontal). Diese Leitungen liegen in der thermischen Hülle.

L_{SL} Stichleitungen (Anbindeleitungen). Verbindung zwischen Strangleitung und Zapfstelle. Keine Zirkulation

Die Lage der Leitungen im Gebäude ist in Bild 10 dargestellt.

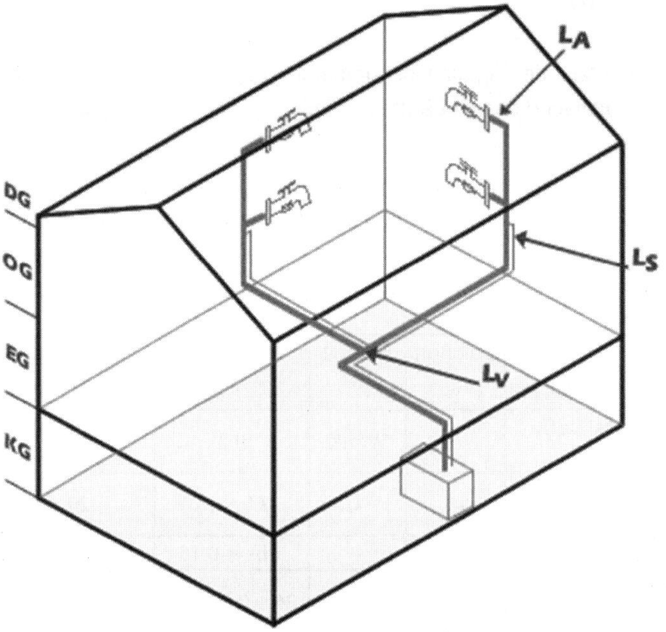

Bild 10: Bezeichnung/Lage des Trinkwarmwasser-Leitungsnetzes

Der Wärmeverlust der Rohrleitungen darf als zusätzlicher Wärmeeintrag für das Gebäude behandelt werden. Dieser Gewinn ist bei der energetischen Bewertung der Heizungsanlage als Verringerung des Heizwärmebedarfs des Gebäudes anzusetzen (Gutschrift).

$$Q_{h,TW,d,i} = \frac{t_{HP}}{t_{TW}} \cdot (1 - f_a) \cdot Q_{TW,d,i} \qquad (73)$$

t_{HP} Dauer der Heizperiode, in d/a;

t_{TW} Bereitstellungsdauer für Trinkwarmwasser in d/a;

f_a Wärmeverlustfaktor in [-];

$Q_{TW,d}$ Wärmeabgabe der Rohrabschnitte in kWh/a.

Es ergeben sich die in Tabelle 36 aufgeführten Verlust- und Gutschriftwerte. Der Gewinn für Anlagenkonfigurationen mit einer außerhalb der thermischen Hülle verlaufenden Verteilung erfolgt unter der Annahme, dass sowohl die Strangleitungen als auch die Anbindeleitungen immer als in der thermischen Hülle angeordnet betrachtet werden.

Tabelle 36: Flächenbezogener Wärmeverlust der Verteilung $q_{\mathrm{TW,d}}$ für Trinkwarmwasser- und Zirkulationsleitungen.

A_{N} [m²]	flächenbezogener Wärmeverlust $q_{\mathrm{TW,d}}$ [kWh/m²a]							
	mit Zirkulation				ohne Zirkulation			
	Verteilung außerhalb der thermischer Hülle		Verteilung innerhalb der thermischen Hülle		Verteilung außerhalb der thermischen Hülle		Verteilung innerhalb der thermischen Hülle	
	Wärmeverlust	Heizwärmegutschrift	Wärmeverlust	Heizwärmegutschrift	Wärmeverlust	Heizwärmegutschrift	Wärmeverlust	Heizwärmegutschrift
	$q_{\mathrm{TW,d}}$	$q_{\mathrm{h,TW,d}}$	$q_{\mathrm{TW,d}}$	$q_{\mathrm{h,TW,d}}$	$q_{\mathrm{TW,d}}$	$q_{\mathrm{h,TW,d}}$	$q_{\mathrm{TW,d}}$	$q_{\mathrm{h,TW,d}}$
100	14,6	1,7	12,1	5,4	6,7	1,0	5,1	2,3
150	11,6	1,7	9,8	4,4	5,4	1,0	4,2	1,9
200	10,1	1,8	8,7	3,9	4,7	1,0	3,8	1,7
300	8,7	1,8	7,7	3,5	4,0	1,0	3,3	1,5
500	7,6	1,9	6,9	3,1	3,4	1,0	3,0	1,3
750	7,1	2,0	6,6	3,0				
1.000	6,9	2,1	6,5	2,9				
1.500	6,8	2,1	6,4	2,9				
2.500	6,6	2,2	6,3	2,8				
5.000	6,6	2,3	6,3	2,8				
10.000	6,6	2,3	6,3	2,8				

6.4 Verluste der Übergabe des Trinkwarmwassers

Im Rahmen des öffentlich-rechtlichen Nachweises sind keine zusätzlichen Verluste zu berücksichtigen, da diese im Trinkwasserwärmebedarf q_{tw} (12,5 kWh/m²a) als sogenannte Auslaufverluste schon enthalten sind.

6.5 Verluste aus der Speicherung des Trinkwarmwassers

Die Speicherverluste werden in Abhängigkeit vom Aufstellungsort und vom Bereitschaftswärmeverlust berechnet.

Indirekt beheizter Trinkwasserspeicher:

$$q_{TW,s} = \frac{1{,}2 \cdot \dfrac{(50 - \vartheta_{u,m})}{45} \cdot t_{\mathrm{TW}} \cdot q_{\mathrm{B,S}}}{A_{\mathrm{N}}} \qquad (74)$$

$q_{\mathrm{TW,s}}$ flächenbezogener Bereitschafts-Wärmeverlust in [kWh/(m²a);
$\vartheta_{\mathrm{u,m}}$ mittlere Umgebungstemperatur in °C;

t_{TW} Bereitstellungsdauer für Trinkwarmwasser in d/a;
$q_{B,S}$ Bereitschafts-Wärmeverlust in kWh/d;
A_N Gebäude-Nutzfläche in m².

Wird der Speicher innerhalb der thermischen Hülle aufgestellt, so kann ein Teil der abgegebenen Wärme zur Reduzierung des Heizwärmebedarfs q_h herangezogen werden.

Wärmegutschrift:

$$q_{h,TW,s} = \frac{t_{HP}}{t_{TW}} \cdot (1 - f_a) \cdot q_{TW,s} \quad (75)$$

$q_{h,TW,s}$ flächenbezogene, zurückgewonnene Wärme in kWh/(m²a);
t_{HP} Dauer der Heizperiode in d/a;
t_{TW} Bereitstellungsdauer für Trinkwarmwasser in d/a;
$q_{TW,s}$ flächenbezogener Bereitschafts-Wärmeverlust des Speichers in kWh/(m²a);
f_a Korrekturfaktor.

Liegen keine Angaben zu den gerätespezifischen Bereitschaftswärmeverlusten vor, so können diese vereinfacht nach Gleichung 76 berechnet werden:

$$q_{B,S} = 0{,}4 + 0{,}2 \cdot V^{0{,}4} \quad (76)$$

$q_{B,S}$ Bereitschafts-Wärmeverlust in kWh/d;
V Speicher-Nenninhalt in l.

Ist der zu erwartende Speichernenninhalt nicht größer als 1000 Liter, so kann vereinfachend das Speichervolumen mit $V = 6 \cdot A_N^{0{,}7}$ angenommen werden.

Beispiel:
Indirekt beheizter Speicher, Aufstellung innerhalb der thermischen Hülle:
Gebäudenutzfläche = 192 m²
Bereitschaftswärmeverlust des Speichers:
$q_{B,S} = 0{,}4 + 0{,}2 \cdot (6 \cdot A_N^{0{,}7})^{0{,}4} = 2{,}18$ kWh/d
Flächenbezogener Bereitschaftswärmeverlust:

$$q_{TW,s} = \frac{1{,}2 \cdot \frac{(50-20)}{45} \cdot 350 \cdot 2{,}18}{192} = 3{,}18\,\text{kWh/m}^2\text{a}$$

mit

t_{TW} 350 d/a
$\vartheta_{u,m}$ mittlere Umgebungstemperatur = 20 °C

Zurückgewonnene Wärme (Wärmegutschrift):

$$q_{h,TW,s} = \frac{185}{350} \cdot (1 - 0{,}15) \cdot 3{,}18 = 1{,}42\ \text{kWh/m}^2\text{a}$$

mit

t_{HP} 185 d/a

t_{TW} 350 d/a

f_a Korrekturfaktor = 0,15

Bei Anwendung der Standardrandbedingungen ergeben sich bei Aufstellung des Speichers in der thermischen Hülle für den indirekt beheizten Trinkwasserspeicher die in Tabelle 37 aufgeführten Verlust-/Gutschriftwerte. Steht der Speicher außerhalb der thermischen Hülle (z.B. im unbeheizten Keller), so werden die Werte nach Tabelle 38 maßgebend. Wird der Speicher außerhalb der thermischen Hülle aufgestellt, so können die Speicherverluste nicht zur Senkung des Heizwärmebedarfs des Gebäudes beitragen, daher ist für diesen Fall $q_{h,TW,s}$ gleich null.

Tabelle 37: Flächenbezogener Wärmeverlust/Wärmegewinn der TWW-Speicherung für indirekt beheizte Speicher (innerhalb der thermischen Hülle)

A_N in m²	100	150	200	300	500	750	1000	1500	2500	5000	10.000
$q_{TW,s}$ [kWh/m²a]	5,3	3,9	3,1	2,3	1,5	1,1	0,9	0,8	0,7	0,5	0,4
$q_{h,TW,s}$ [kWh/m²a]	2,4	1,7	1,4	1,0	0,7	0,5	0,4	0,4	0,3	0,2	0,2

Tabelle 38: Flächenbezogener Wärmeverlust/Wärmegewinn der TWW-Speicherung für indirekt beheizte Speicher (außerhalb der thermischen Hülle)

A_N in m²	100	150	200	300	500	750	1000	1500	2500	5000	10.000
$q_{TW,s}$ [kWh/m²a]	6,5	4,8	3,8	2,8	1,9	1,4	1,1	1,0	0,9	0,7	0,5
$q_{h,TW,s}$ [kWh/m²a]	0	0	0	0	0	0	0	0	0	0	0

Gasbeheizter Trinkwarmwasserspeicher:

Flächenbezogener Bereitschaftswärmeverlust:

$$q_{TW,s} = \frac{\frac{(55-\vartheta_{u,m})}{45} \cdot t_{TW} \cdot q_{B,S}}{A_N} \qquad (77)$$

Die Berechnung der Speichergewinne erfolgt wie bei indirekt beheizten Speichern.

Liegen keine Angaben zu den gerätespezifischen Bereitschaftswärmeverlusten vor, so können diese vereinfacht nach Gleichung 78 berechnet werden:

$$q_{B,S} = 2{,}0 + 0{,}033 \cdot V^{1,1} \qquad (78)$$

$q_{B,S}$ Bereitschafts-Wärmeverlust in kWh/d;

V Speicher-Nenninhalt in l.

Ist der zu erwartende Speichernenninhalt nicht größer als 500 Liter, so kann vereinfachend mit $V = 4 \cdot A_N^{0,7}$ gerechnet werden.

Die Werte, die sich bei Verwendung der Standard-Randbedingungen für in der thermischen Hülle aufgestellte Speicher ergeben, sind in Tabelle 39 enthalten. Bei Aufstellung außerhalb der thermischen Hülle ist Tabelle 40 zu verwenden. Wird der Speicher außerhalb der thermischen Hülle aufgestellt, so können die Speicherverluste nicht zu Senkung des Heizwärmebedarfs des Gebäudes beitragen, daher ist für diesen Fall $q_{h,TW,s}$ gleich null.

Tabelle 39: Flächenbezogener Wärmeverlust/Wärmegewinn der TWW-Speicherung für gasbeheizte Trinkwarmwasserspeicher (innerhalb der thermischen Hülle)

A_N in m²	100	150	200	300	500	750	1000	1500	2500	5000	10.000
$q_{TW,s}$ [kWh/m²a]	17,8	15	13,4	11,6	9,9	8,8	8,5	7,2	6,1	5,0	4,1
$q_{h,TW,s}$ [kWh/m²a]	8,0	6,7	6,0	5,2	4,4	3,9	3,8	3,2	2,8	2,3	1,8

Tabelle 40: Flächenbezogener Wärmeverlust/Wärmegewinn der TWW-Speicherung für gasbeheizte Trinkwarmwasserspeicher (außerhalb der thermischen Hülle)

A_N in m²	100	150	200	300	500	750	1000	1500	2500	5000	10.000
$q_{TW,s}$ [kWh/m²a]	21,3	18	16,1	14	11,9	10,5	10,2	8,6	7,3	6,0	4,9
$q_{h,TW,s}$ [kWh/m²a]	0	0	0	0	0	0	0	0	0	0	0

6.6 Hilfsenergiebedarf

Bei der Erzeugung, der Übergabe und Verteilung des Trinkwarmwassers wird Hilfsenergie (Strom) zum Betrieb der Geräte/Pumpen benötigt. Dieser Energiebedarf ist bei der energetischen Bewertung der Trinkwasser-Erwärmung zu berücksichtigen.

Hilfsenergiebedarf der Trinkwarmwassererzeugung:

$$q_{TW,g,HE} = \frac{t_{100\%} \cdot 24 \cdot P_{HE}}{A_N} = \frac{\varphi_{TW} \cdot t_{TW} \cdot 24 \cdot P_{HE}}{A_N} \quad (79)$$

$q_{TW,g,HE}$	flächenbezogener Hilfsenergiebedarf des Kessels in kWh/(m²a);
$t_{100\%}$	Laufzeit des Kessels bei Nennwärmeleistung in d/a;
P_{HE}	elektrischen Leistungsaufnahme des Kessels in kW;
A_N	Gebäude-Nutzfläche in m²;
φ_{TW}	Belastungsgrad des Kessels nach Gleichung 56 in [-];
t_{TW}	Bereitstellungsdauer für Trinkwarmwasser in d/a;

Liegen keine Herstellerangaben zur elektrischen Leistungsaufnahme des Kessels vor, so kann die Leistungsaufnahme unter Berücksichtigung der Nennwärmeleistung des Kessels mit Gleichung 80 berechnet werden.

$$P_{HE} = 0{,}045 \cdot \dot{Q}_n^{\ 0{,}48} \tag{80}$$

$\dot{Q}_n$ wird nach Gleichung 65 ermittelt oder ist den Herstellerangaben zu entnehmen.

Werden die Vereinfachungen nach Gleichung 80 und 56 verwendet, so ergeben sich die in der Tabelle 41 dargestellten flächenbezogenen Bedarfswerte.

Tabelle 41: Hilfsenergiebedarf TWW-Erzeugung (andere Kessel/Kombikessel)

A_N in m²	100	150	200	300	500	750	1000	1000	2500	5000	10000
$q_{g,HE}$	0,2	0,19	0,18	0,17	0,17	0,11	0,10	0,084	0,069	0,054	0,044
[kWh/m²a]	0,3	0,24	0,21	0,17	0,13						

Hinweis: Werte für Kombikessel aufgrund der von DIN V 4701-10 gesetzten Randbedingungen nur bis 500 m² Gebäudenutzfläche (übliche Einsatzgrenze).

Hilfsenergiebedarf der Trinkwarmwasserverteilung:

Der Hilfsenergiebedarf der Trinkwasserverteilung wird bestimmt durch die elektrische Leistungsaufnahme der eingesetzten Zirkulationspumpe und der Laufzeit der Zirkulationspumpe.

$$q_{TW,d,HE} = \frac{P_{Pumpe} \cdot t_{TW} \cdot z}{1000 \cdot A_N} \tag{81}$$

$q_{TW,d,HE}$	flächenbezogener Hilfsenergiebedarf der Pumpe, in [kWh/(m²a)]
P_{Pumpe}	mittlere Leistungsaufnahme der Pumpe, in [W]
t_{TW}	Bereitstellungsdauer für Trinkwarmwasser, in [d/a]
z	Laufzeit der Pumpe pro Tag, in [h/d]
A_N	Nutzfläche des Gebäudes, in [m²]

Mittlere Leistungsaufnahme der Zirkulationspumpe (vereinfachte Annahme):

$$P_{Pumpe} = 27 + 0{,}008 \cdot A^N \tag{82}$$

Beispiel:

Gebäudenutzfläche: 192 m²

Laufzeit der Zirkulationspumpe:

$$z = 10 + \frac{1}{0{,}07 + \frac{50}{192}} = 13\,\text{h/d}$$

Mittlere Leistungsaufnahme der Pumpe:

$$P_{Pumpe} = 27 + 0{,}008 \cdot 192 = 28{,}54\,\text{W}$$

Hilfsenergiebedarf:

$$q_{TW,d,HE} = \frac{28{,}54 \cdot 350 \cdot 13}{1000 \cdot 192} = 0{,}67\,\text{kWh/m}^2\text{a}$$

Werden die vereinfachten Annahmen nach Gleichung 82 verwendet, so ergeben sich daraus die in Tabelle 42 enthaltenen Werte für den flächenbezogenen Hilfsenergiebedarf.

Tabelle 42: Hilfsenergiebedarf TWW-Verteilung

A_N in m²	100	150	200	300	500	750	1000	1000	2500	5000	10000
$q_{TW,d,HE}$ [kWh/m²a]	1,14	0,82	0,66	0,49	0,34	0,27	0,22	0,18	0,14	0,11	0,09

Wird die Trinkwasserversorgung ohne Zirkulationsleitung betrieben, so wird $q_{TW,d,HE}$ zu null.

Hilfsenergiebedarf der Trinkwarmwasserübergabe:

Der flächenbezogene Hilfsenergiebedarf wird nach DIN V 4701-10 zu null gesetzt, da das Verfahren nur den Aufwand bis zur Zapfstelle (Wasserhahn) berücksichtigt und die darüber hinaus vorhandenen Bedarfswerte dem Nutzen (Trinkwasserwärmebedarf) zugeordnet werden.

Hilfsenergiebedarf der Trinkwarmwasserspeicherung:

Hilfsenergie (Strom) wird zur Beladung der Speicher benötigt, wenn nicht die im Wärmeerzeuger (Kessel) vorhandene Umwälzpumpe diese Aufgabe übernimmt. Für den letztgenannten Fall ist der Bedarf bereits in Gleichung 44 enthalten und braucht daher nicht noch einmal berücksichtigt zu werden.

$$q_{TW,s,HE} = \frac{P_{Pumpe} \cdot t_P}{1000 \cdot A_N} \qquad (83)$$

$q_{TW,s,HE}$ flächenbezogener Hilfsenergiebedarf der Pumpe, in kWh/(m²a);
P_{Pumpe} Nennleistungsaufnahme der Pumpe in W, nach Auslegung oder Gl. 86;
t_P Betriebsdauer der Speicherladepumpe in h/a;
A_N Nutzfläche des Gebäudes in m².

Die Betriebszeit der Speicherladepumpe:

$$t_P = \frac{\left(q_{tw} + q_{TW,ce} + q_{TW,d} + q_{TW,s}\right) \cdot A_N}{\dot{Q}_n} \cdot \alpha_{TW,g} \qquad (84)$$

t_P Betriebszeit der Speicherladepumpe in h/a;
q_{tw} Trinkwasser-Wärmebedarf in kWh/(m²a);
$q_{TW,ce}$ Wärmeverluste für die Trinkwarmwasser-Übergabe nach in kWh/(m²a);
$q_{TW,d}$ Wärmeverluste für die Trinkwarmwasser-Verteilung;
$q_{TW,s}$ Wärmeverluste für die Trinkwarmwasser-Speicherung;
A_N Gebäude-Nutzfläche in m²;
$\dot{Q}_n$ Nenn-Wärmeleistung des Wärmeerzeugers in kW nach Gl. 65
$\alpha_{TW,g}$ Deckungsanteil des Wärmerzeugers

Sind die einzelnen Bedarfswerte aus Gleichung 84 noch unbekannt (Vorplanung), so kann die Betriebzeit nach Gleichung 85 abgeschätzt werden mit:

$$t_P = 170 + 5 \cdot A_N^{0,5} \tag{85}$$

Gleiches gilt für die Nennleistungsaufnahme der Pumpe, die vereinfachend nach Gleichung 86 ermittelt werden kann:

$$P_{Pumpe} = 44 + 0{,}059 \cdot A_N \tag{86}$$

Beispiel:
Gebäudenutzfläche: 192 m²

Nennleistungsaufnahme der Pumpe:

$$P_{Pumpe} = 44 + 0{,}059 \cdot 192 = 55{,}33\,\mathrm{W}$$

Betriebszeit der Pumpe:

$$t_P = 170 + 5 \cdot 192^{0,5} = 239\,\mathrm{h/a}$$

Flächenbezogener Hilfsenergienbedarf:

$$q_{TW,s,HE} = \frac{55{,}33 \cdot 239}{1000 \cdot 192} = 0{,}069\,\mathrm{kWh/m^2a}$$

Für gasbeheizte Trinkwasserspeicher ist gemäß DIN V 4701-10 kein Hilfsenergiebedarf zu berücksichtigen.

7 Berechnungsverfahren nach DIN V 18599

In diesem Abschnitt wird die öffentlich-rechtliche Nachweisführung für Wohngebäude nach DIN V 18599 erläutert. Wie auch schon bei der DIN V 4108-6 und DIN V 4701-10 werden beispielhaft nur die Formeln für die Bilanzierung eines Gebäudes mit herkömmlicher Anlagentechnik aufgezeigt. Nachweise für Systeme mit regenerativem Energieeintrag werden im Abschnitt 13 und 14 erläutert.

7.1 Berechnung des Jahresprimärenergiebedarfs

Für die im Abschnitt 3 dargestellten Anforderungen ist gemäß EnEV der Nachweis zu führen, dass der für das zu errichtende Gebäude berechnete Jahres-Primärenergiebedarf nicht höher ist als der Bedarfswert für das Referenzgebäude. Der Bedarfswert ist auf die Nettogrundfläche des Gebäudes zu beziehen und setzt sich wie folgt zusammen:

$$Q_p = Q_{p,h} + Q_{p,c} + Q_{p,m} + Q_{p,w} + Q_{p,aux} \quad \text{in kWh/m}^2\text{a} \tag{87}$$

Dabei bedeuten:

- Q_p der Jahres-Primärenergiebedarf in kWh/m²a;
- $Q_{p,h}$ der Jahres-Primärenergiebedarf für das Heizungssystem und die Heizfunktion der raumlufttechnischen Anlage in kWh/m²a;
- $Q_{p,c}$ der Jahres-Primärenergiebedarf für das Kühlsystem;
- $Q_{p,m}$ der Jahres-Primärenergiebedarf für die Dampfversorgung in kWh/m²a;
- $Q_{p,w}$ der Jahres-Primärenergiebedarf für Warmwasser in kWh/m²a .

$Q_{p,aux}$	der Jahres-Primärenergiebedarf für Hilfsenergien für das Heizungssystem und die Heizfunktion der raumlufttechnischen Anlage, das Kühlsystem und die Kühlfunktion der raumlufttechnischen Anlage, die Befeuchtung, die Warmwasserbereitung, die Beleuchtung und den Lufttransport in kWh/m²a.

Die Bilanzierung hat für den öffentlich-rechtlichen Nachweis von Wohngebäuden mit den in Tabelle 43 dargestellten folgenden Randbedingungen zu erfolgen.

Diese zusätzlichen Randbedingungen gelten auch bei der Bilanzierung nach DIN V 4701-10/4108-6.

Im Falle des Vorhandenseins einer Gebäudekühlung sind für Wohngebäude auch bei der Bilanzierung mit der DIN V 18599 die pauschalen Zuschlagswerte auf den Endenergie- und Primärenergiebedarf nach Tabelle 11 zu verwenden.

Tabelle 43: Randbedingungen für die Berechnung des Jahres-Primärenergiebedarfs

Zeile	Kenngröße	Randbedingungen
1	Verschattungsfaktor F_S	$F_S = 0{,}9$ soweit die baulichen Bedingungen nicht detailliert berücksichtigt werden.
2	Solare Wärmegewinne über opake Bauteile	Emissionsgrad der Außenfläche für Wärmestrahlung : $\varepsilon = 0{,}8$ Strahlungsabsorptionsgrad: 0,5 (für dunkle Dächer: 0,8)
3	Heizunterbrechung	Abschaltung: EFH Absenkung: MFH

Um den Primärenergiebedarf eines Gebäudes zu ermitteln, sind zunächst die einzelnen Endenergieanteile je Energieträger zu ermitteln.

$$Q_{f,j} = Q_{h,f,j} + Q_{h^*,f,j} + Q_{c,f,j} + Q_{c^*,f,j} + Q_{m^*,f,j} + Q_{rv,f,j} + Q_{w,f,j} + Q_{f,j,aux} \pm Q_{f,j,x} \quad (88)$$

$Q_{f,j}$	die Endenergie eines Energieträgers j;
$Q_{h,f,j}$	die Endenergie für das Heizsystem, versorgt über den Energieträger j;
$Q_{h^*,f,j}$	die Endenergie für die RLT-Heizfunktion, versorgt über den Energieträger j;
$Q_{c,f,j}$	die Endenergie für das Kühlsystem, versorgt über den Energieträger j;
$Q_{c^*,f,j}$	die Endenergie für die RLT-Kühlfunktion, versorgt über den Energieträger j;
$Q_{m^*,f,j}$	die Endenergie für die Befeuchtung, versorgt über den Energieträger j;
$Q_{rv,f,j}$	die Endenergie für Trinkwarmwasser, versorgt über den Energieträger j;
$Q_{w,f,j}$	die Endenergie für Wohnungslüftung, versorgt über den Energieträger j;
$Q_{f,j,aux}$	die Endenergie für Hilfsenergien, versorgt über den Energieträger j;
$Q_{f,j,x}$	die Endenergie für andere Prozesse, die als Aufwand angesetzt wird (+) oder im Gebäude erzeugt wird und abgezogen wird (–), je nach Energieträger, im Rahmen der Bilanzierung ist $Q_{f,j,x} = 0$

Die Endenergien der einzelnen Systeme (z.B. Heizung, Lüftung, Trinkwarmwasser) werden, wie aus der Nachweisführung der DIN V 4701-10 bekannt, durch Aufsummierung von Teilverlusten ermittelt, die z.B. bei der Bereitstellung der für das Gebäude erforderlichen Nutzwärme bei der Erzeugung, Speicherung, Verteilung und Übergabe entsteht.

Für die Endenergie des Heizsystems (erster Summand in Gleichung 88) ergibt sich damit folgende Berechnungsformel:

$$Q_{h,f} = Q_{h,outg} + Q_{h,g} - Q_{h,reg} \quad (89)$$

$Q_{h,f}$ die Endenergie für den Heizwärmeerzeuger;

$Q_{h,outg}$ die Erzeugernutzwärmeabgabe an das Heizsystem;

$Q_{h,g}$ die Verluste der Erzeugung für das Heizsystem;

$Q_{h,reg}$ die eingesetzte regenerative Energie.

Die Erzeugernutzwärmeabgabe resultiert aus der Summe des Nutzwärmebedarfs (früher als Heizwärmebedarf bezeichnet) und den Verlustwerten der Anlagenkomponenten:

$$Q_{h,outg} = Q_{h,b,i} + Q_{h,ce} + Q_{h,d} + Q_{h,s} \quad (90)$$

$Q_{h,outg}$ die Erzeugernutzwärmeabgabe an das Heizsystem;

$Q_{h,b,i}$ Nutzwärmebedarf;

$Q_{h,ce}$ Verluste der Übergabe für das Heizsystem;

$Q_{h,d}$ Verluste der Verteilung für das Heizsystem;

$Q_{h,s}$ Verluste der Speicherung für das Heizsystem.

Der Nutzwärmebedarf ergibt sich aus den vorhandenen Wärmesenken, reduziert um den nutzbaren Anteil der Wärmequellen.

$$Q_{h,b} = Q_{sink} - \eta \cdot Q_{source} \quad (91)$$

Q_{sink} die Summe aller Wärmesenken in der Gebäudezone (en: heat sinks);

Q_{source} die Summe aller Wärmequellen in der Gebäudezone (en: heat sources);

η der Ausnutzungsgrad der Wärmequellen.

Wird die Endenergie nach z.B. Gleichung 89 mit dem für den Energieträger typischen Aufwandsfaktor (Primärenergiefaktor) multipliziert, so erhält man den Primärenergiebedarf nach Gleichung 88. Als Primärenergiefaktoren sind die in der Tabelle 44 enthaltenen nicht erneuerbaren Anteile zu verwenden.

Tabelle 44: Primärenergiefaktoren

Energieträger		Primärenergiefaktoren f_P	
		insgesamt	nicht erneuerbarer Anteil
		A	B
Brennstoffe	Heizöl EL	1,1	1,1
	Erdgas H	1,1	1,1
	Flüssiggas	1,1	1,1
	Steinkohle	1,1	1,1
	Braunkohle	1,2	1,2
	Holz	1,2	0,2
Nah-/Fernwärme aus KWK[b]	fossiler Brennstoff	0,7	0,7
	erneuerbarer Brennstoff	0,7	0,0
Nah-/Fernwärme aus Heizwerken	fossiler Brennstoff	1,3	1,3
	erneuerbarer Brennstoff	1,3	0,1
Strom	Strom-Mix	3,0	2,6
Umweltenergie	Solarenergie, Umgebungswärme	1,0	0,0

[a] Bezugsgröße Endenergie: Heizwert Hi
[b] Angaben sind typisch für durchschnittliche Nah-/Fernwärme mit einem Anteil der KWK von 70 %.

Die energetische Bewertung der jeweiligen Prozessgrößen gemäß DIN V 18599 erfolgt im Unterschied zur DIN V 4701-10 auf Basis des Brennwertes des eingesetzten Energieträgers.

Um diesen Wert auf den Heizwert umzurechnen, sind die Endenergiebedarfswerte - abhängig vom verwendeten Energieträger - auf den Heizwert unter Verwendung der in Tabelle 45 enthaltenen Verhältniswerte zurückzurechnen. Die Multiplikation des Endenergiebedarfswertes mit den um das Brennwert-/Heizverhältnis korrigierten Primärenergiefaktoren führt zum Primärenergiebedarfswert des jeweiligen Prozessbereiches.

Tabelle 45: Umrechnungsfaktoren je Energieträger

Energieträger		Verhältnis Brennwert/Heizwert Hs/Hi (Umrechnungsfaktor für die Endenergie) $f_{Hs/Hi}$
Brennstoffe	Heizöl	1,06
	Erdgas	1,11
	Flüssiggas	1,09
	Steinkohle	1,04
	Braunkohle	1,07
	Holz	1,08
Nah-/Fernwärme aus KWK	fossiler Brennstoff	1,00
	erneuerbarer Brennstoff	1,00
Nah-/Fernwärme aus Heizwerken	fossiler Brennstoff	1,00
	erneuerbarer Brennstoff	1,00
Strom	Strom-Mix	1,00

Der Primärenergiebedarf je Energieträger ist nach Gleichung 92 zu berechnen.

$$Q_P = \sum_j (Q_{f,j} \cdot \frac{f_{p,j}}{f_{\frac{HS}{HI},j}}) \qquad (92)$$

Q_p die heizwertbezogene Primärenergie;

$Q_{f,j}$ die Endenergie je nach Energieträger j;

f_P der Primärenergiefaktor (siehe Tabelle 44);

$f_{HS/HI}$ der Umrechnungsfaktor Brennwert-Heizwert (siehe Tabelle 45).

Um Wohngebäude bilanzieren zu können, sind die in DIN 18599-1 enthaltenen Begriffe und Definitionen auf das zu bilanzierenden Gebäude anzuwenden. Tabelle 46 enthält die wichtigsten Begriffe und deren Definitionen.

Tabelle 46: Begriffe und deren Erläuterungen nach DIN V 18599-1

Begriff	Erläuterung
Bruttovolumen, externes Volumen	Ist das anhand von Außenmaßen ermittelte Volumen eines Gebäudes oder einer Gebäudezone. Dieses Volumen schließt mindestens alle Räume des Gebäudes ein, die direkt oder indirekt durch Raumverbund bestimmungsgemäß konditioniert werden.
Nettoraumvolumen, Luftvolumen	Ist das Volumen eines Gebäudes, das dem Luftaustausch unterliegt. Das Nettoraumvolumen bestimmt sich anhand der inneren Abmessungen und schließt so das Volumen der Gebäudekonstruktion aus. Es wird aus der Nettogrundfläche durch Multiplikation mit der lichten Raumhöhe ermittelt. Die lichte Geschosshöhe ist die Höhendifferenz zwischen der Oberkante des Fußbodens bis zur Unterkante der Geschossdecke bzw. einer abgehängten Decke. Vereinfacht kann es aus dem Bruttovolumen (externes Volumen) mit $V = 0{,}8 \cdot V_e$ bestimmt werden (bei Wohngebäuden bis zu 3 Vollgeschossen $V = 0{,}76 \cdot V_e$
Raumsolltemperatur	Wird die je nach dem Nutzungsprofil (DIN V 18599-10) vorgegebene Temperatur im Innern eines Gebäudes bezeichnet. In der Regel sind unterschiedliche Werte für den Heiz-und den Kühlbetrieb vorgesehen (Divergenz bei den Behaglichkeitskriterien).
Bilanzinnentemperatur	Ist die mittlere Innentemperatur eines Gebäudes unter Berücksichtigung des räumlich oder zeitlich eingeschränkten Heizbetriebes. Diese Temperaturen werden im Zuge der Ermittlung des Heizwärmebedarfs als tatsächlich vorhandene mittlere Innentemperatur zugrunde gelegt.
Bilanzzeitraum	Zeitraum für die Bilanzierung der relevanten Energieströme für ein Gebäude. Zur Berechnung des End- und Primärenergiebedarfs ist der Bilanzzeitraum ein Jahr, bei der Berechnung von Teilenergiekennwerten kann er einen Monat oder einen Tag umfassen.
Primärenergiebedarf	Ist die berechnete Energiemenge, die zusätzlich zum Energieinhalt des notwendigen Brennstoffs und der Hilfsenergien für die Anlagentechnik auch die Energiemengen einbezieht, die durch vorgelagerte Prozessketten außerhalb des Gebäudes bei der Gewinnung, Umwandlung und Verteilung der jeweils eingesetzten Brennstoffe entstehen.

Tabelle 46: (Fortsetzung) Begriffe und deren Erläuterungen nach DIN V 18599-1

Begriff	Erläuterung
Endenergiebedarf	Ist die berechnete Energiemenge, die die Anlagentechnik (z.B. Heizungsanlage, raumlufttechnische Anlage, Warmwasserbereitungsanlage) benötigt, um die festgelegte Rauminnentemperatur und die Erwärmung des Warmwassers über das ganze Jahr sicherzustellen. Diese Energiemenge bezieht die für den Betrieb der Anlagentechnik benötigte Hilfsenergie ein. Die Endenergie wird an der „Schnittstelle" Gebäudehülle übergeben und stellt somit die Energiemenge dar, die der Verbraucher für eine bestimmungsgemäße Nutzung unter normativen Randbedingungen benötigt. Der Endenergiebedarf wird vor diesem Hintergrund nach verwendeten Energieträgern angegeben.
Nutzenergiebedarf	Oberbegriff für Nutzwärmebedarf, Nutzkältebedarf, Nutzenergiebedarf für Trinkwarmwasser, Befeuchtung
Nutzwärmebedarf	Ist der rechnerisch ermittelte Wärmebedarf, der zur Aufrechterhaltung der festgelegten thermischen Raumkonditionen innerhalb einer Gebäudezone während der Heizzeit benötigt wird.
Nutzkältebedarf	Ist der rechnerisch ermittelte Kühlbedarf, der zur Aufrechterhaltung der festgelegten thermischen Raumkonditionen innerhalb einer Gebäudezone benötigt wird in Zeiten, in denen die Wärmequellen eine höhere Energiemenge anbieten als benötigt wird.
Nutzenergiebedarf für Trinkwarmwasser	Ist der rechnerisch ermittelte Energiebedarf, der sich ergibt, wenn das Gebäude mit der im Nutzungsprofil nach DIN V 18599-10 festgelegten Menge an Trinkwarmwasser versorgt wird.

7.2 Berechnung des Heizwärmebedarfs (Nutzwärmebedarfs)

Die Berechnung des Heizwärmebedarfs (auch als Nutzwärmebedarf bezeichnet) erfolgt nach DIN V 18599-2. Im Gegensatz zum Nachweis von Nichtwohngebäuden, ist bei Wohngebäuden keine vorangestellte Berechnung des Endenergiebedarfs für die Beleuchtung notwendig [Schoch-09], da die Beleuchtung und die daraus resultierenden Wärmeeinträge in das Gebäude bei Wohngebäuden nicht bilanziert werden. Der berechnete Nutzwärmebedarf wird als Grundlage für die Bilanzierung der Heizungsanlage benötigt.

Die Bilanzgleichung für die Berechnung des Heizwärmebedarfs eines Gebäudes lautet:

$$Q_{h,b} = Q_{sink} - \eta \cdot Q_{source} - \Delta Q_{c,b} \qquad (93)$$

$Q_{h,b}$ der Heizwärmebedarf in der Gebäudezone für Nutzungstage $Q_{h,b,nutz}$;

Q_{sink} die Summe der Wärmesenken in der Gebäudezone (en: heat sinks) unter den jeweiligen Randbedingungen;

Q_{source} die Summe der Wärmequellen in der Gebäudezone (en: heat sources) unter den jeweiligen Randbedingungen;

$\Delta Q_{c,b}$ die während des reduzierten Betriebs an Wochenend- und Ferientagen genutzte, aus den Bauteilen abgegebene Wärme ($\Delta Q_{c,b}$ = 0 für durchgehenden Betrieb bzw. für nicht bilanzierten Betrieb);

η der monatliche Ausnutzungsgrad der Wärmequellen (für Heizzwecke).

Der Jahresheizwärmebedarf wird als Summe der einzelnen Monate des Jahres errechnet.

$$Q_{h,b,a} = \sum_{mth} Q_{h,b,mth} \quad (94)$$

$Q_{h,b,a}$ der jährliche Heizwärmebedarf der Gebäudezone;

$Q_{h,b,mth}$ der Heizwärmebedarf eines Monats.

7.2.1 Wärmetransferkoeffizient für Transmission

Der Wärmetransferkoeffizient beschreibt qualitativ den Wärmedurchgang durch die Bauteile des Gebäudes bei einer anliegenden Temperaturdifferenz von 1K. Je nachdem, an welcher Seite des Bauteils die höhere Temperatur anliegt, führt dieser Wärmestrom ins Gebäude hinein oder aus dem Gebäude heraus, dieser Transfer initiiert im Sinne der Bilanzierung folglich eine Quelle oder eine Senke. Abhängig von der konkreten Gebäudesituation können die nachfolgenden Wärmetransferkoeffizienten auftreten:

1. Der Wärmetransferkoeffizient nach außen $H_{T,D}$;
2. Der Wärmetransferkoeffizient zu unbeheizten oder ungekühlten Bereichen/ Zonen; $H_{T,iu}$
3. Der Wärmetransferkoeffizient zu angrenzenden beheizten oder gekühlten Bereichen / Zonen; $H_{T,iz}$
4. Der Wärmetransferkoeffizient über das Erdreich $H_{T,s}$

Der Wärmetransferkoeffizient nach außen ist nach Gleichung 95 zu ermitteln:

$$H_{T,D} = \sum(U_j \cdot A_j) + \Delta U_{WB} \cdot \sum A_j \quad (95)$$

A_j die Fläche eines Bauteils j, das die Gebäudezone zur Außenluft hin begrenzt. Als Maße von Fenstern und Türen werden die lichten inneren Rohbauöffnungen angesetzt;

U_j der Wärmedurchgangskoeffizient des Bauteils j der Gebäudehülle, berechnet nach DIN EN ISO 6946 für opake Bauteile oder nach DIN V 4108-4 für transparente Bauteile;

ΔU_{WB} der pauschale außenmaßbezogene Wärmebrückenzuschlag;

j ein Bauteil.

Werden die Wärmebrücken eines Gebäudes detailliert nach DIN EN ISO 10211 ermittelt, so ist der Wärmetransferkoeffizient nach Gleichung 96 zu berechnen:

$$H_{T,D} = \sum(U_j \cdot A_j) + \sum l_j \cdot \Psi_j \quad (96)$$

l_j die Länge der zweidimensionalen Wärmebrücke j;

Ψ_j der längenbezogene Wärmedurchgangskoeffizient der Wärmebrücke j, berechnet nach DIN EN ISO 12211-1 unter Verwendung der Randbedingungen nach Beiblatt 2.

7.2.2 Berechnung des Wärmetransferkoeffizienten für Lüftung

Der Transport von Wärme über das Medium Luft ist für Gebäude über zwei Wege zu berücksichtigen:

1. Über Infiltration (der Wärmetransferkoeffizient $H_{V,inf}$);
2. Über Fensterlüftung oder mechanische Lüftung ($H_{V,win}$ oder $H_{V,mech}$)

Der Wärmetransferkoeffizient für die Infiltration :

$$H_{V,inf} = n_{inf} \cdot V \cdot c_{P,a} \cdot \rho_a \qquad (97)$$

n_{inf} der Tagesmittelwert des Infiltrationsluftwechsels;

V das Nettoraumvolumen;

$c_{P,a}$ die spezifische Wärmekapazität von Luft;

ρ_a die Dichte von Luft.

$c_{P,a} \cdot \rho_a$ ist mit 0,34 Wh/(m³·K) anzunehmen.

Der Tagesmittelwert des Infiltrationsluftwechsels für Gebäude ohne mechanische Lüftung:

$$n_{inf} = n_{50} \cdot e_{wind} \qquad (98)$$

n_{50} der Luftwechsel bei 50 Pa Druckdifferenz

- nach erfolgter Dichtheitsprüfung: gemessener Wert,
- ohne erfolgte bzw. beabsichtigte Dichtheitsprüfung: Standardwerte, vorgegeben nach Tabelle 47;

e_{wind} der Windschutzkoeffizient, als Standardwert gilt: e_{wind} = 0,07 (entspricht dem Windschutzkoeffizient nach DIN EN ISO 13790 bei halbfreier Lage, mehr als eine Fassade dem Wind ausgesetzt

Tabelle 47: n_{50}-Bemessungswerte

Kategorien zur pauschalen Einschätzung der Gebäudedichtheit nach DIN V 18599-2	Bemessungswerte n_{50} h^{-1}
I	a) 2; b) 1
II	4
III	6
IV	10

Wohngebäude sind in die nach Tabelle 47 aufgezeigten Kategorien einzuordnen, wenn die nachfolgenden Kriterien erfüllt werden.

- Kategorie I: Einhaltung der Anforderung an die Gebäudedichtheit nach DIN 4108-7:2001-08, 4.4 (d. h., die Dichtheitsprüfung wird nach Fertigstellung durchgeführt);

  a) Gebäude ohne raumlufttechnische Anlage (Anforderung an die Gebäudedichtheit: $n_{50} \leq 3\ h^{-1}$),

  b) Gebäude mit raumlufttechnischer Anlage (auch Wohnungslüftungsanlagen) (Anforderung an die Gebäudedichtheit: $n_{50} \leq 1{,}5\ h^{-1}$);
- Kategorie II: zu errichtende Gebäude oder Gebäudeteile, bei denen keine Dichtheitsprüfung vorgesehen ist;
- Kategorie III: Fälle, die nicht den Kategorien I, II oder IV entsprechen;
- Kategorie IV: Vorhandensein offensichtlicher Undichtheiten, wie z. B. offene Fugen in der Luftdichtheitsebene der wärmeübertragenden Umfassungsfläche.

Der Wärmetransferkoeffizient für die Fensterlüftung:

$$H_{V,win} = n_{win} \cdot V \cdot c_{P,a} \cdot \rho_a \qquad (99)$$

n_{win} der mittlere tägliche Fensterluftwechsel;

V das Nettoraumvolumen;

$c_{P,a}$ die spezifische Wärmekapazität von Luft;

ρ_a die Dichte von Luft.

Der mittlere tägliche Fensterluftwechsel:

$$n_{win} = 0{,}1\text{h}^{-1} + \Delta n_{win} \cdot \frac{t_{nutz}}{24\text{h}} \qquad (100)$$

Δn_{win} der zusätzliche Fensterluftwechsel in Abhängigkeit vom nutzungsbedingten Mindestluftwechsel;

t_{nutz} die tägliche Nutzungsdauer des Gebäudes.

Der zusätzliche Fensterluftwechsel:

Wenn: $n_{nutz} < 1{,}2\text{h}^{-1}$ und $\left(n_{nutz} - \left(n_{nutz} - 0{,}2\ \text{h}^{-1}\right)/\text{h}^{-1} \cdot n_{inf} - 0{,}1\ \text{h}^{-1}\right) > 0\ \text{h}^{-1}$

Dann gilt: $\Delta n_{win} = n_{nutz} - \left(n_{nutz} - 0{,}2\ \text{h}^{-1}\right)/\text{h}^{-1} \cdot n_{inf} - 0{,}1\ \text{h}^{-1}$ (101)

Wenn: $n_{nutz} \geq 1{,}2\ \text{h}^{-1}$ und $\left(n_{nutz} - n_{inf} - 0{,}1\ \text{h}^{-1}\right) > 0\ \text{h}^{-1}$

Dann gilt: $\Delta n_{win} = n_{nutz} - n_{inf} - 0{,}1\ \text{h}^{-1}$ (102)

Sonst gilt: $\Delta n_{win} = 0$

$$n_{nutz} = \frac{V_A \cdot A_B}{V} \qquad (103)$$

V_A der flächenbezogene Mindestaußenluftvolumenstrom;

A_B die Bezugsfläche in der Gebäudezone (Nettogrundfläche);

V das Nettovolumen in der Gebäudezone

Der Wert für n_{nutz} ist für Wohngebäude in Abhängigkeit von der Bedarfsführung bereits festgelegt und muss daher im Gegensatz zu den Nichtwohngebäuden nicht separat ermittelt werden.

Unter Berücksichtigung der Randbedingungen für den energetischen Nachweis von Wohngebäuden ergeben sich die in Tabelle 18 aufgeführten Werte.

Tabelle 48: Außenluftwechselraten für Wohngebäude nach DIN V 18599-2

Lüftungsart	n_{inf} in h^{-1}	n_{win} in h^{-1}	n_{mech} in h^{-1}	Gesamt h^{-1}
Fensterlüftung ohne nachgewiesener Luftdichtheit	0,28	0,416	-	0,696 ≈ 0,70
Fensterlüftung mit nachgewiesener Luftdichtheit	0,14	0,458	-	0,598 ≈ 0,60
Zu- und Abluftanlage, nicht bedarfsgeführte Ausführung	0,07	0,10	0,40	0,57
Zu- und Abluftanlage, bedarfsgeführte Ausführung	0,07	0,10	0,35	0,52

7.2.3 Berechnung der Bilanztemperatur des Gebäudes/der Zone

$$\vartheta_{i,h} = \max(\vartheta_{i,h,soll} - f_{NA} \cdot (\vartheta_{i,h,soll} - \vartheta_e); \quad \vartheta_{i,h,soll} - \Delta\vartheta_{i,NA} \cdot \frac{t_{NA}}{24h} \tag{104}$$

f_{NA} der Korrekturfaktor für eingeschränkten Heizbetrieb während der Nacht nach Gleichung 105;

$\vartheta_{i,h,soll}$ die Raum-Solltemperatur nach DIN V 18599-10 im normalen Heizbetrieb;

ϑ_e der Monatsmittelwert der Außentemperatur nach Tabelle 14.

$\Delta\vartheta_{i,NA}$ die zulässige Absenkung der Innentemperatur nach DIN V 18599-10 für den reduzierten Betrieb = für Wohnbegäude nicht maßgebend;

t_{NA} die tägliche Dauer im reduzierten Heizbetrieb (d. h. der Aufheizbetrieb zählt zur Betriebszeit)

$$f_{NA} = X \cdot \frac{t_{NA}}{24h} \exp\left(-\frac{\tau}{250h}\right) \tag{105}$$

X= 0,13 für Mehrfamilienhäuser (Absenkbetrieb) und 0,26 für EFH (Abschaltbetrieb)

τ die Auskühlkonstante des Gebäudes

$$\tau = \frac{C_{wirk}}{H} \tag{106}$$

C_{wirk} die wirksame Wärmespeicherfähigkeit

H der Wärmetransferkoeffizient der Gebäudezone für Lüftung und Transmission

Wenn, wie im Wohnungsbau üblich, der zeitlich eingeschränkte Heizbetrieb zusätzlich kombiniert wird mit einem räumlich eingeschränkten Heizbetrieb, so ergibt sich eine weitere Absenkung der Bilanz-Innentemperatur nach folgender Gleichung.

$$\vartheta_{i,h,r} = \vartheta_{i,h} - f_{tb} \cdot (\vartheta_{i,h} - \vartheta_e) \tag{107}$$

f_{tb} Korrekturfaktor Teilbetrieb/räumlich eingeschränkte Heizung

Der Korrekturfaktor Teilbetrieb/räumlich eingeschränkte Heizung ist nach Gleichung 108 zu berechnen.

$$f_{\mathrm{tb}} = 0{,}8 \cdot \left(1 - \exp\left(\frac{\dot{Q}_{\mathrm{h,max}}}{A_{\mathrm{B}} \cdot 35/\mathrm{m}^2}\right)\right) \cdot a_{\mathrm{tb}}^2 \quad (108)$$

$\dot{Q}_{\mathrm{h,max}}$ maximale Heizlast des Gebäudes in kW

A_{B} Bezugsfläche = Gebäudenutzfläche

a_{tb} Anteil der mitbeheizten Fläche (siehe Tabelle 7)

Beispiel: EFH, Auskühlkonstante: 59,63 h, tägliche Dauer des reduzierten Betriebes (Abschaltbetrieb): 7 h

Ergebnisse für die Monate Januar und Februar:

$f_{\mathrm{NA}} = 0{,}0299$
$f_{\mathrm{tB}} = 0{,}0249$
$\vartheta_{\mathrm{i,h}}$ Januar: 19,36 °C
$\vartheta_{\mathrm{i,h}}$ Februar: 19,42 °C

$\vartheta_{\mathrm{i,h,r}}$ Januar: 18,85 °C
$\vartheta_{\mathrm{i,h,r}}$ Februar: 18,95 °C

Die weitere Berechnung erfolgt mit dem Werten für $\vartheta_{\mathrm{i,h,r}}$

Hinweis: Im Teil 10 der DIN V 18599 sind für Wohngebäude keine zulässige Absenktemperaturen enthalten. Für den Nachweis der Wohngebäude hat dies jedoch keinen Einfluss, da sich der Maximalwert nach Gleichung 104 üblicherweise oberhalb einer möglichen Absenktemperatur von 2 – 4 K einstellt.

7.2.4 Berechnung der Transmissionswärmesenken und –quellen

Transmissionswärmesenken durch Außenbauteile:

$$Q_{\mathrm{T,y}} = H_{\mathrm{T,X}} \cdot (\vartheta_{\mathrm{i}} - \vartheta_{\mathrm{e}}) \cdot t \quad \text{für } \vartheta_{\mathrm{i}} > \vartheta_{\mathrm{e}} \quad (109)$$

Transmissionswärmequellen durch Außenbauteile:

$$Q_{\mathrm{T,y}} = H_{\mathrm{T,X}} \cdot (\vartheta_{\mathrm{e}} - \vartheta_{\mathrm{i}}) \cdot t \quad \text{für } \vartheta_{\mathrm{i}} < \vartheta_{\mathrm{e}} \quad (110)$$

$Q_{\mathrm{T,y}}$ Transmissionswärmesenke durch Außenbauteile;

ϑ_{i} die Bilanzinnentemperatur;

$H_{\mathrm{T,X}}$ Transmissionswärmetransferkoeffizient;

ϑ_{e} die Temperatur des angrenzenden Bereiches (z.B. außen, unbeheizt);

t die Dauer des Berechnungsschrittes (24 h).

mögliche Indizes:

x=D Transmissionswärmetransferkoeffizient nach außen;
x=iu Transmissionswärmetransferkoeffizient zwischen beheizten und unbeheizten Zonen;
x=s Transmissionswärmetransferkoeffizient über das Erdreich;
x=iz Transmissionswärmetransferkoeffizient zu angrenzenden beheizten Zonen
y=e Transmissionswärmesenken/-quellen nach außen
y=u Transmissionswärmesenken/-quellen zwischen beheizten und unbeheizten Zonen;
y=s Transmissionswärmesenken/-quellen über das Erdreich

Wie auch beim Nachweisverfahren nach DIN V 4108- 6, so kann für die Berechnung der Wärmeverluste (Wärmegewinne) über Erdreich die DIN EN ISO 13370 angewendet werden. Im Gegensatz zur DIN V 4108-6 gestattet die Norm aber nur die Übernahme des berechneten stationären Leitwertes L_s (in der neusten Fassung der DIN EN 13370 als H_G bezeichnet). Nur bei Gebäuden mit einem hohen Anteil der Wärmeübertragung über das Erdreich bezogen auf den Gesamtwärmeaustrag der wärmeübertragenden Umfassungsfläche darf auch der harmonisch thermische Leitwert in Ansatz gebracht werden.

7.2.5 Berechnung der Lüftungswärmesenken/-quellen

Lüftungswärmesenken:

$$Q_V = (H_{V,inf} + H_{V,win}) \cdot (\vartheta_i - \vartheta_e) \cdot t \quad \text{für } \vartheta_i > \vartheta_e \tag{111}$$

Lüftungswärmequellen:

$$Q_V = (H_{V,inf} + H_{V,win}) \cdot (\vartheta_e - \vartheta_i) \cdot t \quad \text{für } \vartheta_i < \vartheta_e \tag{112}$$

$H_{V,inf}$ der Wärmetransferkoeffizient für die Infiltration;
$H_{V,win}$ der Wärmetransferkoeffizient für die Fensterlüftung;
ϑ_i die Bilanztemperatur der Zone;
ϑ_e die durchschnittliche mittlere Außentemperatur nach Tabelle 14.

7.2.6 Wärmequellen

Folgende Wärmequellen sind bei Wohnghebäuden zu berücksichtigen:

1. Wärmeeintrag durch Personen.
2. Wärmeeintrag durch Geräte /Arbeitshilfen und Maschinen.
3. Wärmeeintrag durch das Heizsystem .
4. Wärmeeintrag durch solare Einstrahlung.

Die Wärmeeinträge durch Personen und Arbeitshilfen sind nach Gleichung 113 zu berechnen. Gemäß Tabelle 7 sind die internen Wärmequellen für Wohngebäude bereits in den Randbedingungen mit 50 bzw. 100 Wh/(m²d) festgelegt und müssen demnach nicht gesondert ermittelt werden.

$$Q_{I,source,p} = (q_{I,p} + q_{I,fac}) \cdot A_B \tag{113}$$

$q_{I,p}$ die durchschnittliche tägliche Wärmeabgabe von Personen nach DIN V 18599-10, bezogen auf die Bezugsfläche;

$q_{I,fac}$ die durchschnittliche tägliche Wärmeabgabe von Geräten oder Maschinen; bezogen auf die Bezugsfläche;

A_B die Bezugsfläche der Gebäudezone (Nettogrundfläche).

Der Wärmeeintrag durch die solare Einstrahlung:

$$Q_{S,tr} = F_F \cdot A \cdot g_{eff} \cdot I_S \cdot t \tag{114}$$

F_F der Abminderungsfaktor für den Rahmenanteil, welcher dem Verhältnis der transparenten Fläche zur Gesamtfläche A des Bauteils entspricht; sofern keine genaueren Werte bekannt sind, wird F_F = 0,7 gesetzt;

A die Fläche des Bauteils, anzusetzen sind die lichten Rohbaumaße (Bruttofläche);

g_{eff} der wirksame Gesamtenergiedurchlassgrad;

I_S die mittlere solare Einstrahlung während des Monats;

t die Dauer des Berechnungsschritts (t = 24 h).

Der wirksame Gesamtenergiedurchlassgrad der Verglasung:

Keine Sonnenschutzvorrichtung:

$$g_{eff} = F_S \cdot F_W \cdot F_v \cdot g_\perp \tag{115}$$

Feststehende Sonnenschutzeinrichtung:

$$g_{eff} = F_S \cdot F_W \cdot F_V \cdot g_{tot} \tag{116}$$

Variable Sonnenschutzeinrichtung:

$$g_{eff} = F_W \cdot F_V \min \begin{cases} a g_{tot+(1-a) \cdot g_\perp} \\ F_s \; g_\perp \end{cases} \tag{117}$$

F_S der Abminderungsfaktor für Verschattung mit Berücksichtigung der Verschattung durch die Umgebung, andere Gebäude oder Gebäudeteile;

F_W der Abminderungsfaktor infolge nicht senkrechten Strahlungseinfalls; $F_W = 0{,}9$;

F_V der Abminderungsfaktor infolge von Verschmutzung nach DIN V 18599-10;

$g_\perp$ der Gesamtenergiedurchlassgrad der Verglasung (ohne Sonnenschutzvorrichtung) nach DIN EN 410 bei senkrechtem Strahlungseinfall;

g_{tot} der Gesamtenergiedurchlassgrad einschließlich Sonnenschutzvorrichtung, nach EN 13363-1, DIN EN 13363-2 oder nach objektbezogenem Nachweis des Herstellers (zugesicherte Herstellerangaben) für kalorische und lichttechnische Kennwerte unter gleichen Randbedingungen;

a der Parameter zur Bewertung der Aktivierung von beweglichen Sonnenschutzvorrichtungen (für den Wohnungsbau nicht maßgebend)

Für Wohngebäude sind nur die Gleichungen 115 und 116 maßgebend, da im Gegensatz zu Nichtwohngebäuden variable Sonnenschutzeinrichtungen in Wohngebäuden nur in wenigen Ausnahmefällen angewendet werden. Weitere Hinweise zur Berücksichtigung von Sonnenschutzsystemen im Wohnungsbau siehe auch Abschnitt 13.9.2.

Tabelle 49: Standardwerte für die Kennwerte von Sonnenschutz und Verglasung

Verglasungstyp	Kennwerte, ohne Sonnenschutzvorrichtung				mit außenliegenderSonnenschutzvorrichtung						mit innenliegender Sonnenschutzvorrichtung						
					Außen-Jalousie[b] (10°-Stellung)		Außen-Jalousie (45°-Stellung)		vertikale Markise		innenl. Jalousie[b] (10°-Stellung)		innenl. Jalousie (45°-Stellung)		Textil-Rollo		Folie
					weiß	dunkelgrau	weiß	dunkelgrau	weiß[c]	grau	weiß	hellgrau	weiß	hellgrau	weiß	grau[c]	weiß[c]
	U_g^{d}	$g_{\perp}$	τ_e	τ_{D65}	g_{tot}	g_{tot}	g_{tot}	g_{tot}	g_{tot}	g_{tot}	g_{tot}	g_{tot}	g_{tot}	g_{tot}	g_{tot}	g_{tot}	g_{tot}
einfach	5,8	0,87	0,85	0,90	**0,07**	**0,13**	**0,15**	**0,14**	**0,22**	**0,18**	**0,30**	**0,40**	**0,38**	**0,46**	**0,25**	**0,52**	**0,26**
zweifach	2,9	0,78	0,73	0,82	**0,06**	**0,09**	**0,13**	**0,10**	**0,20**	**0,14**	**0,34**	**0,44**	**0,41**	**0,49**	**0,29**	**0,52**	**0,30**
dreifach	2,0	0,7	0,63	0,75	**0,05**	**0,07**	**0,11**	**0,08**	**0,18**	**0,11**	**0,35**	**0,43**	**0,40**	**0,47**	**0,31**	**0,50**	**0,32**
MSIV[e] 2fach	1,7	0,72	0,6	0,74	**0,05**	**0,07**	**0,11**	**0,07**	**0,18**	**0,11**	**0,35**	**0,44**	**0,41**	**0,48**	**0,30**	**0,51**	**0,32**
MSIV[e] 2fach	1,4	0,67	0,58	0,78	**0,04**	**0,06**	**0,10**	**0,06**	**0,17**	**0,10**	**0,35**	**0,43**	**0,40**	**0,47**	**0,31**	**0,49**	**0,32**
MSIV[e] 2fach	1,2	0,65	0,54	0,78	**0,04**	**0,05**	**0,10**	**0,06**	**0,16**	**0,09**	**0,35**	**0,43**	**0,40**	**0,46**	**0,31**	**0,48**	**0,32**
MSIV[e] 3fach	0,8	0,5	0,39	0,69	**0,03**	**0,04**	**0,07**	**0,04**	**0,13**	**0,07**	**0,32**	**0,37**	**0,35**	**0,39**	**0,30**	**0,40**	**0,31**
MSIV[e] 3fach	0,6	0,5	0,39	0,69	**0,03**	**0,03**	**0,07**	**0,03**	**0,12**	**0,06**	**0,33**	**0,37**	**0,36**	**0,39**	**0,30**	**0,40**	**0,31**
SSV[f] 2fach	1,3	0,48	0,44	0,59	**0,04**	**0,05**	**0,08**	**0,06**	**0,13**	**0,08**	**0,31**	**0,35**	**0,34**	**0,37**	**0,29**	**0,38**	**0,30**
SSV[f] 2fach	1,2	0,37	0,34	0,67	**0,03**	**0,05**	**0,07**	**0,05**	**0,11**	**0,07**	**0,27**	**0,29**	**0,29**	**0,30**	**0,26**	**0,31**	**0,26**
SSV[f] 2fach	1,2	0,25	0,21	0,40	**0,03**	**0,05**	**0,06**	**0,05**	**0,09**	**0,07**	**0,20**	**0,21**	**0,21**	**0,22**	**0,20**	**0,22**	**0,20**

7.2.7 Ausnutzungsgrad der Wärmegewinne

Für $\gamma \neq 1$ gilt:

$$\eta = \frac{1-\gamma^{a}}{1-\gamma^{a+1}} \qquad (118)$$

Für $\gamma = 1$ gilt:

$$\eta = \frac{a}{a+1} \qquad (119)$$

τ die Zeitkonstante des Gebäudes

γ das Verhältnis von Wärmequellen und Wärmesenken

a der numerische Parameter

Der numerische Parameter setzt die Zeitkonstante des Gebäudes ins Verhältnis zu einer „Reaktionszeit" von 16 h.

$$a = 1 + \frac{\tau}{16\text{h}} \qquad (120)$$

Falls:

$$1 - (\eta \cdot \gamma) < 0{,}01 \quad \text{dann ist} \quad \eta = \frac{1}{\gamma} \quad \text{zusetzen;} \quad (Q_{h,b} = 0) \qquad (121)$$

7.3 Die maximale Heizleistung eines Gebäudes

$$\dot{Q}_{\text{h,max}} = \dot{Q}_{\text{sink,max}} = \dot{Q}_{\text{T,max}} + \dot{Q}_{\text{V,max}} \qquad (122)$$

$$\dot{Q}_{\text{T,max}} = \sum_{\text{j}} H_{\text{Tj}} \cdot (\vartheta_{\text{i,h,min}} - \vartheta_{\text{j,h,min}}) \qquad (123)$$

$$\dot{Q}_{\text{V,max}} = \sum_{\text{j}} H_{\text{V,K}} \cdot (\vartheta_{\text{i,h,min}} - \vartheta_{\text{k,h,min}}) \qquad (124)$$

$\dot{Q}_{\text{T,max}}$ die maximale Transmissionswärmesenke am Auslegungstag;

$\dot{Q}_{\text{V,max}}$ die maximale Lüftungswärmesenke am Auslegungstag;

H_{Tj} der Wärmetransferkoeffizient für Transmission des Gebäudes;

$H_{\text{V,K}}$ der Wärmetransferkoeffizient für Lüftung des Gebäudes;

$\vartheta_{\text{i,h,min}}$ die Innentemperatur am Auslegungstag nach DIN V 18599-10;

$\vartheta_{\text{j,h,min}}$ die Temperatur eines angrenzenden Bereiches.

Die Innentemperatur am Auslegungstag ist in den Nutzungsrandbedingungen DIN V 18599-10 vorgegeben und ist nicht zu verwechseln mit der berechneten mittleren monatlichen Bilanztemperatur.

8 Energetische Bewertung des Heizsystems nach DIN V 18599-5

In diesem Abschnitt wird beispielhaft die energetische Bewertung eines brennstoffgespeisten Heizsystems nach DIN V 18599-5 erläutert.

Erzeugernutzwärmeabgabe an das Heizsystem:

$$Q_{\text{h,outg}} = Q_{\text{h,b}} + Q_{\text{h,ce}} + Q_{\text{h,d}} + Q_{\text{h,s}} \qquad (125)$$

$Q_{\text{h,outg}}$ die Erzeugernutzwärmeabgabe an das Heizsystem;

$Q_{\text{h,b}}$ der Nutzwärmebedarf (Heizwärmebedarf);

$Q_{\text{h,ce}}$ der Wärmeverlust der Übergabe an die Umgebung;

$Q_{h,d}$ der Wärmeverlust der Verteilung an die Umgebung;

$Q_{h,s}$ der Wärmeverlust der Speicherung an die Umgebung.

$$Q_{h,f} = \left(Q_{h,outg} + Q_{h,g}\right) \cdot f_{g,PM} - Q_{h,reg} \tag{126}$$

$Q_{h,f}$ die Endenergie für den Heizwärmeerzeuger;

$Q_{h,outg}$ die Erzeugernutzwärmeabgabe an das Heizsystem;

$Q_{h,g}$ die Wärmeverluste der Erzeugung an den Aufstellraum;

$f_{g,PM}$ der Korrekturfaktor für Wärmeerzeugung mit integriertem Pumpenmanagement;

$Q_{h,reg}$ der regenerative Energieeintrag in das Heizsystem.

Der regenerative Energieeintrag in das Heizsystem ist gemäß Gleichung 127:

$$Q_{h,reg} = Q_{h,sol} + Q_{h,in} \tag{127}$$

$Q_{h,reg}$ der regenerative Energieeintrag in das Heizsystem;

$Q_{h,sol}$ der solare Energieeintrag im Monat;

$Q_{h,in}$ die Umweltwärme im Monat.

8.1 Energieaufwand der Wärmeübergabe

Die Berechnung des Energieaufwandes für die Wärmeübergabe an den Raum erfolgt unter Zuhilfenahme der Gleichung 128.

$$Q_{h,ce} = \left(\frac{f_{Radiant} f_{int} f_{hydr}}{\eta_{h,ce}} - 1\right) \cdot Q_{h,b} \tag{128}$$

$Q_{h,ce}$ der Verlust der Wärmeübergabe im Monat in kWh;

$Q_{h,b}$ der Nutzwärmebedarf im Monat;

$f_{Radiant}$ der Faktor für den Strahlungseinfluss = 1

f_{int} der Faktor für intermittierenden Betrieb (raumweise Temperaturabsenkung =1);

f_{hydr} der Faktor für den hydraulischen Abgleich = 1;

$\eta_{h,ce}$ der Gesamtnutzungsgrad für die Wärmeabgabe an den Raum.

$$\eta_{h,ce} = \frac{1}{(4 - (\eta_L + \eta_C + \eta_B))} \tag{129}$$

$\eta_{h,ce}$ der Gesamtnutzungsgrad für die Wärmeabgabe an den Raum;

η_L der Teilnutzungsgrad für ein vertikales Lufttemperaturprofil;

η_C der Teilnutzungsgrad für Raumtemperaturregelung;

η_B der Teilnutzungsgrad für spezifische Verluste über Außenbauteile.

Tabelle 50: Nutzungsgrade für freie Heizflächen

Einflussgrößen		Nutzungsgrade		
		η_L	η_C	η_B
Raumtemperaturregelung	ungeregelt, mit zentraler Vorlauftemperaturregelung		0,80	
	Führungsraum		0,88	
	P-Regler (2 K)		0,93	
	P-Regler (1 K)		0,95	
	PI-Regler		0,97	
	PI-Regler (mit Optimierungsfunktion, z.B. Präsenzführung, adaptiver Regler)		0,99	
Übertemperatur (Bezug ϑ_i = 20 °C)		η_{L1}	η_{L2}	
	60 K (z. B. 90/70)	0,88		
	42,5 K (z. B.70/55)	0,93		
	30 K (z. B. 55/45)	0.95		
Spezifische Wärmeverluste über Außenbauteile (GF = Glasfläche)	HK-Anordnung Innenwand		0,87	1
	HK-Anordnung Außenwand		0,83	1
	– GF ohne Strahlungsschutz		0,88	1
	– GF mit Strahlungsschutz		0,95	1
	– normale Außenwand			

8.2 Verluste der Wärmeverteilung

$$Q_{h,d} = \sum [\frac{1}{1000} U_i \cdot (\vartheta_{HK,m} - \vartheta_i) \cdot L_i \cdot t_{h,rL,i}] \quad (130)$$

$Q_{h,d}$ Verluste des Rohrleitungsnetzes in kWh;

U_i die längenbezogene Wärmedurchgangszahl in W/(mK);

$\vartheta_{HK,m}$ die mittlere Temperatur des Heizmediums in °C;

ϑ_i die Umgebungstemperatur in °C;

L_i die Länge der Rohrleitungen in m;

$t_{h,rL,i}$ die monatliche rechnerische Laufzeit des Heizsystems in h.

Grundsätzlich sind für Warmwasserheizungs-Rohrnetze in Bild 11 dargestellten Leitungsarten einzubeziehen.

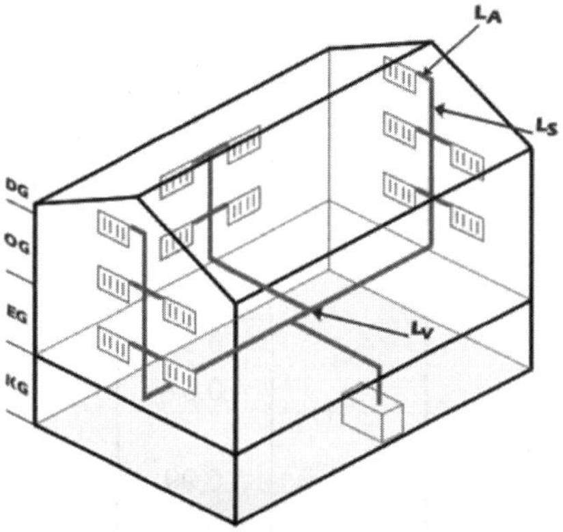

L_V = Verteilungsrohrleitungen

L_S = Strangleitungen

L_A = Anbindeleitungen

Bild 11 Bezeichnung der Leitungen von Warmwasserheizungen

Tabelle 51: Berechnung der Rohrleitungslängen und zu verwendende Randbedingungen

Kenngröße	Zeichen	Einheit	Bereich V	Bereich S	Bereich A
Umgebungstemperatur	ϑ_i	°C	aus DIN V 18599-2		
Umgebungstemperatur außerhalb der Heizperiode (wenn keine Werte aus DIN V 18599-2 errechnet	ϑ_i	°C	22 °C		
Umgebungstemperatur in der Heizperiode (wenn keine Werte aus DIN V 18599-2 errechnet)	ϑ_i	°C	13 °C im unbeheizten bzw. 20 °C im beheizten Bereich	20 °C im beheizten Bereich	
Zweirohrheizung					
Leitungslänge bei außen liegenden Strängen	L	m	$2 \cdot L_G + 0{,}01625 \cdot L_G \cdot B_G$	$0{,}025 \cdot L_G \cdot B_G \cdot h_G \cdot n_G$	$0{,}55 \cdot L_G \cdot B_G \cdot n_G$
Leitungslänge bei innen liegenden Strängen	L	m	$2 \cdot L_G + 0{,}0325 \cdot L_G \cdot B_G + 6$	$0{,}025 \cdot L_G \cdot B_G \cdot h_G \cdot n_G$	$0{,}55 \cdot L_G \cdot B_G \cdot n_G$
Einrohrheizung					
Leitungslänge bei innen liegenden Strängen	L	m	$2 \cdot L_G + 0{,}0325 \cdot L_G \cdot B_G + 6$	$0{,}025 \cdot L_G \cdot B_G \cdot h_G \cdot n_G + 2 \cdot (L_G + B_G) \cdot n_G$	$0{,}1 \cdot L_G \cdot B_G \cdot n_G$

Die mittlere Temperatur des Heizkreises:

$$\vartheta_{HK,m}(\beta_i) = 0{,}5 \cdot (\vartheta_{VL,m}(\beta_i) + \vartheta_{RL,m}(\beta_i)) \quad (131)$$

$\vartheta_{HK,m}$ die mittlere Temperatur des Heizkreises;

$\vartheta_{VL,m}$ die mittlere Vorlauftemperatur;

$\vartheta_{RL,m}$ die mittlere Rücklauftemperatur;

β_i die mittlere Belastung im Prozessbereich

Die mittlere Vorlauf- und die mittlere Rücklauftemperatur in Abhängigkeit vom Belastungsgrad der Prozessbreiche wird nach Gleichung 132 bzw. 133 berechnet.

$$\vartheta_{VL,m}(\beta_i) = (\vartheta_{VA} - \vartheta_{i,h,soll}) \cdot \beta_i^{\frac{1}{n}} + \vartheta_{i,h,soll} \quad (132)$$

$$\vartheta_{RL,m}(\beta_i) = (\vartheta_{RA} - \vartheta_{i,h,soll}) \cdot \beta_i^{\frac{1}{n}} + \vartheta_{i,h,soll} \quad (133)$$

ϑ_{VA} Vorlauftemperatur des Heizmediums bei Auslegungsbedingungen;

ϑ_{RA} die Rücklauftemperatur des Heizmediums bei Auslegungsbedingungen;

$\vartheta_{i,h,soll}$ die Raumtemperatur während der Nutzungszeit;

n der Heizkörperexponent (Standard= 1,33 für Heizkörper, 1,1 für FB-Heizung).

Die mittlere Belastung der Verteilung:

$$\beta_{h,d} = \frac{Q_{h,b} + Q_{h,ce}}{\dot{Q}_{h,max} \cdot t_h} \quad (134)$$

$\beta_{h,b}$ die mittlere Belastung der Verteilung des Heizmediums;

$Q_{h,b}$ der Nutzwärmebedarf in kWh;

$Q_{h,ce}$ der Wärmeverlust der Übergabe für das Heizsystem;

$\dot{Q}_{h,max}$ die maximale Gebäudeheizleistung in kW;

t_h die monatlichen Heizstunden in h.

Tabelle 52: Wärmedurchgangszahlen der Leitungen in W/(mK)

Baualtersklasse	Verteilung	außen liegende Stränge		innen liegende Stränge	
	V	S	A	S	A
Nach 1995	0,200	0,255	0,255	0,255	0,255
1980 bis 1995	0,200	0,400	0,400	0,300	0,400
bis 1980	0,400	0,400	0,400	0,400	0,400
Ungedämmte Leitungen					
$A_{NGF} \leq 200$ m²	1,000	1,000	1,000	1,000	1,000
$200 < A_{NGF} \leq 500$ m²	2,000	2,000	2,000	2,000	2,000
$A_{NGF} > 500$ m²	3,000	3,000	3,000	3,000	3,000
In AW verlegt		gesamt/nutzbar [a]			
AW ungedämmt		1,35 / 0,80			
AW außen gedämmt		1,00 / 0,90			
AW (U = 0,4 W/(m² • K))		0,75 / 0,55			

[a] *gesamt = gesamte Wärmeabgabe; nutzbar = im Raum nutzbare Wärmeabgabe.*

Monatliche rechnerische Laufzeit der Heizung:

$$t_{h,rL} = t_{h,rL,T} \cdot d_{h,rB} \tag{135}$$

$t_{h,rL}$ die rechnerische Laufzeit im Monat, in h;
$t_{h,rL,T}$ die tägliche rechnerische Laufzeit, in h;
$d_{h,rB}$ die monatlichen rechnerischen Betriebstage.

Die tägliche rechnerische Betriebszeit:

$$t_{h,rL,T} = 24 - f_{L,NA} \cdot (24 - t_{h,op}) \tag{136}$$

$t_{h,rL,T}$ die tägliche rechnerische Heizzeit;
$f_{L,NA}$ Laufzeitfaktor Nachtabsenkung/Nachtabschaltung;
$t_{h,op}$ die tägliche Heizzeit.

Die monatlich rechnerischen Betriebstage:

$$d_{h,rB} = d_{mth} \cdot \frac{365 - f_{L,WA} \cdot (365 - d_{Nutz,a})}{365} \cdot \frac{t_h}{d_{mth} \cdot 24} \tag{137}$$

$d_{h,rB}$ die monatlichen rechnerischen Betriebstage;
d_{mth} die Anzahl der Tage des Monats;
$f_{L,WA}$ Laufzeitfaktor Wochenendabsenkung/-abschaltung;
$d_{Nutz,a}$ die jährliche Nutzungsdauer in d;
t_h die monatlichen Heizstunden.

Abminderung der täglichen Laufzeit :

$$f_{L,NA} = 1 - \frac{\vartheta_{NA,Grenz} - \vartheta_e}{\vartheta_{NA,Grenz} - \vartheta_{e,min}} \leq 1 \tag{138}$$

$f_{L,NA}$ der Laufzeitfaktor Nachtabsenkung;
$\vartheta_{NA,Grenz}$ die Grenztemperatur Nachtabsenkung = 10°C;
$\vartheta_{e,min}$ die Auslegungstemperatur Heizen = -12 °C;
ϑ_e die mittlere Außentemperatur.

8.3 Die Wärmeverluste der Erzeugung im Aufstellraum

Der Gesamtverlust der Heizwärmeerzeugung von brennstoffgespeisten Systemen bezogen auf den Brennwert beträgt:

$$Q_{h,g} = \sum (Q_{h,g,v,i} \cdot d_{h,rB}) \tag{139}$$

$Q_{h,g}$ der Gesamtverlust der Heizwärmeerzeugung im Monat;
$Q_{h,g,v,i}$ der Verlust des Kessels pro Tag;
$d_{h,rB}$ die rechnerischen Betriebstage im Monat.

Die täglichen Verluste des Wärmeerzeugers sind in Abhängigkeit von der mittleren Heizkesselbelastung und den bei der Normprüfung zugrunde gelegten Lastbereichen mit Teillast (bei Öl- und Gaskesseln = 0,3) zu berechnen.

<u>Fall A</u>: Die mittlere Heizkesselbelastung ist kleiner als bei der Normprüfung:

$$Q_{h,g,v,i} = \left(\left(\frac{\beta_{h,i}}{\beta_{K,pl}}\right) \cdot \left(\dot{Q}_{V,g,pl} - \dot{Q}_{B,h}\right) + \dot{Q}_{B,h}\right) \cdot (t_{h,rL,T} - t_{w,100\%}) \qquad (140)$$

$\beta_{h,g,i}$ der Belastungsgrad des Heizkessels;

$\beta_{K,pl}$ der Belastungsgrad des Kessels bei der Normprüfung (hier = 0,3);

$\dot{Q}_{V,g,pl}$ die Verlustleistung des Heizkessels bei Teillast in kW;

$\dot{Q}_{B,h}$ die Verlustleistung des Heizkessels im Stillstand in kW;

$t_{h,rL,T}$ die täglich rechnerische Laufzeit in h;

$t_{w,100\%}$ die Tageslaufzeit des Kessels für die Trinkwasser-Erwärmung in h.

<u>Fall B</u>: Die mittlere Heizkesselbelastung ist größer als bei der Normprüfung:

$$Q_{h,g,v,i} = (\left(\frac{\beta_{h,i} - \beta_{K,pl}}{1 - \beta_{K,pl}}\right) \cdot \left(\dot{Q}_{V,g,100\%} - \dot{Q}_{V,g,pl}\right) + \dot{Q}_{V,g,pl}) \cdot (t_{h,rL,T} - t_{w,100\%}) \qquad (141)$$

$\dot{Q}_{V,g,100\%}$ die Verlustleistung des Heizkessels bei Nennleistung.

Der Belastungsgrad des Heizkessels im Teilprozess der Erzeugung ist wie bei der Verteilung zu ermitteln, nur dass die Wärmeverluste der Verteilung jetzt hinzuzurechnen sind:

$$\beta_{h,g} = \frac{Q_{h,b} + Q_{h,ce} + Q_{h,d} + Q_{h,s}}{\dot{Q}_{h,max} \cdot t_h} \qquad (142)$$

$\beta_{h,g}$ der Belastungsgrad des Heizkessels;

$Q_{h,b}$ der Nutzwärmebedarf der Zone in kWh;

$Q_{h,ce}$ der Wärmeverlust der Übergabe in kWh;

$Q_{h,d}$ der Wärmeverlust der Verteilung in kWh;

$Q_{h,s}$ der Wärmeverlust der Speicherung in kWh;

$\dot{Q}_{h,max}$ die maximale Heizleistung der Zone in kW;

t_h die monatlichen Heizstunden in h.

Die Verluste des Heizkessels im Stillstand:

$$\dot{Q}_{B,h} = q_{B,\vartheta} \cdot \left(\frac{\dot{Q}_N}{\eta_{k,100\%}} \right) \cdot f_{Hs,Hi} \tag{143}$$

$\dot{Q}_{B,h}$	die Verluste des Heizkessels im Stillstand;
$q_{B,\vartheta}$	die Bereitschaftsverluste bei mittlerer Heizkesseltemperatur;
$\dot{Q}_N$	die Heizkesselnennleistung gemäß Herstellerangaben;
$\eta_{k,100\%}$	der Heizkesselwirkungsgrad bei 100%
$f_{Hs,Hi}$	das Brennwert-Heizwert-Verhältnis des verwendeten Brennstoffs (z.B. für Erdgas=1,11, Heizöl = 1,06).

Bereitschaftswärmeverlust des Kessels:

$$q_{B,\vartheta} = q_{B,70} \cdot (\vartheta_{HK,m} - \vartheta_i) / (70 - 20) \tag{144}$$

$q_{B,\vartheta}$	der Bereitschaftsverlust des Kessels bei mittlerer Heizkesseltemperatur;
$q_{B,70}$	der Bereitschaftsverlust gemäß Herstellerangaben;
$\vartheta_{HK,m}$	die mittlere Heizkesseltemperatur;
ϑ_i	die Bilanzinnentemperatur.

Verwendung von Standardwerten:

$$q_{B,70} = (E \cdot (1{,}3 \cdot \dot{Q}_{h,max}{}^{F}) / 100 \tag{145}$$

$q_{B,70}$	Bereitschaftsverluste des Kessels bei 70°C
E/F	Faktoren nach Tabelle 53
$\dot{Q}_{h,max}$	max. Heizleistung je Zone in kW;

Tabelle 53: Beiwerte zur Ermittlung der Bereitschaftsverluste bei 70°C

Heizkesseltyp	Baujahr	Faktor E	Faktor F
Umstell-/Wechselbrandkessel	vor 1987	12,5	–0,28
Feststoffkessel	vor 1978	12,5	–0,28
	1978 bis 1994	10,5	–0,28
	nach 1994	8,0	–0,28
Standard-Heizkessel:			
Gas-Spezial-Heizkessel	vor 1978	8,0	–0,27
	1978 bis 1994	7,0	–0,3
	nach 1994	8,5	–0,4
Gebläsekessel (Öl/Gas)	vor 1978	9,0	–0,28
	1978 bis 1994	7,5	–0,31
	nach 1994	8,5	–0,4
Biomassekessel	nach 1994	14	–0,28
Niedertemperatur-Kessel:			
Gas-Spezial-Heizkessel	bis 1994	6,0	–0,32
	nach 1994	4,5	–0,4
Umlaufwasserheizer (Kombikessel 11 kW, 18 kW und 24 kW)	bis 1994	$q_{B,70} = 0{,}022$	
Kombikessel KSpb	nach 1994	$q_{B,70} = 0{,}022$	
Kombikessel DL[a]	nach 1994	$q_{B,70} = 0{,}012$	
Gebläsekessel (Öl/Gas)	bis 1994	7,0	–0,37
	nach 1994	4,25	–0,4
Brennwert-Kessel (Öl/Gas)	bis 1994	7,0	–0,37
	nach 1994	4,0	–0,4
Kombikessel KSpb (11 kW, 18 kW und 24 kW)	nach 1994	$q_{B,70} = 0{,}022$	
Kombikessel DLa (11 kW, 18 kW und 24 kW)	nach 1994	$q_{B,70} = 0{,}012$	

[a] DL: Heizkessel mit integrierter Trinkwassererwärmung nach dem Durchlaufprinzip mit Wärmeaustauscher (V < 2 l). b KSp: Heizkessel mit integrierter Trinkwassererwärmung nach dem Durchlaufprinzip mit Kleinspeicher (2 < V < 10 l).

Der Kesselwirkungsgrad:

$$\eta_{k,100\%} = (A + B \cdot \log(1{,}3 \cdot \dot{Q}_{h,max}) / 100 \qquad (146)$$

$\eta_{k,100\%}$ der Kesselwirkungsgrad bei 100% Kesselbelastung

$\dot{Q}_{h,max}$ max. Heizleistung je Zone in kW;

A/B Wirkungsgradfaktoren nach Tabelle 54.

Tabelle 54: Wirkungsgradfaktoren

Heizkesseltyp	Baujahr	Faktor A	Faktor B	Faktor C	Faktor D
Umstell-/Wechselbrandkessel	vor 1978	77,0	2,0	70,0	3,0
	1978 bis 1987	79,0	2,0	74,0	3,0
Feststoffkessel (fossiler Brennstoff)	vor 1978	78,0	2,0	72,0	3,0
	1978 bis 1994	80,0	2,0	75,0	3,0
	nach 1994	81,0	2,0	77,0	3,0
Standard-Heizkessel:					
Gas-Spezial-Heizkessel	vor 1978	79,5	2,0	76,0	3,0
	1978 bis 1994	82,5	2,0	78,0	3,0
	nach 1994	85,0	2,0	81,5	3,0
Gebläsekessel	vor 1978	80,0	2,0	75,0	3,0
	1978 bis 1986	82,0	2,0	77,5	3,0
	1987 bis 1994	84,0	2,0	80,0	3,0
	nach 1994	85,0	2,0	81,5	3,0
Brennertausch (nur Gebläsekessel)	vor 1978	82,5	2,0	78,0	3,0
	1978 bis 1994	84,0	2,0	80,0	3,0
Biomassekessel					
Klasse 3	ab 1994	67	6	68	7
Klasse 2	ab 1994	57	6	58	7
Klasse 1	ab 1994	47	6	48	7
Niedertemperatur-Kessel:					
Gas-Spezial-Heizkessel	1978 bis 1994	85,5	1,5	86,0	1,5
	nach 1994	88,5	1,5	89,0	1,5
Umlaufwasserheizer (11 kW, 18 kW und 24 kW)	vor 1987	$\eta_{k100\%}$ = 86 %		$\eta_{k,pl}$ = 84 %	
	1987 bis 1992	$\eta_{k100\%}$ = 88 %		$\eta_{k,pl}$ = 84 %	
Gebläsekessel	vor 1987	84,0	1,5	82,0	1,5
	1987 bis 1994	86,0	1,5	86,0	1,5
	nach 1994	88,5	1,5	89,0	1,5

Der Wirkungsgrad unter Teillast:

$$\eta_{k,pl} = (C + D \cdot \log(1,3 \cdot \dot{Q}_{h,max}))/100 \quad (147)$$

$\eta_{k100\%}$ der Kesselwirkungsgrad bei Teillast;

$\dot{Q}_{h,max}$ max. Heizleistung je Zone in kW;

C/D Wirkungsgradfaktoren nach Tabelle 54

Die Verlustleistung des Kessels bei Teillast sowie die Verlustleistung des Kessels bei Nennleistung sind nach den Gleichungen 148 bzw. 149 zu ermitteln.

$$\dot{Q}_{V,g,pl} = (f_{Hs/Hi} - \eta_{k,pl,Betrieb})/\eta_{k,pl,Betrieb} \cdot \beta_{k,pl} \cdot 1,3 \cdot \dot{Q}_{h,max} \quad (148)$$

$$\dot{Q}_{V,g,100\%} = (f_{Hs/Hi} - \eta_{k,100\%,Betrieb}) / \eta_{k,100\%Betrieb} \cdot 1{,}3 \cdot \dot{Q}_{h,max} \qquad (149)$$

$\dot{Q}_{V,g,pl}$ Verlustleistung bei Teillast;

$\dot{Q}_{V,g,100\%}$ Verlustleistung bei 100% Belastung;

$\eta_{k,pl,Betrieb}$ Kesselwirkungsgrad unter Teillast;

$\eta_{k,100\%,Betrieb}$ Kesselwirkungsgrad bei 100% Belastung unter Betriebsbedingungen;

$f_{Hs,Hi}$ das Brennwert-Heizwert-Verhältnis des verwendeten Brennstoffs (z.B. für Erdgas=1,11, Heizöl = 1,06).

Die Umrechnung der Kesselwirkungsgrade von Prüfbedingungen auf die realen Betriebsbedingungen erfolgt nach Gleichung 150 und 151.

$$\eta_{k,100\%,Betrieb} = \eta_{k,100\%} + G \cdot (\vartheta_{g,Test,100} - \vartheta_{HK,m}) \qquad (150)$$

$$\eta_{k,pl,Betrieb} = \eta_{k,lpl} + H \cdot (\vartheta_{g,Test,pl} - \vartheta_{HK,m}) \qquad (151)$$

$\eta_{k,pl,Betrieb}$ Kesselwirkungsgrad unter Teillast;

$\eta_{k,100\%,Betrieb}$ Kesselwirkungsgrad bei 100% Belastung unter Betriebsbedingungen;

H/G Temperaturkorrekturfaktoren nach Tabelle 56;

$\vartheta_{g,Test,100}$ Heizkesseltemperatur-Prüftemperatur bei 100% Belastung;

$\vartheta_{g,Test,pl}$ Heizkesseltemperatur-Prüftemperatur bei Teillast.

Tabelle 55: Heizkesseltemperaturen

Heizkesseltyp	$\vartheta_{g,Test,100}$ (Lastfall 100%) °C	$\vartheta_{g,Test,pl}$ (Lastfall Teillast) °C
Gas/Öl		
Standard	70	50
Niedertemperatur	70	40
Brennwert	70	30[a]
Biomasse		
Standard	70	70

[a] *Für Brennwertkessel gilt nach Richtlinie 92/42/EWG die Prüfung bei einer Rücklauftemperatur von 30 °C.*

Tabelle 56: Temperaturkorrekturfaktoren

Heizkesseltyp	Faktor G	Faktor H
Standardkessel	0	0,0004
Niedertemperaturkessel	0,0004	0,0004
Brennwertkessel, gasförmige Brennstoffe	0,002	0,002
Brennwertkessel, flüssige Brennstoffe	0,0004	0,001
Biomasse-Standardkessel	0	0,0004

Strahlungsverluste des Kessels (= Wärmeeinträge in das Gebäude bei Aufstellung im beheizten Bereich):

$$Q_{\mathrm{l,h,g}} = q_{\mathrm{s},\vartheta} \cdot \frac{\dot{Q}_{\mathrm{N}}}{\eta_{\mathrm{k,100\%}}} \cdot (t_{\mathrm{h,rL,T}} - t_{\mathrm{w,100\%}}) \cdot d_{\mathrm{h,rB}} \qquad (152)$$

$Q_{\mathrm{l,h,g}}$ Gesamtsumme der Strahlungsverluste in kWh;
$q_{\mathrm{s},\vartheta}$ der Bereitschaftsverlust des Kessels bei mittlerer Heizkesseltemperatur;
$\eta_{\mathrm{k,100\%}}$ der Kesselwirkungsgrad bei 100% Kesselbelastung;
$\dot{Q}_{\mathrm{N}}$ die Kesselnennwärmeleistung in kW
$t_{\mathrm{h,rL,T}}$ die tägliche rechnerische Laufzeit der Heizung in h
$t_{\mathrm{w,100\%}}$ die Tageslaufzeit des Heizkessels für die Trinkwassererwärmung in h (für dieses Beispiel = 0);
$d_{\mathrm{h,rB}}$ die monatlichen rechnerischen Betriebstage;

8.4 Hilfsenergien

Der elektrische Aufwand im Monat:

$$Q_{\mathrm{h,d,aux}} = W_{\mathrm{h,d,hydr}} \cdot e_{\mathrm{h,d,aux}} \qquad (153)$$

$Q_{\mathrm{h,d,aux}}$ der elektrische Aufwand im Monat in kWh;
$W_{\mathrm{h,d,hydr}}$ der hydraulische Energiebedarf im Monat in kWh;
$e_{\mathrm{h,d,aux}}$ die Aufwandszahl für den Betrieb der Heizungspumpe.

Der hydraulische Energiebedarf:

$$W_{\mathrm{h,d,hydr}} = \frac{P_{\mathrm{hydr}}}{1000} \cdot \beta_{\mathrm{h,d}} \cdot (t_{\mathrm{h}} \cdot f_{\mathrm{d,PM}}) \cdot f_{\mathrm{Sch}} \qquad (154)$$

P_{hydr} die hydraulische Leistung der Pumpe im Auslegungspunkt in W;
$\beta_{\mathrm{h,d}}$ die mittlere Belastung der Verteilung [-];
t_{h} die monatlichen Heizstunden;
$f_{\mathrm{d,PM}}$ Korrekturfaktor für Wärmeerzeuger mit integriertem Pumpenmanagement in [-];
f_{Sch} Korrekturfaktor hydraulische Schaltung nach Gleichung 160 in [-].

Die hydraulische Leistung der Pumpe am Auslegungspunkt:

$$P_{\mathrm{hydr}} = 0{,}2778 \cdot \Delta \mathrm{p} \cdot \dot{V} \qquad (155)$$

Δp der Differenzdruck im Auslegungspunkt in kPa;
$\dot{V}$ der Volumenstrom im Auslegungspunkt in m³/h

Der Volumenstrom wird berechnet aus der Relation zwischen der max. Heizlast und der Temperaturspreizung im Auslegungspunkt.

$$\dot{V} = \frac{\dot{Q}_{\mathrm{h,max}}}{\Delta\vartheta_{\mathrm{HK}} \cdot 1{,}15} \tag{156}$$

$\dot{Q}_{\mathrm{h,max}}$ die maximale Heizleistung in der Zone in kW;

$\Delta\vartheta_{\mathrm{HK}}$ die Temperaturspreizung im Auslegungspunkt.

Die Temperaturspreizung im Auslegungspunkt:

$$\Delta\vartheta_{\mathrm{HK}}(\beta_{\mathrm{d}}) = \vartheta_{\mathrm{VL,m}}(\beta_{\mathrm{d}}) - \vartheta_{\mathrm{RL,m}}(\beta_{\mathrm{d}}) \tag{157}$$

$\vartheta_{\mathrm{VL,m}}(\beta_{\mathrm{d}})$ die mittlere Vorlauftemperatur für die mittlere Belastung der Verteilung;

$\vartheta_{\mathrm{RL,m}}(\beta_{\mathrm{d}})$ die mittlere Rücklauftemperatur für die mittlere Belastung der Verteilung.

Der Differenzdruck am Auslegungspunkt Δp :

$$\Delta p = 0{,}13 \cdot L_{\mathrm{max}} + 2 + \Delta p_{\mathrm{FBH}} + \Delta p_{\mathrm{WE}} \tag{158}$$

L_{max} die maximale Rohrleitungslänge in m;

Δp_{FBH} der Differenzdruck der Fußbodenheizung, wenn vorhanden;

Δp_{WE} der Differenzdruck des Wärmeerzeugers in kPa.

Die max. Leitungslänge :

$$L_{\mathrm{max}} = 2 \cdot (L_{\mathrm{G}} + \frac{B_{\mathrm{G}}}{2} + n_{\mathrm{G}} \cdot h_{\mathrm{G}} + l_{\mathrm{d}}) \tag{159}$$

L_{max} die maximale Rohrleitungslänge;

L_{G} die größte gestreckte Länge des Gebäudes;

B_{G} die größte gestreckte Breite des Gebäudes;

n_{G} die Anzahl der Geschosse;

h_{G} die mittlere Geschosshöhe;

l_{d} Zuschlag für das verwendete Rohrleitungssystem (Zweirohrsystem: 10, Einrohrsystem: $L_{\mathrm{G}} + B_{\mathrm{G}}$).

Korrekturwert für die hydraulische Schaltung bei Einrohrsystemen:

$$f_{Sch} = 8{,}6 \cdot \overline{m} + 0{,}7 \tag{160}$$

$\overline{m}$ der anteilige Heizkörpermassenstrom in % (Standardwert: 40% = 0,4)

Die Aufwandszahl für den Betrieb der Umwälzpumpe:

$$e_{h,d,aux} = f_e \cdot (C_{P1} + C_{P2} \cdot \beta_{h,d}^{-1}) \tag{161}$$

Mit:

$e_{h,d,aux}$ die Aufwandszahl für den Betrieb der Umwälzpumpe;

C_{P1+P2} die Konstanten nach Tabelle 57;

$\beta_{h,d}^{-1}$ der Belastungsgrad für den Prozessbereich Verteilung;

f_e der Effizienzfaktor.

Tabelle 57: Konstanten zur Berechnung der Aufwandszahl

Pumpenregelung	C_{p1}	C_{p2}
Ungeregelt	0,25	0,75
Δp_{const}	0,75	0,25
$\Delta p_{variabel}$	0,90	0,10

Der Effizienzfaktor:

$$f_e = \left(1{,}25 + \left(\frac{200}{P_{hydr}}\right)^{0{,}5}\right) \cdot b \tag{162}$$

$$f_e = \frac{P_{Pumpe}}{P_{hydr}} \tag{163}$$

f_e der Effizienzfaktor in [-];

b der Überdimensionierungsfaktor in [-];

P_{Pumpe} die Leistung der Pumpe nach Herstellerangaben;

P_{hydr} die hydraulische Leistung der Pumpe.

Korrekturfaktor Absenkbetrieb:

$$K = \frac{1{,}03 \cdot t_{h,rL} + f_{P,A} \cdot (t_h - t_{h,rL})}{t_h} \tag{164}$$

$t_{h,rL}$ die monatliche rechnerische Laufzeit in h;

t_h die monatlichen Heizstunden in h;

$f_{P,A}$ Korrektur Absenkung/Abschaltung = 0,6/0

Hilfsenergiebedarf der Heizwärmeerzeugung:

$$Q_{h,g,aux} = \sum (P_{h,gaux,i} \cdot \left(t_{h,rL} - t_{w,100\%} \cdot d_{mth} \cdot \frac{d_{Nutz,a}}{365}\right) + P_{aux,SB} \cdot (24 \cdot d_{mth} - t_{h,rL})) \tag{165}$$

$Q_{h,g,aux}$ die Hilfsenergie der Heizwärmeerzeugung in kWh;

$P_{h,gaux,i}$ die elektrische Leistungsaufnahme des Heizkessels in kW;

$t_{h,rL}$ die rechnerische Laufzeit im Monat in h;

$t_{w,100\%}$ die Tageslaufzeit zur Trinkwassererwärmung in h;

$P_{aux,SB}$ die elektrische Leistungsaufnahme des Kessels im Schlummerbetrieb in kW;
d_{mth} die Tage eines Monats.

Ist der Belastungsgrad des Kessels ≤ als der Belastungsgrad bei Teillast, so ist die elektrische Leistungsaufnahme wie folgt zu berechnen:

$$P_{h,gaux,i} = \left(\frac{\beta_{h,i}}{\beta_{K,pl}} \right) \cdot \left(P_{aux,pl,i} - P_{aux,SB} \right) + P_{aux,SB} \tag{166}$$

$P_{aux,pl,i}$ die elektrische Leistungsaufnahme des Heizkessels bei Teillast in kW;

Ist der Belastungsgrad des Kessels größer als bei Teillast, so wird die elektrische Leistungsaufnahme des Kessels zu:

$$P_{h,gaux,i} = \frac{\beta_{h,i} - \beta_{K,pl}}{1 - \beta_{K,pl}} \cdot \left(P_{aux,100\%} - P_{aux,pl} \right) + P_{aux,pl} \tag{167}$$

$P_{aux,100\%}$ die elektrische Leistungsaufnahme bei 100% Belastung in kW.

Standardwerte:

$$P_{aux} = (G + H \cdot (\dot{Q}_{Nh})^n) / 1000 \tag{168}$$

$G/H/n$ Hilfsenergiefaktoren nach Tabelle 58;

$\dot{Q}_{Nh}$ die Kesselnennleistung in kW.

Tabelle 58: Hilfsenergiefaktoren Wärmeerzeugung

Heizkesseltyp	Elektrische Leistungsaufnahme	Faktor G	Faktor H	Faktor n
Ab 1994 Heizkessel mit Gebläsebrenner	$P_{aux,100}$	0	45	0,48
	$P_{aux,pl}$	0	15	0,48
	$P_{aux,SB}$	15	0	0
Heizkessel mit atmosphärischem Brenner bis 250 kW	$P_{aux,100}$	40	0,35	1
	$P_{aux,pl}$	20	0,1	1
	$P_{aux,SB}$	15	0	0
Heizkessel mit atmosphärischem Brenner ab 250 kW	$P_{aux,100}$	80	0,7	1
	$P_{aux,pl}$	40	0,2	1
	$P_{aux,SB}$	15	0	0
Automatisch beschickte Pellet-Zentralheizkessel, Anlage mit Pufferspeicher	$P_{aux,100}$	40	2	1
	$P_{aux,pl}$	40	1,8	1
	$P_{aux,SB}$	15	0	0

Tabelle 58: (Fortsetzung) Hilfsenergiefaktoren Wärmeerzeugung

Heizkesseltyp	Elektrische Leistungsaufnahme	Faktor G	Faktor H	Faktor n
Automatisch beschickte Hackschnitzel-Zentralheizkessel, Anlage mit Pufferspeicher	$P_{aux,100}$	60	2,6	1
	$P_{aux,pl}$	70	2,2	1
	$P_{aux,SB}$	15	0	0
Alle anderen Kessel				
Umstell-/Wechselbrandkessel	$P_{aux,100}$	0	45	0,48
	$P_{aux,pl}$	0	15	0,48
	$P_{aux,SB}$	20[b]	0	0
Feststoffkessel (fossiler und biogener Brennstoff)	$P_{aux,100}$	0	0	0
	$P_{aux,pl}$	0	0	0
	$P_{aux,SB}$	15[b]	0	0
Standard-Heizkessel				
Gas-Spezial-Heizkessel	$P_{aux,100}$	40	0,148	1
	$P_{aux,pl}$	40	0,148	1
	$P_{aux,SB}$	15[b]	0	0
Gebläsekessel (Öl/Gas)	$P_{aux,100}$	0	45	0,48
	$P_{aux,pl}$	0	15	0,48
	$P_{aux,SB}$	15b	0	0
Niedertemperatur-Heizkessel				
Gas-Spezial-Heizkessel	$P_{aux,100}$	40	0,148	1
	$P_{aux,pl}$	40	0,148	1
	$P_{aux,SB}$	15[b]	0	0
Umlaufwasserheizer	$P_{aux,100}$	0	45	0,48
	$P_{aux,pl}$	0	15	0,48
	$P_{aux,SB}$	15[b]	0	0
Gebläsekessel (Öl/Gas)	$P_{aux,100}$	0	45	0,48
	$P_{aux,pl}$	0	15	0,48
	$P_{aux,SB}$	15[b]	0	0
Brennwert-Kessel (Öl/Gas)	$P_{aux,100}$	0	45	0,48
	$P_{aux,pl}$	0	15	0,48
	$P_{aux,SB}$	15[b]	0	0

[a] Bei Einsatz gebläseunterstützter Feuerungen erhöhen sich die Werte $P_{aux,100}$; $P_{aux,pl}$ um 40 %.

[b] Wenn elektrisch betriebene Kesselregelung vorhanden, sonst $P_{aux,SB} = 0$.

9 Energetische Bilanzierung der Trinkwassererwärmung nach DIN V 18599-8

9.1 Methodik der Bilanzierung

Die energetische Bilanzierung von Anlagen zur Deckung des Trinkwarmwasser-Bedarfs $Q_{w,b}$ erfolgt – wie auch in der DIN V 4701-10 – für alle im Bild 12 dargestellten Komponenten der

Anlage. Werden mehrere Anlagen in einem Gebäude eingesetzt, so sind diese gemäß ihrem Anteil an der Gesamtdeckung des Trinkwarmwasserbedarfs zu bilanzieren.

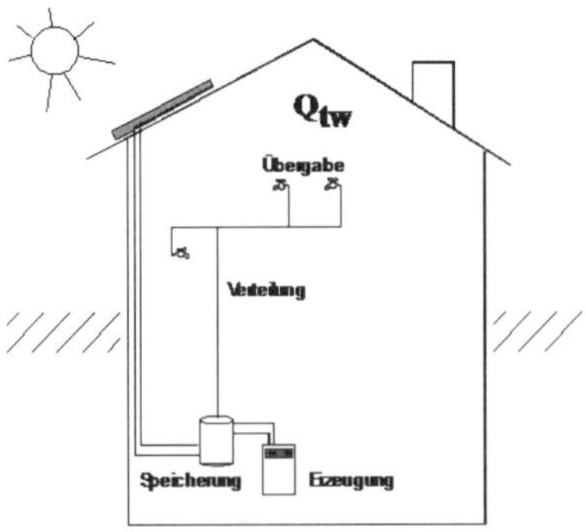

Bild 12: Beispiel eines Trinkwarmwasserstranges nach DIN V 18599-8

Der Gesamtaufwand zur Bereitstellung des Trinkwarmwassers für ein Gebäudes setzt sich zusammen aus dem:

- Wärmeverlust für die Übergabe des Trinkwarmwassers,
- Wärmeverlust für die Verteilung des Trinkwarmwassers (Leitungsnetz),
- Wärmeverlust für die Speicherung des Trinkwarmwassers und dem
- Wärmeverlust der Erzeugung des Trinkwarmwassers,
- Nutzenergiebedarf

Zusätzlich ist die benötigte Hilfsenergie (Strom) für alle Anlagenkomponenten zu berücksichtigen (z.B. Zirkulationspumpen, Kessel).

Die Erzeugernutzwärmeabgabe ergibt sich aus Gleichung 169:

$$Q_{w,outg} = Q_{w,b} + Q_{w,ce} + Q_{w,d} + Q_{w,s} \quad (169)$$

$Q_{w,outg}$ die Erzeugernutzwärmeabgabe
$Q_{w,b}$ der Nutzenergiebedarf
$Q_{w,ce}$ Wärmeverlust der Übergabe
$Q_{w,d}$ Wärmeverlust der Verteilung
$Q_{w,s}$ Wärmeverlust der Speicherung

Aus der Erzeugernutzwärmeabgabe und dem Wärmeverlust der Erzeugung wird die Endenergie für die Trinkwarmwassererzeugung ermittelt:

$$Q_{w,f} = Q_{w,outg} + Q_{w,g} - Q_{w,reg} \quad (169a)$$

$Q_{w,t}$ Endenergie für die Trinkwarmwassererzeugung
$Q_{w,outg}$ Erzeugernutzwärmeabgabe
$Q_{w,g}$ Wärmeverluste der Erzeugung
$Q_{w,reg}$ regenerativer Energieeintrag

9.2 Verluste der TWW-Verteilung

Die Berechnung der Wärmeabgabe der einzelnen im Bild 13 dargestellten Rohrabschnitte „i" erfolgt nach Gleichung 170.

$$Q_{\mathrm{w,d}} = \frac{1}{1000} \cdot U_{\mathrm{i}} \cdot L_{\mathrm{i}} \cdot \left(\vartheta_{\mathrm{w.m}} - \vartheta_{\mathrm{i}}\right) \cdot d_{\mathrm{nutz,mth}} \cdot t_{\mathrm{Nutz,T}} \qquad (170)$$

$Q_{\mathrm{w,d}}$	Wärmeverlust des Rohrabschnittes
U_{i}	*U*-Wert des Rohrabschnittes
L_{i}	Länge des Rohrabschnittes
$\vartheta_{\mathrm{w,m}}$	die mittlere Temperatur des Rohrabschnittes
ϑ_{i}	die mittlere Umgebungstemperatur
$d_{\mathrm{nutz,mth}}$	die monatliche Nutzungsdauer (Wohngebäude = Anzahl Tage des Monats)
$t_{\mathrm{Nutz,T}}$	die tägliche Nutzungsdauer (Wohngebäude = 24 h)

Die allgemeinen Randbedingungen zur Berechnung der Rohrabschnitte sind in den Tabellen 59 und 60 zusammengestellt.

Tabelle 59: Allgemeine Randbedingungen

Kennwerte	Zeichen	Einheit	Wert
Mittlere Umgebungstemperatur im beheizten Bereich (wenn keine Werte aus DIN V 18599-2 errechnet)	ϑ_{i}	°C	20
Mittlere Umgebungstemperatur außerhalb der beheizten Zone (wenn keine Werte aus DIN V 18599-2 errechnet)	ϑ_{i}	°C	13
Mittlere Temperatur des Trinkwarmwassernetzes ohne bzw. bei ausgeschalteter Zirkulation	$\vartheta_{\mathrm{w,m}}$	°C	$25 \cdot U^{-0,2}$
Mittlere Temperatur des Trinkwarmwassernetzes (mit Zirkulationsleitung bzw. elektrischer Begleitheizung) und des Speichers	$\vartheta_{\mathrm{w,m}}$	°C	50
Kaltwasserzulauftemperatur	ϑ_{K}	°C	10
Temperaturspreizung im Zirkulationskreis	$\Delta\vartheta_{\mathrm{Z}}$	K	5

Tabelle 60: Randbedingungen zur Berechnung des Rohrnetzes

Kennwerte	Zeichen	Einheit	Bereich L_{V}	Bereich L_{S}	Bereich L_{A}
Umgebungstemperatur	ϑ_{i}	°C	siehe DIN V 18599-2		
Umgebungstemperatur außerhalb der Heizperiode (wenn keine Werte aus DIN V 18599-2 errechnet)	ϑ_{i}	°C	22 °C		
Umgebungstemperatur (wenn keine Werte aus DIN V 18599-2 errechnet)	ϑ_{i}	°C	13 im unbeheizten bzw. 20 im beheizten Bereich	20 im beheizten Bereich	

Tabelle 60: (Fortsetzung) Randbedingungen zur Berechnung des Rohrnetzes

Kennwerte	Zeichen	Einheit	Bereich L_V	Bereich L_S	Bereich L_A
Leitungslänge mit Zirkulation	L	m	$2 \cdot L_G + 0{,}0125 \cdot L_G \cdot B_G$	$0{,}075 \cdot L_G \cdot B_G \cdot n_G \cdot h_G$	—
Leitungslänge ohne Zirkulation	L	m	$L_G + 0{,}0625 \cdot L_G \cdot B_G$	$0{,}038 \cdot L_G \cdot B_G \cdot n_G \cdot h_G$	—
Stichleitungslänge nur bei Übergabe in angrenzenden Räumen mit gemeinsamer Installationswand	L	m	—	—	$0{,}05 \cdot L_G \cdot B_G \cdot n_G$
Stichleitungslänge im Standardfall	L	m	—	—	$0{,}075 \cdot L_G \cdot B_G \cdot n_G$

Die nach der Norm festgelegte Definition der einzelnen Leitungsarten ist im Bild 13 dargestellt.

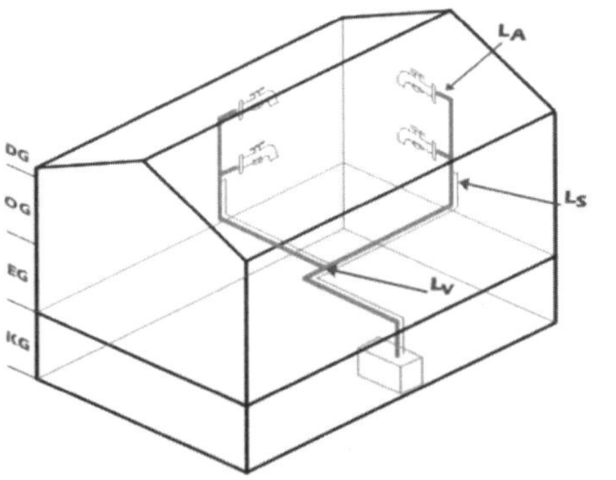

Bild 13: Lage der einzelnen Rohrabschnitte im Gebäude

Sind keine Wärmedurchgangszahlen für die Rohrabschnitte bekannt, so kann vereinfachend auf Tabelle 61 zurückgegriffen werden.

Tabelle 61: Typische Wärmedurchgangszahlen U für ein TWW-Rohrnetz in W/(mK)

Baualtersklasse	Verteilung	außen liegende Stränge		innen liegende Stränge	
	V	L_S	L_A	L_S	L_A
Nach 1995	0,200	0,255	0,255	0,255	0,255
1980 bis 1995	0,200	0,400	0,400	0,300	0,400
bis 1980	0,400	0,400	0,400	0,400	0,400
Ungedämmte Leitungen					
$L_G \cdot B_G \leq 200$ m²	1,000	1,000	1,000	1,000	1,000
$L_G \cdot B_G \leq 500$ m²	2,000	2,000	2,000	2,000	2,000
$L_G \cdot B_G > 500$ m²	3,000	3,000	3,000	3,000	3,000
In Außenwand (AW) verlegt		gesamt/ nutzbar			
AW ungedämmt		1,35 / 0,80			

Tabelle 61: (Fortsetzung) Typische Wärmedurchgangszahlen U für ein TWW-Rohrnetz

Baualtersklasse	Verteilung	außen liegende Stränge		innen liegende Stränge	
	V	L_S	L_A	L_S	L_A
AW außen gedämmt		1,00 / 0,90			
AW (U = 0,4 W/m² • K)		0,75 / 0,55			

Für Wohnneubauten kann grundsätzlich die Zeile mit den U-Werten nach 1995 angesetzt werden, da die Anforderungen an die Dämmung von Rohrabschnitten (siehe Tabelle 10) in etwa diesem Dämmniveau entsprechen. Ein genauer Nachweis bei Verwendung größerer Dämmstärken ist jedoch möglich und zulässig.

9.3 Verluste der TWW-Speicherung

Die nachfolgenden Gleichungen beziehen sich ausschließlich auf neue Speicher der Speicherart „indirekt". Die Herangehensweise bei bivalenter Speichern wird im Berechnungsbeispiel erläutert.

Der Bereitschaftswärmeverlust wird mit der Gleichung 171 berechnet.

$$Q_{W,S} = f_{Verbindung} \cdot \frac{50 - \vartheta_i}{45} \cdot d_{Nutz,mth} \cdot q_{B,S} \tag{171}$$

$Q_{W,S}$ Bereitschaftswärmeverlust des Speichers

$f_{Verbindung}$ Speicher = Erzeuger in einem Raum; 1,2 ansonsten nach 8.2 berechnen

ϑ_i Umgebungstemperatur

$d_{Nutz,mth}$ Nutzungsdauer für Trinkwarmwasser im Monat

$q_{B,S}$ täglicher Bereitschaftswärmeverlust

Ist der tägliche Bereitschaftswärmeverlust nicht bekannt, so kann er nach Gleichung 172 berechnet werden.

$$q_{B,S} = 0{,}8 + 0{,}02 \cdot V^{0{,}77} \tag{172}$$

Mit

$$V = \frac{Q_{w,b,d} \cdot f_N \cdot 860}{\left(\vartheta_{w,m} - \vartheta_K\right) \cdot \eta_s} \tag{173}$$

V Speichervolumen

$Q_{w,b,d}$ täglicher Trinkwarmwasserbedarf

f_N Nutzungsfaktor

$\vartheta_{w,m}$ mittlere Speichertemperatur = 50°C

ϑ_K Kaltwassertemperatur = 10 °C

η_s Speichernutzungsgrad (stehend=0,95; liegend=0,9)

9.4 Verluste der Übergabe

Die Verluste der Übergabe an der Warmwasser-Zapfstelle sind bereits (wie auch nach DIN V 4107-10) im Trinkwasserenergiebedarf enthalten und bedürfen daher keiner separaten Berücksichtigung im Rahmen der energetischen Bewertung.

9.5 Wärmeverluste der Erzeugung

Der Wärmeverlust der Erzeugung ergibt sich aus Gleichung 174.

$$Q_{\mathrm{w,g}} = Q_{\mathrm{w,g,100\%}} \cdot t_{\mathrm{w,100\%}} \cdot d_{\mathrm{Nutz,mth}} + Q_{\mathrm{B,w}} \cdot \left(d_{\mathrm{Nutz,mth}} - d_{\mathrm{h,rB}}\right) \quad (174)$$

$Q_{\mathrm{w,g}}$ Wärmeverlust des Heizkessels

$Q_{\mathrm{w,g,100\%}}$ Tageswärmeverlust des Heizkessels

$t_{\mathrm{w,100\%}}$ Tageslaufzeit des Heizkessels bei Nenn-Wärmeleistung

$d_{\mathrm{Nutz.mth}}$ Nutzungsdauer für Trinkwarmwasser im Monat

$Q_{\mathrm{B,w}}$ tägliche Kessel-Verlustleistung

$d_{\mathrm{h,rB}}$ monatliche rechnerische Betriebszeit (siehe Abschnitt 18599-5)

Der Tageswärmeverlust des Heizkessels für die Trinkwasser-Erwärmung ergibt sich aus:

$$Q_{\mathrm{w,g,100\%}} = \frac{1}{24} \cdot (f_{\mathrm{HS/Hi}} - \eta_{\mathrm{K,100\%}}) \div \eta_{\mathrm{K,100\%}} \cdot \frac{Q_{\mathrm{w,outg}}}{d_{\mathrm{nutz,mt}h}} \quad (175)$$

$f_{\mathrm{HS/Hi}}$ Verhältnis Brennwert/Heizwert (siehe Tabelle 45)

$\eta_{\mathrm{K,100\%}}$ Wirkungsgrad des Kessels bei Nennleistung

Hinweis zur Gleichung 175: Der Faktor 1/24 ist erst in der Korrekturnorm DIN V 18599-100 enthalten, die in der EnEV 2009 nicht in Bezug genommen wurde. Da aber ohne diesen Faktor keine Werte in kWh ermittelt werden können, wird die Korrektur an dieser Stelle bereits verwendet.

Um den Wirkungsgrad des Kessels bei Nennleistung zu erhalten, sind die in Tabelle 62 aufgeführten Konstanten in Abhängig vom verwendeten Kessel in die Gleichung 176 einzufügen. Die Nennleistung des Kessels (wenn keine Daten aus der Anlagenplanung vorliegen) kann vereinfacht mit $\dot{Q}_N = 0{,}42 \cdot \left(\frac{Q_{\mathrm{w,b}}}{0{,}036}\right)^{0,7}$ ermittelt werden, wobei $Q_{\mathrm{w,b}}$ die tägliche Nutzenergie für Warmwasser darstellt. Wird der Kessel auch für die Erzeugung der Heizwärme verwendet, was im Wohnungsbau üblicherweise der Fall sein sollte, so ist die max. berechnete Nennleistung beider Bilanzierungen maßgebend.

$$\eta_{\mathrm{K,100}} = (A + B \cdot \log(\dot{Q}_N)) / 100 \quad (176)$$

Tabelle 62: Wirkungsgradfaktoren

Heizkesseltyp		Baujahr	Faktor A	Faktor B
Standard-Heizkessel	Umstell-/Wechselbrandkessel	vor 1978	77	2
		1978 bis 1987	79	2
	Feststoffkessel (fossile Brennstoffe)	vor 1978	78	2
		1978 bis 1994	80	2
		nach 1994	81	2
	Gas-Spezial-Heizkessel	vor 1978	79,5	2
		1978 bis 1994	82,5	2
		nach 1994	85	2
	Gebläsekessel (Gas/Öl) mit späterem Brennertausch	vor 1978	82,5	2
		1978 bis 1994	84	2
		nach 1994	85	2
	Biomassekessel Klasse 3	Ab 1994	67	6
	Biomassekessel Klasse 2	Ab 1994	57	6
	Biomassekessel Klasse 1	Ab 1994	47	6
Niedertemperaturkessel	Gas-Spezial-Heizkessel	1978 bis 1994	85,5	1,5
		nach 1994	88,5	1,5
	Gebläsekessel (Gas/Öl)	vor 1987	84	1,5
		1987 bis 1994	86	1,5
		nach 1994	88,5	1,5
	Gebläsekessel (Gas/Öl) mit späterem Brennertausch	vor 1987	86	1,5
		1987 bis 1994	86	1,5
		nach 1994	88,5	1,5
Brennwert-Kessel (Öl/Gas)	normal	vor 1987	89	1
		1987 bis 1994	91	1
		nach 1994	92	1
	verbessert	nach 1999	94	1

Die tägliche Verlustleistung eines Kessels für die Trinkwassererwärmung wird vom Bereitschaftswärmeverlust bei Nennleistung und seinem Wirkungsgrad bei Nennleistung bestimmt. Werden Kessel gemeinsam für Heizung und Trinkwasser-Erwärmung verwendet, so ist bilanzierungsbedingt an dieser Stelle nur der letztgenannte Anteil maßgebend.

$$Q_{\mathrm{B,w}} = q_{\mathrm{B},\vartheta} \cdot \frac{\dot{Q}_{\mathrm{N}}}{\eta_{\mathrm{K,100\%}}} \cdot (t_{\mathrm{Nutz,T}} - t_{\mathrm{w,100\%}}) \cdot f_{\mathrm{Hs/Hi}} \qquad (177)$$

$q_{\mathrm{B},\vartheta}$ Bereitschaftswärmeverlust des Kessels

Der Bereitschaftswärmeverlust des Kessels wird unter Verwendung des Prüfwertes für den Bereitschaftswärmeverlust bei einer Prüftemperatur von 70°C ermittelt.

$$q_{\mathrm{B},\vartheta} = q_{\mathrm{B,70}} \cdot (\vartheta_{\mathrm{g,m}} - \vartheta_i) / (70 - 20) \qquad (178)$$

$\vartheta_{\mathrm{g,m}}$ mittlere Heizkesseltemperatur in der Stillstandszeit;

ϑ_i mittlere Umgebungstemperatur = Bilanztemperatur;

$q_{B,70}$ Bereitschaftswärmeverlust bei 70°C Prüftemperatur.

Die mittlere Heizkesseltemperatur kann vereinfachend mit 50 °C angenommen werden. Ist keine Zirkulation vorhanden, kann dieser Pauschalwert um 10 °C verringert werden, gleiches gilt für die Zeit ohne Zirkulation sowie für Kombikessel und Umlaufwasserheizer.

Der Bereitschaftsverlust wird, so keine Messwerte vorliegen, mit der nachfolgenden Gleichung unter Zuhilfenahme der Konstanten nach Tabelle 63 ermittelt.

$$q_{B,70} = (E \cdot (\dot{Q}_N)^F / 100 \qquad (179)$$

Tabelle 63: Faktoren für den Bereitschaftswärmeverlust und Werte für den Bereitschaftswärmeverlust (Auszug)

Heizkesseltyp	Baujahr	Faktor E	Faktor F
Umstell-/Wechselbrandkessel	bis 1987	12,5	–0,28
Feststoffkessel	vor 1978	12,5	–0,28
	1978 bis 1994	10,5	–0,28
	nach 1994	8,0	–0,28
Niedertemperatur-Kessel:			
Gas-Spezial-Heizkessel	bis 1994	6,0	–0,32
	nach 1994	4,5	–0,4
Umlaufwasserheizer (Kombikessel 11 kW, 18 kW und 24 kW)	bis 1994	$q_{B,70}$ = 0,022	
Kombikessel KSpb	nach 1994	$q_{B,70}$ = 0,022	
Kombikessel DLa	nach 1994	$q_{B,70}$ = 0,012	
Gebläsekessel (Öl/Gas)	bis 1994	7,0	–0,37
	nach 1994	4,25	–0,4
Brennwert-Kessel (Öl/Gas)			
	bis 1994	7,0	–0,37
	nach 1994	4,0	–0,4
Kombikessel K_{Sp} [b] (11 kW, 18 kW und 24 kW):	nach 1994	$q_{B,70}$ = 0,022	
Kombikessel D_L [a] (11 kW, 18 kW und 24 kW):	nach 1994	$q_{B,70}$ = 0,012	

a) D_L: Kessel mit integrierter Trinkwassererwärmung nach dem Durchlaufprinzip mit Wärmeaustauscher (V< 2 l).
b) K_{Sp}: Heizkessel mit integrierter Trinkwassererwärmung nach dem Durchlaufprinzip mit Kleinspeicher (2 < V < 10 l).

Die Tageslaufzeit des Heizkessels für die Trinkwasser-Erwärmung bei Nenn-Wärmeleistung widerspiegelt das Verhältnis der benötigten Leistung zur vorhandenen Nennleistung des Kessels.

$$t_{w,100\%} = Q_{w,outg} / (\dot{Q}_N \cdot d_{Nutz,mtl.}) \qquad (180)$$

Steht der Kessel für die Trinkwasser-Erwärmung innerhalb der thermischen Hülle, so sind die Strahlungsverluste des Kessels als ungeregelte Wärmeeinträge für das Wohngebäude zu berücksichtigen. Obgleich die Kessel gewöhnlich in separaten Räumen aufgestellt werden,

werden die Wärmeeinträge auf das gesamte Gebäude verteilt.

Der ungeregelte Wärmeeintrag ergibt sich aus Gleichung 181 zu:

$$Q_{\mathrm{I,wg}} = q_{\mathrm{st},\vartheta} \cdot \frac{\dot{Q}_N}{\eta_{\mathrm{K,100\%}}} \cdot \left(t_{\mathrm{Nutz;T}} - t_{\mathrm{w,100\%}}\right) \cdot \left(d_{\mathrm{Nutz,mtl}} - d_{\mathrm{h,rB}}\right) + t_{\mathrm{w,100\%}} \cdot d_{\mathrm{Nutz,mtl}} \tag{181}$$

$q_{\mathrm{st},\vartheta}$ Strahlungsverluste des Kessels;
$t_{\mathrm{Nutz,T}}$ die tägliche Nutzungszeit (Wohngebäude = 24 h);
$d_{\mathrm{Nutz,mtl}}$ die monatliche Nutzungsdauer;
$d_{\mathrm{h,rB}}$ monatliche rechnerische Betriebszeit;
$t_{\mathrm{w,100\%}}$ Tageslaufzeit des Heizkessels bei Nenn-Wärmeleistung;
$\dot{Q}_{\mathrm{N}}$ Nennleistung des Kessels (siehe oben).

Die Strahlungsverluste des Kessels können vereinfachend mit 50% (Gas-Spezial-Heizkessel) oder 75 % (alle anderen Kesselarten) des Bereitschaftswärmeverlustes angesetzt werden.

9.6 Hilfsenergien

Wie bei der Beheizung von Gebäuden, so ist auch die Erwärmung von Trinkwasser mit Systemen ausgerüstet, die für den Betrieb Strom benötigen. Der Gesamthilfsenergie-Bedarf für die Trinkwassererwärmung ist nach Gleichung 182 zu ermitteln.

$$Q_{\mathrm{w,aux}} = Q_{\mathrm{w,ce,aux}} + Q_{\mathrm{w,d,aux}} + Q_{\mathrm{w,s,aux}} + Q_{\mathrm{w,g,aux}} \cdot d_{\mathrm{Nutz,mtl}} \tag{182}$$

$Q_{\mathrm{w,aux}}$ Hilfsenergie für das Trinkwarmwassersystem;
$Q_{\mathrm{w,ce,aux}}$ Hilfsenergie für die Übergabe;
$Q_{\mathrm{w,d,aux}}$ Hilfsenergie für die Verteilung;
$Q_{\mathrm{w,s,aux}}$ Hilfsenergie für die Speicherung;
$Q_{\mathrm{w,aux}}$ Hilfsenergie für die Wärmeerzeugung;

Die Hilfsenergie für die Übergabe an der Zapfstelle ist nicht zu berücksichtigen (=0).

Die Hilfsenergie für die Verteilung des Warmwassers innerhalb des Gebäudes ist nach Gleichung 183 zu ermitteln.

$$Q_{\mathrm{w,d,aux}} = W_{\mathrm{w,d,hydr}} \cdot e_{\mathrm{w,d,aux}} \tag{183}$$

$W_{\mathrm{w,d,hydr}}$ der hydraulische Energiebedarf;
$e_{\mathrm{w,d,aux}}$ die Aufwandszahl für den Betrieb der Zirkulationspumpe.

Der hydraulische Energiebedarf wird ermittelt aus:

$$W_{\mathrm{w,d,hydr}} = P_{\mathrm{hydr}} / 1000 \cdot d_{\mathrm{Nutz,mth}} \cdot z \tag{184}$$

P_{hydr} die hydraulische Leistung der Pumpe im Auslegungspunkt;
$d_{\mathrm{Nutz,mth}}$ Nutzungsdauer für Trinkwarmwasser im Monat;
z Laufzeit der Zirkulationspumpe.

Die Laufzeit der Zirkulationspumpe kann (wie auch aus DIN V 4701-10 bekannt) pauschal ermittelt werden, nur dass in der DIN V 18599-8 statt der Nutzfläche die Gebäudemaße und die Geschosshöhe als Grundlage dienen.

$$z = 10 + (0{,}07 + \frac{50}{0{,}32 \cdot L_G \cdot B_G \cdot n_G \cdot h_G})^{-1} \qquad (185)$$

L_G größte gestreckte Gebäudelänge;
B_G größte gestreckte Gebäudebreite;
n_G Anzahl der Geschosse;
h_G Geschosshöhe.

Die hydraulische Leistung der Pumpe am Auslegungspunkt beträgt:

$$P_{hydr} = 0{,}2778 \cdot p \cdot \dot{V} \qquad (186)$$

Δp Differenzdruck am Auslegungspunkt;
$\dot{V}$ Volumenstrom am Auslegungspunkt in m³/h.

Der Volumenstrom am Auslegungspunkt der Pumpe im Verteilungsnetz ergibt sich aus:

$$\dot{V} = \frac{\dot{Q}_{W,d}}{1{,}15 \cdot \Delta\vartheta_Z} \qquad (187)$$

$\dot{Q}_{W,d}$ Auslegungs-Wärmeverlustleitung im Zirkulationsnetz;
$\Delta\vartheta_Z$ Auslegungs-Temperaturspreizung.

Gleichung 187 könnte die Frage aufwerfen, inwieweit der Quotient aus einer Leistung in kW und einer Temperaturspreizung in K zu einem Wert in m³/h führt. Der Volumenstrom ist die auf das Medium Wasser übertragene Leistung des Heizkessels. Der Faktor 1,15 berücksichtigt bereits alle notwendigen Konvertierungen von Maßeinheiten. Die physikalisch korrekte Schreibweise enthält Gleichung 188.

$$\dot{V} = \frac{\dot{Q}_{w,d}}{c_p \cdot \Delta p_{kreis} \cdot \rho_{wasser}} \qquad (188)$$

c_p spezifische Wärmekapazität von Wasser in Wh/kgK;
Δp_{kreis} Temperaturspreizung in K;
ρ_{wasser} Dichte des Wassers in kg/m³.

Aus dem Ansatz von 1,15 Wh/kgK für die spezifische Wärmekapazität und 1000 kg/m³ für die Dichte des Wassers folgt die in Gleichung 187 gewählte Darstellung.

Die Auslegungsverlustleistung im Zirkulationsnetz ergibt sich aus dem längenbezogenen Verlust der Zirkulationsleitungen und der Temperaturdifferenz zwischen der Auslegungstemperatur des zirkulierenden Wassers und der Umgebungstemperatur.

$$\dot{Q}_{w,d} = \sum U_{\mathrm{d}} \cdot L_{\mathrm{d}} \cdot \left(57{,}5 - \vartheta_{\mathrm{i,h,soll}}\right) \tag{189}$$

U_{d} längenbezogener Wärmedurchgangskoeffizient der Zirkulationsleitungen;
L_{d} Länge der Zirkulationsleitung;
$\vartheta_{\mathrm{i,h,soll}}$ Raum-Solltemperatur Heizung (Wohngebäude: 20°C).

Der Differenzdruck im Auslegungspunkt kann vereinfachend mit Gleichung 190 ermittelt werden, sofern keine Anlagenkennwerte vorliegen.

$$\Delta \mathrm{p} = 0{,}1 \cdot L_{\mathrm{max}} + 16 \tag{190}$$

L_{max} maximale Rohrleitungslänge.

Werden die Zirkulationsleitungen in ein Durchflusssystem eingebunden (z.B. Durchlauferhitzer), so ist in Gleichung 190 die Zahl 16 durch 27 zu ersetzen.

Die maximale Rohrlänge kann vereinfachend nach Gleichung 191 ermittelt werden.

$$L_{\mathrm{max}} = 2 \cdot (L_{\mathrm{G}} + 2{,}5 + n_{\mathrm{G}} + h_{\mathrm{G}}) \tag{191}$$

L_{G} größte gestreckte Gebäudelänge
n_{G} Anzahl der beheizten Geschosse
h_{G} Geschosshöhe (ggfs. mittlere)

Die Aufwandszahl einer Pumpe ist das Verhältnis von Pumpenleistung zur hydraulischen Leistung. Je nach Auslegung der Pumpe und Regelung nimmt die Aufwandszahl üblicherweise Werte zwischen 2 und 5 an. Sie wird bestimmt durch die Effizienzzahl der Pumpe, die jeweils in Abhängigkeit von der Regelung zu korrigieren ist.

$$e_{\mathrm{w,d,max}} = f_{\mathrm{e}} \cdot \left(C_{\mathrm{p1}} + C_{\mathrm{p2}}\right) \tag{192}$$

f_{e} Effizienzzahl der Pumpe;
C_{p1} Konstante;
C_{p2} Konstante.

Ist die Pumpenleistung nicht bekannt, so kann die Effizienzzahl nach Gleichung 193 ermittelt werden.

$$f_{\mathrm{e}} = \left(1{,}25 + \left(\frac{200}{P_{\mathrm{hydr}}}\right)^{0{,}5}\right) \cdot X \tag{193}$$

f_{e} Effizienzfaktor;
X Faktor Bedarfsauslegung (1= ja, 2= nein).

Die anzuwendenden Konstanten ergeben sich nach Tabelle 64.

Tabelle 64: Konstanten zur Berechnung der Aufwandszahl

Pumpenregelung	C_{p1}	C_{p2}
ungeregelt	0,25	0,94
geregelt	0,50	0,63

Die Hilfsenergie zum Laden des Speichers über eine Umwälzpumpe ist nach Gleichung 194 zu ermitteln.

$$Q_{\mathrm{w,s,aux}} = 0,001 \cdot P_{\mathrm{p}} \cdot t_{\mathrm{p}} \tag{194}$$

$Q_{\mathrm{w,s,aux}}$ Hilfsenergiebedarf der Pumpe;
P_{p} Nennleistungsaufnahme der Pumpe in W;
t_{p} Betriebsdauer der Umwälzpumpe in h.

Die Nennleistungsaufnahme der Pumpe ergibt sich nach Gleichung 195, die Betriebsdauer nach Gleichung 196.

$$P_{\mathrm{p}} = 44 + 0,005 \cdot V_S^{1,43} \tag{195}$$

V_{s} Speicher-Nenninhalt

$$t_p = \frac{Q_{w,outg} \cdot 1,1}{\dot{Q}_N} \tag{196}$$

$Q_{\mathrm{w,outg}}$ Erzeugernutzwärme für Trinkwarmwasser im Monat;
$\dot{Q}_{\mathrm{N}}$ Nenn-Wärmeleistung des Wärmeerzeugers in kW.

Die Hilfsenergie (Strom), die zum Betrieb des Kessels erforderlich ist, wird bestimmt durch die elektrische Leistungsaufnahme des Kessels unter Volllast und im sogenannten Schlummerbetrieb. Beide sind entsprechend ihrer Zeitanteile zu berücksichtigen.

$$Q_{\mathrm{w,g,aux}} = P_{\mathrm{aux,100\%}} \cdot t_{\mathrm{w,100\%}} \cdot d_{\mathrm{Nutz,mth}} + P_{\mathrm{aux,SB}} \cdot \left(24 - t_{\mathrm{w,100\%}}\right) \cdot \left(d_{\mathrm{Nutz,mth}} - d_{\mathrm{h,rB}}\right) \tag{197}$$

$Q_{\mathrm{w,g,aux}}$ Hilfsenergiebedarf des Heizkessels bei Nennwärmeleistung;
$P_{\mathrm{aux,100\%}}$ elektrische Leistungsaufnahme bei Nennwärmeleistung;
$t_{\mathrm{w,100\%}}$ Tageslaufzeit des Heizkessels mit Nennwärmeleistung;
$d_{\mathrm{Nutz,mth}}$ monatliche Nutzungszeit;
$P_{\mathrm{aux,SB}}$ elektrische Leistungsaufnahme bei Schlummerbetrieb;
$d_{\mathrm{h,rB}}$ rechnerische Betriebszeit.

Ist die elektrische Leistungsaufnahme nicht bekannt, so kann diese für beide Betriebsarten nach Gleichung 198 unter Anwendung der Konstanten nach Tabelle 65 ermittelt werden

$$P_{\mathrm{aux,100\%/SB}} = \left(G + H \cdot \left(\dot{Q}_N\right)^n\right) \cdot 0,001 \tag{198}$$

Tabelle 65: Faktoren zur Ermittlung der elektrischen Leistungsaufnahme

Heizkesseltyp	Elektrische Leistungsaufnahme	Faktor G	Faktor H	Faktor n
Ab 1994 Heizkessel mit Gebläsebrenner	$P_{aux,100}$	0	45	0,48
	$P_{aux,SB}$	15	0	0
Heizkessel mit atmosphärischem Brenner bis 250 kW	$P_{aux,100}$	40	0,35	1
	$P_{aux,SB}$	15	0	0
Heizkessel mit atmosphärischem Brenner ab 250 kW	$P_{aux,100}$	80	0,7	1
	$P_{aux,SB}$	15	0	0
Alle anderen Kessel				
Umstell-/Wechselbrandkessel	$P_{aux,100}$	0	45	0,48
	$P_{aux,SB}$	20[a]	0	0
Feststoffkessel	$P_{aux,100}$	0	0	0
	$P_{aux,SB}$	15[a]	0	0
Standard-Heizkessel				
Gas-Spezial-Heizkessel	$P_{aux,100}$	40	0,148	1
	$P_{aux,SB}$	15[a]	0	0
Gebläsekessel (Öl/Gas)	$P_{aux,100}$	0	45	0,48
	$P_{aux,SB}$	20[a]	0	0
Niedertemperatur-Heizkessel				
Gas-Spezial-Heizkessel	$P_{aux,100}$	40	0,148	1
	$P_{aux,SB}$	15[a]	0	0
Umlaufwasserheizer	$P_{aux,100}$	0	45	0,48
	$P_{aux,SB}$	15[a]	0	0
Gebläsekessel (Öl/Gas)	$P_{aux,100}$	0	45	0,48
	$P_{aux,SB}$	15[a]	0	0
Brennwert-Kessel (Öl/Gas)	$P_{aux,100}$	0	45	0,48
	$P_{aux,SB}$	15[a]	0	0

[a] Wenn elektrisch betriebene Kesselregelung vorhanden, sonst $P_{aux,SB} = 0$.

10 Wirkungsweise von Wärmebrücken

10.1 Allgemein

Wärmebrücken sind örtlich begrenzte Bereiche von Konstruktionen mit einer erhöhten Wärmestromdichte, die sich sowohl aus geometrischen (Ecken) als auch aus konstruktiven Einflüssen (Vorhandensein von Baustoffen mit erhöhter Wärmeleitfähigkeit) ergeben kann. Durch den lokal erhöhten Wärmefluss sinkt die Oberflächentemperatur auf der Seite mit der höheren Temperatur (Bauteilinnenseite). Daraus folgend ergeben sich vor allem zwei Problemfelder im Zusammenhang mit Wärmebrücken:

1. Erhöhte Transmissionswärmeverluste über das Außenbauteil.
2. Anstieg der relativen Luftfeuchte aufgrund des Absinkens der Oberflächentemperatur.

Besonders die letztgenannte Tatsache kann einen weiteren Negativeffekt hervorrufen: die Schimmelpilzbildung. Da Schimmelpilze lediglich eine hohe relative Feuchte, jedoch kein Tauwasser zur Sporenkeimung benötigen, fällt der Vermeidung hoher relativer Feuchten an Bauteiloberflächen besondere Aufmerksamkeit zu.

Prinzipiell lassen sich Wärmebrücken in zwei Gruppen einteilen:

1. Geometrisch bedingte Wärmebrücken.
2. Stofflich bedingte Wärmebrücken.

In der Praxis findet man häufig auch Überlagerungen beider Arten. Typischer Vertreter einer geometrischen Wärmebrücke ist eine Außenecke. In der ungestörten Wand ist die Fläche, die auf der Innenseite Wärme aufnimmt gleich groß wie die Außenfläche, die diese Wärme wieder abgibt. An der Ecke ist, geometrisch bedingt, die Außenfläche größer, es kommt zu einer intensiveren Abkühlung der Innenfläche, oftmals vor allem der Innenkante.

Die stofflich bedingten Wärmebrücken sind in einem Bauwerk vor allem an Flächen und Punkten anzutreffen, an den aufgrund von Erfordernissen der Tragwerksplanung auf Stoffe mit erhöhter Tragfähigkeit zurückgegriffen werden muss (z.B. Anordnung einer Stahlbetonstütze als Aussteifungsstütze im Mauerwerk) bzw. überall dort, wo die einzelnen Tragsysteme eines Bauwerks ineinander greifen (z.B. Auflagerung der Decken auf dem Mauerwerk).

10.2 Berücksichtigung des Einflusses zusätzlicher Verluste über Wärmebrücken

Wird der Heizwärmebedarf des Gebäudes nach dem Monatsbilanzverfahren der DIN V 4108-6 oder der DIN V 18599-2 berechnet, so kann die Wirkung von konstruktiv und geometrisch bedingten Wärmebrücken auf den Transmissionswärmeverlust der Gebäudehülle alternativ mit drei normativ gleichwertigen Verfahren berücksichtigt werden.

a) Berechnung nach DIN EN ISO 10 211-2 (ψ-Werte).

b) Pauschalierte Berücksichtigung mit $\Delta U_{WB} = 0{,}05\ W/(m^2{\cdot}K)$ unter Berücksichtigung der Planungsgrundsätze nach DIN 4108 BBl.2.

c) Pauschalierte Berücksichtigung mit $\Delta U_{WB} = 0{,}10\ W/(m^2{\cdot}K)$, sofern DIN 4108 BBl. 2 unberücksichtigt bleiben soll bzw. die Konstruktionen nicht als gleichwertig zu betrachten sind. Bei Außenbauteilen mit innenliegender Dämmschicht und einbindender Massivdecke ist für ΔU_{WB} ein Wert von $0{,}15\ W/(m^2{\cdot}K)$ anzusetzen.

Der pauschale Wärmebrückenzuschlag und der längenbezogene Wärmedurchgangskoeffizient stehen dabei in folgender mathematischer Beziehung zueinander:

$$\Delta U_{WB} = \frac{\Sigma(\Psi \cdot l)}{A} \tag{199}$$

ΔU_{WB} Wärmebrückenkorrekturwert nach DIN V 4108-6 bzw. DIN V 18599-2;
ψ Längenbezogener Wärmedurchgangskoeffizient;
l Länge der Wärmebrücke;
A Wärmeübertragende Umfassungsfläche.

Ein Wärmebrückenkorrekturfaktor von 0,05 W(m²·K) beschreibt demzufolge, dass einem Quadratmeter wärmeübertragender Umfassungsfläche ein längenbezogener Wärmebrückenverlustkoeffizient von 0,05 W(m·K) mit einer Konstruktionslänge von 1 m zuzuordnen ist.

Die Berechnung des ψ-Wertes erfolgt unter Beachtung der DIN EN ISO 10211 mit der folgenden Gleichung:

$$\psi = L^{2D} - \sum_{j=1}^{n} Uj \cdot lj \tag{200}$$

$L^{2\mathrm{D}}$ thermischer Leitwert der zweidimensionalen Wärmebrücke;
U_{j} Wärmedurchgangskoeffizient des jeweils zwei Bereiche trennenden 1-D-Bauteils;
l_{j} die Länge innerhalb des 2-D-geometrischen Modells, für die der U_{j} gilt;
n die Nummer der 1-D-Bauteile

Begriff des thermischen Leitwertes: In der Bauphysik ist der thermische Leitwert definiert als der Quotient aus dem Wärmestrom und der Temperaturdifferenz zwischen zwei wärmetechnisch durch die betrachtete Konstruktion in Verbindung stehende Räume. Der thermische Leitwert kann sowohl auf die Fläche der Konstruktionen, ihre Länge oder auf die Konstruktion selbst bezogen sein. Man spricht in diesem Falle von flächenbezogenen, längenbezogenen oder nur von Leitwerten. Der flächenbezogene Leitwert wird in der Bauphysik auch mit dem Begriff „U-Wert" einer Konstruktion beschrieben. Für die Berechnung von zweidimensionalen Wärmebrücken wird der längenbezogene Leitwert benötigt, der den Wärmestrom je Meter Konstruktionslänge bei einer gegebenen Temperaturdifferenz von 1 K zwischen zwei Umgebungen beinhaltet. Werden dreidimensionale Wärmebrücken (sogenannten punktförmige Wärmebrücken) berechnet, ist der Leitwert ohne Flächen- oder Längenbezug maßgebend.

Die längenbezogenen Wärmedurchgangskoeffizienten (ψ-Werte) sind gemäß DIN V 4108-6 und DIN V 18599-2 für folgende Wärmebrücken zu berechnen:

- Gebäudekanten;
- Fenster- und Türlaibungen (umlaufend);
- Decken- und Wandeinbindungen;
- Deckenauflager;
- wärmetechnisch entkoppelte Balkonplatten.

Die Randbedingungen für die Berechnung sind der DIN 4108-2 zu entnehmen. Die hierorts enthaltenen Temperaturrandbedingungen sind in der Tabelle 66 enthalten.

Tabelle 66: Temperaturrandbedingungen für die Berechnung der ψ-Werte

Gebäudeteil bzw. Umgebung	Temperatur in °C
Keller	10
Erdreich	10
Unbeheizte Pufferzone	10
Unbeheizter Dachraum	-5
Außenlufttemperatur	-5
Innentemperatur	20

Weitere Randbedingungen für die Berechnung der längenbezogenen Wärmedurchgangskoeffizienten sind der DIN EN 10211und dem Anhang A von Beiblatt 2 zu DIN 4108 zu entnehmen.

Aufgrund der Festlegung, dass alle Flächen im Nachweis außenmaßbezogen unter Beachtung der DIN EN ISO 13789 zu ermitteln sind, hat auch die Berechnung der ψ-Werte außenmaßbezogen zu erfolgen, was unter Umständen (z.B. bei Außenwandecken) zu negativen ψ-Werten führen kann. Im Unterschied zur Berechnung des Heizwärmebedarfs nach DIN V 4108-6, in dem nur positive Bedarfswerte einbezogen werden, darf auch ein negativer ψ-Wert zur Verringerung der Verluste herangezogen werden.

Die Berechnung des ψ-Wertes unter Anwendung der DIN EN 10211 wird nunmehr anhand eines Beispiels erläutert:

Der Wärmebrückeneinfluss einer in der Außenwand eingebundenen Stahlbetonstütze soll untersucht werden. Die Stahlbetonstütze wird außenseitig zusätzlich mit 4 cm Wärmedämmung mit einem Bemessungswert der Wärmeleitfähigkeit von 0,025 W/(m·K) gedämmt. Die gewählte Schnittführung ist Bild 14 zu entnehmen. Die Stahlbetonstütze ist bei der Ermittlung des U-Wertes der Außenwand nicht berücksichtigt worden.

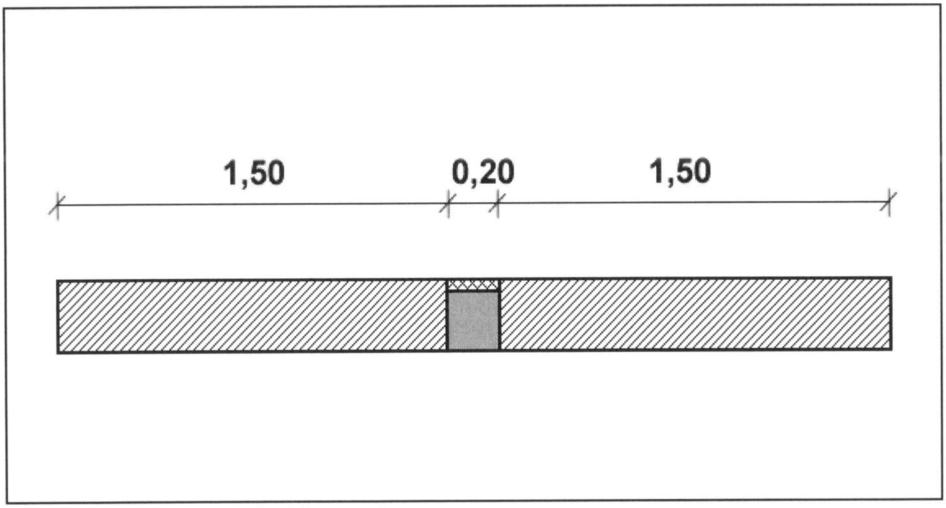

Bild 14: Außenwand mit Stahlbetonstütze

Der U-Wert der Außenwand beträgt $0{,}59\ W/(m^2 \cdot K)$ (24 cm Porenbetonplatte P4,4/0,6) nach DIN EN ISO 6946.

Der Term $U \cdot l$ aus Gleichung 200 wird zu: $0{,}59 \cdot 3{,}20\ m = 1{,}88\ W/(m \cdot K)$

Der mit einem zweidimensionalen Wärmebrückenprogramm (z.B. Psi-Therm) ermittelte Wärmestrom beträgt 51,06 W/m.

Der thermische Leitwert berechnet sich aus:

$$L^{2D} = \frac{q}{\Delta\vartheta} = \frac{51,06}{25} = 2,04\,\mathrm{W/mK}$$

q Wärmestrom 2-D aus Wärmebrückenprogramm;

$\Delta\vartheta$ Temperaturdifferenz (hier: 20 - (-5) = 25 K);

Außenmaßbezogener Wärmebrückenverlustkoeffizient ψ_a:

$\psi_a = 2,04 - 1,88 = 0,16$ W/(mK)

Bei einer 3 m hohen Stahlbetonstütze wären demnach für den Anschluss zusätzliche Verluste von $0,16 \cdot 3\mathrm{m} = 0,48$ W/K zu berücksichtigen. Bezieht man diesen Wert auf eine Heizperiode von 185 d, so wäre ein zusätzlicher Verlust von 31,68 kWh zu berücksichtigen.

Wird der längenbezogene Wärmebrückenverlustkoeffizient auf die wärmeübertragende Umfassungsfläche bezogen, so ergibt sich ein Wert von 0,48 / 9,6 m² = 0,05 W(m²·K).

10.3 Transmissionswärmeverluste unter Beachtung zusätzlicher Verluste über Wärmebrücken

Gemäß EnEV ist der flächenbezogeneTransmissionswärmeverlust H_T nach DIN EN 832 mit den in DIN V 4108-6 Anhang D genannten Randbedingungen zu ermitteln. Dabei dürfen die Vereinfachungen für den Berechungsgang nach DIN 832 verwendet werden. Diese Festlegung gilt unabhängig vom Temperaturniveau des Gebäudes. In der DIN V 18599-2 wird für H_T der Begriff Transmissionswärmetransferkoeffizient verwendet. Dieser Unterschied hat auf den Berechnungsalgoritmus keinen Einfluss und wird daher nicht weiter beachtet.

Die Berechnung des spezifischen Transmissionswärmeverlustes erfolgt auf der Grundlage der nachfolgend dargestellten Gleichung:

$$H_T = L_D + L_S + H_U \qquad (201)$$

H_T spezifischer Transmissionswärmeverlust;

L_D Leitwert zwischen dem beheizten Raum und außen über die Gebäudehülle in W/K;

L_S stationärer Leitwert zum Erdreich in W/K nach DIN EN 13370;

H_U der spezifische Transmissionswärmeverlustkoeffizient über unbeheizte Räume in W/K nach DIN EN 13789.

Der Leitwert L_D ist dabei nach folgender Rechenvorschrift zu bestimmen:

$$L_D = \Sigma_i \cdot A_i \cdot U_i + \Sigma_k \cdot l_k \cdot \psi_X + \Sigma_j \cdot \chi_j \qquad (202)$$

oder

$$L_D = \Sigma_i \cdot A_i \cdot U_i + \Sigma_k \cdot L_k^{2D} + \Sigma_j \cdot L_j^{3D} \qquad (203)$$

A_i die Fläche des Bauteils i der Gebäudehülle in m²;

U_i der Wärmedurchgangskoeffizient in W(m²·K) des Bauteils i der Gebäudehülle, berechnet nach DIN EN ISO 6946 und DIN EN ISO 10077;

l_k die Länge der zweidimensionalen Wärmebrücke k;

ψ_k der längenbezogene Wärmedurchgangskoeffizient in $W(m \cdot K)$ der Wärmebrücke k nach DIN EN ISO 10211-2;

χ_j der punktbezogene Wärmedurchgangskoeffizient in W/K der punktförmigen Wärmebrücke j, berechnet nach DIN EN ISO 10211-1;

L_k^{2D} der thermische Leitwert in $W/(m \cdot K)$, der durch die zweidimensionale Berechnung nach DIN EN ISO 10211-1 ermittelt wird;

L_j^{3D} der thermische Leitwert in W/K, der durch dreidimensionale Berechnung nach DIN EN ISO 10211-1 ermittelt wird.

Die mögliche Vereinfachung des Rechenganges besteht in der Verwendung von Temperaturkorrekturfaktoren F_x für Bauteile, die nicht an die Außenluft grenzen (siehe Tabelle 12) und in der Verwendung eines pauschalen, auf die wärmeübertragende Umfassungsfläche bezogenen Wärmebrückenzuschlages $\Delta U_{WB.}$. Dreidimensionale Wärmebrücken werden im Rahmen des öffentlich-rechtlichen Nachweises nicht beachtet, zweidimensionale Wärmebrücken zu niedrig beheizten Räumen dürfen vernachlässigt werden. Der zusätzliche spezifische Wärmeverlust für Bauteile mit Flächenheizung ist im öffentlich-rechtlichen Nachweis nach Abschnitt 6.1.4 der DIN V 4108-6 zu ermitteln und zum spezifischen Transmissionswärmeverlust zu addieren. Unter Beachtung dieser Vereinfachungen ergibt sich folgende Berechnungsvorschrift für den spezifischen Transmissionswärmeverlust:

$$H_T = \Sigma (F_{xi} \cdot U_i \cdot A_i) + \Delta U_{WB} \cdot A + \Delta H_{T,FH} \qquad (204)$$

F_{xi} Temperaturkorrekturfaktor nach Tabelle 3 DIN V 4108-6, für Bauteile gegen Außenluft ist $F_{xi} = 1$;

U_i Wärmedurchgangskoeffizient eines Bauteils in $W(m^2 \cdot K)$;

A_i Fläche eines Bauteils in m^2;

ΔU_{WB} spezifischer Wärmebrückenzuschlag in $W(m^2 \cdot K)$;

A Wärmeübertragende Umfassungsfläche des Gebäudes;

$\Delta H_{T,FH}$ spezifischer Wärmeverlust über Bauteile mit Flächenheizung

Wird, abweichend von Gleichung 204, der zusätzliche Verlust über Wärmebrücken nach DIN EN ISO 10211-2 berechnet, so ist statt des Terms $\Delta U_{WB} \cdot A$ der Leitwert L zu verwenden. Die Berechnung des Wärmedurchgangskoeffizienten U_i hat nach den Vorschriften der DIN EN ISO 6946, DIN EN ISO 10077 (Fenster) und DIN 13370 bzw. Anhang E der DIN V 4108-6 (Bauteile, die an das Erdreich grenzen) zu erfolgen. Wird der U-Wert für Bauteile, die an das Erdreich grenzen, nach Anhang E der DIN V 4108-6 berechnet, so ist zu beachten, dass bei an das Erdreich grenzenden Bauteilen (z.B. Bodenplatten) der äußere Wärmeübergangswiderstand zu null zu setzen ist.

10.4 Nachweis der Gleichwertigkeit nach Beiblatt 2

Der Nachweis der Gleichwertigkeit von Konstruktionen zu den im Beiblatt 2 aufgezeigten Details kann mit einem der nachfolgenden Verfahren vorgenommen werden:

a) **Bei der Möglichkeit einer eindeutigen Zuordnung des konstruktiven Grundprinzips und bei Vorliegen der Übereinstimmung der beschriebenen Bauteilabmessungen und Baustoffeigenschaften ist eine Gleichwertigkeit gegeben.**

Diese Art des Gleichwertigkeitsnachweises folgt dem Grundsatz, dass das zu beurteilende

Detail mit einem Detail aus dem Beiblatt übereinstimmt. Ein Beispiel ist in Tabelle 67 aufgeführt.

Tabelle 67: Gleichwertigkeitsnachweis nach Verfahren a)

<table>
<tr><th>Konstruktion nach Beiblatt 2</th><th>Gewählte Konstruktion</th></tr>
<tr><td>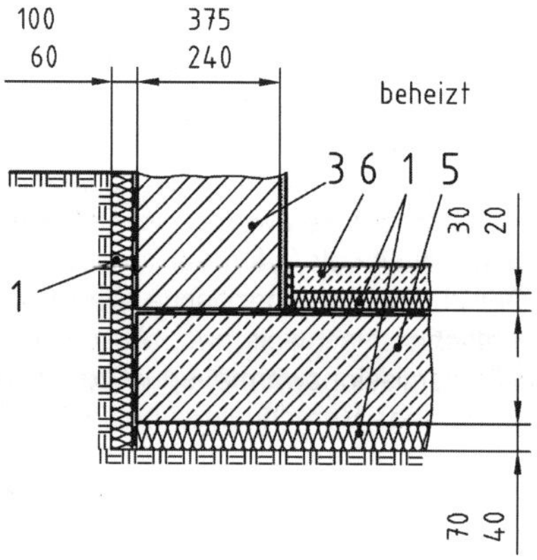
</td><td>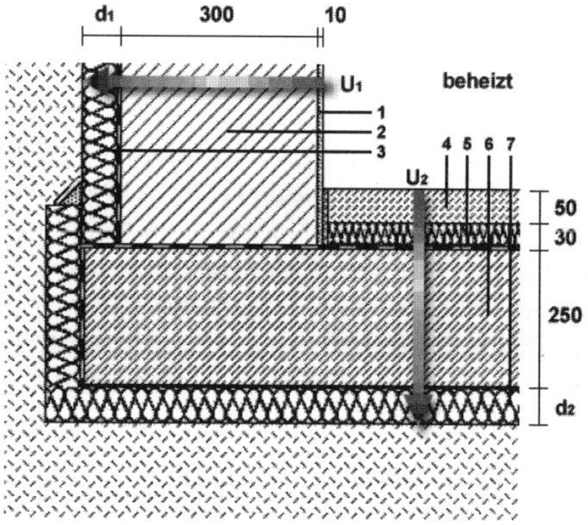
</td></tr>
<tr><td>Bild 6 nach Beiblatt 2</td><td>d_1 = 60 mm Dämmung (040)
d_2 = 70 mm Dämmung (040)</td></tr>
<tr><td>Gleichwertigkeitskriterien:
Dämmung unterhalb Sohle: 40-70 mm
Dämmung oberhalb Sohle: 20-30 mm
Vertikale Dämmung: 60-100 mm
Mauerwerk: 240-375 mm (λ > 1,1 W/(mK))</td><td>Umsetzung am Detail:
70 mm Dämmung
30 mm Dämmung
60 mm Dämmung
300 mm λ = 1,1 W/(mK) (KS-Mauerwerk)</td></tr>
<tr><td colspan="2">Nachweis erfüllt</td></tr>
</table>

b) Bei Materialien mit abweichender Wärmeleitfähigkeit erfolgt der Nachweis der Gleichwertigkeit über den Wärmedurchlasswiderstand der jeweiligen Schicht.

Diese Instruktion für eine Feststellung der Gleichwertigkeit soll ermöglichen, dass bei Einhaltung der energetischen Qualität der Gesamtkonstruktion auch abweichende Aufbauten verwendet werden können. In der Praxis wird man diese Regel vor allem dann anwenden können, wenn zum Beispiel Mauerwerk oder Dämmung geringerer Wärmeleitfähigkeit zum Einsatz kommen soll. Es ist jedoch zu beachten, dass in Beiblatt 2 kein Wärmedurchlasswiderstand ausgewiesen wird, es ist daher immer zunächst davon auszugehen, dass der Aufbau mit den minimalen Wärmeleitfähigkeiten nach Tabelle 2 von Beiblatt 2 als Vergleichsgrundlage zu dienen hat. Der folgende Vergleich verdeutlicht die Nachweisführung anhand eines Beispiels:

Tabelle 68: Gleichwertigkeitsnachweis nach Verfahren b)

<table>
<tr><th>Konstruktion nach Beiblatt 2</th><th>Gewählte Konstruktion</th></tr>
<tr><td>
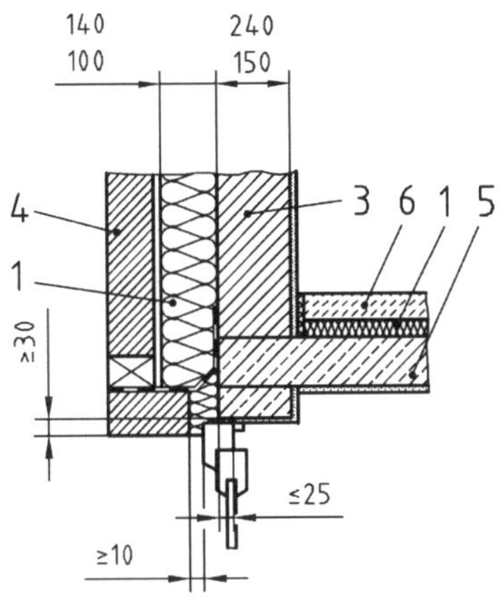

</td><td>
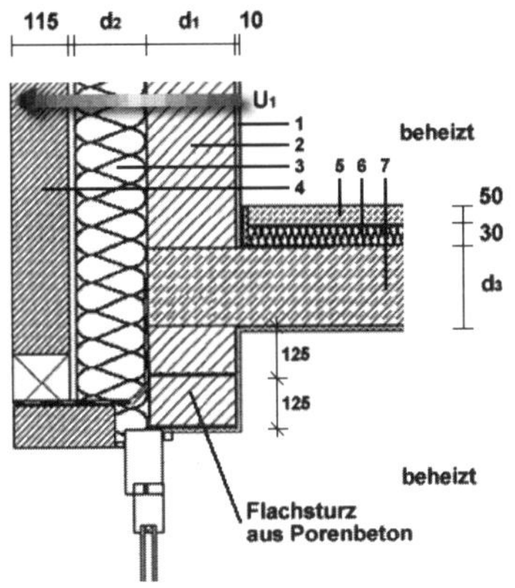

</td></tr>
<tr><td>Bild 58 nach Beiblatt 2</td><td>d_1 = 175 mm Porenbeton (0,16 W/(mK))
d_2 = 100 mm Dämmung (040)
d_3 = 200 mm Stahlbeton</td></tr>
<tr><td>Gleichwertigkeitskriterien:
Mauerwerk: 150-240 mm ($\lambda \geq$ 1,1 W/(mK))
Dämmung: 100-140 mm (λ = 0,04 W/(mK))
Stahlbetondecke
Stahlbetonsturz (λ = 2,1 W/(mK))
Fuge Blendrahmen-Baukörper mit 10 mm
Dämmstoff ausfüllen</td><td>Umsetzung am Detail:
175 mm Porenbeton (λ = 0,18 W/(mK))
100 mm Dämmung (λ = 0,04 W/(mK))
Stahlbetondecke
Porenbetonflachsturz (λ = 0,21 W/(mK))
Fuge Blendrahmen-Baukörper mit 10 mm
Dämmstoff ausfüllen</td></tr>
<tr><td colspan="2">Nachweis erfüllt</td></tr>
<tr><td colspan="2">$R_1 \leq R_2$</td></tr>
</table>

Hinweis: Die Forderung nach Einhaltung des Wärmedurchlasswiderstandes gilt für alle Bereiche der Konstruktion, nicht nur für das Mauerwerk selbst. Deshalb ist bei dem dargestellten Detail eine Reduzierung der Dämmung auf 80 mm nur dann möglich, wenn eine Dämmung mit einer Wärmeleitfähigkeit von $\leq$ 0,03 W/(m · K) zum Einsatz käme, da ansonsten der Wärmedurchlasswiderstand an der Stirnseite der Decke geringer ausfiele.

c) **Ist auf dem unter a) und b) dargestellten Wege keine Übereinstimmung zu erreichen, so sollte die Gleichwertigkeit des Anschlussdetails mit einer Wärmebrückenberechnung nach den in DIN EN ISO 10211-1 beschriebenen Verfahren unter Verwendung der in Beiblatt 2 angegebenen Randbedingungen vorgenommen werden.**

Für diese Art des Nachweises der Gleichwertigkeit ist also eine Berechnung des ψ-Wertes gefordert. Eine solche Berechnung kann nur unter Verwendung von speziellen EDV-Programmen (z.B. Psi-Therm) vorgenommen werden. Zu beachten ist hierbei, dass in Beiblatt 2 an einigen Stellen von den in DIN EN ISO 10211vorgeschriebenen Randbedingungen abgewichen wird (z.B. bei erdberührten Bauteilen). Die Berechnungen des ψ-Wertes für ebensolche Anschlussdetails können daher nur für den Nachweis der Gleichwertigkeit verwendet werden und nicht für einen detaillierten Nachweis der Wärmebrückenverluste eines Gebäudes.

In Bild 15 werden exemplarisch die Randbedingungen für die Berechnung des ψ-Wertes eines Anschlusses der obersten Geschossdecke dargestellt. Der Dachraum ist unbeheizt.

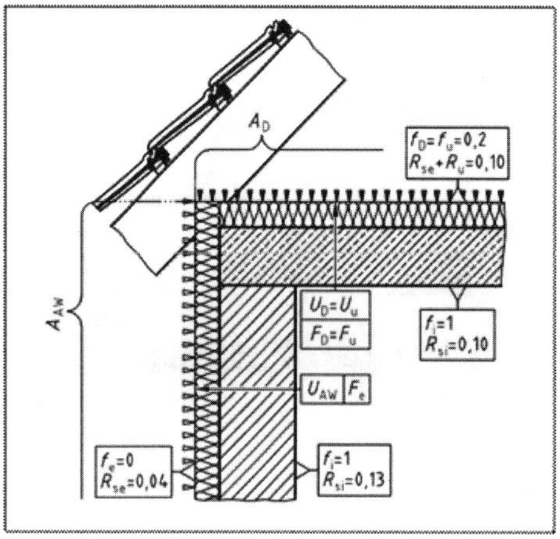

Bild 15: Randbedingung für die Berechnung des ψ-Wertes (Beispiel)

In den Randbedingungen werden festgelegt:

1. Wärmeübergangswiderstände (nach DIN EN 6946)
2. Der gewählte Außenmaßbezug der Bauteile nach DIN EN ISO 13789
3. Temperaturfaktoren (f-Werte)

Hinweis: Die Temperaturfaktoren f_x sind aus den Temperaturkorrekturfaktoren F_x nach DIN V 4108-6 abgeleitet und stehen in folgender Beziehung zueinander:

$$F_x = 1 - f_x \tag{205}$$

Der Wert für den Temperaturkorrekturfaktor zum ungeheizten Dachraum F_u für das in Bild 15 aufgezeigte Anschlussdetail ist nach DIN V 4108-6/18599-2 mit 0,8 anzunehmen, daher wird f_u = 0,2. Bei Verwendung von Temperaturfaktoren kann auf das Umrechnen auf die konkreten Temperaturen verzichtet werden, was eine Vereinfachung, gleichwohl aber keine Notwendigkeit und schon gar keine Voraussetzung darstellt.

Die Temperaturkorrekturfaktoren für an das Erdreich grenzende Bauteile (Bodenplatte, Kellerwand) werden im Beiblatt 2 einheitlich für alle Details mit 0,6 festgelegt. Diese Annahme liegt auf der sicheren Seite, da die positiven Einflüsse aus Geometrie und Dämmung derartiger Bauteile nicht in die Berechnung eingehen. Für detaillierte Nachweise nach DIN EN ISO 10211 sollten diese Einflüsse jedoch nicht unberücksichtigt bleiben.

Alle im Beiblatt berechneten ψ-Werte sind außenmaßbezogene Werte. Der ψ-Wert wird bestimmt nach:

$$\psi = L^{2D} - \sum_{j=1}^{J} U_j \cdot l_j \tag{206}$$

L^{2D} der längenbezogene thermische Leitwert aus einer 2-D-Berechnung

U_j der Wärmedurchgangskoeffizient des 1-D-Teiles

l_j die Länge, über die der U_j-Wert gilt

Da über den Außenmaßbezug nach DIN EN ISO 13789 bei der Berechnung der Wärmeverluste schon ein Teil der Wärmebrückenverluste in die Berechnung eingeht, ist der ψ-Wert vor allem ein Verhältniswert, der das Verhältnis bereits einbezogener Verluste zu den tatsächlich vorhandenen Verlusten darstellt. Der außenmaßbezogene ψ-Wert ist daher kein Wert zur energetischen Beurteilung der Anschlussdetails.

Der Nachweis der Gleichwertigkeit über die Berechnung des ψ-Wertes soll im Folgenden an einem Beispiel erläutert werden.

Tabelle 69: Gleichwertigkeitsnachweis nach Verfahren c)

<table>
<tr><th>Geplantes Detail</th><th>Konstruktion nach Beiblatt 2</th></tr>
<tr><td>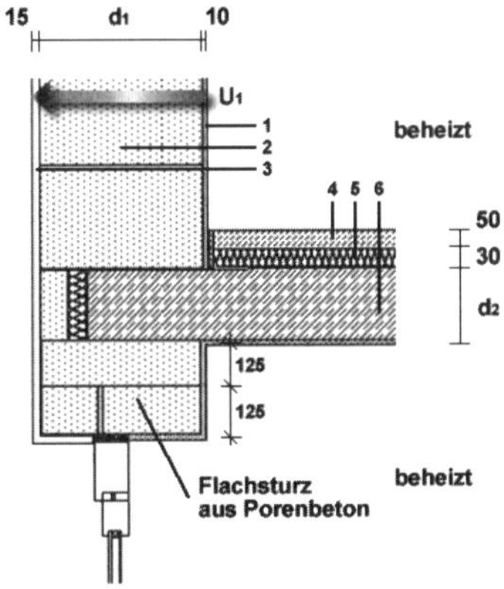
</td><td>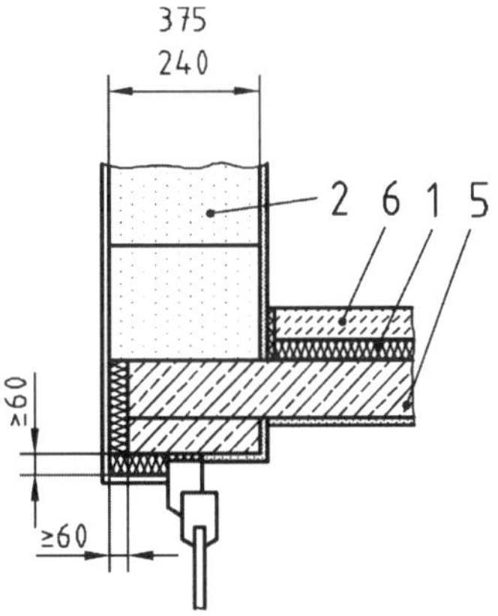

Anforderung $\Psi \leq 0{,}15$ W/(mK)</td></tr>
<tr><td>d_1 = 300 mm (λ = 0,09 W/(mK))
d_2 = 200 mm Stahlbeton
Flachsturz aus Porenbeton (λ = 0,16 W/(mK))
Übermauerung mit Porenbeton (λ = 0,09 W/(mK))
Deckenrandausbildung mit 75 mm Porenbeton und 50 mm Wärmedämmung (λ = 0,035 W/(mK))
U-Wert Wand = 0,28 W/m²•K
U-Wert Fenster = 1,4 W/m²•K</td><td>Randbedingungen für den Nachweis:
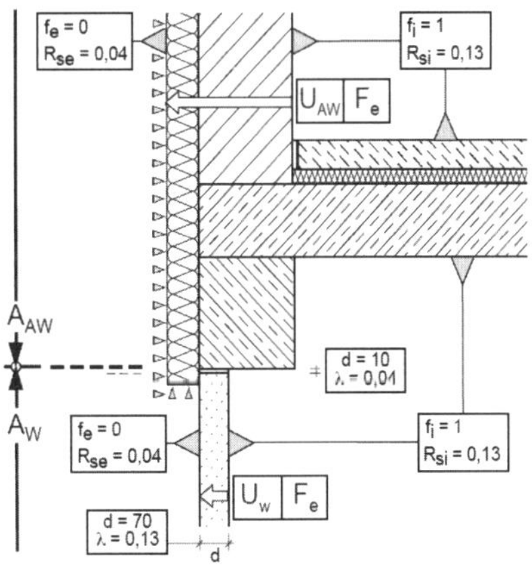
</td></tr>
</table>

Die Modellierung des Details sowie die Ergebnisse (Wärmeströme) sind aus Bild 16 zu entnehmen.

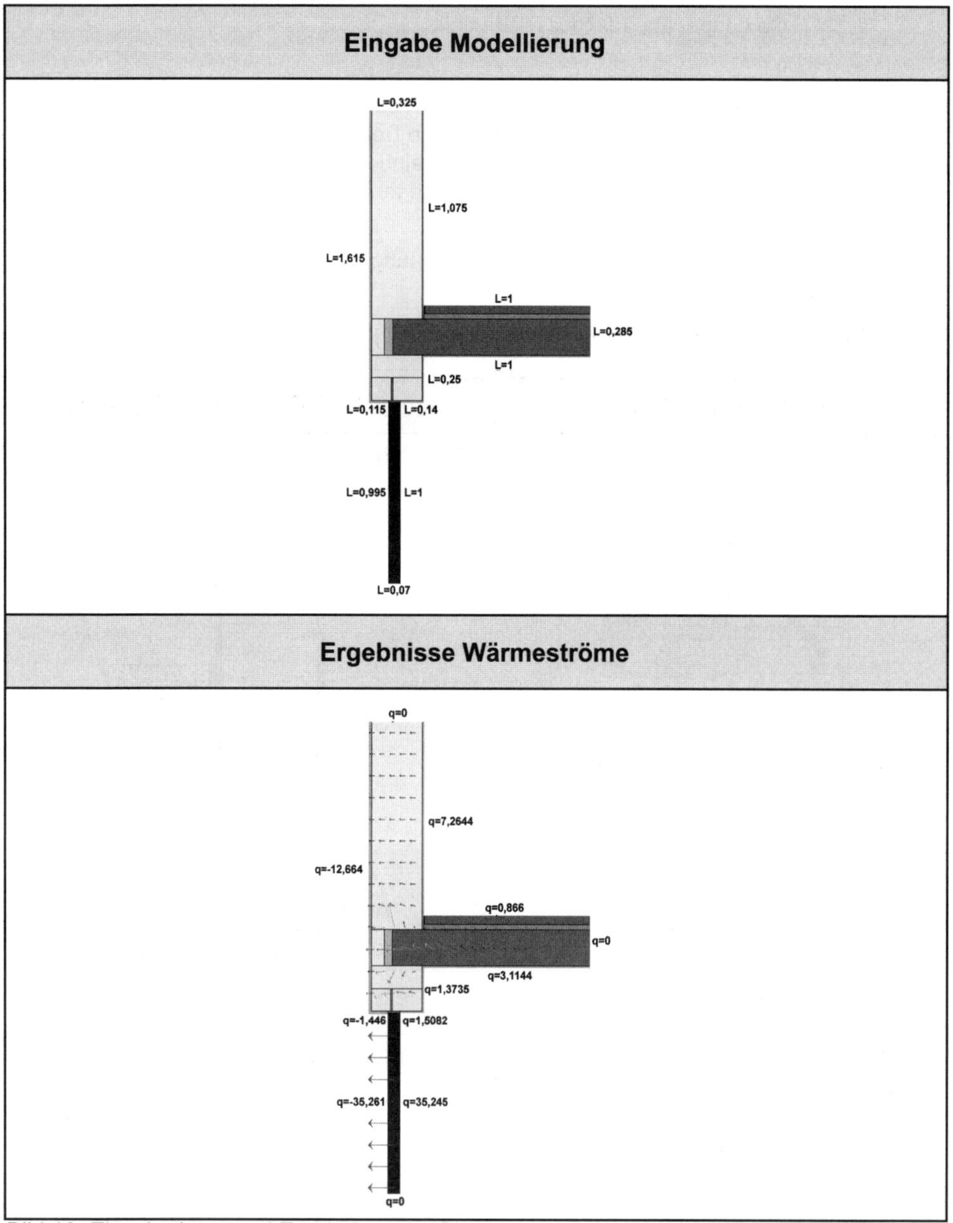

Bild 16: Eingabedaten und Ergebnisse der Berechnung mit dem Programm HEAT 2.6

Auf der Basis der Berechnungsergebnisse erfolgt die Ermittlung des längenbezogenen Wärmebrückenkoeffizienten.

Ermittlung des Ψ-Wertes:

Eingangsdaten:	**Ergebnisse**
U-Wert der Wandkonstruktion im ungestörten Bereich	0,277 W/(m²•K)
U-Wert des Fensters	1,40 W/(m²•K)
Länge der Wand gemäß Modellierung (Eingabe der Länge mit Außenmaßbezug nach DIN EN ISO 13789)	1,60 m
Länge des Fensters gemäß Modellierung (Eingabe der Länge mit Außenmaßbezug nach DIN EN ISO 13789)	1,01 m
Sollwärmestrom über die Wandfläche	0,28 • 1,60 = 0,443 W/(m²•K)
Sollwärmestrom über die Fensterfläche	1,40 • 1,01 = 1,414 W/(m²•K)
Gesamt-Sollwärmestrom	1,414 + 0,443 = 1,857 W/(m²•K)
Temperaturdifferenz $\Delta\theta$ (innen: 20 °C, außen: -5 °C)	25 K
Ausgabedaten:	
Gesamtwärmestrom:	49,37 W/m
Berechnungsdaten:	
Leitwert: Gesamtwärmestrom / Temperaturdifferenz	49,37 / 25 = 1,9748 W/mK
Ψ-Wert: Leitwert – Gesamt-Sollwärmestrom	1,9748 - 1,857 = 0,1178 W/mK
Vergleich:	
0,15 > 0,12	

Der Nachweis der Gleichwertigkeit wurde erbracht, da der berechnete ψ-Wert kleiner ist als der für dieses Detail im Beiblatt 2 geforderte. Bei Übereinstimmung auch der restlichen Detaillösungen des Gebäudes mit den in Beiblatt 2 enthaltenen kann der pauschale Wärmebrückenzuschlag von 0,05 W/(m²·K) verwendet werden. Sollten auch andere Details nicht mit denen nach Beiblatt 2 übereinstimmen, so ist die oben veranschaulichte Vorgehensweise für jedes Detail zu wiederholen.

d) Ebenso können ψ-Werte Veröffentlichungen oder Herstellernachweisen entnommen werden, die auf den im Beiblatt festgelegten Randbedingungen basieren.

Mit dieser vom Beiblatt 2 eingeräumten Nachweisart wird erstmals die Möglichkeit eröffnet, die von Herstellern bereitgestellten ψ-Werte als Grundlage einer Gleichwertigkeitsbeurteilung zu verwenden. Dem Planer obliegt jedoch eine gewisse Prüfpflicht, die sich vor allem darauf konzentrieren sollte, die verwendeten Randbedingungen zu hinterfragen. Gegebenenfalls sollte sich der Planer, um die Haftungsfrage eindeutig zu regeln, vom Anbieter die verwendeten Randbedingungen und deren Übereinstimmung mit dem Beiblatt 2 detailliert bescheinigen lassen.

Hinweis zur Bagatellregelung nach EnEV:

Soweit nach den Vorgaben des Beiblatts 2 Gleichwertigkeitsnachweise zu führen wären, ist dies nach ENEV 2009 für solche Wärmebrücken nicht erforderlich, bei denen die angrenzenden Bauteile kleinere Wärmedurchgangskoeffizienten aufweisen, als in den Musterlösungen der DIN 4108 Beiblatt 2:2006-03 zugrunde gelegt sind. Diese in der EnEV enthaltene Regelung führt bislang leider zu missverständlichen Interpretationen und soll daher kurz erläutert werden:

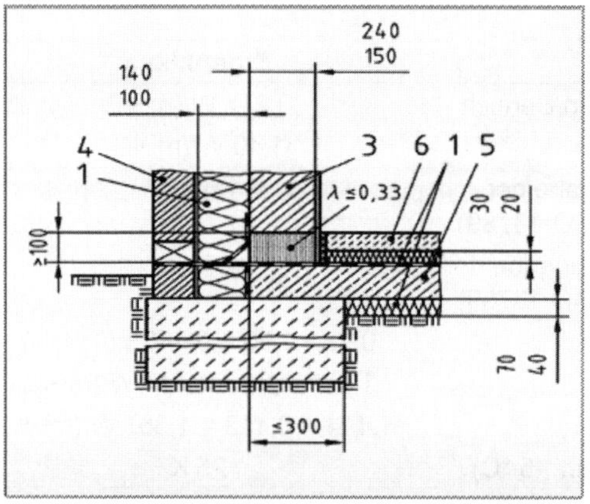

Skizze:

Bild 17 nach Beiblatt 2 zu DIN 4108

Der Text der EnEV lässt folgende Interpretationen zu:

Variante A: Auf einen Kimmstein kann verzichtet werden, wenn die angrenzenden Bauteile (hier Sohlplatte und zweischalige Außenwand) jeweils einen geringeren U-Wert aufweisen als die im Bild dargestellte Musterlösung.

Variante B: Die Musterlösung ist grundsätzlich mit Kimmstein umzusetzen. Da aber auch eine dickere Wärmedämmung (z.B. Außenwand mit 160 mm Dämmung) vom Konstruktionsprinzip nach Beiblatt 2 abweicht, wäre ein Gleichwertigkeitsnachweis erforderlich. Aufgrund des Verordnungstextes ist dieser aber entbehrlich.

Es ist anzunehmen, dass der Verordnungsgeber die Variante B meinte. Bis zu einer offiziellen Klarstellung ist zu empfehlen, nicht allein auf die U-Werte der angrenzenden Bauteile abzustellen und zusätzlich den Nachweis der Einhaltung der Mindestoberflächentemperatur nach DIN 4108-2 an der ungünstigsten Stellen zu führen.

10.5 Empfehlungen zur energetischen Betrachtung

Aufgrund des Aufwandes für die Nachweisführung stellt sich die Frage, unter welchen Bedingungen auf ein Nachweis bestimmter Anschlussdetails verzichtet werden kann (Bagatellregelung). Diese Frage wird im Beiblatt 2 wie nachfolgend aufgezeigt beantwortet:

1. Anschlüsse Außenwand/Außenwand (Außen- und Innenecke) dürfen bei der energetischen Betrachtung vernachlässigt werden.

Diese Möglichkeit wurde deshalb eingeräumt, weil der Außenmaßbezug bei der Berechnung der thermischen Verluste über die Außenwände die zusätzlichen Verluste an solchen Anschlüssen generell einschließt. Bei der detaillierten Berechnung des außenmaßbezogenen ψ-Wertes für solche Anschlussdetails werden daher auch stets negative Verlustwerte (sprich: Wärmegewinne) ermittelt. Eine Gleichwertigkeitsbetrachtung ist daher entbehrlich. Dies bedeutet jedoch nicht, dass die Gewinne bei einer detaillierten Berechnung aller Wärmebrücken eines Gebäudes nach DIN EN ISO 10211-1 nicht mit einbezogen werden dürfen.

Ergänzend sei jedoch hinzugefügt, dass diese Empfehlung nur für den Fall einer thermisch homogenen Eckausbildung zutrifft. Werden zum Beispiel Stahlbetonstützen oder Stahlstützen im Eckbereich angeordnet, so ist sicherlich eine detaillierte Berechnung der ψ-Werte und der f_{Rsi}-Werte zu empfehlen. Derartige Konstruktionen werden von der oben erwähnten Vereinfachung nicht erfasst.

2. Der Anschluss Geschossdecke (zwischen beheizten Geschossen) an die Außenwand, bei der eine durchlaufende Dämmschicht mit einer Dicke ≥ 100 mm bei einer Wärmeleitfähigkeit von 0,04 W/(m·K) vorhanden ist, kann bei der energetischen Betrachtung vernachlässigt werden.

Ein Beispiel für die Anwendung dieser Vereinfachung dokumentiert Bild 18.

Konstruktion nach Beiblatt 2 (Bild 72)	
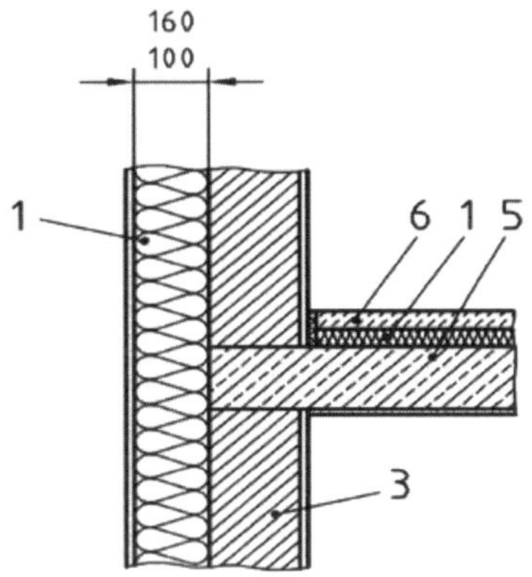	Empfehlung für die energetische Betrachtung: Nachweis der Gleichwertigkeit entfällt

Bild 18: Anschlussdetail Decke/Außenwand

Die zusätzlichen Verluste am Anschluss Decke /Außenwand sind auch für den in Bild 18 dargereichten Fall durch den im Nachweis verwendeten Außenmaßbezug bereits im Gesamtverlust der Außenwand enthalten. Die geforderte minimale Oberflächentemperatur von 12,6 °C an der Innenseite wird aufgrund der durchlaufenden Dämmschicht mit einem Mindestwärmedurchlasswiderstand von 2,5 $(m^2 \cdot K)/W$ sicher eingehalten.

Werden zum Beispiel Aussteifungsstützen im Außenmauerwerk angeordnet, so gilt diese Vereinfachung aber nur dann, wenn die Außenwand bereits als zusammengesetztes inhomogenes Bauteil berechnet wurde. Eine detaillierte Berechnung der Oberflächentemperatur sollte auf jeden Fall vorgenommen werden.

3. Anschluss Innenwand an eine durchlaufende Außenwand oder obere und untere Außenbauteile, die nicht durchstoßen werden bzw. wenn eine durchlaufende Dämmschicht mit einer Dicke von ≥ 100 mm bei einer Wärmeleitfähigkeit von 0,04 W/(m·K) vorliegt, dürfen bei der energetischen Betrachtung vernachlässigt werden.

Die Grundlage für diese Vereinfachung wurde bereits unter 1. erläutert. Diese Empfehlung folgt dem Grundsatz, dass ohne Perforation der Dämmschicht keine Wärmebrücken auftreten, zumindest nicht für den hierorts bereits mehrfach erwähnten außenmaßbezogenen Berechnungsfall. In Bild 19 ist ein Beispiel für die Anwendung dieser Empfehlung beigefügt.

Konstruktion nach Beiblatt 2 (Bild 86)	
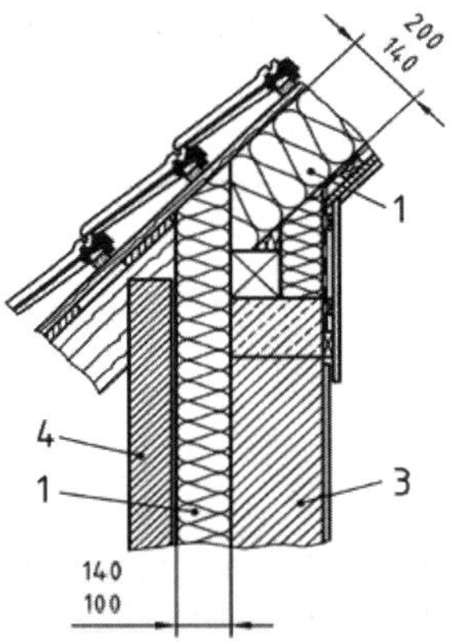	Empfehlung für die energetische Betrachtung: Nachweis der Gleichwertigkeit entfällt

Bild 19: Anschlussdetail Pfettendach an das Außenmauerwerk

Hinweis: Mit dem in Bild 19 dargestellten Konstruktionsprinzip sind auch auskragende Bauteile (Balkonplatte) erfasst. Hier fordert das Beiblatt, grundsätzlich auskragende Bauteile thermisch von der Gebäudehülle zu trennen. Auch für diesen Anwendungsfall sind keine weiteren Nachweise erforderlich.

4. Einzeln auftretende Türanschlüsse in der wärmetauschenden Hüllfläche (Haustür, Kellerabgangstür, Kelleraußentür, Türen zum unbeheizten Dachraum) dürfen bei der energetischen Betrachtung vernachlässigt werden.

Diese normativen Hinweise würdigen den Umstand, dass derlei Wärmebrücken auf den Energieverlust eines Gebäudes in der Tat nur einen geringen Einfluss haben. Detaillierte Nachweise sind ohnehin sehr aufwendig und nur mit vereinfachenden Modellbildungen realisierbar. Dies schließt aber wiederum nicht die Sorgfaltspflicht des Planers aus, diese Details so zu planen, dass an den Anschlüssen keine niedrigen Oberflächentemperaturen aufgrund hoher Wärmeverluste auftreten. Mit der im Normentext gewählten Formulierung soll lediglich die Möglichkeit eingeräumt werden, auch bei Vorhandensein einzelner im Beiblatt nicht abgebildeter Details trotzdem den pauschalen Wärmebrückenverlust von $0{,}05\ W/(m^2 \cdot K)$ auf die gesamte wärmeübertragende Umfassungsfläche anwenden zu können.

11. Nachweis des sommerlichen Wärmeschutzes

Nach DIN 4108-2 muss bereits bei der Planung eines Wohngebäudes verhindert werden, dass die Innentemperaturen auf unzumutbare Werte ansteigen und infolgedessen der Einsatz von Kühleinrichtungen notwendig wird.

Die Innentemperatur in beheizten Gebäuden darf in nicht mehr als 10 % der Aufenthaltszeit die in Tabelle 70 angegebenen Werte überschreiten.

Der Nachweis des sommerlichen Wärmeschutzes beinhaltet die Einhaltung von Grenzwerten für den raumbezogenen Sonneneintragskennwert S. Dieser Nachweis ist nicht erforderlich, wenn der zulässige Fensterflächenanteil nach Tabelle 71 eingehalten wird.

Tabelle 70: Grenzwerte $\theta_{i,max}$ für die Innentemperatur in beheizten Gebäuden nach DIN 4108-2

Sommer-Klimaregion	Merkmal	Höchstwert der mittleren monatlichen Außentemperatur	$\theta_{i,max}$ in °C
A	sommerkühl	$\theta_{e,max} \leq 16{,}5$ °C	25
B	gemäßigt	16,5 °C $< \theta_{e,max} <$ 18 °C	26
C	sommerheiß	$\theta_{e,max} \geq 18$ °C	27

Tabelle 71: Zulässige Werte für den auf die Grundfläche bezogenen Fensterflächenanteil f_{AG}

Neigung der Fenster gegenüber der Horizontalen	Orientierung der Fenster	f_{AG} in % [1,2]
über 60° bis 90°	Nord-West über Süd bis Nord-Ost	10
	alle anderen Nordorientierungen	15
0° bis 60°	alle Orientierungen	7

[1)] Verhältnis der gesamten Fläche von Fenstern einer Orientierung zur Grundfläche des Raumes.

[2)] Gehören mehrere Fenster unterschiedlicher Orientierung zu einem Raum, ist der kleinere Wert für f_{AG} bestimmend.

Ein ungünstiger Raum im Sinne der Anforderungen an den sommerlichen Wärmeschutz erfüllt folgende Kriterien:

- Fensterflächen nach Süden und/oder Osten/Westen;
- Geringe Grundfläche;
- Leichte Innen- und/oder Außenbauteile, abgehängte Decken, Innendämmung

Im Bild 20 ist ein nachzuweisender Raum dargestellt. Die Fenster haben einen Energiedurchlassgrad von 0,67.

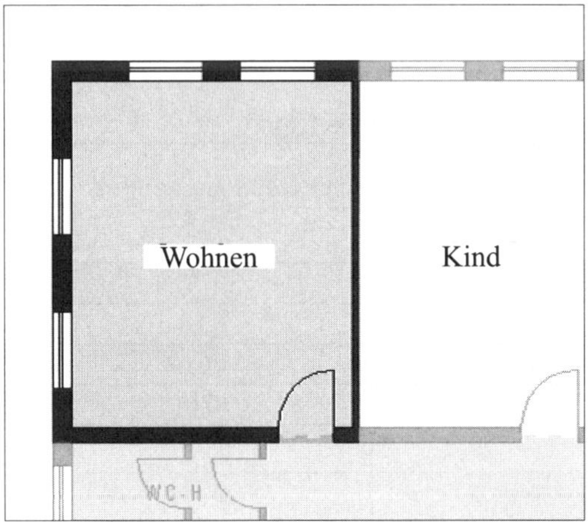

Bild 20: Ausgewählter Raum für die Nachweis des sommerlichen Wärmeschutzes

Die Fensterfläche beträgt 11,90 m². Die Grundfläche des Raumes (Innenmaßbezug) beträgt 24,3 m², der auf die Grundfläche bezogene Fensterflächenanteil beträgt demnach 49 %. Der max. Grenzwert von 10 % nach Tabelle 71 ist deutlich überschritten, ein Nachweis des sommerlichen Wärmeschutzes ist erforderlich. Der Nachweis ist dann erfüllt, wenn der errechnete Sonneneintragskennwert gleich oder kleiner ist als der zulässige Höchstwert.

$$S \leq S_{zul} \tag{207}$$

S Sonneneintragskennwert für einen Raum oder einen Raumbereich;

S_{zul} zulässiger Höchstwert für den Sonneneintragskennwert.

Ermittlung des zulässigen Höchstwertes für den Sonneneintragskennwert:

$$S_{zul} = \sum_{i=1}^{n} S_{x,i} \tag{208}$$

$S_{x,i}$ anteiliger Sonneneintragskennwert.

Tabelle 72: Abminderungsfaktor F_C von fest installierten Sonnenschutzvorrichtungen (DIN 4108-2)

Fest installierte Sonnenschutzvorrichtung		F_C
ohne Sonnenschutzvorrichtung		1,0
innen liegend oder zwischen den Scheiben	weiß oder reflektierende Oberfläche mit geringer Transparenz [1)]	0,75
	helle Farben oder geringe Transparenz [1)]	0,8
	dunkle Farbe oder höhere Transparenz	0,9
außen liegend	drehbare Lamellen, hinterlüftet	0,25
	Jalousien und Stoffe mit geringer Transparenz [1)], hinterlüftet	0,25
	Jalousien, allgemein	0,4
	Rollläden, Fensterläden	0,3
	Vordächer, Loggien, freistehende Lamellen [2)]	0,5
	Markisen, oben und seitlich ventiliert [2)]	0,4
	Markisen, allgemein [2)]	0,5

[1)] Transparenz geringer als 15 %.

[2)] Es darf weitestgehend keine direkte Besonnung des Fensters erfolgen.

Tabelle 73: Anteilige Sonneneintragskennwerte S_x für verschiedene Gebäudemerkmale nach DIN 4108-2

Gebäudemerkmal		S_{xi}
Klimaregion	A	0,04
	B	0,03
	C	0,015
Bauart	leicht [1)]	$0{,}06\,f_{gew}$
	mittel [1)]	$0{,}10\,f_{gew}$
	schwer [1)]	$0{,}115\,f_{gew}$

Tabelle 73: (Fortsetzung) Anteilige Sonneneintragskennwerte S_x für verschiedene Gebäudemerkmale nach DIN 4108-2

Gebäudemerkmal		S_{xi}
erhöhte Nachtlüftung: zweite Nachthälfte, $n \geq 1{,}5\ h^{-1}$ (Ein- und Zweifamilienhäuser)	bei leichter und mittlerer Bauart [1)]	+ 0,02
	bei schwerer Bauart [1)]	+ 0,03
Sonnenschutzverglasung mit $g \leq 0{,}4$ oder gleichwertige Maßnahme		+ 0,03
Fensterneigung gegenüber der Horizontalen mit $0° \leq$ Neigung $\leq 60°$		$- 0{,}12\ f_{neig}$
Nord-, Nordost- und Nordwest-orientierte Fenster (Neigung gegenüber der Horizontalen $> 60°$), vom Gebäude dauernd verschattete Fenster		$+ 0{,}10\ f_{nord}$
[1)] Leichte Bauart: $C_{wirk} / A_G < 50\ W\ h\ K^{-1}\ m^{-2}$, mittlere Bauart: $50\ W\ h\ K^{-1}\ m^{-2} \leq C_{wirk} / A_G \leq 130\ W\ h\ K^{-1}\ m^{-2}$, schwere Bauart: $C_{wirk} / A_G > 130\ W\ h\ K^{-1}\ m^{-2}$		

Die Gewichtungsfaktoren werden auf der Grundlage der nachfolgenden Gleichungen berechnet.

$$f_{gew} = \frac{\left(A_w + 0{,}3 \cdot A_{AW} + 0{,}1 \cdot A_D\right)}{A_G} \qquad (209)$$

f_{gew} entsprechend sommerlichem Wärmedurchgang gewichtete und auf die Nettogrundfläche bezogene Außenflächen

A_w Fensterfläche einschließlich Dachfenster

A_{AW} Außenwandfläche (Außenmaße)

A_D wärmeübertragende Dach- oder Deckenfläche nach oben oder unten gegen Außenluft, Erdreich und unbeheizte Dach- und Kellerräume (Außenmaße)

A_G Nettogrundfläche (lichte Raummaße)

$$f_{neig} = \frac{A_{w,neig}}{A_G} \qquad (210)$$

$A_{w,neig}$ Fläche der geneigten Fenster

$$f_{nord} = \frac{A_{w,nord}}{A_{w,gesamt}}$$

$A_{w,nord}$ Nord-, Nordost- und Nordwest-orientierte Fenster (Neigung gegenüber der Horizontalen > 60°) sowie vom Gebäude dauernd verschattete Fenster

$A_{w,gesamt}$ gesamte Fensterfläche

Für die Ermittlung der anteiligen Sonneneintragskennwerte ist vorab der Gebäudestandort und die Bauart zu ermitteln. Für dieses Beispiel soll das Wohngebäude in der Klimaregion C (z.B. Berlin) stehen. Die wirksame Wärmespeicherfähigkeit wird nach DIN EN ISO 13786 (vereinfachtes Verfahren, 10 cm - Regel)) berechnet. Die Berechnung für den Eckraum ist aus Tabelle 74 zu entnehmen. Dabei wird davon ausgegangen, dass die Innenwand zum Flur in 24 cm Kalksandstein (Rohdichte 1800 kg/m³), die Innenwand 11,5 cm Kalksandstein (Rohdichte 1,8 kg/dm³) ausgeführt wird. Es sind keine abgehängten Decken vorgesehen, die Geschossdecke besteht aus 20 cm Stahlbeton.

Tabelle 74: Berechnung C_{wirk} für den Eckraum

Bauteil	Fläche in m² (ohne Fenster, Innenmaße)	Dicke in m / zu verwendende Dicke nach EN 13786	c in kJ/kgK	Rohdichte	C_{wirk} in Wh/K
Außenwand Süd	6,65	0,30/0,10	1	350	64,65
Außenwand Ost	9,17	0,30/0,10	1	350	89,15
Innenwand KS	10,57	0,24/0,10	1	1800	528,5
Innenwand KS	15,12	0,115/0,0575	1	1800	434,7
Decke zum OG	24,3	0,20/0,10	1	2300	1552,5
Decke zum UG	24,3	0,20/0,006 (Estrichdicke)	1	1400	567,0
Gesamt					3236,35

Hinweise zur Tabelle 74:

- Für die KS-Innenwände 11,5 / 24 cm ergibt sich eine max. anzusetzende Dicke von 5,75 cm (halbe Wanddicke) und 10 cm (halbe Wanddicke > 10 cm, daher ist 10 cm als Grenz wert anzusetzen), da die Wände an benachbarte Räume grenzen.
- Bei der Decke zum UG geht nur die Dicke bis zur Dämmschicht (Schalldämmung) in die Ermittlung der Wärmekapazität ein.
- Alle Flächen wurden mit den Innenmaßen ermittelt.
- Um die Einheit von Wh/kgK zu erhalten, ist das Produkt aus Fläche, Dicke, Rohdichte und spezifischer Wärmekapazität durch 3,6 zu dividieren.

Auf die Nettogrundfläche von 24,3 m² bezogen ergibt sich ein Wert von 3236,35 / 24,3 = 133,18 Wh/m²K. Der nachzuweisende Raum ist demnach als „schwer" einzustufen.

Der Gewichtungsfaktor nach Gleichung 209 ergibt sich für den Eckraum wie folgt:

$$f_{gew} = \frac{4 \cdot 1,20 \cdot 2,48 + 0,3 \cdot 21,76 + 0,1 \cdot 27,94}{24,3} = 0,87 \qquad (211)$$

Hinweis: Im Gegensatz zur Berechnung der wirksamen Wärmespeicherfähigkeit des Raumes sind beim Gewichtungsfaktor für die wärmeübertragenden Umfassungsflächen die Außenmaße zu verwenden. Die anteiligen Sonneneintragskennwerte können der Tabelle 75 entnommen werden.

Tabelle 75: Anteilige Sonneneintragskennwerte S_x für den Eckraum

Gebäudemerkmal		S_{xi}
Klimaregion	C	0,015
Bauart	schwer	0,10

Tabelle 75: Anteilige Sonneneintragskennwerte S_x für den Eckraum

Gebäudemerkmal	S_{xi}
Sonnenschutzverglasung mit $g \leq 0{,}4$ oder gleichwertige Maßnahme	$+\,0{,}03$
Gesamt $S_x = S_{zul}$	$0{,}145$

Hinweis: Der Wert von $0{,}03$ resultiert aus der Annahme, dass die Süd-/Ostfenster eine Sonnenschutzvorrichtung (außenliegende Jalousien mit Abminderungsfaktor $F_C = 0{,}4$) erhalten. Multipliziert mit dem Energiedurchlassgrad für die Verglasung von $0{,}67$ folgt daraus ein g_{total} von $0{,}27$, dieser ist kleiner als $0{,}4$ und gilt daher als gleichwertig zu einer Sonnenschutzverglasung.

Ermittlung des Sonneneintragskennwertes S:

$$S = \frac{\sum_j A_{w,j} \cdot g_{total,j}}{A_G} \tag{212}$$

$g_{total,j}$ Gesamtenergiedurchlassgrad der Verglasung einschließlich Sonnenschutz
$A_{w,j}$ Summe der Fensterflächen des Raumes

vereinfachte Berechnung von g_{total}:

$$g_{total} = g \cdot F_C \tag{213}$$

g Gesamtenergiedurchlassgrad der Verglasung nach DIN EN 410
F_C Abminderungsfaktor für Sonnenschutzvorrichtungen

Unter Anwednung der Tabelle 72 und der unter Tabelle 75 gegebenen Hinweise folgt ein g_{total} von $0{,}27$. Damit wird S zu:

$$S = \frac{4 \cdot 1{,}20 \cdot 2{,}48 \cdot 0{,}27}{24{,}3} = 0{,}132 < S_{zul} \tag{214}$$

Der Sonneneintragskennwert ist kleiner als der zulässige Sonneneintragskennwert, der Nachweis des sommerlichen Wärmeschutzes ist erfüllt. Die für dieses Bauvorhaben vorgesehenen Sonnenschutzmaßnahmen sind ausreichend.

12 Das Erneuerbare-Energien-Wärmegesetz

12.1 Allgemeines

Mit dem Inkrafttreten des „Gesetzes zur Förderung Erneuerbarer Energien im Wärmebereich" – im Folgenden EEWärmG genannt – zum 1.01.2009 gilt für alle neu zu errichtenden Gebäude ab einer Nutzfläche von $50\ m^2$ die Verpflichtung, einen Teil des Wärmebedarfs des Gebäudes unter Nutzung von erneuerbaren Energien zu decken. Die bisherige Regelung in der EnEV, die lediglich eine Prüfung der Möglichkeit des Einsatzes erneuerbarer Energien vorsah, entfällt. Ausnahmen bestehen nur für Gebäude, die nicht im Geltungsbereich der EnEV liegen wie beispielsweise Betriebsgebäude, die überwiegend zur Aufzucht oder zur Haltung von Tieren genutzt werden oder für provisorische Gebäude mit einer geplanten Nutzungsdauer von bis zu zwei Jahren. Das Ziel des Gesetzes besteht darin, den Anteil erneuerbarer Energien am Endenergieverbrauch für Wärme bis zum Jahre 2020 auf 14 Prozent zu erhöhen. Das Gesetz unterscheidet zwischen dem Einsatz erneuerbarer Energien und der Möglichkeit, mittels sogenannter Ersatzmaßnahmen einen ähnlichen Einspareffekt bei der Endenergie der Gebäude zu erreichen. Erneuerbare Energien im Sinne des Gesetzes sind:

1. Solare Strahlungsenergien,
2. Biomasse,
3. Geothermie und
4. Umweltwärme.

Ersatzmaßnahmen im Sinne des Gesetzes sind:

1. Nutzung von Abwärme,
2. Nutzung von Anlagen mit Kraft-Wärme-Kopplung,
3. Nutzung von Netzen der Nah- oder Fernwärmeversorgung,
4. Verminderung des Primärenergiebedarfs der Gebäude und energetische Verbesserungen an der Gebäudehülle.

Der Gesetzgeber schreibt in Abhängigkeit von der gewählten Maßnahme konkrete Mindestanteile am Wärmeenergiebedarf des Gebäudes vor bzw. ermöglicht z.B. bei Nutzung der Solarthermie vereinfachende Annahmen zur Erfüllung der Anforderungen.

Der Wärmeenergiebedarf ist definiert als der Wärmebedarf für Heizung und Warmwasserbereitung sowie als der Kältebedarf für Kühlung. Eingeschlossen in diese Bedarfswerte werden jeweils die Aufwände für die Übergabe, Verteilung und Speicherung. Da der Gesetzgeber den Aufwand der Erzeugung nicht mit eingeschlossen hat, handelt es sich demnach nicht um den „klassischen" Endenergiebedarf.

12.2 Mindestanteile erneuerbarer Energien

Um die Nutzungspflicht nach dem Gesetz zu erfüllen, sind die in Tabelle 76 aufgeführten Mindestanteile zu erreichen.

Tabelle 76: Mindestanteile zur Einhaltung der Nutzungspflichten nach EEWärmG

Wärmequelle	Mindestanteil	Sonstige Anforderungen
Solare Strahlungsenergie	15%	Siegel: Solar Keymark
Geothermie	50%	Effizienzanforderung
Umweltwärme	50%	Effizienzanforderung
feste Biomasse	50%	Effizienzanforderung
gasförmige Biomasse	30%	Einsatz nur in Kraft-Wärme-Kopplung (KWK)
flüssige Biomasse	50%	Moderne Heizkessel; Nachhaltigkeitskriterien

Bei Nutzung von solarer Strahlungsenergie gelten die Anforderungen als erfüllt, wenn folgende Mindestwerte für die Aperturfläche der Solaranlage eingehalten werden:

- Wohnhäuser mit max. 2 WE: 0,04 m^2 je m^2 Nutzfläche

- Wohnhäuser mit mehr als 2 WE: 0,03 m^2 je m^2 Nutzfläche

Für Nichtwohngebäude ist keine Vereinfachung vorgesehen, der Anteil an der Wärmeenergie ist demnach für jeden Fall nachzuweisen.

Die sonstigen Anforderungen sind sehr umfangreich und vielschichtig. Bild 21 zeigt beispielhaft Anforderungen an die Nutzung von Geothermie und Umweltwärme durch Wärmepumpen.

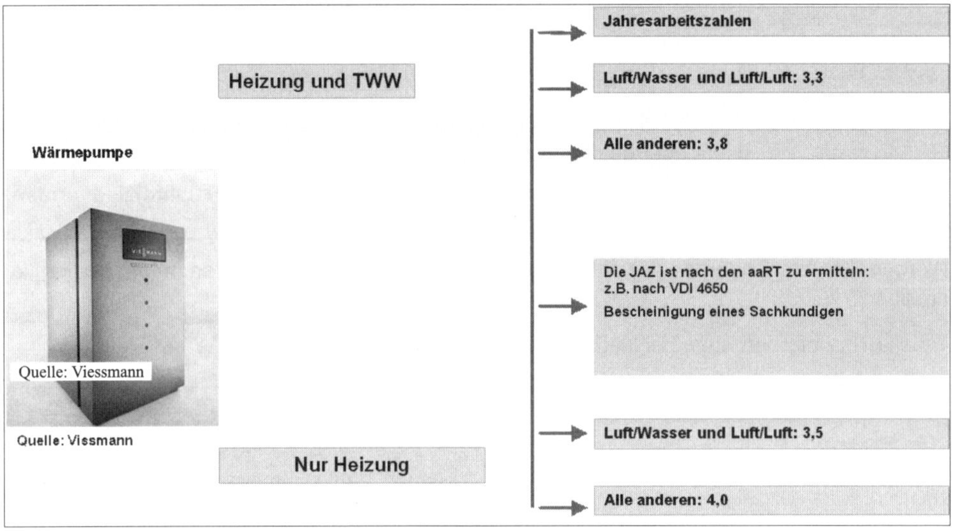

Bild 21: Sonstige Anforderungen an Wärmepumpen (Jahresarbeitszahlen)

Die sonstigen Anforderungen, die an die Nutzung von Biomasse gestellt werden, sind in der Tabelle 77 zusammengestellt:

Tabelle 77: Zusatzanforderungen beim Einsatz von Biomassen nach dem EEWärmG

Art der Biomasse	Anforderungen
Gasförmig	Nutzung muss in einer KWK- Anlage erfolgen. Wenn auf Erdgasqualität aufbereitet, so müssen die Methanemissonen und der Stromverbrauch nach der besten verfügbaren Technik gesenkt werden. Nachweis ist die Bescheinigung eines Sachkundigen. Abrechnung des Brennstofflieferanten ist in den ersten 5 Jahren jeweils bis zum 30.06. des Folgejahres der Behörde vorzulegen, für die folgenden 10 Jahre sind diese aufzubewahren und auf Verlangen vorzulegen.
Flüssig	Nutzung muss in einem Heizkessel erfolgen, der der besten verfügbaren Technik entspricht. Erzeugung der Biomasse entspricht den in der Nachhaltigkeitsverordnung gestellten Anforderungen. Vor Inkrafttreten dieser Verordnung gilt die Nutzung von Palmöl oder Sojaöl nicht als Erfüllung des EEWärmeG. Nachweis durch Sachkundigen, des Anlagenherstellers oder eines Fachbetriebes, der die Anlage einbaut. Sonst wie gasförmige Biomasse.

Tabelle 77: (Fortsetzung) Zusatzanforderungen beim Einsatz von Biomassen

Art der Biomasse	Anforderungen
Fest	Anforderungen an kleine und mittlere Anlagen müssen erfüllt sein gemäß bestehender Verordnung vom 14.08.2003. Es darf nur Biomasse gemäß dieser Verordnung eingesetzt werden. Der Kesselwirkungsgrad nach EN 303-5 = 86 % bis 50 kW und 88 % > 50 kW. Bescheinigung des Sachkundigen, des Anlagenherstellers oder des Fachbetriebes. Die Abrechnungen für die Brennstoffe der ersten 5 Jahre sind für den Zeitraum von 15 Jahren aufzubewahren.

Werden Ersatzmaßnahmen gewählt, so sind die in Tabelle 78 dargestellten Anforderungen zu erfüllen.

Tabelle 78: Anforderungen bei Nutzung von Ersatzmaßnahmen nach EEWärmG

Ersatzmaßnahme	Anforderung
Nutzung von Abwärme (WRG) **Wärmeenergiebedarf ist mind. 50 % zu decken.**	Wärmerückgewinnungsgrad: min. 70 %. Leistungszahl, die aus dem Verhältnis von der aus der Wärmerückgewinnung stammenden Wärme zum Stromeinsatz für den Betrieb der WRG ermittelt wird, muss mind. 10 betragen. Wenn Abwärme durch andere als WRG-Anlagen genutzt wird, so hat dies nach dem Stand der Technik zu erfolgen. Bescheinigung eines Sachkundigen erforderlich, auch die Bescheinigung durch den Anlagenhersteller oder Fachbetrieb ist möglich.
Kraft-Wärme-Kopplung **Wärmeenergiebedarf ist mind. 50 % zu decken.**	Anlage muss hocheffizient im Sinne der Richtlinie 2004/8/EG sein. Leistung < 1 MW sind hocheffizient, wenn sie die Primärenergieeinsparung im Sinne von Anhang III der Richtlinie erbringen. Nachweise: Wenn der Verpflichtete selbst die Anlage betreibt: Bescheinigung eines Sachkundigen. Fremdanlage: Bescheinigung des Betreibers.

Tabelle 78: (Fortsetzung) Anforderungen bei Nutzung von Ersatzmaßnahmen

Ersatzmaßnahme	Anforderung
Wärmenetze	Nutzung gilt als Ersatzmaßnahme nach EE-WärmG, wenn • Wärmeerzeugung zu einem wesentlichen Anteil aus erneuerbaren Energien; • zu mindestens 50% aus Anlagen zur Nutzung von Abwärme; • zu mindestens 50 % aus KWK-Anlagen; • zu mindestens 50 % aus einer Kombination der vorgenannten Maßnahmen. Bescheinigung des Wärmenetzbetreibers erforderlich.
Maßnahmen zur Einsparung von Energie	Die Höchstwerte des nach der gültigen EnEV festgelegten Primärenergiebedarfs des Gebäudes und die zu erfüllenden Anforderungen an den Wärmeschutz der Gebäudehülle (für Nichtwohngebäude der mittlere *U*-Wert) werden jeweils um mindestens 15 % unterschritten.

12.3 Nachweisführung

Die Nachweisführung nach EEWärmG erfolgt auf der Grundlage der DIN V 18599 oder der DIN V 4701-10. Welcher Wärmeenergiebedarf mit erneuerbaren Energien gedeckt werden soll, obliegt der Entscheidung des Planers. Werden mehrere unterschiedliche Wärmeenergien (Heizung, Kühlung und Trinkwasser-Erwärmung) für die Nutzung eines Gebäudes erzeugt, so gelten die Anforderungen für die gesamte Wärmeenergie. So ist es möglich, dass z.B. mit Geothermie jeweils 25 % des Anteils für die Heizung und weitere 25 % für die Trinkwasser-Erwärmung erbracht werden. Auch ist eine Kombination der erneuerbaren Energien mit den Ersatzmaßnahmen nach Tabelle 78 möglich.

In der Tabelle 79 sind für wichtige Praxisfälle zu erbringenden Nachweise dargestellt.

Tabelle 79: Erforderliche Nachweise nach EEWärmG (Auswahl für übliche Systeme)

Gewählte Maßnahme	Erforderlicher Nachweis
Solaranlage zur Erzeugung des Trinkwarmwassers + konventionelles System (z.B. Brennwertkessel)	$Q_{w,sol} \geq 0{,}15 \cdot (Q_{w,outg} + Q_{h,outg})$
Wärmepumpe für Heizung und Trinkwarmwasser	$Q_{w,outg} + Q_{h,outg} \geq 0{,}50 \cdot Q_{f(w+h)}$
Wärmepumpe nur für Heizung	$Q_{h,outg} \geq 0{,}50 \cdot Q_{f,h(w+h)}$
Wärmepumpe nur für Trinkwarmwasser	$Q_{w,outg} \geq 0{,}50 \cdot Q_{f(w+h)}$
Biomasse-Kessel für Heizung und Warmwasser	$Q_{w,outg} + Q_{h,outg} \geq 0{,}50 \cdot Q_{f(w+h)}$
Wärmerückgewinnung für die Heizung	$Q_{rv,h,outg} \geq 0{,}50 \cdot Q_{f,(w+h)}$

Werden die Rechenalgorithmen nach DIN V 4701-10 verwendet, so sind die jeweils geforderten Anteile der erneuerbaren Energie auf die Summe $q_H^* + q_{TW}^*$ zu beziehen.

Für Wohngebäude ist für den Fall, dass Solaranlagen zur Erfüllung der Anforderungen eingesetzt werden sollen, ein vereinfachter Ansatz erlaubt. Danach gilt der Mindestanteil als erfüllt, wenn bei Wohngebäuden mit höchstens 2 Wohneinheiten Solarkollektoren mit einer Kollektorfläche von mind. 4 % der Nutzfläche und bei größeren Gebäuden mit mind. 3 % der Nutzfläche eingesetzt werden.

Bei Anwendung dieser Vereinfachung ergeben sich in aller Regel Abweichungen von den Standardkollektorflächen nach DIN V 4701-10 und DIN V 18599-8. Da die generelle Formulierung im EEWärmeG aber über den Vereinfachungsregeln steht, kann dieser Umstand im Nachweis vernachlässigt werden, wenn mit der gewählten Standardkollektorfläche der Mindestanteil von 15 % nachgewiesen werden kann.

Werden Wärmepumpen eingesetzt, so ist gemäß Bild 21 zusätzlich die Jahresarbeitszahl (JAZ) nachzuweisen. Die Ermittlung der JAZ kann nach DIN V 18599 oder nach VDI 4650 „Kurzverfahren zur Berechnung der Jahresarbeitszahl von Wärmepumpenanlagen“ erfolgen.

Beispiel:

Außenluft-Wärmepumpe, Warmwasserbereitung durch die Heizungswärmepumpe, monoenergetisch paralleler Betrieb.

Ermittlung der Jahresarbeitszahl für die Raumheizung:

$$\beta_{\mathrm{h}} = (\varepsilon_{\mathrm{N1}} \cdot F_{\vartheta 1} + \varepsilon_{\mathrm{N2}} \cdot F_{\vartheta 2} + \varepsilon_{\mathrm{N3}} \cdot F_{\vartheta 3}) \cdot F_{\Delta\vartheta} \quad (215)$$

$\varepsilon_{\mathrm{N1}}$ Leistungszahl der Wärmepumpe bei A-7/W35;

$\varepsilon_{\mathrm{N2}}$ Leistungszahl der Wärmepumpe bei A2/W35;

$\varepsilon_{\mathrm{N3}}$ Leistungszahl der Wärmepumpe bei A10/W35;

$F_{\vartheta 1\text{-}3}$ Korrekturfaktoren für unterschiedliche Betriebsbedingungen;

$F_{\Delta\vartheta}$ Korrekturfaktor für abweichende Temperaturdifferenzen bei Messung und Betrieb am Verflüssiger nach Tabelle 80.

Die Prüfstandmessungen nach DIN EN 14511 ergaben folgende Leistungszahlen:

$\varepsilon_{\mathrm{N1}}$ 2,6 bei A-7/W35;

$\varepsilon_{\mathrm{N2}}$ 3,1 bei A2/W35;

$\varepsilon_{\mathrm{N3}}$ 4,0 bei A10/W35;

A = air
W = water
Temperaturdifferenz bei der Prüfstandmessung: 5 K
Auslegung des Wärmeverteilsystems:
Normaußentemperatur: 12 °C
Vorlauftemperatur: 55 °C
Rücklauftemperatur: 45 °C
Temperaturdifferenz im Betrieb: 10 K

Korrekturfaktoren nach VDI 4650:

Tabelle 80: Korrekturfaktor $F_{\Delta\vartheta}$ für abweichende Temperaturdifferenzen am Verflüssiger

	Temperaturdifferenz bei der Prüfstandmessung $\Delta\vartheta_M$ in K							
$\Delta\vartheta_B$ in K	3	4	5	6	7	8	9	10
3	1,000	0,990	0,980	0,969	0,959	0,949	0,939	0,928
4	1,010	1,000	0,990	0,980	0,969	0,959	0,949	0,939
5	1,020	1,010	1,000	0,990	0,980	0,969	0,959	0,949
6	1,031	1,020	1,010	1,000	0,990	0,980	0,969	0,959
7	1,041	1,031	1,020	1,010	1,000	0,990	0,980	0,969
8	1,051	1,041	1,031	1,020	1,010	1,000	0,990	0,980
9	1,061	1,051	1,041	1,031	1,020	1,010	1,000	0,990
10	1,072	1,061	1,051	1,041	1,031	1,020	1,010	1,000

Gewählt: $F_{\Delta\vartheta} = 1{,}051$

Die Korrekturfaktoren für unterschiedliche Betriebsbedingungen hängen sowohl von der gewählten Vorlauftemperatur des Heizsystems als auch von der Heizgrenztemperatur H_G (Temperatur, unterhalb derer das Gebäude beheizt werden muss) ab. Tabelle 81 zeigt die nach VDI 4650 in Abhängigkeit von der Quelltemperatur (hier Luft = air =A) anzusetzenden Korrekturfaktoren. Für das Beispiel wird davon ausgegangen, dass die Grenztemperatur 12 °C beträgt (typischer Wert für einen Dämmstandard des Gebäudes nach EnEV).

Tabelle 81: Korrekturfaktoren $F_{\vartheta1}$, $F_{\vartheta2}$, $F_{\vartheta3}$ für Luft-Wasser-Wärmepumpen bei unterschiedlichen Betriebsbedingungen ($H_G = 12$ °C)

			Maximale Vorlauftemperatur $t_{vorl,max}$ in °C					
Normaußentemperatur	Lufttemperatur °C	Korrekturfaktor	30	35	40	45	50	55
−10°C	−7	$F_{\vartheta1}$	0,089	0,085	0,080	0,075	0,070	0,066
	2	$F_{\vartheta2}$	0,891	0,854	0,817	0,781	0,744	0,707
	10	$F_{\vartheta3}$	0,139	0,134	0,130	0,125	0,121	0,116
−12°C	−7	$F_{\vartheta1}$	0,135	0,128	0,121	0,114	0,108	0,101
	2	$F_{\vartheta2}$	0,859	0,824	0,789	0,755	0,720	0,686
	10	$F_{\vartheta3}$	0,112	0,108	0,105	0,101	0,098	0,094
−14°C	−7	$F_{\vartheta1}$	0,176	0,167	0,158	0,150	0,141	0,133
	2	$F_{\vartheta2}$	0,827	0,795	0,763	0,730	0,698	0,666
	10	$F_{\vartheta3}$	0,097	0,094	0,091	0,088	0,085	0,082
−16°C	−7	$F_{\vartheta1}$	0,279	0,266	0,253	0,240	0,227	0,214
	2	$F_{\vartheta2}$	0,728	0,700	0,673	0,645	0,618	0,590
	10	$F_{\vartheta3}$	0,086	0,083	0,081	0,078	0,076	0,073

Gewählt:

$F_{\vartheta1} = 0{,}101$

$F_{\vartheta2} = 0{,}686$

$F_{\vartheta3} = 0{,}094$

Mit diesen Eingangswerten beträgt die Jahresarbeitszahl für die Raumheizung nach Gleichung 216:

$$\beta_{\mathrm{w}} = (\varepsilon_{\mathrm{N1}} \cdot 0{,}103 + \varepsilon_{\mathrm{N2}} \cdot 0{,}903 + \varepsilon_{\mathrm{N3}} \cdot 0{,}061) \cdot F_{\Delta\vartheta} \tag{216}$$

Die Ermittlung der Jahresarbeitszahl für die Warmwasserbereitung ist nach Gleichung 217 vorzunehmen.

$$\beta_{\mathrm{w}} = (\varepsilon_{\mathrm{N1}} \cdot 0{,}103 + \varepsilon_{\mathrm{N2}} \cdot 0{,}903 + \varepsilon_{\mathrm{N3}} \cdot 0{,}061) \cdot F_{\Delta\vartheta} \tag{217}$$

Die Prüfstandmessungen nach DIN EN 14511 ergaben folgende Leistungszahlen:

$\varepsilon_{\mathrm{N1}}$	2,6 bei A-7/W35;
$\varepsilon_{\mathrm{N2}}$	3,1 bei A2/W35;
$\varepsilon_{\mathrm{N3}}$	4,0 bei A10/W35;

Temperaturdifferenz bei der Prüfstandmessung: 5 K

$F_{\Delta\vartheta}$ wie bei der Raumheizung = 1,051

$$\beta_{\mathrm{w}} = (2{,}6 \cdot 0{,}103 + 3{,}1 \cdot 0{,}903 + 4{,}0 \cdot 0{,}061) \cdot 1{,}051 = 3{,}47 \tag{218}$$

Abschließend ist die Gesamt-Jahresarbeitszahl zu ermitteln. Diese ergibt unter Anwendung der Gleichung 219:

$$\beta_{WP} = \frac{1}{x \cdot \frac{\alpha}{\beta_h} + y \cdot \frac{\alpha}{\beta_w} + 1 - \alpha} \tag{219}$$

β_{WP}	die Gesamt-Jahresarbeitszahl der Wärmepumpe;
x	Anteil der Raumheizung am gesamten Wärmebedarf;
y	Anteil der Warmwasserbereitung am gesamten Wärmebedarf;
β_{h}	Jahresarbeitszahl für Raumheizung;
β_{w}	Jahresarbeitszahl für Warmwasserbereitung;
α	Deckungsanteil im monoenergetischen Betrieb der Wärmepumpe.

Die einzelnen Anteile x und y sind gerade bei Nichtwohngebäuden von sehr vielen Faktoren abhängig, insbesondere von dem durch die Nutzungsrandbedingungen vorgegebenen Bedarf an Warmwasser und dem Dämmstandard des Gebäudes. Für das im Abschnitt 2 nachgewiesene Gebäude ergäbe sich beispielsweise ein Anteil von 97 % für die Raumheizung und nur ca. 3 % für die Warmwasserbereitung. Allerdings sind diese Werte mit einer Brennwertheizung ermittelt worden, also für die jetzt vorgegebene Wärmepumpe nicht relevant. Wenn keine genauen Werte vorhanden sind – und dazu müsste man den Nachweis ja erst einmal geführt haben -, sollte ein pauschaler Ansatz mit 85 % für die Raumheizung und 15 % für die Warmwasserbereitung in der überwiegenden Anzahl der Fälle möglich sein.

Der Deckungsanteil α ist nach Tabelle 82 zu ermitteln.

Tabelle 82: Deckungsanteil des Grundlast-Wärmeerzeugers einer bivalent/monoenergetisch betriebenen Anlage in Abhängigkeit vom Bivalenzpunkt, Leistungsanteil und der Betriebsweise des Grundlast-Wärmeerzeugers (parallel oder alternativ) – Quelle: DIN V 4701-10

Bivalenzpunkt ϑ_{Biv} in °C	−10	−9	−8	−7	−6	−5	−4	−3	−2	−1	0	1	2
Leistungsanteil der Wärmepumpe bei Normaußentemperatur	0,77	0,73	0,69	0,65	0,62	0,58	0,54	0,50	0,46	0,42	0,38	0,35	0,31
Deckungsanteil α bei parallelem Betrieb	1,00	0,99	0,99	0,99	0,99	0,98	0,97	0,96	0,95	0,93	0,90	0,87	0,83
Deckungsanteil α bei alternativem Betrieb/ teilparallelem Betrieb	0,96	0,96	0,95	0,94	0,93	0,91	0,87	0,83	0,78	0,71	0,64	0,55	0,46

Gewählt: $\alpha = 0{,}98$ (paralleler Betrieb)

Daraus ergibt sich eine Gesamt-Jahresarbeitszahl von:

$$\beta_{WP} = \frac{1}{0{,}85 \cdot \frac{0{,}98}{2{,}76} + 0{,}15 \cdot \frac{0{,}98}{3{,}47} + 1 - 0{,}98} = 2{,}74 \qquad (220)$$

Nach Bild 21 wäre nach dem EEWärmG eine Jahresarbeitszahl von 3,3 erforderlich, die berechnete Jahresarbeitszahl ist demnach zu gering. Selbst wenn, wovon bei monoenergetischem Betrieb ausgegangen werden kann, der Anteil an der Erzeugung der Wärmeenergie 50 Prozent beträgt, ist der Nachweis nach dem EEWärmG nicht erbracht. Mögliche Abhilfe könnte für diesen Fall die Änderung der Vorlauftemperatur des Heizsystems bringen, da die in dem Beispiel angenommene Vorlauftemperatur von 55 °C für Luft/Wasser-WP ungünstig ist, schon die Änderung auf 35 °C Vorlauftemperatur erhöht die Jahresarbeitszahl beträchtlich.

13 Beispiel für die Bilanzierung eines Gebäudes nach EnEV 2009 in Verbindung mit DIN V 4108-6/ 4701-10 bzw. DIN V 18599

13.1 Allgemeines

Ein Einfamilienhaus wird auf der Grundlage der EnEV 2009 in Verbindung mit den Normen DIN V 4108-6, DIN V 4701-10 und DIN V 18599 energetisch bewertet. Dabei wird ein einfacher Grundriss gewählt, um das Beispiel möglichst transparent und auch für Einsteiger in die Thematik der Nachweisführung an jeder Stelle nachvollziehbar zu gestalten. Zusätzlich wird der Nachweis nach dem EEWärmG geführt. Der Nachweis nach DIN V 18599 erfolgt zunächst ohne Iterationen mittels Handrechnung, eine Computerberechnung ergänzt die Handrechnung unter Berücksichtigung des nach EnEV 2009 definierten Referenzgebäudes. Der Nachweis nach DIN V 4701-10 erfolgt anfangs mit den Tabellenwerten (Standardwerte für die Anlagentechnik) und wird im zweiten Schritt mit konkreten Anlagenkennwerten eines Herstellers wiederholt.

13.2 Grundriss und Ansichten

Der Grundriss sowie die Ansicht des Gebäudes sind den nachfolgenden Bildern zu entnehmen.

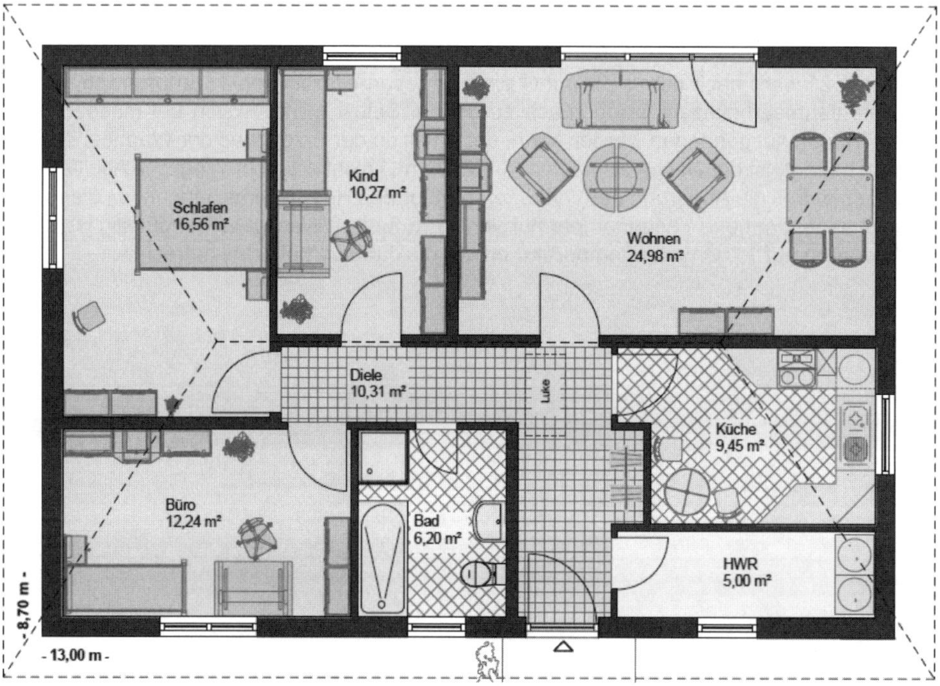

Bild 22: Grundriss des Gebäudes

Bild 23: Ansicht des Gebäudes (Nord- und Westseite)

13.3 Eingangsdaten für den Nachweis des Gebäudes

In den folgenden Tabellen sind die für die Berechnung wichtigen Eingangsdaten dargestellt.

Tabelle 83 Eingangsdaten für die Gebäudehülle

Zeile	Bauteil/System	Eigenschaft	Vorgesehene Ausführung
1	Außenwand	Wärmedurchgangskoeffizient U-Wert in $W/(m^2 \cdot K)$	Siehe U-Wert Berechnung
2	Decke gegen unbeheizte Räume	Wärmedurchgangskoeffizient U-Wert in $W/(m^2 \cdot K)$	Siehe U-Wert Berechnung
3	Bodenplatte	Wärmedurchgangskoeffizient U-Wert in $W/(m^2 \cdot K)$	Siehe U-Wert Berechnung
4	Fenster und Fenstertüren	Wärmedurchgangskoeffizient U-Wert in $W/(m^2 \cdot K)$	1,30 $W/(m^2 \cdot K)$
		Gesamtenergiedurchlassgrad der Verglasung in [-]	0,60
		Sonnenschutzvorrichtung	keine
5	Außentür	Wärmedurchgangskoeffizient U-Wert in $W/(m^2 \cdot K)$	1,80 $W/(m^2 \cdot K)$
9	Bauteile	Wärmebrückenzuschlag ΔU_{WB}-Wert in $W/(m^2 \cdot K)$	0,05 $W/(m^2 \cdot K)$
11	Gebäudedichtheit	Kategorie nach DIN V 18599-2 oder alternativ der gemessene n_{50}-Wert in h^{-1}	Prüfung ist vorgesehen, entspricht Kategorie I nach DIN V 18599

Die zur Verwendung vorgesehene Anlagentechnik des Gebäudes ist aus Bild 24 zu entnehmen. Nähere Beschreibungen siehe Tabelle 84.

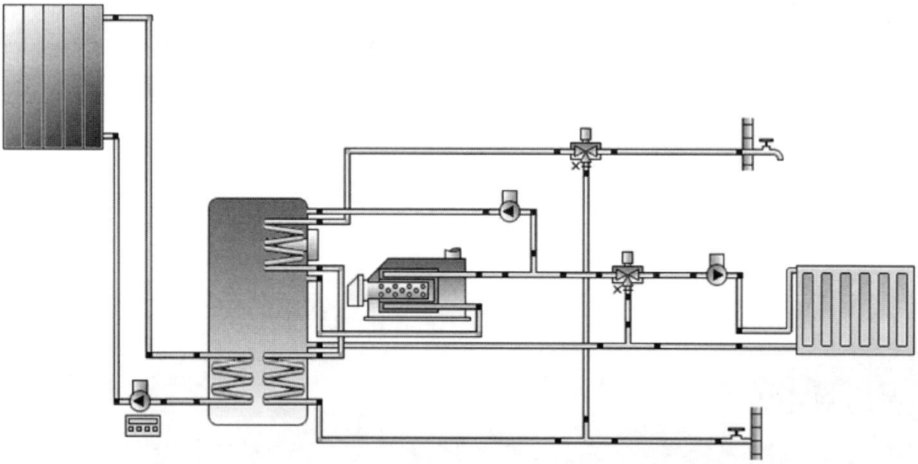

Bild 24: Anlagenschema

Tabelle 84: Eingangsdaten für die Anlagentechnik

1	Heizwärme	Brennwertkessel (verbessert), Systemtemperatur 55/45 °C, Leitungen im beheizten Bereich, innenliegend, bedarfsabhängige Pumpenauslegung mit hydraulischem Abgleich, Länge der Rohre wird ermittelt auf der Grundlage der Gebäudegeometrie, es liegt keine Anlagenplanung vor.
2	Heizungswärmeübergabe	Thermostatventile, Proportionalitätsregler mit 1K Regelbereich
3	Warmwasser	Erzeugung mit einem verbesserten Brennwertkessel unterstützt von Solarkollektoren (Flachkollektor, kleine Anlage), Kollektorfläche gemäß DIN V 4701-10 bzw. DIN V 18599-8 Speicherung : bivalenter Solarspeicher, Größe gemäß Standard nach DIN V 4701 bzw. DIN V 18599-8, keine Zirkulationsleitungen vorhanden.

13.4 *U*-Werte der opaken Außenbauteile

Die Ermittlung der *U*-Werte für die opaken Bauteile des Gebäudes erfolgt nach der aktuellen Ausgabe der DIN EN ISO 6946.

Bauteil:			Außenwand	
Schichtaufbau von innen nach außen				
Nr.	Bezeichnung	Rechenwert λ	Schichtdicke	Wärmedurchlasswiderstand R
		W/(m·K)	m	m²·K/W
1	Innenputz (Gips)	0,51	0,01	0,020
2	Mauerwerk	0,09	0,30	3,333
3	Außenputz	0,25	0,015	0,060
Wärmeübergangswiderstand innen (Wärmestrom horizontal)				0,13
Wärmeübergangswiderstand außen (Wärmestrom horizontal)				0,04
Wärmedurchgangswiderstand R_T				3,592
Wärmedurchgangskoeffizient U in W/(m²·K) Gerundet auf zwei Dezimalstellen gemäß DIN EN ISO 6946				0,28

Bauteil:			Bodenplatte	
Schichtaufbau von innen nach außen				
Nr.	Bezeichnung	Rechenwert λ	Schichtdicke	Wärmedurchlasswiderstand R
		W/(m·K)	m	m²·K/W
1	Zementestrich	1,4	0,06	0,043
2	Dämmung	0,040	0,10	2,50
3	Stahlbeton	2,3	0,20	0,087
Wärmeübergangswiderstand innen (Wärmestrom horizontal)				0,17
Wärmeübergangswiderstand außen				0
Wärmedurchgangswiderstand R_T				2,799
Wärmedurchgangskoeffizient U in W/(m²·K) Gerundet auf zwei Dezimalstellen gemäß DIN EN ISO 6946				0,36

Hinweis zur Berechnung des *U*-Wertes der Bodenplatte: In der Literatur finden sich unterschiedliche Aussagen zur Berücksichtigung von Schichten, die außerhalb der Bauwerksabdichtung angeordnet sind. Gemäß DIN EN ISO 13370 kann die Stahlbetonbodenplatte bei der Berechnung des *U*-Wertes berücksichtigt werden, DIN 4108-2 fordert für den Nachweis des Mindestwärmeschutz hingegen, dass die Schichten, die außerhalb der Abdichtung liegen, nicht in die Berechnung mit einbezogen werden (Ausnahmen siehe DIN 4108-2 bzw. bauaufsichtliche Zulassungen für z.B. Dämmsysteme unterhalb der Bodenplatte). Für die energetische Bewertung der Gebäude kann demzufolge die Stahlbetonbodenplatte in die *U*-Wert-Berechnung der Bodenplatte einbezogen werden, für den Nachweis des Mindestwärmeschutzes (Nebenforderung der EnEV) hingegen nicht.

<table>
<tr><td colspan="3">Bauteil:</td><td colspan="2">Dachdecke</td></tr>
<tr><td colspan="5">Schichtaufbau von innen nach außen, Gefach und Balkenbereich
Gefachanteil: 90% ($f_a = 0,9; f_b = 0,1$)</td></tr>
<tr><td>Nr.</td><td>Bezeichnung</td><td>Rechenwert
λ</td><td>Schichtdicke</td><td>Wärmedurchlasswiderstand R</td></tr>
<tr><td></td><td></td><td>W/(m·K)</td><td>m</td><td>m²·K/W</td></tr>
<tr><td>1</td><td>Gipskartonplatten</td><td>0,25</td><td>0,0125</td><td>0,05</td></tr>
<tr><td>2</td><td>Traglattung/stehende Luftschicht</td><td>-</td><td>0,015</td><td>0,16</td></tr>
<tr><td>3</td><td>Holzbalken (Balkenbereich)</td><td>0,13</td><td>0,22</td><td>1,69</td></tr>
<tr><td>4</td><td>Mineralfaserdämmung (Gefachbereich)</td><td>0,035</td><td>0,22</td><td>6,29</td></tr>
<tr><td colspan="4">Wärmeübergangswiderstand innen (Wärmestrom aufwärts)</td><td>0,10</td></tr>
<tr><td colspan="4">Wärmeübergangswiderstand außen (Wärmestrom aufwärts)</td><td>0,04</td></tr>
<tr><td colspan="4">Wärmedurchgangswiderstand Balkenbereich = R_{Tb}</td><td>2,04</td></tr>
<tr><td colspan="4">Wärmedurchgangswiderstand Gefachbereich = R_{Ta}</td><td>6,64</td></tr>
<tr><td colspan="4">Oberer Grenzwert nach DIN EN 6946:
$\frac{1}{R_T'} = \frac{f_a}{R_{Ta}} + \frac{f_b}{R_{Tb}}$
$R_T' = \left(\frac{0,9}{6,64} + \frac{0,1}{2,04}\right)^{-1}$</td><td>5,42</td></tr>
<tr><td colspan="4">Unterer Grenzwert nach DIN EN 6946 (Beachtung Querverteilung):
$\frac{1}{R_j} = \frac{f_a}{R_{aj}} + \frac{f_b}{R_{bj}}$
$R_T'' = 0,10 + \left(\frac{0,90}{0,05} + \frac{0,10}{0,05}\right)^{-1} + \left(\frac{0,90}{0,16} + \frac{0,10}{0,06}\right)^{-1} + \left(\frac{0,9}{6,29} + \frac{0,10}{1,69}\right)^{-1} + 0,04$</td><td>5,25</td></tr>
<tr><td colspan="4">Wärmedurchgangswiderstand: (Mittelwert aus oberem und unterem Grenzwert)</td><td>5,34</td></tr>
<tr><td colspan="4">Wärmedurchgangskoeffizient U in W/(m²·K)</td><td>0,19</td></tr>
</table>

Hinweis: Der äußere Wärmeübergangswiderstand für die Decke zum nicht ausgebauten Dachraum basiert auf den Tabellenwerten nach DIN EN ISO 6946. Eine genauere Berechnung nach Anhang A der Norm ist möglich, aufgrund der geringen Auswirkungen auf den U-Wert der Konstruktion ist eine vereinfachte Annahme mit den Tabellenwerten aber zweckmäßiger.

13.5 U-Wert der transparenten Bauteile

Die Berechnung der Wärmedurchgangskoeffizienten für die transparenten Bauteile (Fenster, Fenstertüren) erfolgt nach DIN EN ISO 10077-1. Das Berechnungsverfahren erfordert eine Berechnung des Fensters in Abhängigkeit von seinem Rahmenanteil und von der Art des Verbundes zwischen dem Glas und dem Rahmen. Diese Genauigkeit setzt selbstverständlich voraus, dass die Rahmenbreiten und der Glas-Rand-Verbund der Fenster bereits im Planungsstadium bekannt sein müssen, was in aller Regel aber nicht der Fall sein dürfte. Ferner werden U-Werte durch den Hersteller auch selten in Abhängigkeit von der Größe des Fensters angegeben, sodass es für die Kontrolle auf der Baustelle ohnehin schwer sein dürfte, die berechneten mit den tatsächlich gelieferten U-Werten zu vergleichen. DIN EN ISO 10077:2006 enthält im Anhang F tabellierte U-Werte, die allerdings nur für die in der Norm beschriebenen Randbedingungen gelten. Setzt man die üblichen Fenstermaße im Wohnungsbau ins Verhältnis zu den in der Norm ausgewiesenen Randbedingungen, so sollte es trotzdem möglich sein, diese Tabellenwerte für das gesamte Gebäude zu verwenden. Empfehlenswert ist es, bei Gebäuden mit einem hohen Anteil von Fenstern mit Flächen unter $1{,}4\ m^2$ eine genaue Berechnung vorzunehmen. Für dieses Beispiel trifft diese Einschränkung nicht zu, es werden daher die Tabellenwerte nach DIN EN ISO 10777 für alle Fenster angewendet.

Tabelle 85: Eingangswerte für die transparenten Bauteile (Fenster)

Beschreibung	Kennwert
Rahmenmaterial/Rahmendicke/Holzart	Holz/100 mm/Nadelholz
U_f-Wert Rahmen nach DIN EN ISO 10077-1:2006	1,5 W/(m²·K)
Dreischeibenisolierverglasung; U_g-Wert der Verglasung	0,90 W/(m²·K)
U-Wert des Fensters nach DIN EN ISO 10077:2006	1,30 W/(m²·K)
Gesamtenergiedurchlassgrad nach EN 410 für senkrechtem Strahlungseinfall:	0,60 [-]
Verschattung	Keine
Verschattungsfaktor F_s, soweit kein genauer Nachweis erfolgt	0,90
Abminderungsfaktor infolge des nicht senkrechten Strahlungseinfalls F_w	0,90
Abminderung Sonnenschutz F_c	1,0
Rahmenanteil (Standardwert)	30 %
Abminderungsfaktor infolge Verschmutzung F_V	1,0

Hinweis Sonnenschutz: Die in der DIN V 4108-6 Anhang D gesetzten Randbedingungen für den öffentlich-rechtlichen Nachweis ignorieren den Einfluss eines Sonnenschutzes bei der Berechnung des Nutzwärmebedarfs des Gebäudes. In DIN V 18599 ist eine derartige Aussage nicht enthalten, sodass die Auswirkung eines Sonnenschutzes bei Anwendung der DIN V 18599 streng genommen nicht zu vernachlässigen ist. Die Anwendung des Sonnenschutzes ist nutzerabgängig, demzufolge wären validierte Erfahrungen über das Verhalten des Bewohners im Falle der solaren Einstrahlung während der Heizperiode unentbehrlich, um die mindernde Wirkung eines Sonnenschutzes für die solare Einstrahlung quantifizieren zu können. Insofern scheint der Ansatz der DIN V 4108-6 zweckmäßig, für einen öffentlich-rechtlichen Nachweis im Sinne der Vergleichbarkeit von Ergebnissen den F_c-Wert auf 1,0 zu setzen. Das bedeutet nicht, dass der Sonnenschutz beim Nachweis des sommerlichen Wärmeschutzes nicht angesetzt werden darf, da hier für die Erreichung des Schutzzieles, die Verhinderung einer Überhitzung des Raumes ohne Einsatz einer Raumkühlung, stets ein Nutzereingriff erforderlich ist.

Für die solare Einstrahlung ergibt sich unter Beachtung der in Tabelle 85 aufgeführten Werte sowohl für den Nachweis nach DIN V 4108-6 als auch für den nach DIN V 18599 die nachfolgende Gesamt-Abminderung des Energiedurchlasses:

$$F = 0{,}7 \cdot 0{,}9 \cdot 0{,}9 = 0{,}567 \qquad (221)$$

13.6 Ermittlung der Flächen und des Gebäudevolumens

Die Berechnung der Flächen und des Gebäudevolumens erfolgt auf der Basis der DIN EN ISO 13789 unter Bezugnahme der Außenmaße des Gebäudes.

Tabelle 86: Flächen der transparenten Außenbauteile

Richtung	Breite in m	Höhe in m	Fläche in m²
Nord	1,50	1,40	2,10
Nord	0,90	1,20	1,08
Nord	0,90	1,20	1,08
Ost	1,50	1,40	2,10
West	1,20	1,15	1,38
Süd	1,20	1,45	1,74
Süd	3,00	2,265	6,80
Gesamt Fensterfläche:			16,28

Die Haustür hat eine Fläche von 2,53 m² und wird in diesem Beispiel zu den opaken Bauteilen gezählt (kein oder nur ein geringer transparenter Anteil vorhanden).

Tabelle 87: Flächen der opaken Außenwände

Richtung	Länge in m	Höhe in m	Bruttofläche in m²	Abzug m²	Nettofläche in m²
Nord	13,00	3,025	39,325	6,79	32,54
Ost	8,70	3,025	26,3175	2,10	24,22
West	8,70	3,025	26,3175	1,38	24,94
Süd	13,00	3,025	39,325	8,353	30,79
Gesamt Außenwandfläche:					112,48

Tabelle 88: Fläche der Bodenplatte und der Decke zum unbeheizten Dachgeschoss

Länge in m	Breite in m	Fläche in m²
13,00	8,70	113,1
Gesamt Bodenplatte/Dachdecke		226,2

Aus Tabelle 88 resultiert ein Umfang der Bodenplatte (wichtig für die Berechnung des Bodenplattenmaßes zur Auswahl von Temperaturkorrekturfaktoren bzw. zur Berechnung des stationären Leitwertes nach DIN EN ISO 13370) von 43,4 m.

$$P = 13{,}00 + 13{,}00 + 8{,}70 + 8{,}70 = 43{,}4\ \text{m} \qquad (222)$$

Das Bodenplattenmaß nach Abschnitt 3.1.3 wird somit zu:

$$B' = \frac{113{,}1}{0{,}5 \cdot 43{,}4} = 5{,}21 > 5{,}00 \qquad (223)$$

Für die Anwendung des vereinfachten Berechnungsansatzes über Temperaturkorrekturfaktoren ist vorab zu klären, ob die Bodenplatte ohne oder mit Randdämmung ausgeführt wird. Die vorgesehene Ausführung des Randdetails zeigt Bild 25.

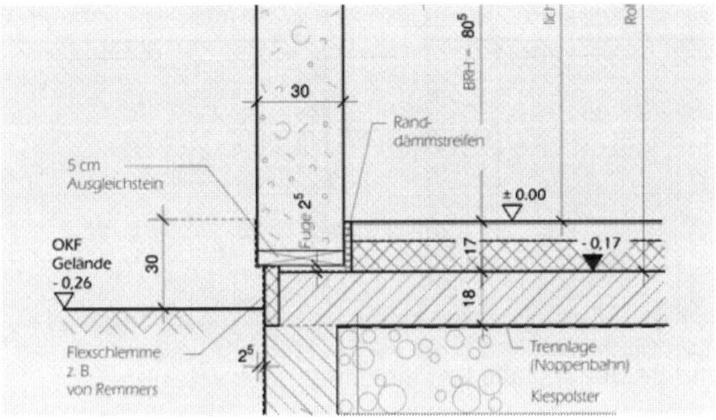

Bild 25: Ausführung des Anschlusses Wand-Bodenplatte

Nach Bild 25 wird an der Stirnseite der Bodenplatte eine Dämmung vorgesehen. Handelt es sich hier um eine Randdämmung nach DIN EN ISO 13370?

Bild 26 und 27 geben die nach der europäischen Norm gesetzten Definitionen einer senkrechten bzw. waagrechten Randdämmung wieder.

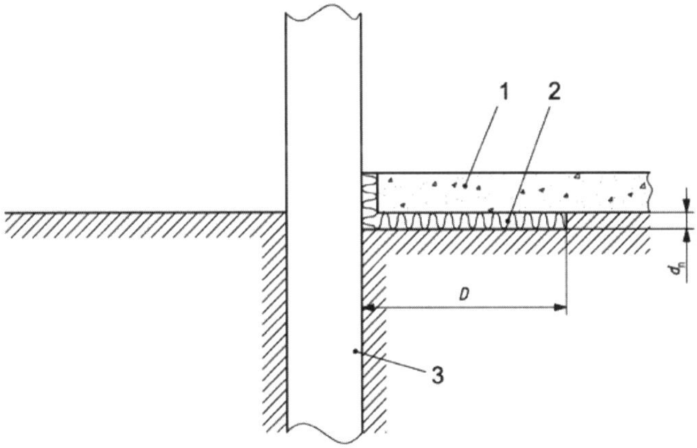

1= Gründungsmauer 2= Bodenplatte 3= Dämmung

Bild 26: Ausführung einer waagerechten Randdämmung nach DIN EN ISO 13370

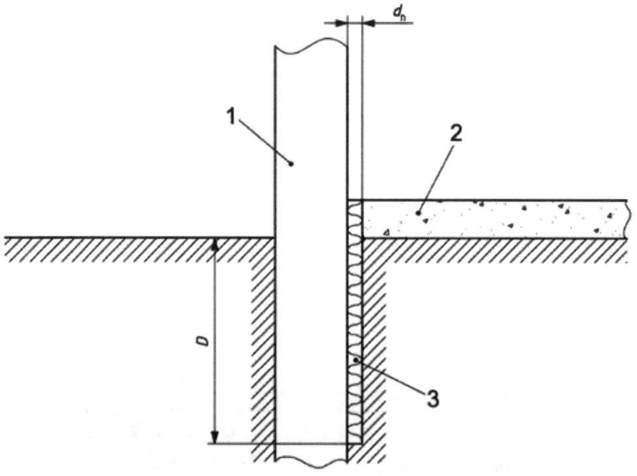

1= Gründungsmauer 2= Bodenplatte 3= Dämmung

Bild 27: Ausführung einer senkrechten Randdämmung nach DIN EN ISO 13370

Fazit: Die für die Bodenplatte vorgesehene Stirndämmung stimmt nicht mit der Definition für eine senkrechte Randdämmung überein. Die Bodenplatte ist deshalb als eine Platte ohne Randdämmung zu betrachten. Nach Tabelle 12 ergibt sich mit dem nach Abschnitt 13.4 errechneten Wärmedurchlasswiderstand der Bodenplatte von 2,63 m²·K/W ein Temperaturfaktor F_x von 0,5.

Das über Außenmaße ermittelte Gebäudevolumen ist aus Tabelle 89 zu entnehmen.

Tabelle 89: Ermittlung des Gebäudevolumens

Grundfläche in m²	Höhe in m	Volumen in m³
113,1	3,025	342,13

Als Geschosshöhe ist der Abstand von der Oberkante der Bodenplatte bis zur Oberkante des Dämmstoffes in der Decke über EG verwendet worden.

Da es sich bei dem Gebäude um ein Wohngebäude bis max. 3 Vollgeschosse handelt, kann das Lüftungsvolumen vereinfacht mit 76 % des Bruttovolumens angenommen werden.

$$V_L = 0{,}76 \cdot 342{,}13 = 260{,}02\ m^3 \qquad (224)$$

Hinweis zum Lüftungsvolumen: Die Berechnung nach EnEV 2009 ist als Vereinfachung zu betrachten. Auf der Grundlage des Verweises auf die korrespondierenden Normen ist eine genauere Berechnung auf der Grundlage der Grundfläche der Räume (Innenmaßbezug) und der lichten Raumhöhe zulässig.

Die Gebäudenutzfläche ist mit 32 % des Bruttovolumens gemäß Randbedingungen zur EnEV 2009 festgelegt, wenn die mittlere Geschosshöhe 2,50 m bis einschließlich 3,00 m beträgt. Bei einer höheren und geringeren Geschosshöhe, die als Abstand zwischen den Oberflächen der Fußböden definiert ist, wird die Gebäudenutzfläche nach der Gleichung 225 berechnet.

$$A_N = \left(\frac{1}{h_G} - 0{,}04\ \text{m}^{-1} \right) \cdot V_e \tag{225}$$

h_G Geschossdeckenhöhe

V_e beheiztes Bruttogebäudevolumen

Für das Beispiel 1 ergibt sich folglich eine Nutzfläche von:

$$A_N = \left(\frac{1}{3{,}025} - 0{,}04\ \text{m}^{-1} \right) \cdot 342{,}13 = 99{,}42\ \text{m}^2 \tag{226}$$

13.7 Berechnung des Höchstwertes des auf die wärmeübertragende Umfassungsfläche bezogenen Transmissionswärmeverlustes

Da es sich um ein freistehendes Wohngebäude mit $A_N < 350\ \text{m}^2$ handelt, beträgt der zulässige Wert nach Tabelle 5 für den auf die wärmeübertragende Umfassungsfläche bezogenen Transmissionswärmeverlust 0,40 W/(m²·K). Es wird vorausgesetzt, dass die Anschlussdetails des zu errichtenden Gebäudes entweder nach Beiblatt 2 zu DIN 4108 geplant worden sind und/oder der Nachweis der Gleichwertigkeit nach einem der im Beiblatt 2 angebotenen Verfahren erbracht werden kann. Der Nachweis der Einhaltung des Grenzwertes erfolgt immer auf der Basis des in DIN V 4108-6 dargestellten Verfahren, und zwar unabhängig davon, nach welchem Verfahren das Gebäude energetisch bewertet wird.

Tabelle 90: Berechnung des H'_T

Bauteil	Fläche in m²	U-Wert in W/(m²·K)	F_x-Faktor	H_T in W/K
Außenwand	112,48	0,28	1,0	31,49
Fenster	16,28	1,30	1,0	21,16
Tür	2,53	1,80	1,0	4,56
Dachdecke	113,1	0,18	0,8	17,19
Bodenplatte	113,1	0,36	0,5	20,36
ΔU_{WB} = 357,49 · 0,05 W/(m²·K)				17,87
Summe H_T				112,63
H'_T = 112,63 / 357,49 in W/(m²·K)				0,32 < 0,4

13.8 Energetische Bewertung nach DIN V 4701-10/4108-6

Auf der Grundlage der EnEV 2009 in Verbindung mit den in DIN V 4108-6/4701-10 gesetzten Randbedingungen wird das Gebäude nachfolgend energetisch bewertet. Zunächst erfolgt die Berechnung des Endenergiebedarfs und des Primärenergiebedarfs mit den im Tabellenverfahren in Anhängigkeit von der Gebäudenutzfläche gesetzten Standardwerten. Im zweiten Schritt werden die Daten eines Herstellers verwendet.

Die Ergebnisse aus den Berechnungen der Gewinne/Verluste (Monatsbilanzverfahren) des Referenzgebäudes sind in der Tabelle 92 und die des nachzuweisenden Gebäudes in Tabelle 91 zusammengefasst.

Tabelle 91: Monatliche Gewinne/Verluste des Gebäudes

Monatsbilanz -Projekt													
Verluste [kWh]	Jahr	Jan	Feb	Mrz	Apr	Mai	Jun	Jul	Aug	Sep	Okt	Nov	Dez
Transmissionswärmeverlust	9.811	1.689	1.383	1.240	765	508	266	83	58	370	824	1.152	1.473
Lüftungswärmeverlust	4.653	801	656	588	363	241	126	39	28	176	391	546	699
Nachtabschaltung	-611	-115	-90	-75	-45	-30	-16	-5	-3	-22	-48	-69	-94
Gesamtverluste [kWh]	13.852	2.375	1.949	1.753	1.083	719	376	118	82	524	1.166	1.629	2.077
Gewinne [kWh]	Jahr	Jan	Feb	Mrz	Apr	Mai	Jun	Jul	Aug	Sep	Okt	Nov	Dez
Interne Gewinne	4.354	370	334	370	358	370	358	370	370	358	370	358	370
Fenster	3.838	158	171	256	460	460	503	537	419	367	256	156	95
Gesamtgewinne [kWh]	8.193	528	505	626	818	830	861	907	789	725	625	514	465
Gesamt-/Verlustverhältnis		0,22	0,26	0,36	0,76	1,15	2,29	7,70	9,56	1,38	0,54	0,32	0,22
Ausnutzungsgrad		1,00	1,00	1,00	0,97	0,81	0,44	0,13	0,10	0,70	1,00	1,00	1,00
Heizwärmebedarf [kWh]	8.042	1.848	1.444	1.027	292	47	0	0	0	14	544	1.115	1.612

Tabelle 92: Monatliche Gewinne/Verluste des Referenzgebäudes

Monatsbilanz -Projekt													
Verluste [kWh]	Jahr	Jan	Feb	Mrz	Apr	Mai	Jun	Jul	Aug	Sep	Okt	Nov	Dez
Transmissionswärmeverlust	9.910	1.706	1.397	1.252	773	513	268	84	59	374	832	1.163	1.488
Lüftungswärmeverlust	4.265	734	601	539	333	221	116	36	25	161	358	501	640
Nachtabschaltung	-585	-109	-86	-72	-43	-29	-15	-5	-3	-21	-46	-66	-90
Gesamtverluste [kWh]	13.590	2.331	1.913	1.719	1.062	705	369	116	81	514	1.144	1.597	2.038
Gewinne [kWh]	Jahr	Jan	Feb	Mrz	Apr	Mai	Jun	Jul	Aug	Sep	Okt	Nov	Dez
Interne Gewinne	4.354	370	334	370	358	370	358	370	370	358	370	358	370
Fenster	3.838	158	171	256	460	460	503	537	419	367	256	156	95
Gesamtgewinne [kWh]	8.193	528	505	626	818	830	861	907	789	725	625	514	465
Gesamt-/Verlustverhältnis		0,23	0,26	0,36	0,77	1,18	2,33	7,85	9,75	1,41	0,55	0,32	0,23
Ausnutzungsgrad		1,00	1,00	1,00	0,96	0,80	0,43	0,13	0,10	0,69	1,00	1,00	1,00
Heizwärmebedarf [kWh]	7.809	1.804	1.408	1.094	273	41	0	0	0	12	521	1.084	1.573

Einige Ergebnisse der Computerberechnung sollen per Hand überprüft werden. Für das Projekt werden die solaren Gewinne im Mai und für das Referenzgebäude die solaren Gewinne im Januar berechnet. Für das Projekt werden darüber hinaus auch die Transmissionswärmeverluste im April per Hand nachgewiesen. Am letzten „Kontrollpunkt“ werden die jährlichen internen Gewinne des Gebäudes berechnet (für das Referenzgebäude und für das auszuführende Gebäude ergeben sich sachlogisch gleiche Werte).

A: Solare Gewinne:

Eingangsdaten siehe Tabelle 14 (Strahlungswerte) und 85 (Fensterkennwerte):

Gesamtabminderung solare Einstrahlung: 0,567

Solare Einstrahlung Mai bei Neigung 90°:

Süd: 119 W/m²; Ost: 131 W/m²; West: 131 W/m²; Nord: 81 W/m²

Anzahl der Tage Mai: 31

Süd:

$\Phi_{s,M} = 0{,}567 \cdot 0{,}6 \cdot 8{,}535 \cdot 31 \cdot 24 \cdot 119 \cdot 0{,}001 = 257{,}07$ kWh

Ost:

$\Phi_{s,M} = 0{,}567 \cdot 0{,}6 \cdot 2{,}10 \cdot 31 \cdot 24 \cdot 131 \cdot 0{,}001 = 69{,}63$ kWh

West:

$\Phi_{s,M} = 0{,}567 \cdot 0{,}6 \cdot 1{,}38 \cdot 31 \cdot 24 \cdot 131 \cdot 0{,}001 = 45{,}76$ kWh

Nord:

$\Phi_{s,M} = 0{,}567 \cdot 0{,}6 \cdot 4{,}26 \cdot 31 \cdot 24 \cdot 81 \cdot 0{,}001 = 87{,}33$ kWh

$$\sum_{s,M} = 459{,}79\,\text{kWh}$$

Vom PC-Programm ermittelt: 460 kWh

Solare Einstrahlung Januar bei Neigung 90°:

Süd: 56 W/m²; Ost: 25 W/m²; West: 25 W/m²; Nord: 14 W/m²

Anzahl der Tage Januar: 31

Fensterkennwerte stimmen mit dem auszuführenden Projekt überein.

Süd:

$\Phi_{s,M} = 0{,}567 \cdot 0{,}6 \cdot 8{,}535 \cdot 31 \cdot 24 \cdot 56 \cdot 0{,}001 = 120{,}97$ kWh

Ost:

$\Phi_{s,M} = 0{,}567 \cdot 0{,}6 \cdot 2{,}10 \cdot 31 \cdot 24 \cdot 25 \cdot 0{,}001 = 13{,}29$ kWh

West:

$\Phi_{s,M} = 0{,}567 \cdot 0{,}6 \cdot 1{,}38 \cdot 31 \cdot 24 \cdot 25 \cdot 0{,}001 = 8{,}73$ kWh

Nord:

$\Phi_{s,M} = 0{,}567 \cdot 0{,}6 \cdot 4{,}26 \cdot 31 \cdot 24 \cdot 14 \cdot 0{,}001 = 15{,}09$ kWh

$$\sum_{s,M} = 158{,}08\,\text{kWh}$$

Vom PC-Programm ermittelt: 158 kWh

B: Transmissionswärmeverluste im April:

$H_T = 111{,}7$ W/K

$Q_M = 111{,}7\ \text{W/K} \cdot 30\ \text{d} \cdot 24\ \text{h} \cdot 0{,}001 \cdot (20 - 9{,}5) = 764{,}03$ kWh

Vom PC-Programm ermittelt: 765 kWh

B: jährliche interne Gewinne:

Annahme gemäß Randbedingungen nach DIN V 4108-6: interne Gewinne 5 W/m² (Nutzfläche).

$\Phi_{i,M} = 5 \cdot 99{,}42 \cdot 365 \cdot 24 \cdot 0{,}001 = 4354{,}60\ \text{kWh}$

Vom PC-Programm ermittelt: 4354 kWh

Bei allen überprüften Werten ergaben sich Abweichungen von $< 1\ \%$ zwischen der PC-Berechnung und der Handrechnung. Unter Beachtung üblicher Rundungsvorgänge für Zwischenergebnisse kann man von einer sehr guten Übereinstimmung der Ergebnisse sprechen.

In den nachstehenden Tabellen sind die Ergebnisse der Bilanzierung nach DIN V 4108-6 in Verbindung mit DIN 4701-10 dargestellt. Tabelle 94 beinhaltet das Ergebnisschema für die Bewertung der Trinkwasser-Erwärmung, Tabelle 95 für den Heizungsstrang. Die Gesamtauswertung ist aus Tabelle 93 zu entnehmen. Die in der zweiten Spalte der Tabelle 94 und 95 enthaltenen Hinweise zur Berechnungsquelle beziehen sich auf die Rechenvorschriften der DIN V 4107-10 und nicht auf Gleichungen dieses Buches. Die Herleitung der Tabellenwerte aus den Standardrandbedingungen der DIN V 4701-10 erfolgte bereits im Abschnitt 5. Da das Gebäude über eine Nutzfläche $< 100\ \text{m}^2$ verfügt, bestand die Notwendigkeit, die Tabellenwerte nach DIN V 4701-10 zu extrapolieren bzw. auf der Basis der Berechnungsformeln für das genauere Berechnungsverfahren zu berechnen.

Tabelle 93: Gesamtauswertung des Projektes

Projekt		
Primärenergie	**102,37**	kWh/m²a
	10.176,89	kWh/a
Endenergie	**88,29**	kWh/m²a
	8.777,59	kWh/a
Heizwärmebedarf	**80,90**	kWh/m²a
	8.042,40	kWh/a
H'_T vorhanden	**0,313**	W/(m²a)
Anlagenaufwandszahl	**1,096**	
CO_2	**22,89**	kg/(m²a)
Referenzgebäude		
Primärenergie	**112,75**	kWh/m²a
	11.209,08	kWh/a
Endenergie	**94,61**	kWh/m²a
	9.405,46	kWh/a
Heizwärmebedarf	**78,55**	kWh/m²a
	7.808,75	kWh/a
H'_T vorhanden	**0,316**	W/(m²a)
Anlagenaufwandszahl	**1,238**	
CO_2	**33,26**	kg/(m²a)
Bewertung		
Primärenergie vorhanden	**102,37**	kWh/m²a
Primärenergie zulässig	**112,75**	kWh/m²a
Die Anforderungen werden erfüllt.	**90,79**	%

Tabelle 94: Auswertung der Bilanzierung des Trinkwarmwasserstranges

TRINKWASSERERWÄRMUNG

WÄRME (WE)

	Rechenvorschrift / Quelle	Dimension	Erzeuger 1	Erzeuger 2	Erzeuger 3
q_{tw}	aus EnEV	[kWh/m²a]		12,50	
$q_{TW,ce}$	Berechnung 5.1.1	[kWh/m²a]		0,00	
$q_{TW,d}$	Berechnung 5.1.2	[kWh/m²a]	+	4,61	
$q_{TW,s}$	Berechnung 5.1.3	[kWh/m²a]		3,52	
q^*_{TW}	$(q_{tw} + q_{TW,ce} + q_{TW,d} + q_{TW,s})$	[kWh/m²a]		20,63	
$\alpha_{TW,g,i}$	Berechnung 5.1.4	[–]	0,304	0,696	0,000
$e_{TW,g,i}$	Berechnung 5.1.4.2	[–]	1,146	0,000	0,000
$q_{TW,E,i}$	$q^*_{TW} \times (e_{TW,g,i} \times \alpha_{TW,g,i})$	[kWh/m²a]	7,18	0,00	0,00
		Energieträger:	Heizöl EL		
$f_{P,i}$	Tabelle C.4.1	[–]	1,10	0,00	0,00
$q_{TW,P,i}$	$\Sigma q_{TW,E,i} \times f_{P,i}$	[kWh/m²a]	7,90	0,00	0,00

Vorgaben

	Rechenvorschrift		Dimension
q_{tw}	aus EnEV	12,50	kWh/m²a
A_N		99,42	m²
Q_{tw}	$q_{tw} \times A_N$	1.242,70	kWh/a

Heizwärmegutschriften

$q_{h,TW,d}$		2,07	kWh/m²a
$q_{h,TW,s}$		1,58	kWh/m²a
$q_{h,TW}$	$q_{h,TW,d} + q_{h,TW,s}$	3,65	kWh/m²a

Endenergie

$q_{TW,E}$	$\Sigma q_{TW,E,i}$	7,18	kWh/m²a

Primärenergie

$q_{TW,P}$	$\Sigma q_{TW,P,i}$	7,90	kWh/m²a

TRINKWASSERERWÄRMUNG

HILFSENERGIE (HE)

	Rechenvorschrift / Quelle	Dimension	Erzeuger 1	Erzeuger 2	Erzeuger 3
$q_{TW,ce,HE}$	Berechnung 5.1.1	[kWh/m²a]		0,00	
$q_{TW,d,HE}$	Berechnung 5.1.2	[kWh/m²a]	+	0,00	
$q_{TW,s,HE}$	Berechnung 5.1.3	[kWh/m²a]		0,00	
$\alpha_{TW,g,i}$	Berechnung 5.1.4	[–]	0,304	0,696	0,000
$q_{TW,g,HE,i}$	Berechnung 5.1.4	[kWh/m²a]	0,306	0,884	0,000
$\alpha_i \times q_i$	$q_{TW,g,HE,i} \times \alpha_{TW,g,i}$	[kWh/m²a]	0,093	0,616	0,000
$q_{TW,HE,E}$	$q_{TW,ce,HE} + q_{TW,d,HE} + q_{TW,s,HE} + \Sigma(\alpha_i \times q_i)$	[kWh/m²a]		0,708	
		Energieträger:		Strom-Mix	
f_P	Tabelle C.4.1	[–]		2,60	
$q_{TW,HE,P}$	$q_{TW,HE,E} \times f_P$	[kWh/m²a]		1,842	

Endenergie

$q_{TW,HE,E}$	0,71	kWh/m²a

Primärenergie

$q_{TW,HE,P}$	1,84	kWh/m²a

Tabelle 95: Auswertung der Bilanzierung des Heizungsstranges

WÄRME (WE)

	Rechenvorschrift / Quelle	Dimension		Wert
q_h	nach Abschnitt 4.1	[kWh/m²a]		80,90
$q_{h,TW}$	aus Berechnungsblatt Trinkwassererwärmung	[kWh/m²a]	-	3,65
$q_{h,L}$	aus Berechnungsblatt Lüftung	[kWh/m²a]		0,00
$q_{H,ce}$	Berechnung 5.3.1	[kWh/m²a]		1,10
$q_{H,d}$	Berechnung 5.3.2	[kWh/m²a]	+	2,05
$q_{H,s}$	Berechnung 5.3.3	[kWh/m²a]		0,00
q^*_H	$(q_h - q_{h,TW} - q_{h,L} + q_{H,ce} + q_{H,d} + q_{H,s})$	[kWh/m²a]		80,39

	Rechenvorschrift / Quelle	Dimension	Erzeuger 1	Erzeuger 2	Erzeuger 3
$\alpha_{H,g,i}$	Berechnung 5.3.4	[--]	1,000	0,000	0,000
$e_{H,g,i}$	Berechnung 5.3.4	[--]	0,965	0,000	0,000
$q_{H,E,i}$	$q^*_H \times (e_{H,g,i} \times \alpha_{H,g,i})$	[kWh/m²a]	77,61	0,00	0,00
		Energieträger:	Erdgas H		
$f_{P,i}$	Tabelle C.4.1	[--]	1,10	0,00	0,00
$q_{H,P,i}$	$\Sigma q_{H,E,i} \times f_{P,i}$	[kWh/m²a]	85,38	0,00	0,00

Vorgaben

	Rechenvorschrift		Dimension
q_h		80,90	kWh/m²a
A_N		99,42	m²
Q_h	$q_h \times A_N$	8.042	kWh/a

Endenergie

$q_{H,E}$	$\Sigma q_{H,E,i}$	77,61	kWh/m²a

Primärenergie

$q_{H,P}$	$\Sigma q_{H,P,i}$	85,38	kWh/m²a

HEIZUNG

HILFSENERGIE (HE)

	Rechenvorschrift / Quelle	Dimension		Wert
$q_{H,ce,HE}$	Berechnung 5.3.1	[kWh/m²a]		0,00
$q_{H,d,HE}$	Berechnung 5.3.2	[kWh/m²a]	+	1,99
$q_{H,s,HE}$	Berechnung 5.3.3	[kWh/m²a]		0,00

	Rechenvorschrift / Quelle	Dimension	Erzeuger 1	Erzeuger 2	Erzeuger 3
$\alpha_{H,g,i}$	Berechnung 5.3.4	[--]	1,000	0,000	0,000
$q_{H,g,HE,i}$	Berechnung 5.3.4	[--]	0,798	0,000	0,000
$\alpha_i \times q_i$	$q_{H,g,HE,i} \times \alpha_{H,g,i}$	[kWh/m²a]	0,798	0,000	0,000
$q_{H,HE,E}$	$q_{H,ce,HE} + q_{H,d,HE} + q_{H,s,HE} + \Sigma(\alpha_i \times q_i)$	[kWh/m²a]		2,789	
		Energieträger:		Strom-Mix	
f_P	Tabelle C.4.1	[--]		2,60	
$q_{H,HE,P}$	$q_{H,HE,E} \times f_P$	[kWh/m²a]		7,251	

Endenergie

$q_{H,HE,E}$	2,79	kWh/m²a

Primärenergie

$q_{H,HE,P}$	7,25	kWh/m²a

Der Nachweis der Einhaltung der Anforderungswerte nach EnEV 2009 ist damit erbracht. Alternativ zur ersten Berechnung werden nachfolgend herstellerbezogene Anlagenkennwerte für die Heizung, Trinkwassererwärmung und die Solaranlage verwendet. Dabei wird eine erforderliche Heizleistung des Kessels angenommen, die in etwa 130 % der max. Heizleistung entspricht. In den folgenden Tabellen sind alle verfügbaren Anlagenkennwerte hinterlegt.

Tabelle 96: Anlagenkennwerte für den Heizkessel

Größe	Wert
Leistung Heizbetrieb	14 kW
Leistung Warmwasserbetrieb	14 kW
Bereitschaftswärmeverlust	0,9 %
Wirkungsgrad 30 % Teillast	107,0 %
Wirkungsgrad Volllast	100 %
Elektrische Leistung bei 30 % Teillast	40 W
Elektrische Leistung bei Volllast	60 W

Tab.97: Anlagenkennwerte für den bivalenten Solarspeicher

Größe	Wert
Speicherinhalt	300 Liter
Bereitschaftswärmeverlust	1,9 kWh/d
Bereitschaftsvolumen	112 Liter

Tab.98: Anlagenkennwerte für die Solaranlage

Größe	Wert
Aperturfläche	4 m^2
Konversionsfaktor	0,642
Wärmedurchgangskoeffizient k_1	0,885
Wärmedurchgangskoeffizient k_2	0,001
Effektive Wärmekapazität	8,416 $kJ/(m^3 \cdot K)$
Einstrahlwinkelkorrektur	0,98

Hinweis: Die Kollektorfläche der Solaranlage wurde so gewählt, dass die Anforderung aus dem EEWärmG ohne zusätzlichen Nachweis erfüllt werden können. Für das Beispielgebäude sind 4 % der Nutzfläche als Kollektorfläche erforderlich.

Die Ergebnisse der Berechnung sind in den folgenden Übersichten ausgewiesen.

Tabelle 99: Auswertung der Bilanzierung des Trinkwarmwasserstranges

TRINKWASSERERWÄRMUNG

WÄRME (WE)

	Rechenvorschrift / Quelle	Dimension		
q_{tw}	aus EnEV	[kWh/m²a]		12,50
$q_{TW,ce}$	Berechnung 5.1.1	[kWh/m²a]		0,00
$q_{TW,d}$	Berechnung 5.1.2	[kWh/m²a]	+	4,61
$q_{TW,s}$	Berechnung 5.1.3	[kWh/m²a]		5,35
q^*_{TW}	$(q_{tw} + q_{TW,ce} + q_{TW,d} + q_{TW,s})$	[kWh/m²a]		22,46

	Rechenvorschrift / Quelle	Dimension	Erzeuger 1	Erzeuger 2	Erzeuger 3
$\alpha_{TW,g,i}$	Berechnung 5.1.4	[–]	0,198	0,802	0,000
$e_{TW,g,i}$	Berechnung 5.1.4.2	[–]	1,342	0,000	0,000
$q_{TW,E,i}$	$q^*_{TW} \times (e_{TW,g,i} \times \alpha_{TW,g,i})$	[kWh/m²a]	5,97	0,00	0,00
		Energieträger:	Erdgas H		
$f_{P,i}$	Tabelle C.4.1	[–]	1,10	0,00	0,00
$q_{TW,P,i}$	$\Sigma q_{TW,E,i} \times f_{P,i}$	[kWh/m²a]	6,56	0,00	0,00

Vorgaben

	Rechenvorschrift		Dimension
q_{tw}	aus EnEV	12,50	kWh/m²a
A_N		99,42	m²
Q_{tw}	$q_{tw} \times A_N$	1.242,70	kWh/a

Heizwärmegutschriften

$q_{h,TW,d}$		2,07	kWh/m²a
$q_{h,TW,s}$		2,40	kWh/m²a
$q_{h,TW}$	$q_{h,TW,d} + q_{h,TW,s}$	4,48	kWh/m²a

Endenergie

$q_{TW,E}$	$\Sigma q_{TW,E,i}$	5,97	kWh/m²a

Primärenergie

$q_{TW,P}$	$\Sigma q_{TW,P,i}$	6,56	kWh/m²a

TRINKWASSERERWÄRMUNG

HILFSENERGIE (HE)

	Rechenvorschrift / Quelle	Dimension		
$q_{TW,ce,HE}$	Berechnung 5.1.1	[kWh/m²a]		0,00
$q_{TW,d,HE}$	Berechnung 5.1.2	[kWh/m²a]	+	0,00
$q_{TW,s,HE}$	Berechnung 5.1.3	[kWh/m²a]		0,00

	Rechenvorschrift / Quelle	Dimension	Erzeuger 1	Erzeuger 2	Erzeuger 3
$\alpha_{TW,g,i}$	Berechnung 5.1.4	[–]	0,198	0,802	0,000
$q_{TW,g,HE,i}$	Berechnung 5.1.4	[kWh/m²a]	0,019	0,767	0,000
$\alpha_i \times q_i$	$q_{TW,g,HE,i} \times \alpha_{TW,g,i}$	[kWh/m²a]	0,004	0,616	0,000

	Rechenvorschrift / Quelle	Dimension	
$q_{TW,HE,E}$	$q_{TW,ce,HE} + q_{TW,d,HE} + q_{TW,s,HE} + \Sigma(\alpha_i \times q_i)$	[kWh/m²a]	0,619
		Energieträger:	Strom-Mix
f_P	Tabelle C.4.1	[–]	2,60
$q_{TW,HE,P}$	$q_{TW,HE,E} \times f_P$	[kWh/m²a]	1,610

Endenergie

$q_{TW,HE,E}$	0,62	kWh/m²a

Primärenergie

$q_{TW,HE,P}$	1,61	kWh/m²a

Tabelle 100: Auswertung der Bilanzierung des Heizungsstranges

HEIZUNG

WÄRME (WE)

	Rechenvorschrift / Quelle	Dimension				
q_h	nach Abschnitt 4.1	[kWh/m²a]		80,90		
$q_{h,TW}$	aus Berechnungsblatt Trinkwassererwärmung	[kWh/m²a]	–	4,48		
$q_{h,L}$	aus Berechnungsblatt Lüftung	[kWh/m²a]		0,00		
$q_{H,ce}$	Berechnung 5.3.1	[kWh/m²a]		1,10		
$q_{H,d}$	Berechnung 5.3.2	[kWh/m²a]	+	2,05		
$q_{H,s}$	Berechnung 5.3.3	[kWh/m²a]		0,00		
q^*_H	$(q_h - q_{h,TW} - q_{h,L} + q_{H,ce} + q_{H,d} + q_{H,s})$	[kWh/m²a]		79,57		
			Erzeuger 1	Erzeuger 2	Erzeuger 3	
$\alpha_{H,g,i}$	Berechnung 5.3.4	[–]	1,000	0,000	0,000	
$e_{H,g,i}$	Berechnung 5.3.4	[–]	0,900	0,000	0,000	
$q_{H,E,i}$	$q^*_H \times (e_{H,g,i} \times \alpha_{H,g,i})$	[kWh/m²a]	71,58	0,00	0,00	
		Energieträger:	[illegible]			
$f_{P,i}$	Tabelle C 4.1	[–]	1,10	0,00	0,00	
$q_{H,P,i}$	$\Sigma q_{H,E,i} \times f_{P,i}$	[kWh/m²a]	78,74	0,00	0,00	

Vorgaben

	Rechenvorschrift		Dimension
q_h		80,90	kWh/m²a
A_N		99,42	m²
Q_h	$q_h \times A_N$	8.042	kWh/a

Endenergie

$q_{H,E}$	$\Sigma q_{H,E,i}$	71,58	kWh/m²a

Primärenergie

$q_{H,P}$	$\Sigma q_{H,P,i}$	78,74	kWh/m²a

HEIZUNG

HILFSENERGIE (HE)

	Rechenvorschrift / Quelle	Dimension			
$q_{H,ce,HE}$	Berechnung 5.3.1	[kWh/m²a]		0,00	
$q_{H,d,HE}$	Berechnung 5.3.2	[kWh/m²a]	+	1,99	
$q_{H,s,HE}$	Berechnung 5.3.3	[kWh/m²a]		0,00	
			Erzeuger 1	Erzeuger 2	Erzeuger 3
$\alpha_{H,g,i}$	Berechnung 5.3.4	[–]	1,000	0,000	0,000
$q_{H,g,HE,i}$	Berechnung 5.3.4	[–]	0,533	0,000	0,000
$\alpha_i \times q_i$	$q_{H,g,HE,i} \times \alpha_{H,g,i}$	[kWh/m²a]	0,533	0,000	0,000
$q_{H,HE,E}$	$q_{H,ce,HE} + q_{H,d,HE} + q_{H,s,HE} + \Sigma(\alpha_i \times q_i)$	[kWh/m²a]		2,524	
		Energieträger:		[illegible]	
f_P	Tabelle C 4.1	[–]		2,60	
$q_{H,HE,P}$	$q_{H,HE,E} \times f_P$	[kWh/m²a]		6,563	

Endenergie

$q_{H,HE,E}$	2,52	kWh/m²a

Primärenergie

$q_{H,HE,P}$	6,56	kWh/m²a

Eine Ergebniszusammenstellung für den zweiten Berechnungsdurchlauf enthält die nachfolgende Tabelle.

Tabelle 101: Zusammenstellung der Ergebnisse

Projekt		
Primärenergie	**93,48**	kWh/m²a
	9.293,20	kWh/a
Endenergie	**80,69**	kWh/m²a
	8.022,18	kWh/a
Heizwärmebedarf	**80,90**	kWh/m²a
	8.042,40	kWh/a
H'_T vorhanden	**0,313**	W/(m²a)
Anlagenaufwandszahl	**1,001**	
CO_2	**26,90**	kg/(m²a)
Referenzgebäude		
Primärenergie	**112,75**	kWh/m²a
	11.209,08	kWh/a
Endenergie	**94,61**	kWh/m²a
	9.405,46	kWh/a
Heizwärmebedarf	**78,55**	kWh/m²a
	7.808,75	kWh/a
H'_T vorhanden	**0,313**	W/(m²a)
Anlagenaufwandszahl	**1,238**	
CO_2	**33,26**	kg/(m²a)
Bewertung		
Primärenergie vorhanden	**93,48**	kWh/m²a
Primärenergie zulässig	**112,75**	kWh/m²a
Die Anforderungen werden erfüllt.	**82,91**	%

Der Vergleich beider Berechnung zeigt, dass mit den Anlagenwerten von Herstellern bessere Ergebnisse erreicht werden können, konkret konnte der Primärenergiebedarf im zweiten Berechnungsdurchlauf um ca. 9 % verringert werden.

Zusätzlich zum Nachweis der Einhaltung des Primärenergiebedarfs ist immer auch der Nachweis nach dem EEWärmG erforderlich. Für die zweite Berechnung kann dieser entfallen, da die nach dem Gesetz erforderliche Kollektorfläche (4 % der Nutzfläche) installiert wird. Für den ersten Berechnungsdurchlauf trifft das nicht zu, da mit den Randbedingungen nach DIN V 4701-10 geringere Aperturflächen in die Berechnung eingehen, als nach dem EEWärmG vorgeschrieben. Für diesen Fall ist der Nachweis zu erbringen, dass die geforderten 15 % des Wärmeenergiebedarfs des Gebäudes mit der nach DIN V 4701-10 vorgesehenen Kollektorfläche ebenfalls gedeckt werden können. Falsch ist es, dass auf jeden Fall die Aperturfläche 4 % der Nutzfläche des Gebäudes zu betragen hat, da der Nachweis einer Deckung des Wärmeenergiebedarfs nach allgemeinen Rechtsgrundsätzen Vorrang hat in Relation zu einer vereinfachten Annahme nach Anlage 1 des Gesetztes.

Tabelle 102 enthält alle notwendigen Eingangsdaten für den Nachweis nach EEWärmG aus den ersten Berechnungsdurchlauf (ohne Herstellerangaben, Aperturfläche < 4 %) .

Tabelle 102: Eingangsdaten für den Nachweis nach EEWärmG

Wärmeenergie	Wert in kWh
Trinkwarmwasser	1242,75
Trinkwarmwasserverteilung	458,33
Trinkwarmwasserspeicherung	349,96
Nutzwärme (unter Beachtung der ungeregelten Einträge aus Trinkwarmwasserverteilung und -speicherung)	7680,19
Wärmeverlust Übergabe	109,36
Wärmeverlust Verteilung	203,81
Gesamt:	10044,4
Notwendiger Anteil nach EEWärmG: 15 %	1506,66

Die in Tabelle 102 subsumierten Werte beinhalten nicht den jeweils für die beiden Prozessbereiche notwendigen Mehreintrag, der aus den Erzeugerverluste entsteht und beispielweise in DIN V 4701-10 über die Aufwandszahl der Erzeugung abgebildet wird. Grund für die Annahme, dass die Erzeugerverluste nicht im Nachweis nach EEWärmG zu berücksichtigen sind, ist die unklare Begriffsdefinition nach EEWärmG bezüglich des Wärmeenergiebedarfs (siehe auch Abschnitt 12). Erzeugerwärmeverluste sind in dieser Definition nicht explizit benannt, andererseits sind diese aber Bestandteil des Wärmenergiebedarfs zur Deckung des Wärmbedarfs. Insbesondere bei Wärmeerzeugern mit einer Aufwandszahl > 1 ist dieser zusätzliche Energiebedarf von Bedeutung. So wird zum Beispiel der Anteil der erneuerbaren Energien beim Einsatz von Pellet-Heizungen (hohe Erzeuger-Aufwandszahlen), insbesondere für den Fall der Koppelung mit anderen Systemen unter Umständen überschätzt. Anderseits werden für bestimmte Erzeugersysteme wie Wärmepumpen in den Berechnungsverfahren gar keine Erzeugerwärmeverluste ausgegeben, da diese bei den Prüfverfahren für die Geräte und die daraus resultierenden Effizienz-Kennwerte bereits enthalten sind. Aufgrund der unklaren Regelung und der nicht eindeutig einzugrenzenden Intention der Definition im Gesetzestext, wird beim Nachweis nach dem EEWärmG auf die Einbindung der Erzeugerwärmeverluste verzichtet.

Aus dem Nachweis nach DIN V 4701-10 ergibt sich ein solarer Deckungsanteil an der Trinkwassererwärmung von 69,6 % . Der Wärmeenergiebedarf der Trinkwassererwärmung ist gemäß der oben aufgeführten Tabellenwerte mit 2051,04 kWh anzunehmen. Der solare Eintrag beträgt demnach 1427,52 kWh. Ein Nachweis nach EEWärmG kann folglich nicht allein mit den nach DIN V 4701-10 ausgelegten solaren Wärmeeinträgen gelingen. Das EEWärmG enthält im § 8 eine Kombinationsregel, die ermöglichen soll, mit mehreren Maßnahmen und Ersatzmaßnahmen einen Nachweis führen zu können. Für das Beispielgebäude käme unter anderem in Frage, die energetisch bessere Gebäudehülle (Transmissionswärmeverlust-Koeffizient) in die Nachweisführung mit einzubeziehen. Dies gilt allerdings nur dann, wenn auch gleichzeitig der Jahres-Primärenergiebedarf unterschritten wird. Als vollständige Ersatzmaßnahme gelten beide dann, wenn der zulässige Wert nach EnEV 2009 um jeweils 15 % unterschritten ist. Weichen beide Unterschreitungswerte voneinander ab, so ist der geringere Wert maßgebend. Für das Beispiel wären 9 % Unterschreitung des Primärenergiebedarfs anzusetzen, die Ersatzmaßnahme geht demzufolge mit $9 / 15 = 60\%$ Erfüllung in den Nachweis ein. Der solare Eintrag mit 1427,52 kWh erfüllt die Anforderung nach 15 %-iger Deckung des Wärmeenergiebedarfs mit rund 95 %. Beide Maßnahmen kombiniert, ergäben folglich die Einhaltung des nach EEWärmG geforderten Anforderungsniveaus. Allerdings stellt sich zwangsläufig die Frage, inwieweit ein berechneter Wert des Primärenergiebedarfes maßgebend ist, der den zulässigen Wert nach EnEV nur unterschreitet, weil eine andere Maßnahme – in diesem Fall die eingesetzte Solaranlage – diese Unterschreitung auslöst. Im § 8 des EEWärmG ist von einer Kombination von Ersatzmaßnahmen und erneuerbaren Energien die Rede, woraus geschlussfolgert werden kann, dass die erneuerbaren Energien selbst bei den Ersatzmaßnahmen ausgeschlossen sind. Bei einer Kombination der Ersatzmaßnahme „Primärenergiebedarf" mit einer Solaranlage ist infolgedessen der Anteil, der aus der Reduzierung des Primärenergiebedarfs kommt, ohne den erneuerbaren Eintrag zu ermitteln. Die oben aufgezeigte Nachweisführung kann daher nicht verwendet werden.

Ein denkbarer Weg wäre, die Gebäudehülle weiter so zu verbessern, dass der Primärenergiebedarf sich auch ohne die Solaranlage unterhalb des zulässigen Wertes nach EnEV 2009 bewegt. Schon ein Prozent Unterschreitung ergäbe einen Anteil von $1 / 15 = 6{,}6\ \%$. Durch den geringeren Wärmeenergiebedarf wäre in diesem Fall aber auch der Nachweis allein mit der Solaranlage möglich, da bei geringerem Wärmeenergiebedarf auch der erneuerbare Anteil aus der Solaranlage steigt und die Grenze von $15\ \%$ erreicht werden kann.

Wahlweise wäre zu überlegen, die im zweiten Berechnungsschritt angesetzten Herstellerwerte für die Anlagentechnik (ohne Solaranlage) anzusetzen, was in etwa eine Unterschreitung des zulässigen Primärenergiebedarfs um $1\ \%$ einbrächte. Der Nachweis kann dann als Kombination beider Maßnahmen geführt werden.

13.9 Energetische Bewertung nach DIN V 18599

13.9.1 Grundsätze des Verfahrens

Die energetische Bewertung von Wohngebäuden nach DIN V 18599 erfolgt nach einem Algorithmus, der dem der DIN V 4108-6/4701-10 sehr ähnlich ist. Ausgehend von der Berechnung des Heizwärmebedarfs wird der von der Heizungsanlage zu erbringende Energieanteil unter Berücksichtigung von Verlusten aus der Verteilung, Speicherung und Übergabe der Wärme berechnet. Der Energieanteil aus der Anlage zur Erwärmung des Trinkwassers wird unter Beachtung der jeweiligen Prozessschritte in gleicher Art ermittelt. Addiert mit den jeweiligen Verlusten der Wärmeerzeugung, ergibt sich der Endenergiebedarf für beide Prozessgrößen. Im Gegensatz zur Bilanzierung nach DIN V 4108-6/4701-10 sind weder die Länge der Heizperiode vorgegeben, noch wird mit konstanten Bilanztemperaturen gerechnet. Eingedenk dieser Ausgangssituation ist es folglich nicht möglich, anlagenbezogene Werte in einem Tabellenverfahren, wie aus der DIN V 4701-10 bekannt, festzuschreiben. Ein weiterer wesentlicher Unterschied zwischen den Verfahren besteht darin, dass ungeregelte Wärmeeinträge in das Gebäude, die aus den Verlusten der Verteilung und Speicherung sowie der Abstrahlung des Wärmeerzeugers im Aufstellraum herrühren, bei der Berechnung des Heizwärmebedarfs des Gebäudes iterativ einzurechnen sind. Diese Iterationen führen dazu, dass die Bedarfswerte schrittweise angepasst werden, und zwar so lange, bis eine maximale Iterationsanzahl oder eine vorgegebene max. Differenz der Ergebnisse von zwei aufeinanderfolgenden Rechnungsdurchläufen erreicht ist. Diese Vorgabe macht es schwierig (nicht unmöglich) derartige Berechnungen ohne Einsatz von Rechnern durchzuführen. In den nachfolgenden Abschnitten wird der Berechnungsalgorithmus nach DIN V 18599 anhand einer „Null-Iteration" erläutert, abschließend wird die Berechnung unter Verwendung eines Rechenprogrammes bis max. 10 Iterationsschritte wiederholt. Zur besseren Übersichtlichkeit wird auf eine Wiederholung von Formeln aus dem Abschnitt 7 verzichtet, es wird lediglich die Quelle der Berechnungsvorschrift angezeigt. Soweit erforderlich, werden zusätzlich notwendige Berechnungsformeln (wie zum Beispiel für die Berechnung der Verluste über Erdreich) innerhalb des folgenden Abschnittes ergänzt.

13.9.2 Berechnung des Nutzwärmebedarfs und der max. Heizlast nach DIN V 18599-2

Die Berechnung des Nutzwärmebedarfs erfolgt nach DIN V 18599-2 unter Verwendung der im Abschnitt 7.2 enthaltenen Gleichungen. Im Folgenden werden alle Einzelschritte erläutert.

Schritt: 1 Berechnung der Transmissions- Wärmetransferkoeffizienten der Außenbauteile	Quelle: Gleichung 95 bis 96

Annahme: Die Ausbildung der Details entspricht den Vorgaben des Beiblatts 2 bzw. ihre Gleichwertigkeit ist nachgewiesen.

$U_{WB} = 0{,}05\ \mathrm{W/(m^2 \cdot K)}$

Der Wärmetransferkoeffizient ergibt sich aus dem Produkt des U-Wertes jedes Außenbauteils mit der zugehörigen Bauteilfläche. Die Werte für den Wärmetransferkoeffizienten der an die Außenluft grenzenden Bauteile $H_{T,D}$ sind in Tabelle 103 dargestellt.

Tabelle 103: Berechnung des Wärmetransferkoeffizienten der Bauteile zur Außenluft

Bauteil	Fläche in m^2	U-Wert in $W/(m^2 \cdot K)$	$H_{T,D}$ in W/K
Außenwand	112,48	0,28	31,494
Fenster	16,28	1,30	21,158
Tür	2,53	1,80	4,554
Wärmebrücke	131,29	0,05	6,564
Gesamt			63,77

Die Ermittlung des Wärmetransferkoeffizienten für Bauteile, die an unbeheizte Räume grenzen, erfolgt in gleicher Weise, das heißt, auch die Verluste über Wärmebrücken werden im Gegensatz zur DIN V 4108-6 bereits im Wärmetransferkoeffizienten berücksichtigt. Die vorhandenen Temperaturdifferenzen zwischen innen und dem angrenzenden Raum werden später bei der Ermittlung der Transmissionswärmesenke bzw. der Transmissionswärmequelle beachtet.

Tabelle 104: Berechnung des Wärmetransferkoeffizienten der Dachdecke

Bauteil	Fläche in m^2	U-Wert in $W/(m^2 \cdot K)$	$H_{T,iu}$ in W/K
Dachdecke	113,1	0,19	21,489
Wärmebrücke	113,1	0,05	5,655
Gesamt			27,144

Bei nur beheizten Gebäuden hat gemäß DIN V 18599-2 die Berechnung der Transmissionswärmesenken und Transmissionswärmequellen über das Erdreich auf gleiche Weise zu erfolgen wie bei Bauteilen, die an unbeheizte Räume grenzen. Nur wenn das Gebäude sowohl beheizt als auch gekühlt ist, verlangt die DIN V 18599-2 eine Berechnung des Wärmetransferkoeffizienten auf Basis der DIN EN ISO 13370. Im Gegensatz zur DIN V 4108-6 ist es folglich nicht möglich, die Berechnung auf Basis der DIN EN ISO 13370 für übliche Wohngebäude anzuwenden, die Gründe dafür sind weder nachvollziehbar, noch kann eine Intention für diese Regelung hergeleitet werden. Auch die Einschränkung, dass bei gekühlten und beheizten Gebäuden zunächst nur der stationäre thermische Leitwert maßgebend herangezogen wird, bedarf weiterer Erläuterungen durch die EnEV-Auslegungsstelle, da der harmonisch thermische Leitwert, der die Auswirkungen der Schwankungen der Außentemperaturen auf den Wärmestrom berücksichtigt, einen physikalisch exakteren Wert darstellt.

Im Folgenden werden für dieses Beispiel beide Herangehensweisen erläutert, die Berechnung der Transmissionswärmesenken erfolgt abschließend nur unter Anwendung der Temperaturkorrekturfaktoren.

In der Tabelle 105 wird der Transmissionswärmetransfer-Koeffizient für die Bodenplatte berechnet.

Tabelle 105: Berechnung des Wärmetransferkoeffizienten der Bodenplatte

Bauteil	Fläche in m²	U-Wert in W/(m²·K)	$H_{T,s}$ in W/K
Bodenplatte	113,1	0,36	40,716
Wärmebrücke	113,1	0,05	5,655
Gesamt			46,371

Für die Berechnung nach DIN EN ISO 13370:2008 ist als wichtige Eingangsgröße das Bodenplattenmaß zu berechnen. Gemäß Gleichung 223 ergibt sich für das Gebäude ein Bodenplattenmaß von 5,21.

Die Bodenplatte ist als Bodenplatte auf Erdreich ohne Randdämmung einzustufen (siehe auch Abschnitt 13.6). Im ersten Schritt ist eine wirksame Gesamtdicke nach Gleichung 227 zu ermitteln. Diese wirksame Gesamtdicke kennzeichnet eine Bodenschicht unterhalb der Bodenplatte mit der Wärmeleitfähigkeit des Erdreiches unter Beachtung des Wärmedurchlasswiderstandes und des Wärmeübergangswiderstandes der Bodenplatte. Die wirksame Gesamtdicke kennzeichnet eine Ersatzdicke, die den Wärmefluss an die Außenluft maßgeblich beeinflusst.

$$d_t = w + \lambda \cdot (R_{si} + R_f + R_{se}) \tag{227}$$

d_t wirksame Dicke in m;

w Wanddicke inklusiver aller Schichten;

R_{si} Wärmeübergangswiderstand innen in m²·K/W;

R_f Wärmedurchlasswiderstand der Bodenplatte in m²·K/W;

R_{se} Wärmeübergangswiderstand außen in m²·K/W.

Es wird ein innerer Wärmeübergangswiderstand von 0,17 m²·K/W (Wärmestrom abwärts) verwendet, der äußere Wärmeübergangswiderstand wird zu null gesetzt. Als Wärmeleitfähigkeit des Erdreichs wird ein Wert von 2,0 W/(m·K) gemäß den Hinweisen der DIN V 4108-6 verwendet. Mit diesen Werten ergibt sich eine wirksame Dicke von 5,92 m. Ist, wie in diesem Beispiel, die wirksame Dicke größer als das Bodenplattenmaß, so ergibt sich für die Bodenplatte der folgende Wärmedurchgangskoeffizient:

$$U = \frac{\lambda}{0{,}457 \cdot B' + d_t} \tag{228}$$

U Wärmedurchgangskoeffizient der Bodenplatte in W/(m²·K);

λ Wärmeleitfähigkeit des Erdreiches in W/(m·K);

B' Bodenplattenmaß in [-];

d_t wirksame Dicke.

Der für die Bodenplatte des Gebäudes berechnete Wärmedurchgangskoeffizient beträgt 0,24 W/(m²·K).

Mit diesem U-Wert wird der $H_{T,s}$ nochmals ermittelt.

Tabelle 106: Berechnung des Wärmetransferkoeffizienten der Bodenplatte

Bauteil	Fläche in m²	U-Wert in W/(m²·K)	$H_{T,s}$ in W/K
Bodenplatte	113,1	0,24	27,144
Wärmebrücke	113,1	0,05	5,655
Gesamt			32,799

Schritt: 2

Berechnung des Wärmetransferkoeffizienten für die Infiltration und für die Fensterlüftung

Quelle: Gleichung 97 bis 103

Das Gebäude wird gemäß den Randbedingungen auf Luftdichtheit geprüft und verfügt über eine Fensterlüftung. Nach Tabelle 107 resultieren aus diesen Annahmen folgende Wärmetransferkoeffizienten.

Tabelle 107: Berechnung des Wärmetransferkoeffizienten Lüftung

Wärmetransferkoeffizient Infiltration	$H_{v,inf} = 0{,}14 \cdot 0{,}34 \cdot 260{,}016 = 12{,}38$ W/K
Wärmetransferkoeffizient Fensterlüftung	$H_{v,win} = 0{,}458 \cdot 0{,}34 \cdot 260{,}016 = 40{,}49$ W/K

Schritt: 3

Berechnung der Bilanzinnentemperatur

Quelle: Gleichung 104 bis 108

Die Bilanzinnentemperatur ist vor der Berechnung der Transmissions-/Lüftungswärmesenke durchzuführen, da sich aus der Temperaturdifferenz zwischen der Bilanzinnentemperatur und der Außentemperatur die jeweiligen Senken und Quellen für das nachzuweisende Gebäude ergeben. Da es sich bei diesem Beispielgebäude um ein EFH handelt, erfolgt die Berechnung der Bilanzinnentemperatur unter der Prämisse, dass die Heizungsanlage 7 h abgeschaltet wird und die mitbeheizte Fläche ca. 21 % der Nutzfläche ausmacht (siehe auch Tabelle 7).

Die zulässige Absenkung der Innentemperatur für den reduzierten Betrieb $\Delta\vartheta_{i,NA}$ spielt im Wohnungsbau keine Rolle und ist deshalb in den Randbedingungen nach DIN V 18599-10 nicht enthalten.

Die Anwendung der in Abschnitt 7.2.3 aufgeführten Gleichungen führt zu einem Korrekturfaktor für den eingeschränkten Heizbetrieb von 0,0529 und einen für den räumlich eingeschränkten Heizbetrieb von 0,0248. Die resultierenden Bilanztemperaturen enthält Tabelle 108.

Tabelle 108: Monatliche Bilanztemperaturen für das Gebäude in °C

Januar	Februar	März	April	Mai	Juni
18,37	18,52	18,78	19,20	19,46	19,67
Juli	**August**	**September**	**Oktober**	**November**	**Dezember**
19,85	19,87	19,57	19,17	18,83	18,57

Aus Tabelle 108 ist ersichtlich, dass die Bilanzinnentemperatur während des gesamten Jahres oberhalb der für das Referenzklima Deutschland festgelegten monatlichen mittleren Außentemperaturen liegt (siehe auch Tabelle 14), was dazu führt, dass innerhalb der Bilanzierung des Nutzwärmebedarfs keine Transmissions- und Lüftungswärmequellen von außen nach innen zu berücksichtigen sind.

Schritt: 4 Berechnung der Temperatur im unbeheizten Raum und der Temperatur des Erdreiches	Quelle: DIN V 18599-2

Werden bei der Ermittlung von Transmissionswärmesenken/-quellen die in DIN V 18599-2 enthaltenen Temperaturkorrekturfaktoren (siehe Tabelle 12) verwendet, so ist die Temperatur der unbeheizten Räume nach folgender Gleichung zu ermitteln.

$$\vartheta_u = \vartheta_i - F_x \cdot (\vartheta_i - \vartheta_e) \qquad (229)$$

ϑ_u mittlere Temperatur im unbeheizten Raum/ im Erdreich;

F_x Temperaturkorrekturfaktor nach Tabelle 12;

ϑ_i Bilanzinnentemperatur nach Tabelle 108;

ϑ_e Mittlere monatliche Außentemperatur nach Tabelle 14.

Für den nicht ausgebauten Dachraum ist ein F_x-Wert von 0,8 und für das Erdreich von 0,5 anzuwenden (siehe Tabelle 12). Die Anwendung dieser Faktoren führt zu einer monatlichen mittleren Raumtemperatur für den Dachraum nach Tabelle 109 und zu einer mittleren monatlichen Erdreichtemperatur nach Tabelle 110.

Tabellle 109: Mittlere monatliche Temperatur im Dachraum in °C

Januar	Februar	März	April	Mai	Juni
2,63	4,18	7,04	11,44	14,21	16,49
Juli	August	September	Oktober	November	Dezember
18,37	18,61	15,43	11,11	7,53	4,75

Tabelle 110: Mittlere monatliche Temperatur im Erdreich in °C

Januar	Februar	März	April	Mai	Juni
8,45	9,56	11,44	14,35	16,18	17,69
Juli	August	September	Oktober	November	Dezember
18,92	19,09	16,99	14,13	11,77	9,94

Auch für den Dachraum und für das Erdreich gilt, dass während des gesamten Jahres die Temperaturen unterhalb der Raum-Bilanztemperatur liegen und folglich nur Transmissionswärmesenken/Lüftungswärmesenken und keine -quellen zu berücksichtigen sind.

Schritt: 5 Berechnung Transmissionswärme- und Lüftungswärmesenken	Quelle: Gleichung 109 bis 112

Die Berechnung der Wärmesenken erfolgt auf der Grundlage der ermittelten Bilanztemperaturen und Wärmetransferkoeffizienten. Die monatlichen Senken ergeben sich aus dem Produkt der Wärmetransferkoeffizienten und der Temperaturdifferenz zwischen innen und außen bzw. innen und der ermittelten Temperatur des angrenzenden Raumes/ des Erdreichs. Um ein Ergebnis in kWh zu erhalten, ist das Produkt mit 0,024 und der Anzahl der Tage des zu betrachtenden Monats zu multiplizieren.

Die Wärmesenken, die sich über die Bauteile zur Außenluft einstellen, sind in Tabelle 111 dargestellt.

Tabelle 111: Transmissionswärmesenken über die Außenbauteile in kWh

Januar	Februar	März	April	Mai	Juni
933,34	767,82	696,72	445,25	311,11	182,34
Juli	August	September	Oktober	November	Dezember
87,64	74,49	237,47	477,62	648,80	819,41

Die Transmissionswärmesenken, die sich über den unbeheizten Dachraum einstellen, zeigt Tabelle 112.

Tabelle 112: Transmissionswärmesenken über den unbeheizten Dachraum in kWh

Januar	Februar	März	April	Mai	Juni
66,21	54,47	49,43	31,59	22,07	12,94
Juli	August	September	Oktober	November	Dezember
6,22	5,28	16,85	33,88	46,03	58,13

Die Transmissionswärmesenken über Erdreich werden zunächst mit dem Ansatz über Temperaturkorrekturfaktoren und in einer zweiten Rechnung mit dem stationären thermischen Leitwert nach DIN EN ISO 13770 ermittelt (Bezeichnung: L_s nach alter Ausgabe, H_g nach neuster Ausgabe der 13370).

Tabelle 113: Transmissionswärmesenken über den Erdreich (mit $F_x = 0,5$) in kWh

Januar	Februar	März	April	Mai	Juni
339,34	279,16	253,31	161,89	113,11	66,30
Juli	August	September	Oktober	November	Dezember
31,86	27,08	86,34	173,65	235,89	297,92

Tabelle.114: Transmissionswärmesenken über den Erdreich (mit L_s) in kWh

Januar	Februar	März	April	Mai	Juni
480,05	394,91	358,34	229,01	160,02	93,78
Juli	August	September	Oktober	November	Dezember
45,07	38,31	122,14	245,66	333,70	421,45

Der Vergleich beider vorstehender Tabelle zeigt, dass die Berechnung der Verluste mit dem stationären Leitwert nach DIN EN ISO 13370 zu höheren monatlichen Verlustwerten führt. Zwar ist anhand dieses einen Beispiels keine induktive Ableitung möglich, jedoch ist zu vermuten, dass bei den in Deutschland für Bodenplatten üblichen Abmessungen und Dämmstandards (siehe auch Referenzgebäude gemäß Bild 3) die Berechnung mit Temperaturkorrekturfaktoren vorteilhaft für die Bilanzierung des Gebäudes ist. Für die weitere Berechnung werden die Werte nach Tabelle 113 verwendet. Trotzdem soll im Folgenden zu Vergleichszwecken die Berechnung auf der Grundlage des harmonisch thermischen Leitwertes demonstriert werden. Wie bereits erwähnt, ist dieser genauere Ansatz nach DIN EN ISO 13370 im Rahmen der Nachweisführung nach DIN V 4108-6 möglich.

Der mittlere Wärmestrom im Monat wird dabei nach Gleichung 230 berechnet.

$$\Phi_m = H_g\left(\bar{\theta}_i - \bar{\theta}_e\right) - H_{pi}\hat{\theta}_i\cos\left(2\frac{m-\tau+\alpha}{12}\right) + H_{pe}\hat{\theta}_e\cos(2\frac{m-\tau-\beta}{12}) \qquad (230)$$

Φ_m	monatlicher mittlere Wärmestrom;
H_g	stationärer thermischer Leitwert in $W/K = L_s$;
$\bar{\theta}_i$	Jahresmittel der Innentemperatur in °C;
$\bar{\theta}_e$	Jahresmittel der Außentemperatur in °C;
H_{pi}	innerer harmonischer Leitwert in W/K;
$\hat{\theta}_i$	Amplitude der Schwankung des Monatsmittels der Innentemperatur;
H_{pe}	äußerer harmonischer Leitwert in W/K;
$\hat{\theta}_e$	Amplitude der Schwankung des Monatsmittels der Außentemperatur;
m	Monatsnummer (Januar = 1; Dezember = 12);
τ	Monatsnummer mit der niedrigsten Außentemperatur;
β	der Zeitrückstand des Wärmestromzyklus gegenüber der Außentemperatur;
α	der Zeitrückstand des Wärmestromzyklus gegenüber der Innentemperatur.

Der periodische Wärmeübertragungskoeffizient infolge der Schwankung der Außentemperatur (H_{pe}) ist nach Gleichung 231 zu berechnen.

$$H_{pe} = 0{,}37 \cdot P \cdot \lambda \cdot \ln\left(\frac{\delta}{d_t} + 1\right) \qquad (231)$$

P	Umfang der Bodenplatte;
λ	Wärmeleitfähigkeit des Bodens in W/(mK);
δ	Periodische Eindringtiefe in m;
d_t	wirksame Dicke in m;

Für die Bodenplatte des Gebäudes ergibt sich ein äußerer harmonischer Leitwert von 10,40 W/K, wenn, wie in DIN V 4108-6 gefordert, die periodische Eindringtiefe mit 3,2 m angenommen wird (Standardwert für Sand/Kies). Als periodische Eindringtiefe wird die Tiefe im Erdreich bezeichnet, in der die Temperaturamplitude um 1/e der Temperatur verringert wird, die an der an die Außenluft grenzenden Oberfläche vorhanden ist.

Der innere harmonische Leitwert wird, wie auch nach den Vorgaben der DIN V 4108-6, vernachlässigt, das heißt, die Schwankung der Innentemperatur wird nicht berücksichtigt (Innentemperatur wird vereinfachend konstant mit 20 °C angenommen, alternativ kann hier die errechnete Bilanztemperatur eingesetzt werden). Als Amplitude der Schwankung des Monatsmittels der Außentemperatur kann nach DIN V 4108-6 ein Wert von 10 K verwendet werden, alternativ ergäbe eine genaue Berechnung mit dem Referenzklima Deutschland ein Wert von 9,8 K (es wird in diesem Beispiel mit 10 K gerechnet). Das Jahresmittel der Außentemperatur beträgt gemäß DIN V 18599-10 gleich 8,9 (exakt: 8,94) °C. Der Zeitrückstand des Wärmestromzyklus gegenüber der Außentemperatur ist der Tabelle 115 zu entnehmen. Der Zeitrückstand gegenüber der Innentemperatur α ist aufgrund der gesetzten Randbedingungen (keine schwankende Innentemperatur) für dieses Beispiel nicht maßgebend.

Tabelle 115: Phasenverschiebung in Monaten nach DIN EN ISO 13370

Bodenplattenart	β
Bodenplatten auf Erdreich, ohne Randdämmung	1
Bodenplatten auf Erdreich, mit raumseitiger senkrechter Randdämmung	1
Bodenplatten auf Erdreich, mit senkrechter oder außen liegender Randdämmung	2
Aufgeständerte Bodenplatten	0
Keller (beheizt oder unbeheizt)	1

Für die Bodenplatte dieses Gebäudes ist folglich ein Wert von 1 für die Phasenverschiebung zu wählen.

Die sich unter diesen Randbedingungen einstellenden monatlichen Transmissionswärmesenken über das Erdreich unter Verwendung des nach Gleichung 230 ermittelten monatlichen mittleren Wärmestroms sind in der nachfolgenden Tabelle dargestellt.

Tabelle 116: Transmissionswärmesenken über das Erdreich nach 13370 in kWh

Januar	Februar	März	April	Mai	Juni
289,73	270,87	289,73	253,52	224,05	180,12
Juli	August	September	Oktober	November	Dezember
158,36	148,20	153,25	186,12	216,82	261,97

Der Vergleich mit den obigen Tabellen 113 und 114 zeigt, dass die Verlustwerte bei Anwendung des genaueren Verfahrens nach DIN EN ISO 13370 in den typischen Heizmonaten (Oktober bis April) in etwa denen entsprechen, die mit dem Temperaturkorrekturfaktor F_x ermittelt worden sind. Auch hier ist eine direkte Induktion nicht gegeben, doch es ist zu vermuten, dass zwischen dem Ansatz mit Temperaturkorrekturfaktoren und dem des harmonischen Leitwertes eine größere Übereinstimmung besteht.

Die Lüftungswärmesenken werden aus der Multiplikation der Summe der Wärmetransferkoeffizienten aus Fensterlüftung und Infiltration mit der Anzahl der Tage und der Temperaturdifferenz zwischen Außentemperatur und Bilanztemperatur ermittelt.

Tabelle 117: Monatliche Lüftungswärmesenken in kWh

Januar	Februar	März	April	Mai	Juni
773,76	636,53	577,59	369,12	257,92	151,17
Juli	August	September	Oktober	November	Dezember
72,65	61,76	196,87	395,96	537,87	679,31

Alle Transmissions- und Lüftungswärmesenken aufaddiert, ergeben die monatlichen Senken für das Gebäude.

Tabelle 118: Summe aller monatliche Senken in kWh

Januar	Februar	März	April	Mai	Juni
2112,65	1737,98	1577,05	1007,85	704,22	412,74
Juli	August	September	Oktober	November	Dezember
198,37	168,62	537,52	1081,12	1468,58	1854,77

Schritt: 6 Berechnung der inneren Wärmegewinne für das Gebäude	Quelle: Gleichung 113

Gemäß den Randbedingungen nach Tabelle 7 ist für Einfamilienhäuser ein innerer täglicher Wärmeeintrag von $50\ \mathrm{Wh/m^2}$ anzusetzen. Da die Bezugsfläche nach DIN 18599-10 die Wohnfläche ist, muss dieser Eintrag noch auf die Nutzfläche umgerechnet werden. Für Gebäude ohne Keller ist als Umrechnungsfaktor gemäß EnEV 2009 ein Wert von $1{,}2$ zu verwenden, was zu einemn täglichen nutzflächenbezogenen Wärmeeintrag von $41{,}66\ \mathrm{Wh/m^2}$ führt. Multipliziert mit der Anzahl der Tage und der Nutzfläche des Gebäudes, ergeben sich die nachfolgenden monatlichen inneren Wärmeeinträge.

Tabelle 119: Monatliche innere Wärmeeinträge in kWh

Januar	Februar	März	April	Mai	Juni
128,41	115,98	128,41	124,27	128,41	124,27
Juli	August	September	Oktober	November	Dezember
128,41	128,41	124,27	128,41	124,27	128,41

Schritt: 7 Berechnung der solaren Wärmegewinne für das Gebäude	Quelle: Gleichung 114 bis 115

Aus der im Abschnitt 13.5 ermittelten Gesamtabminderung des Energiedurchlasses der solaren Einstrahlung und der in Tabelle 14 enthaltenen richtungs- und winkelabhängigen Strahlungswerte gehen die in Tabelle 120 aufgezeigten monatlichen solaren Wärmeeinträge hervor.

Tabelle 120: Monatliche solare Wärmeeinträge in kWh

	Januar	Februar	März	April	Mai	Juni
Nord	15,10	22,40	36,66	66,78	87,34	103,30
Ost	13,29	17,76	28,17	64,30	69,63	77,16
West	8,73	11,67	18,51	42,25	45,76	50,70
Süd	121,05	119,09	172,92	286,58	257,22	271,94
	Juli	August	September	Oktober	November	Dezember
Nord	107,82	75,48	50,09	35,58	18,78	10,78
Ost	82,92	61,13	46,29	27,11	14,40	7,97
West	54,49	40,17	30,42	17,81	9,46	5,24
Süd	291,81	242,09	240,56	175,09	112,96	71,33

Aus Tabelle 119 und Tabelle 120 sind schlussendlich die gesamten monatlichen Wärmeeinträge in das Gebäude zu ermitteln (kleine Abweichungen wegen Rundungsvorgängen möglich).

Tabelle 121: Monatliche Gesamt-Wärmeeinträge in kWh

Januar	Februar	März	April	Mai	Juni
286,57	286,91	384,68	584,18	588,36	627,37
Juli	August	September	Oktober	November	Dezember
665,45	547,28	491,63	384,00	279,88	223,74

Schritt: 8 Berechnung des monatlichen Ausnutzungsgrades der Wärmeeinträge	Quelle: Gleichung 116

Der Ausnutzungsgrad der Wärmeeinträge wird wesentlich bestimmt durch die sogenannte Zeitkonstante eines Gebäudes, die auch mancherorts als Auskühlkonstante bezeichnet wird. Sie gibt das Verhältnis der wirksamen Wärmespeicherfähigkeit der wärmeübertragenden Umfassungsfläche zum Wärmetransferkoeffizienten infolge der Transmission und Lüftung an. Die wirksame Wärmespeicherfähigkeit kann nach DIN EN ISO 13790 (10 cm-Regel) berechnet oder nach DIN V 18599-2 mittels eines pauschalen Ansatzes in Abhängigkeit von der Schwere des Gebäudes aus hierorts festgelegten vereinfachten Gebäudekriterien ermittelt werden. Werden keine genauen Berechnungen durchgeführt und besteht überdies Unklarheit, in welche Kategorie das Gebäude nach DIN V 18599-2 einzustufen ist, kann vereinfachend die wirksame Wärmespeicherfähigkeit eines leichten Gebäudes verwendet werden, welche flächenbezogen mit 50 Wh/(m²·K) vorgegeben ist. Hier ergeben sich Differenzen zum Ansatz nach DIN V 4108-6, die die wirksame Wärmespeicherfähigkeit des Gebäudes grober untergliedert und auf das Volumen bezogen betrachtet. Da das Beispielgebäude über schwere Innenwände (KS) und einen 6 cm Estrich verfügt, sollte die leichte Decke zum unbeheizten Dachraum das Gebäude nicht, wie in der DIN V 18599-2 angenommen, bereits zu einem leichten Gebäude werden lassen. Zur Sicherheit erfolgt an dieser Stelle eine Berechnung nach DIN EN 13790 (10 cm-Regel), die in Tabelle 122 dargestellt ist. Es werden dabei nur die nach innen wirksamen Flächen berücksichtigt. Für die Dachdecke wird nur die innere Verkleidung mit Gipskartonplatten einbezogen (Schicht vor der Dämmung).

Tabelle 122: Berechnung der wirksamen Wärmespeicherfähigkeit

Bauteil	Fläche	d_{wirk}	Rohdichte in kg/m³	C in kJ/kgK	C_{wirk} in Wh/k
Außenwand Innenputz	40,18	0,01	1400	1,0	414,03
Außenwand Mauerwerk	40,18	0,09	350	1,0	931,56
Innenwand Innenputz	17,30	0,02	1400	1,0	356,68
Innenwand Mauerwerk	17,30	0,175	1800	1,0	4012,60
Innenwand Putz	12,09	0,02	1400	1,0	249,19
Innenwand Mauerwerk	12,09	0,10	600	1,0	533,98
Dachdecke	100,44	0,0125	900	1,0	313,88
Fußboden	100,44	0,06	2000	1,0	3348,00
Gesamt in Wh/K					10159,89
Auf die Nutzfläche (99,42) bezogener Wert in Wh/(m²·K)					102,19

Die Einteilung nach DIN V 18599-2 sieht folgende Grenzen vor:

- $C_{wirk} = 50$ Wh/(m²·K): leichtes Gebäude
- $C_{wirk} = 90$ Wh/(m²·K): mittelschweres Gebäude
- $C_{wirk} = 130$ Wh/(m²·K): schweres Gebäude

Auf der Basis dieser Unterteilung kann das Beispielgebäude als mittelschweres Gebäude eingestuft werden. Im weiteren Verlauf der Berechnung des Gebäudes wird der pauschale Wert für mittelschwere Gebäude nach DIN V 18599-2 verwendet.

Die Zeitkonstante nach DIN V 18599-2 ist, wie aus DIN V 4108-6 bekannt, eine Verhältniszahl zwischen der spezifischen Wärmespeicherfähigkeit und dem spezifischen Wärmeverlust. Sie ergibt sich aus Gleichung 232.

$$\tau = \frac{C_{wirk}}{H} = \frac{C_{wirk}}{\sum_j H_{T,j} + \sum_k H_{V,k} + H_{V,mech,\vartheta}} \qquad (232)$$

C_{wirk} wirksame Wärmespeicherfähigkeit in Wh/K;
$\Sigma_j H_{\text{T,j}}$ Summe der Transmissionswärmetransferkoeffizienten in W/K;
$\Sigma_k H_{\text{V,k}}$ Summe der Lüftungswärmetransferkoeffizienten in W/K;
$H_{\text{V, mech, }\vartheta}$ temperaturgewichtete Wärmetransferkoeffizient der mechanischen Lüftung.

Im Gegensatz zur DIN V 4108-6 werden demnach die Temperaturkorrekturfaktoren bei der Ermittlung der Zeitkonstante nicht berücksichtigt, was mit dem Vorgehen der EN 832 und EN 13790 übereinstimmt. Sicherlich scheint der Einwand berechtigt, dass die Auskühlzeit von Gebäuden auch vom Anteil der nicht an die Außenluft grenzenden wärmeübertragenden Umfassungsfläche abhängen muss. Das Gebäude kühlt langsamer aus, wenn ein größerer Anteil der Flächen beispielsweise ans Erdreich oder an unbeheizte Räume grenzt. Andererseits wird mit dem Ansatz nach EN 832 aber die gesamte spezifische Wärmespeicherfähigkeit des Gebäudes ins Verhältnis gesetzt zum Wärmeverlust über alle Außenbauteile, die Wärmestromanteile in Bezug auf die Wärmespeicherfähigkeit werden mit diesem vereinfachten Ansatz nicht differenziert. Für einen solchen vereinfachten Berechnungsansatz ist die Vorgehensweise der EN 832/13790 gegenüber DIN V 4108-6 besser geeignet, die Übernahme in die DIN V 18599-2 ist folgerichtig und sachlogisch.

Mit den oben ermittelten Eingangswerten für die Wärmeverlustkoeffizienten und einer spezifischen Wärmekapazität von $90\ \mathrm{Wh/(m^2 \cdot K)}$ beträgt die Zeitkonstante des Gebäudes $90{,}16\ \mathrm{h}$. Der für die Berechnung des Ausnutzungsgrades erforderliche numerische Parameter a ergibt sich aus der Gleichung 233.

$$a = a_0 + \frac{\tau}{\tau_0} = 1 + \frac{90{,}16}{16\ \mathrm{h}} \qquad (233)$$

$a_0; \tau_0$ numerischer Parameter;
τ Zeitkonstante des Gebäudes.

Die numerischen Parameter sind anhand von Simulationsrechnung bestimmte Konstanten, die eine zulässige Temperaturerhöhung von $2\ \mathrm{K}$ voraussetzen. Oberhalb dieser Temperaturerhöhung werden die Wärmequellen als nicht nutzbar eingestuft. Für dieses Beispiel ergibt sich für a ein Wert von 6,64. Das Verhältnis von Wärmequellen zu den Wärmesenken des Gebäudes ist monatlich zu ermitteln. Die berechneten Werte sind in Tabelle 123 dargestellt.

Tabelle 123: Verhältnis Wärmequellen zu Wärmesenken γ

Januar	Februar	März	April	Mai	Juni
0,14	0,17	0,24	0,58	0,84	1,52
Juli	August	September	Oktober	November	Dezember
3,35	3,25	0,91	0,36	0,19	0,12

Mit diesen Eingangswerten ergeben sich folgende monatliche Ausnutzungsgrade der Wärmequellen.

Tabelle 124: Ausnutzungsgrad der Wärmequellen η

Januar	Februar	März	April	Mai	Juni
1,00	1,00	1,00	0,99	0,93	0,64
Juli	August	September	Oktober	November	Dezember
0,30	0,31	0,90	1,00	1,00	1,00

Schritt: 9

Berechnung des monatlichen Nutzwärmebedarfs des Gebäudes

Quelle: Gleichung 93 bis 94

Der Nutzwärmebedarf stellt gemäß Gleichung 93 denjenigen Bedarf dar, der nach Abzug der nutzbaren Wärmequellen von den Wärmesenken verbleibt. Alle Bedarfswerte der Monate aufsummiert und durch die Nutzfläche dividiert, ergibt den flächenbezogenen Nutzwärmebedarf für das Gebäude.

Tabelle 125: Monatlicher Nutzwärmebedarf in kWh

Januar	Februar	März	April	Mai	Juni
1826,08	1451,07	1192,39	430,36	155,20	9,15
Juli	August	September	Oktober	November	Dezember
0,05	0,05	92,88	697,38	1188,71	1631,03

Für das Gebäude ist ein Jahreswert (Summe aller Monatswerte) von 8898,83 kWh und dementsprechend ein flächenbezogener Jahreswert von 87,25 kWh/m^2 ermittelt worden.

Confer: Der Nachweis nach DIN V 4108-6 ergab einen flächenbezogenen Wert von 80,90 kWh/m^2a. Der Unterschied beträgt ca. 7 %. Allerdings wird der Nutzwärmebedarf in der DIN V 18599-2 später mit den ungeregelten Wärmeeinträgen aus der Heizungs- und Trinkwarmwasseranlage noch korrigiert, sodass der Unterschied beider Normen schlussendlich deutlich geringer als 7 % ausfallen wird. Hauptgrund der Abweichung zwischen beiden Normen ist der geringe innere Wärmeeintrag, der sich aus den Randbedingungen zur DIN V 18599 ergibt.

Hinweis: Gemäß DIN 18599-5 kann bei einem monatlichen Nutzwärmebedarf $< 1{,}0$ kWh davon ausgegangen werden, dass keine Beheizung des Gebäudes erforderlich ist, da diese geringen Bedarfswerte üblicherweise nicht mit der Heizungsanlage gedeckt werden, sondern viel eher als geringere Innentemperatur hingenommen werden, zumal diese Situation ohnehin nur im Sommer auftreten kann. Setzt man den Dämmstandard des Referenzgebäudes nach EnEV 2009 voraus, so werden etwa 1-3 Monate ohne Heizwärme-Anforderung zu betrachten sein.

Für dieses Berechnungsbeispiel sind die Monate Juli und August diejenigen, die ohne Beheizung auskommen. Zum Zwecke der Beibehaltung der Übersichtlichkeit werden in den Berechnungsschritten zur Ermittlung des Endenergiebedarfs des Heizsystems alle Monate berechnet, die Korrektur erfolgt erst beim Endenergiebedarf.

Schritt: 10 Berechnung maximalen Heizleistung des Gebäudes	Quelle: Gleichung 122 bis 124

Die maximale Heizleistung des Gebäudes gibt an, welche Leistung eines Wärmeerzeugers notwendig ist, um die gewünschte Innentemperatur zu gewährleisten. Im Gegensatz zur Berechnung des Nutzwärmebedarfs ist die maximale Heizleistung aber nicht monatlich, sondern für einen sogenannten Auslegungstag zu ermitteln. Die Randbedingungen für den Auslegungstag nach DIN V 18599-10 sind der nachfolgenden Übersicht zu entnehmen.

Randbedingungen für die Berechnung der maximalen Heizleistung

Innentemperatur	20 °C
Außentemperatur	- 12 °C

Gemäß Gleichung 122 erfolgt die Berechnung der maximalen Heizleistung auf der Basis der an dem Auslegungstag maximalen Transmissionswärmesenken und Lüftungswärmesenken. Da es sich um eine überschlägige Berechnung handelt, werden alle minimierenden Einflüsse (innere Wärmegewinne, Wärmekapazitäten, solare Wärmegewinne) vernachlässigt. Die maximale Heizleistung des Gebäudes dient der Abschätzung der Auslastung der Heizungsanlage und wird in der nachfolgenden Berechnung insbesondere zur Bewertung der erforderlichen Nennwärmeleistung für das Gebäude benötigt, wenn noch keine Werte für den zu installierenden Wärmeerzeuger vorliegen (Regelfall).

Aus den oben ermittelten Wärmetransferkoeffizienten für die Lüftung und Transmission und einer Temperaturdifferenz zwischen innen und außen von 32 K resultiert eine maximale Heizleistung für das Gebäude von 6084,86 W bzw. 6,08 kW.

Die monatlichen Heizstunden ergeben sich aus Gleichung 234.

$$t_{\mathrm{h}} = \begin{cases} t_{\mathrm{mth}} \cdot \dfrac{\beta_h}{\beta_{\mathrm{h,grenz}}} \; \mathit{für}\; \beta_{\mathrm{h}} \leq \beta_{\mathrm{h,grenz}} \\ t_{\mathrm{mth}} \; \mathit{für}\; \beta_{\mathrm{h}} > \beta_{\mathrm{h,grenz}} \end{cases} \tag{234}$$

t_{h} monatliche Heizzeit in h;
β_{h} die über den Monat gemittelte Auslastung des Heizsystems;
$\beta_{\mathrm{h,grenz}}$ die Grenzauslastung des Heizsystems (Festlegung: 5 %);
t_{mth} die monatlichen Nutzungsstunden (= Anzahl der Tage x 24).

Die über den Monat gemittelte Auslastung des Heizungssystems ist nach Gleichung 235 zu berechnen.

$$\beta_{\mathrm{h}} = \frac{Q_{\mathrm{h.b,nutz}}}{Q_{\mathrm{h,max,res}} \cdot 24} \tag{235}$$

$Q_{\mathrm{h,b,nutz}}$ Tageswert des bilanzierten Nutzwärmebedarfs;
$Q_{\mathrm{h,max,res}}$ maximale Heizleistung des Gebäudes.

Der Tageswert wird ermittelt aus der Division des monatlichen Nutzwärmebedarfs (Schritt 9) mit der Anzahl der Tage des Monats.

Die monatlich gemittelte Auslastung der Heizungsanlage des Gebäudes ist in Tabelle 126 dargestellt.

Tabelle 126: Monatlich gemittelte Auslastung der Heizungsanlage

Januar	Februar	März	April	Mai	Juni
0,4034	0,3549	0,2634	0,0982	0,0343	0,0021
Juli	August	September	Oktober	November	Dezember
0,0000	0,0000	0,0212	0,1540	0,2713	0,3603

Aus Tabelle 126 ist abzuleiten, dass die Grenzauslastung von $5\ \%$ in den Monaten Mai bis September nicht erreicht wird. Für die restlichen Monate ist die Heizzeit gleich der Summe der Monatsstunden. Im Monat Januar wird demnach an $31 \cdot 24\ \text{h} = 744\ \text{h}$ geheizt, im Mai sind das nur ca. $31 \cdot 24 \cdot 0{,}0363 / 0{,}05 = 540\ \text{h}$. Alle monatlichen Heizstunden sind in Tabelle 127 dargestellt.

Tabelle 127: Monatliche Heizstunden

Januar	Februar	März	April	Mai	Juni
744,00	672,00	744,00	720,00	540,65	35,35
Juli	August	September	Oktober	November	Dezember
0,20	0,21	327,44	744,00	720,00	744,00

Aus den monatlichen Heizstunden können die monatlichen rechnerischen Betriebstage berechnet werden. Da für Wohngebäude keine Unterscheidung zwischen einer Nutzungszeit und einer Nutzung an Wochenenden oder in Ferienzeiten vorzunehmen ist, können die monatlichen Betriebstage direkt aus den Heizstunden mittels Division durch $24\ \text{h}$ berechnet werden.

Tabelle 128: Monatliche rechnerische Betriebstage $d_{\text{h,rB}}$

Januar	Februar	März	April	Mai	Juni
31,00	28,00	31,00	30,00	21,25	1,25
Juli	August	September	Oktober	November	Dezember
0,01	0,01	12,72	31,00	30,00	31,00

13.9.3 Berechnung des Nutz- und Endenergiebedarfs für die Warmwasserbereitung

Die energetische Bewertung der Trinkwassererwärmung erfolgt auf Basis der DIN V 18599-8 (siehe Abschnitt 9). Im Folgenden werden die notwendigen Berechnungsschritte erläutert.

Schritt: 1	Quelle:
Festlegung der Eingangswerte für die Berechnung	DIN V 18599-10

Da es sich um ein Einfamilienhaus handelt, ist ein jährlicher Nutzwärmebedarf für die Trinkwassererwärmung von $12\ \text{kWh/m}^2$ anzunehmen. Auch hier ist wiederum eine Umrechnung auf die Nutzfläche des Gebäudes vorzunehmen, demnach sind die $12\ \text{kWh}$ durch $1{,}2$ zu dividieren. Daraus folgt ein auf die Nutzfläche bezogener Wert von $10\ \text{kWh/m}^2\text{a}$. Der Jahresbedarf beträgt somit $994{,}149\ \text{kWh}$ und es entsteht ein täglicher Bedarf von $2{,}72\ \text{kWh}$. Weitere notwendige Eingangswerte für die energetische Bewertung der Trinkwasser-Erwärmung sind in Tabelle 129 enthalten.

Tabelle 129: Eingangswerte für die energetische Bewertung der TW-Erwärmung

Größe	Eingangswert
Gebäudebreite B_G	8,70 m
Gebäudelänge L_G	13,00 m
Anzahl der Geschosse n_G	1
Wärmedurchgangszahle U_i	
Verteilungsleitungen	0,20 W/(m·K)
Steigleitungen	0,20 W/(m·K)
Stichleitungen	0,20 W/(m·K)
Zirkulationsleitungen	nein
Gemeinsame Installationswand	nein
Verbindungsfaktor f_V Speicher und Erzeuger stehen im gleichen Raum	1,2
Pumpen	Auf den Bedarf ausgelegt und geregelt

Schritt: 2

Berechnung der Wärmeverluste der Trinkwarmwasser-Verteilung

Quelle: Gleichung 170

Die Wärmeverluste ergeben sich unter Anwendung der Gleichung 170. Als Umgebungstemperatur für die einzelnen Leitungsabschnitte ist dabei die im obigen Abschnitt ermittelte Bilanztemperatur des Gebäudes einzusetzen (Leitungen befinden sich ausschließlich innerhalb der thermischen Hülle). Für die mittlere Temperatur des Rohrabschnittes wird vereinfacht der Ansatz nach der Gleichung 236 verwendet.

$$\vartheta_{wm} = 25 \cdot U^{-0,2} \quad (236)$$

ϑ_{wm} mittlere Temperatur des Rohrabschnittes in °C;

U Wärmedurchgangszahl des Rohrabschnittes in W/(m·K).

Werden in einem Gebäude Zirkulationsleitungen vorgesehen, so ist die mittlere Temperatur des Rohrabschnittes für die Laufzeit der Zirkulationspumpe mit 50 °C anzunehmen.

Die für die weitere Berechnung anzusetzenden Temperaturen der einzelnen Rohrabschnitte sind der Tabelle 130 zu entnehmen.

Tabelle 130: Temperaturen der Rohrabschnitte in °C

	Januar	Februar	März	April	Mai	Juni
$\vartheta_{w,m}$ Verteilung	34,49	34,49	34,49	34,49	34,49	34,49
$\vartheta_{w,m}$ Strangleitungen	32,86	32,86	32,86	32,86	32,86	32,86
$\vartheta_{w,m}$ Stichleitungen	32,86	32,86	32,86	32,86	32,86	32,86
	Juli	August	September	Oktober	November	Dezember
$\vartheta_{w,m}$ Verteilung	34,49	34,49	34,49	34,49	34,49	34,49
$\vartheta_{w,m}$ Strangleitungen	32,86	32,86	32,86	32,86	32,86	32,86
$\vartheta_{w,m}$ Stichleitungen	32,86	32,86	32,86	32,86	32,86	32,86

Im nächsten Schritt werden die Rohrleitungslängen der einzelnen Rohrabschnitte berechnet. Der Tatsache geschuldet, dass die DIN V 18599 gerade wegen ihrer offensichtlich unsinnigen Annahmen zu den Rohrleitungslängen mancherorts gerüffelt worden ist, erfolgt eine vergleichende Berechnung der Leitungslängen mit den Annahmen der DIN V 4701-10 und der Korrekturausgabe DIN V 18599-100. Die Grundlagen für die Berechnung der Rohrleitungslängen nach DIN V 4701-10 sind aus der Tabelle 35 zu entnehmen.

Tabelle 131: Rohrleitungslängen in m im Vergleich

	Länge in m			
Abschnitt	18599-8	4701-10	18599-100	Bemerkung
Verteilung	20,07	13,99	20,07	
Strangleitungen	13,00	3,77	4,45	Ermittlung nach Teil 100 nur über 1,3 % des Geschossvolumens, nach Teil 8 mit 3,8 %
Stichleitungen	8,48	7,46	8,48	
Gesamt	41,55	25,22	32,99	

Tabelle 131 veranschaulicht, dass zwischen den einzelnen Normteilen, insbesondere zwischen der DIN V 18599-8 und der DIN V 4701-10, erhebliche Unterschiede bestehen. Aber nicht nur die Unterschiede, auch die Ergebnisse selbst geben Anlass zu mancher Frage. So dürften beispielsweise in einem ebenerdigen Gebäude wie in diesem Beispielgebäude bei durchdachter Anordnung der Entnahmestellen für das warme Wasser die Leitungslängen deutlich geringer sein. Folgerichtig können Rücksprachen mit dem Anlagenplaner und die daraus folgende Anwendung der tatsächlich vorgesehenen Leitungslängen zu Vorteilen in der Nachweisführung führen.

Die Abweichungen bei den monatlichen Verlusten der Verteilung zwischen dem Teil 100 und dem Teil 8 der DIN V 18599 werden für Einfamilienhäuser im Bereich zwischen 20 und 25 % liegen, wenn die Leitungen in beheizten Räumen liegen. Ist das nicht der Fall, steigen die Unterschiede schnell auf Werte > 50 % an.

Für die Berechnung in diesem Beispiel werden die Leitungslängen nach Teil 8 verwendet, da nur der Teil 8 gegenwärtig für die Bewertung herangezogen werden darf. Der Teil 100 ist derzeit noch nicht baurechtlich eingeführt.

Es soll an dieser Stelle nicht kommentiert werden, welche Grundlage zur Berechnung der Leitungslängen den tatsächlichen Leitungslängen am nächsten kommt, da hierfür ein weit angelegter Vergleich mit ausgeführten Bauvorhaben vonnöten wäre. Der zuständige Normungsausschuss arbeitet an einer Neuregelung und wird diese in der nächsten Überarbeitungsstufe der Norm als neuen Berechnungsansatz präsentieren.

Letzten Endes ist es für die öffentlich-rechtliche Nachweisführung auch nicht von Relevanz, welche Differenzen zwischen den Normteilen bestehen, da der gleiche Rechenansatz sowohl für das Referenzgebäude als auch für das auszuführende Gebäude zu verwenden ist. Das „Mischungsverbot" der EnEV verhindert obendrein, dass die Normen DIN V 4701-10 und DIN V 18599 nebeneinander für ein und dasselbe Gebäude innerhalb einer Nachweisführung verwendet werden können. Nachteile existieren allerdings für den Fall, dass die in einem Energiebedarfsausweis enthaltenen Bedarfswerte unter Umständen bei Gebäuden mit Anlagen, die nach DIN V 18599 nachgewiesen worden sind, höher ausfallen (teilweise werden die „üppigen" Verlustwerte wieder durch den bei EFH geringeren Nutzenergiebedarf kompensiert) als bei Gebäuden nach DIN V 4701-10. Da der Energieausweis als Mittel des Vergleichs der energetischen Qualität von Gebäuden dienen soll, ist das ein klarer Nachteil für diejenigen, die einen Nachweis nach DIN V 18599 präferieren.

Die nach Teil 8 berechneten monatlichen Wärmeverluste der Verteilung sind in Tabelle 132 dargestellt. Sie ergeben sich jeweils als Summe der Verluste der einzelnen Leitungsabschnitte. Die einzelnen Rohrabschnitte werden mit aufgeführt, um das Nachrechnen der Ergebnisse zu ermöglichen.

Tabelle 132: Wärmeverlust der Verteilung nach DIN V 18599-8 in kWh

	Januar	Februar	März	April	Mai	Juni
Summe	99,48	88,99	96,78	91,05	92,39	88,06
Verteilung	48,14	43,09	46,91	44,20	44,90	42,83
Strangleitungen	28,02	25,06	27,22	25,57	25,92	24,69
Stichleitungen	23,31	20,84	22,65	21,27	21,56	20,54
	Juli	August	September	Oktober	November	Dezember
Summe	89,84	89,69	88,68	94,28	93,37	98,18
Verteilung	43,74	43,67	43,12	45,77	45,26	47,55
Strangleitungen	25,17	25,12	24,87	26,48	26,26	27,64
Stichleitungen	20,94	20,90	20,69	22,03	21,85	22,99

Schritt: 3

Berechnung der Wärmeverluste der Trinkwarmwasser-Speicherung

Alle erforderlichen Formeln im folgenden Abschnitt

Für das Gebäude ist eine kleine Solaranlage mit einem bivalenten Solarspeicher vorgesehen. Der Wärmeverlust eines bivalenten Solarspeichers ergibt sich aus Gleichung 237.

$$Q_{\mathrm{W,S}} = f_{\mathrm{verbindung}} \cdot (UA)_{\mathrm{sb,s,a}} \cdot 24 \cdot 3600 \cdot d_{\mathrm{Nutz,mth}} \cdot \frac{V_{\mathrm{s,aux}}}{V_{\mathrm{s,aux}} + V_{\mathrm{s,sol}}} \quad (237)$$

$Q_{\mathrm{W,S}}$ monatliche Wärmeverlust in kWh;

$f_{\mathrm{verbindung}}$ Koeffizient der Verbindung (für dieses Beispiel 1,2);

$(UA)_{\mathrm{sb,s,a}}$ Bereitschaftswärmeverlustrate in W/K;

$d_{\mathrm{Nutz,mth}}$ monatliche Nutzungstage in d;

$V_{\mathrm{s,aux}}$ Speicher-Inhalt des Bereitschaftsteils in l;

$V_{\mathrm{s,sol}}$ Speicherinhalt des Solarteils in l.

Die Bereitschaftsverlustrate ist auf der Grundlage der DIN V ENV 12977-3 zu ermitteln. Liegen solche Daten nicht vor, so kann vereinfachend nach DIN V 18599-8 die Verlustrate auf der Grundlage des Speicherinhalts des Solar- und Bereitschaftsteils ermittelt werden. Sind auch darüber keine Angaben vorhanden, so können die Nenninhalte nach Gleichung 238 und 239 berechnet werden.

$$V_{\mathrm{s,aux}} = \frac{Q_{\mathrm{w,b,d}} \cdot f_{\mathrm{N}} \cdot 860}{\left(\vartheta_{\mathrm{w,m}} - \vartheta_{\mathrm{k}}\right) \cdot \eta_{\mathrm{s}}} \quad (238)$$

$V_{\mathrm{s,aux}}$ Volumen des Bereitschaftsteils in l;

$Q_{\mathrm{w,b,d}}$ täglicher mittlere Trinkwasserwärmebedarf in kWh;

f_{N} Nutzungsfaktor

η_{s} Speichernutzungsgrad (stehend: 0,95; liegend: 0,90);

$\vartheta_{w,m}$ die mittlere Speichertemperatur in °C (50 °C);

ϑ_k Kaltwassertemperatur in °C (10 °C).

$$V_{s,sol} = 2 \cdot (L_G \cdot B_G \cdot n_G)^{0,9} \quad (239)$$

$V_{s,sol}$ Volumen des Solarteils in l;

L_G Gebäudelänge in m;

B_G Gebäudebreite in m;

n_G Anzahl der Geschosse.

Aus den oben aufgeführten Gleichungen ergibt sich ein Speicherinhalt für den Bereitschaftsteil von 103 Liter und für den Solarteil von 140,98 Liter. Der dabei verwendete Nutzungsfaktor f_N stellt eine Beziehung her zwischen der Speichergröße und der „Norm-Wohnungsanzahl".

$$f_N = 1,85 \cdot N_{\text{Wohnung}}^{-0,42} \quad (240)$$

f_N Nutzungsfaktor

N Anzahl der Wohnungen

Die Anzahl der Wohnungen werden anhand der Gebäudemaße ermittelt.

$$N_{\text{Wohnungen}} = 0,0032 \cdot L_G \cdot B_G \cdot n_G \cdot h_G \quad (241)$$

Da die Geschosshöhe in diesem Beispiel 3,025 beträgt, ist die Anzahl der Wohnungen nach Gleichung 241 mit 1,09 anzusetzen, obgleich das Gebäude über nur 1 Wohnung verfügt. Es ergibt sich ein Nutzungsfaktor von 1,78. Diese „Denormierung" sorgt dafür, dass der Speicherinhalt des Bereitschaftsteils bei Gebäuden mit großen Flächen nicht zu groß gewählt wird. Alternativ steht natürlich immer die Möglichkeit offen, tatsächliche Speicherinhalte zu verwenden.

Der tägliche Bereitschaftsverlust des Solarspeichers wird nach Gleichung 242 berechnet.

$$q_{B,s} = (0,5 + 0,2 \cdot (V_{s,aux} + V_{s,sol})^{0,4}) \cdot \frac{V_{s,aux}}{V_{s,aux} + V_{s,sol}} \quad (242)$$

Die berechnte Bereitschaftswärmeverlust beträgt 0,93 kWh pro Tag.

Die monatlichen Speicherverluste sind der Tabelle 133 zu entnehmen.

Tabelle 133: Monatlicher Speicherverlust des bivalenten Solarspeichers in kWh

Januar	Februar	März	April	Mai	Juni
24,32	21,86	24,00	22,92	23,48	22,57
Juli	August	September	Oktober	November	Dezember
23,18	23,16	22,64	23,71	23,19	24,16

Die Speicherverlust und die berechneten Verluste der Wärmeverteilung sind bei der später folgenden Iteration als ungeregelte Wärmeeinträge in das Gebäude zu berücksichtigen.

Schritt: 4

Berechnung des Energieeintrages aus der Solaranlage

Alle erforderlichen Formeln im folgenden Abschnitt.

Zu allererst sind die Eingangswerte für die zur Verwendung vorgesehene Solaranlage zu ermitteln. Wenn keine Angaben vorliegen, können Standardwerte verwendet werden. In Tabelle 134 sind alle notwendigen Eingangsdaten aufgeführt und, wenn erforderlich, deren Quelle kurz erläutert. Es wird für das Beispile angenommen, dass Flachkollektoren zum Einsatz kommen.

Tabelle 134: Eingangswerte für die Solaranlage

Eingangswert	Gewählt	Quelle
Konversionsfaktor η_0	0,77	DIN V 18599-8, Tabelle 12
Wärmeverlustkoeffizient k_1 in W/(m²·K)	3,5	DIN V 18599-8, Tabelle 12 unter der Annahme, dass es sich um eine neue Anlage (nach 1998) handelt.
Wärmeverlustkoeffizient k_2 in W/(m²·K)	0,02	DIN V 18599-8, Tabelle 12 unter der Annahme, dass es sich um eine neue Anlage (nach 1998) handelt.
Einstrahlwinkel bei 50 ° IAM 50	0,9	DIN V 18599-8, Tabelle 12 unter der Annahme, dass es sich um eine neue Anlage (nach 1998) handelt.
Effektive Wärmekapazität c des Kollektors in kJ/(m²·K)	6,4	DIN V 18599-8, Tabelle 12 unter der Annahme, dass es sich um eine neue Anlage (nach 1998) handelt.
Kollektorfläche in m²	3,953	Ermittelt mit der Gleichung: $0{,}09 \cdot (L_G \cdot B_G \cdot n_G)^{0{,}8}$
Neigung des Kollektors in °	30	Entsprechend der Dachneigung angenommen
Ausrichtung des Kollektorfeldes in °	0 ° (Süden)	Die Solaranlage wird auf dem südlichen Dach installiert

Hinweis zu der Kollektorfläche: Die nach DIN V 18599-2 ermittelte Fläche von 3,953 m² für die Kollektoren entspricht in etwa den Anforderungen nach dem EEWärmG, welches für dieses Gebäude eine Kollektorfläche von 3,98 m² als Bedingung für den Wegfall einer detaillierten Berechnung fordert. Trotz alledem erfolgt keine Korrektur der Kollektorfläche, um später ermitteln zu können, ob auch mit der Standardfläche ein Nachweis nach EWärmG möglich ist.

Der Wärmeeintrag der Solaranlage wird zunächst anhand einer Referenzanlage ermittelt und in einem zweiten Schritt auf die konkrete Gebäudesituation übertragen.

$$Q_{Sys} = (271\ \eta_0 - 18{,}8\ k_1 - 53k_2 + 172 \cdot \mathrm{IAM}\ (50°) - 0{,}792\ \mathrm{c} - 20{,}7) \cdot A_c \quad (243)$$

Unter Verwendung der Eingangsparameter nach Tabelle 134 wird ein Referenz-Jahreseintrag von 1023,40 kWh berechnet.

Der Referenzeintrag ist im nächsten Schritt unter Verwendung der Gleichung 244 auf den tatsächlichen Jahreseintrag zu transformieren.

$$Q_{w,sol} = Q_{sys} \cdot f_{NA} \cdot f_{slr} \cdot f_{S,Vaux} \cdot f_{Sloss} + Q_{w,s,a} \quad (244)$$

$Q_{w,sol}$ Jahresenergieeintrag der Solaranlage in kWh;

Q_{sys} Jahresenergieeintrag der Referenzanlage;

f_{NA} Korrekturfaktor für Neigung und Ausrichtung;
f_{slr} Korrekturfaktor für die Auslastung der Solaranlage;
$f_{S,Vaux}$ Korrekturfaktor für das Volumen des Bereitschaftsteils;
f_{Sloss} Korrekturfaktor der Wärmeverluste des Speichers;
$Q_{w,s,a}$ Jährlicher Bereitschaftswärmeverlust des TWW-Speichers.

Aus Tabelle 135 wird ein Korrekturfaktor des Kollektorfeldes von 0,976 ermittelt. In der Referenzanlage ist man demnach davon ausgegangen, dass das Kollektorfeld nach Süden und mit einem Neigungswinkel von 30 ° angeordnet wird (keine Korrektur).

Tabelle 135: Korrekturfaktor für die Neigung des Kollektorfeldes

f_{NA}		Winkel der Abweichung von der Südausrichtung Osten: $\gamma = -90°$				Süden: $\gamma = 0°$				Westen: $\gamma = +90°$
		−90°	−60°	−40°	−20°	0°	20°	40°	60°	90°
Neigung des Kollektorfeldes	0°	0,810	0,810	0,810	0,810	0,810	0,810	0,810	0,810	0,810
	15°	0,799	0,855	0,883	0,902	0,911	0,909	0,895	0,872	0,813
	30°	0,787	0,881	0,927	0,962	0,976	0,972	0,952	0,913	0,830
	45°	0,763	0,881	0,940	0,981	1,00	0,997	0,971	0,926	0,820
	60°	0,718	0,848	0,909	0,953	0,978	0,977	0,952	0,905	0,786
	75°	0,646	0,777	0,805	0,865	0,887	0,890	0,883	0,846	0,724
	90°	0,542	0,655	0,682	0,692	0,706	0,725	0,749	0,736	0,631

Der Korrekturfaktor für die Auslastung der Solaranlage wird nach Gleichung 245 ermittelt.

$$s_{slr} = -2,73 - 0,6 \cdot \ln\left(\frac{A_C}{Q_{w,outg,a}}\right) \tag{245}$$

A_c Kollektorfläche in m^2;
$Q_{w,outg,a}$ jährlicher Wärmebedarf der Trinkwasser-Erwärmung.

Der $Q_{w,outg,a}$ wird zu einem Jahreswert aufsummiert unter Beachtung aller Monatswerte für den Nutzenergiebedarf, für die Verteilung und Speicherung des Warmwassers. Die Verlustwerte sind aus den Tabellen 132 und 133 zu entnehmen. Der monatliche Nutzenergiebedarf ergibt sich aus dem Tagesbedarf multipliziert mit der Anzahl der Tage des jeweiligen Monats. Der Jahresbedarf wird somit zu 2384,12 kWh und der Korrekturfaktor für die Auslastung zu 1,11.

Für die Berechnung des Korrekturfaktors für die Größe des Bereitschaftsvolumens ist Gleichung 246 zu verwenden.

$$f_{S,Vaux} = 1,12 - 2,36 \cdot \left(\frac{V_{s,aux}}{Q_{w,outg,a}}\right) \tag{246}$$

Mit dem oben errechneten Speicherinhalt für den Bereitschaftsteil des Speichers von 103 Liter folgt ein Korrekturfaktor von 1,02.

Der Korrekturfaktor der Wärmeverluste des Speichers wird nach Gleichung 247 ermittelt.

$$f_{S,loss} = 1{,}22 - 0{,}464 \cdot \sqrt{Q_{w,outg,a}} \cdot \frac{q_{B,s}}{V_{s,aux}} \tag{247}$$

Mit dem berechneten Wert für $Q_{\text{w,outg,a}}$ von 2384,12 kWh, einem Speichervolumen des Bereitschaftsteils von 103 Liter und einem Bereitschaftswärmeverlust von 0,93 kWh folgt ein Korrekturfaktor von 1,015 zum Referenzeintrag. Der tatsächliche Jahreseintrag der Solaranlage $Q_{\text{w,sol,a}}$ nach Gleichung 244 beträgt damit insgesamt 1426,51 kWh (mit einem jährlichen Speicherverlust nach Tabelle 133 von 279,19 kWh).

Aufgrund der monatlichen Bilanzierung ist der Jahreseintrag in einen monatlichen Eintrag umzuwandeln. Der dazu notwendige Schlüssel ist in DIN V 18599-8 enthalten und wird in Tabelle 136 ausgewiesen.

Tabelle 136: Monatsschlüssel des Jahreseintrages

Januar	Februar	März	April	Mai	Juni
0,027	0,032	0,069	0,137	0,123	0,134
Juli	August	September	Oktober	November	Dezember
0,142	0,118	0,107	0,07	0,033	0,008

Der monatliche Eintrag über die Solaranlage wird demzufolge zu:

Tabelle 137: Monatsanteile des Jahreseintrages $Q_{\text{w,sol}}$ in kWh

Januar	Februar	März	April	Mai	Juni
38,52	45,65	98,43	195,43	175,46	191,15
Juli	August	September	Oktober	November	Dezember
202,56	168,33	152,64	99,86	47,07	11,41

Alternativ zur Berechnung des Energieeintrages aus der Solaranlage auf der Grundlage der DIN V 18599-8 können Simulationsprogramme genutzt werden. Bild 29 zeigt das Ergebnis einer solchen Simulation für den Standort Würzburg.

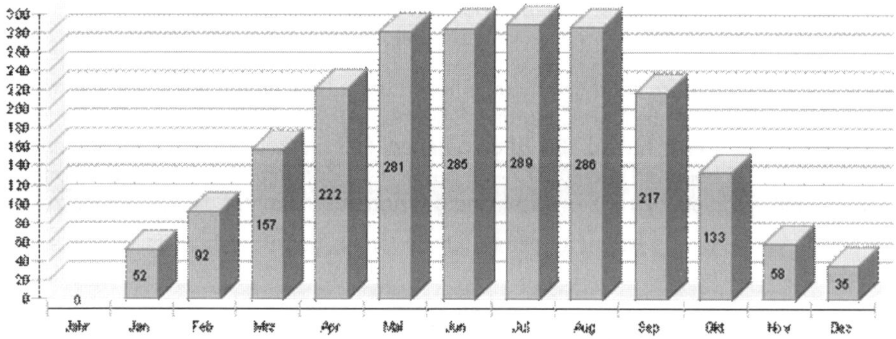

Bild 29: Energieeintrag der Solaranlage, ermittelt mit Simulationssoftware Polysun 5.2

Die sich abzeichnende Differenz des monatlichen Energieeintrages ist gegenüber DIN V 18599-8 beachtlich, obgleich in der Summe die Differenz des Energieeintrages gerade mal ca. 600 kWh ausmacht. Gerade weil die Verwendung regenerativer Energieeinträge in den kommenden Jahren bei der energetischen Bewertung von Gebäuden so an Bedeutung zunehmen wird, wäre eine weitere Harmonisierung von Berechnungsansätzen wünschenswert. Oder, alternativ denkbar: Die Verwendung von zertifizierter Simulationssoftware wird als gleichrangige Nachweisführung grundsätzlich akzeptiert.

Schritt: 5

Berechnung der Wärmeverluste der Erzeugung

Quelle:

Gleichung 174 bis 180

Gemäß Gleichung 174 sind für die Ermittlung der Wärmeverluste der Erzeugung sowohl der Tageswärmeverlust des Heizkessels als auch die tägliche Wärmeverlustleistung des Kessels im Stillstand maßgebend. Wärmeverlustleistungen im Stillstand des Kessels treten selbstverständlich nur dann auf, wenn die monatliche Nutzungszeit größer ist als die monatliche rechnerische Betriebszeit.

Der Tagesverlust des Heizkessels wird bestimmt durch den Wirkungsgrad des Heizkessels bei Volllast (Nennleistungswirkungsgrad) sowie dem vom Erzeuger zur Verfügung zu stellenden täglichen Wärmebedarf für die Trinkwasser-Erwärmung. Wird, wie in diesem Beispiel, eine Solaranlage zur Teildeckung des Bedarfes eingesetzt, so ist nur der Wärmebedarf, der sich abzüglich des Solareintrages ergibt, für die Berechnung heranzuziehen. Das Verhältnis zwischen Brennwert und Heizwert ist gemäß Tabelle 45 mit $1{,}11$ (Erdgas als Energieträger) anzusetzen. Die Nennleistung des Kessels gemäß Abschnitt 9.5 beträgt unter Beachtung standardisierter Eingangsgrößen $8{,}68\ \mathrm{kW}$. Dieser Wert wurde mit einem täglichen Nutzenergiebedarf von $2{,}72$ kWh berechnet. Der Nennleistungswirkungsgrad wird somit zu:

$$\eta_{\mathrm{k,100\%}} = \frac{94 + 1 \cdot \log(8{,}68)}{100} = 0{,}949 \tag{248}$$

Der Bereitschaftswärmeverlust bei einer mittleren Temperatur von $70\,°\mathrm{C}$ nach Gleichung 179 beträgt für den eingesetzten Brennwertkessel $0{,}03$. Diese $3\ \%$ Verluste werden nach Gleichung 178 auf die tatsächliche Temperaturdifferenz bezogen, wobei die mittlere Temperatur des Kessels vereinfacht mit $40\ °\mathrm{C}$ angenommen (keine Zirkulation) werden darf. Da als mittlere Umgebungstemperatur die errechnete Bilanztemperatur anzunehmen ist, ergeben sich für die einzelnen Monate unterschiedliche Bereitschaftswärmeverluste. Diese Unterschiede sind allerdings so marginal, dass sie für den weiteren Berechnungsfortgang vernachlässigt werden können. Vereinfachend kann demnach auch für alle Monate mit einem Bereitschaftswärmeverlust von $0{,}014$ gerechnet werden

Tabelle 138: Bereitschaftswärmeverluste des Kessels $q_{\mathrm{B},\vartheta}$ in kWh

Januar	Februar	März	April	Mai	Juni
0,014	0,014	0,013	0,013	0,013	0,013
Juli	**August**	**September**	**Oktober**	**November**	**Dezember**
0,013	0,013	0,013	0,013	0,013	0,013

Als nächster Schritt ist die Tageslaufzeit des Kessels zur Trinkwasser-Erwärmung bei Nennleistung zu bestimmen. Diese ergibt sich aus dem Verhältnis der vom Erzeuger zur Verfügung zu stellenden Nutzwärmeabgabe und der monatlichen bei Nennwärmeleistung des Heizkessels abrufbaren Energie (siehe Gleichung 180). Bei der Anwendung dieser Gleichung ist zu beachten, dass auch hier eine Erzeugernutzwärmeabgabe unter Beachtung der monatlichen solaren Wärmeeinträge zu verwenden ist.

Dieser Wärmebedarf Q^*_{outg} ist unter Beachtung des solaren Eintrages nach Tabelle 137 für die Monate wie folgt zu ermitteln:

$$Q^*_{\mathrm{outg}} = Q_{\mathrm{outg}} - Q_{\mathrm{w,sol}} \tag{249}$$

Q^*_{outg} verbleibende Erzeugernutzwärmeabgabe;

Q_{outg} Erzeugernutzwärmeabgabe ($Q_{w,b} + Q_{w,s} + Q_{w,d}$)
$Q_{w,sol}$ Energieeintrag der Solaranlage

Die monatlich verbleibende Erzeugernutzwärmeabgabe ist aus Tabelle 139 zu entnehmen. In Monaten, in denen die Wärmeabgabe zu null wird, deckt der solare Eintrag die erforderliche Erzeugernutzwärmeabgabe zu $100\ \%$, der Kessel wird für die Trinkwasser-Erwärmung nicht benötigt.

Tabelle 139: Verbleibende Erzeugernutzwärmeabgabe $Q^*_{w,outg}$ in kWh

Januar	Februar	März	April	Mai	Juni
169,71	141,47	106,78	0,25	24,84	1,18
Juli	August	September	Oktober	November	Dezember
0,00	28,96	40,40	102,57	151,19	195,36

Die monatlich mittlere Tageslaufzeit des Kessels für die Trinkwasser-Erwärmung nach Gleichung 180 beträgt unter Beachtung der Einträge aus der Solaranlage:

Tabelle 140: Tageslaufzeit des Kessels bei Nennleistung $t_{w,100\ \%}$

Januar	Februar	März	April	Mai	Juni
0,631	0,582	0,397	0,001	0,092	0,004
Juli	August	September	Oktober	November	Dezember
0,000	0,108	0,155	0,381	0,581	0,726

Die tägliche Verlustleistung des Kessels nach Gleichung 177 wird monatsweise berechnet, die Ergebnisse sind aus Tabelle 141 zu entnehmen.

Tabelle 141: Tägliche Verlustleistung des Kessels $Q_{b,w}$ in kWh

Januar	Februar	März	April	Mai	Juni
3,23	3,21	3,20	3,19	3,14	3,12
Juli	August	September	Oktober	November	Dezember
3,09	3,07	3,11	3,14	3,17	3,18

Die Tageswärmeverlust-Werte des Heizkessels nach Gleichung 175 werden in Tabelle 142 monatsweise aufgelistet.

Tabelle 142: Tageswärmeverlust des Kessels $Q_{w,g\ 100\ \%}$ in kWh

Januar	Februar	März	April	Mai	Juni
0,039	0,036	0,024	0,000	0,006	0,000
Juli	August	September	Oktober	November	Dezember
0,000	0,007	0,009	0,023	0,036	0,044

Die Wärmeverluste des Kessels $Q_{w,g}$ sind aus Tabelle 143 zu entnehmen. Sie sind für die in Tabelle 128 aufgeführten rechnerischen monatlichen Betriebstage ermittelt worden. In Monaten mit geringen Betriebstagen wird der Wärmeverlust des Kessels hauptsächlich durch die tägliche Verlustleistung des Kessels im Stillstand bestimmt. Die DIN V 18599-8 berücksichtigt nicht den Fall eines vollständigen Abschaltens des Kessels für die Trinkwasser-Erwärmung bei Vorhandensein einer Solaranlage.

Tabelle 143: Wärmeverluste des Kessels $Q_{w,g}$ in kWh

Januar	Februar	März	April	Mai	Juni
0,75	0,58	0,30	0,00	30,58	89,55
Juli	August	September	Oktober	November	Dezember
95,73	95,21	53,79	0,28	0,62	1,00

Ist der Kessel, wie in diesem Beispiel, im beheizten Bereich aufgestellt – oder besser gesagt: in der wärmeübertragenden Umfassungsfläche -, so sind die für das Gebäude zu berücksichtigende ungeregelten Wärmeeinträge wie folgt zu ermitteln.

$$Q_{I,w,g} = q_{s,\vartheta} \frac{\dot{Q}_N}{\eta_{k,100\%}} \left(\left(t_{Nutz,T} - t_{w,100\%} \right) \left(d_{Nutz,mth} - d_{h,rB} \right) + t_{w,100\%} \cdot d_{Nutz,mth} \right) \tag{250}$$

$Q_{I,w,g}$ monatliche Nutzungstage in d;

$q_{s,\vartheta}$ Verluste über die Außenhülle des Kessels in kWh;

$\dot{Q}_n$ Nennwärmeleistung des Kessels in kW;

$\eta_{k,100\,\%}$ Nennleistungswirkungsgrad;

$t_{Nutz,T}$ die tägliche Nutzungszeit in h (Wohngebäude: 24 h)

$t_{w,100\,\%}$ Kessellaufzeit in bei Nennwärmeleistung in h;

$d_{Nutz,mth}$ monatliche Nutzungstage in d;

$d_{h,rB}$ monatliche rechnerische Betriebstage in d.

Bei den üblicherweise zum Einsatz kommenden Kesseln können die Verluste über die Außenhülle vereinfachend mit 75 % der Bereitschaftswärmeverluste angesetzt werden, bei Gas-Spezial-Heizkesseln verringert sich dieser Wert auf 50 % der Bereitschaftswärmeverluste. Alle anderen zur Lösung der Gleichung 250 notwendigen Eingangswerte sind bereits in vorangegangenen Berechnungsschritten ermittelt worden. Die monatlichen Werte enthält Tabelle 144.

Tabelle 144: Gesamtsumme der monatlichen Strahlungsverluste $Q_{I,w,g}$ in kWh

Januar	Februar	März	April	Mai	Juni
1,82	1,52	1,15	0,00	22,01	64,39
Juli	August	September	Oktober	November	Dezember
69,42	69,42	38,89	1,10	1,63	2,10

Schritt:6	Quelle:
Berechnung des Endenergiebedarfs und des Primärenergiebedarfs für die Erwärmung des Trinkwassers	Gleichung 92 und 169a

Die Berechnung des Endenergiebedarfs erfolgt auf der Grundlage der Gleichung 169a, da über die Solareinlage ein Energieeintrag von regenerativen Energien zu berücksichtigen ist. Die Erzeugernutzwärmeabgabe ergibt sich aus dem Nutzenergiebedarf der Trinkwassererwärmung, den Speicherverlusten und den Verlusten der Verteilung.

Tabelle 145: Erzeugernutzwärmeabgabe $Q_{w,outg}$ in kWh

Januar	Februar	März	April	Mai	Juni
208,23	187,12	205,21	195,68	200,30	192,33
Juli	August	September	Oktober	November	Dezember
197,46	197,29	193,03	202,42	198,27	206,78

Zu der Erzeugernutzwärmeabgabe ist der Wärmeverlust des Heizkessels nach Tabelle 143 zu addieren und der regenerative Energieeintrag zu subtrahieren. Aus diesem Berechnungsschritt ergibt sich der in Tabelle 146 enthaltene Endenergiebedarf.

Tabelle 146: Endenergiebedarf $Q_{w,f}$ der Trinkwasser-Erwärmung in kWh

Januar	Februar	März	April	Mai	Juni
170,46	142,05	107,08	0,25	55,42	90,73
Juli	August	September	Oktober	November	Dezember
90,63	124,18	94,19	102,84	151,81	196,36

Für das Gebäude entsteht demnach ein Jahresbedarf von 1326,01 kWh bzw. ein nutzflächenbezogener Wert von 13,34 kWh/m^2.

Unter der Voraussetzung, dass der Primärenergiefaktor für Erdgas 1,1 und das Brennwert-/Heizwertverhältnis 1,11 beträgt, ergeben sich die nachfolgenden monatlichen Primärenergiebedarfs-Werte.

Tabelle 147: Primärenergiebedarf $Q_{w,p}$ der Trinkwasser-Erwärmung in kWh

Januar	Februar	März	April	Mai	Juni
168,93	140,77	106,12	0,24	54,92	89,91
Juli	August	September	Oktober	November	Dezember
89,81	123,06	93,34	101,92	150,45	194,59

Die Werte des Primärenergiebedarfs liegen demnach unterhalb der Werte, die für den Endenergiebedarf ermittelt worden sind. Ursächlich ist diese zunächst überraschende Verringerung des Primärenergiebedarfs in Relation zum Endenergiebedarf darauf zurückzuführen, dass der Endenergiebedarf nach DIN V 18599 stets brennwertbezogen, der Primärenergiebedarfs aber heizwertbezogen ermittelt wird. So sind Systeme, die mit Erdgas betrieben werden, aufgrund des hohen Kohlenstoffgehalts des Brennstoffs per se im Vorteil.

Aus der Gesamtsumme aller Monate und der Nutzfläche des Gebäudes resultiert ein flächenbezogener Primärenergiebedarf (ohne Hilfsenergie) von 13,22 kWh/m^2a. Dieser Wert liegt deutlich oberhalb des Ergebnisses, welches nach DIN V 4701-10 (siehe oben) ermittelt werden konnte. Gründe dafür sind unter anderem die in DIN V 18599-8 verwendeten größeren Leitungslängen und der geringere solare Eintrag der Solaranlage.

Schritt:7	Quelle:
Berechnung des Hilfsenergiebedarfs für die Erwärmung des Trinkwarmwassers	Gleichung 182 bis 198

Neben dem Bedarf an Wärme ist bei der Trinkwasserbereitung auch die notwendige Energie für den Transport der Wassers zum Speicher und vom Speicher zum Verbraucher zu berücksichtigen. Ferner ist die Energie zum Betrieb des Wärmeerzeugers in die energetische Bewertung der Anlage einzubeziehen. In aller Regel wird der Hilfsenergiebedarf mit elektrischem Strom gedeckt. Ansätze für die Einbeziehung von erneuerbaren Energiequellen für die Deckung des Hilfsenergiebedarfs ergeben sich unter anderem aus der von der EnEV offerierten Möglichkeit, auch Strom von Photovoltaikanlagen in der Bilanzierung zu berücksichtigen. DIN V 18599 enthält bislang kein Verfahren, mit dem der monatliche Energieeintrag aus Photovoltaikanlagen berücksichtigt werden könnte. Gemäß Auslegung zur EnEV kann für diesen Fall auf die DIN EN 15316-4-6 zurückgegriffen werden, die aber auch kein monatliches Verfahren enthält. Bis ein nationales Verfahren angeboten wird kann man sich derart behelfen, dass der Jahreseintrag mit den Strahlungswerten nach DIN V 18599-10 mit dem nach DIN V 18599-8 zur Verfügung stehenden Umrechnungsschlüssel auf monatliche Werte transformiert wird. In Abschnitt 14 wird diese Nachweisführung näher erläutert.

Für dieses Beispiel ist nur die Hilfsenergie für das Beladen des bivalenten Solarspeichers und für den Betrieb der Solarpumpe zu berücksichtigen, da keine Zirkulation vorgesehen ist. Der Hilfsenergiebedarf für die Ladung des bivalenten Speichers nach ist Gleichung 194 als Produkt aus Leistungsaufnahme der Pumpe und der Pumpenlaufzeit zu ermitteln. Ist die Leistungsaufnahme der Pumpe nicht bekannt, so kann sie vereinfachend mit der Gleichung 195 ermittelt werden. Bei bivalenten Speichern ist als Speicherinhalt ausschließlich der Bereitschaftsteil maßgebend. Für die Anlagenkonfiguration des Gebäudes ergibt sich eine elektrische Leistungsaufnahme der Pumpe von $47{,}78\ \mathrm{W}$.

Die Betriebsdauer der Pumpe nach Gleichung 196 wird als Verhältnis zwischen der Erzeugernutzwärmeabgabe und der Nennleistung des Kessels ermittelt. Es ergeben sich die folgenden monatlichen Werte.

Tabelle 148: Monatliche Betriebsdauer t_P der Pumpe in h

Januar	Februar	März	April	Mai	Juni
26,39	23,72	26,01	24,80	25,39	24,38
Juli	August	September	Oktober	November	Dezember
25,03	25,01	24,47	25,66	25,13	26,21

Die nach Gleichung 194 ermittelten monatlichen Werte für den Hilfsenergiebedarf des Pumpenbetriebes zeigt Tabelle 149.

Tabelle 149: Monatlicher Hilfsenergiebedarf $Q_{w,s,aux}$ in kWh

Januar	Februar	März	April	Mai	Juni
1,26	1,13	1,24	1,19	1,21	1,16
Juli	August	September	Oktober	November	Dezember
1,20	1,19	1,17	1,23	1,20	1,25

Der monatliche Hilfsenergiebedarf für die Solarpumpe kann, so keine genauen Angaben vorhanden sind, mit $5\ \%$ vom Q_{sol} ermittelt werden.

Tabelle 150: Monatlicher Hilfsenergiebedarf der Solarpumpe $Q_{w,s,aux}$ in kWh

Januar	Februar	März	April	Mai	Juni
1,93	2,28	4,92	9,77	8,77	9,56
Juli	August	September	Oktober	November	Dezember
10,13	8,12	7,63	4,99	2,35	0,57

Solarpumpen für die Anwendung in kleinen Solaranlagen verfügen über eine elektrische Leistungsaufnahme von rund $40\ \mathrm{W}$. Um auf gleiche Werte wie in Tabelle 150 zu kommen, müsste die Pumpe im Januar ca. $48\ \mathrm{h}$, im Juli $244\ \mathrm{h}$ in Betrieb sein.

Die Hilfsenergie zum Betrieb des Heizkessels nach Gleichung 197 ergibt sich unter Einbeziehung der Tabelle 65 zu:

Tabelle 151: Monatlicher Hilfsenergiebedarf zum Betrieb des Heizkessels $Q_{w,g,aux}$ in kWh

Januar	Februar	März	April	Mai	Juni
24,83	20,70	15,62	0,04	7,13	10,52
Juli	August	September	Oktober	November	Dezember
11,16	15,34	12,09	15,00	22,12	28,58

Als Ergebnis der Summation aller Hilfsenergien ergeben sich die in Tabelle 152 dargestellten Werte.

Tabelle 152: Monatlicher Gesamt-Hilfsenergiebedarf in kWh für die TW-Erwärmung

Januar	Februar	März	April	Mai	Juni
28,01	24,11	21,79	10,99	17,12	21,24
Juli	August	September	Oktober	November	Dezember
22,48	24,96	20,89	21,22	25,67	30,40

Der Primärenergiebedarf wird ermittelt, indem der monatliche Gesamt-Hilfsenergiebedarf mit dem Primärenergiefaktor für elektrischen Strom von 2,6 multipliziert wird.

Tabelle 153: Monatlicher Primär-Hilfsenergiebedarf in kWh für die TW-Erwärmung

Januar	Februar	März	April	Mai	Juni
72,84	62,69	56,64	28,58	44,50	55,23
Juli	August	September	Oktober	November	Dezember
58,45	64,89	54,32	55,18	66,75	79,05

Der flächenbezogene Jahres-Hilfsprimärenergiebedarf beträgt demnach 7,03 kWh/m^2, was in etwa 55 % des Bedarfes umfasst, der für die Erwärmung des Trinkwassers benötigt wird. Der flächenbezogene Gesamt-Primärenergiebedarf für die Bereitstellung des erwärmten Trinkwassers beträgt $13{,}22 + 7{,}03 = 20{,}25$ kWh/m^2a.

13.9.4 Berechnung des Endenergiebedarfs und des Primärenergiebedarfs für die Heizwärme nach DIN V 18599-5

Die zur energetischen Bewertung des Heizsystems erforderlichen Berechnungsgrundlagen sind dem Abschnitt 8 zu entnehmen. Die Berechnung für das Beispielgebäude erfolgt wie bei der Berechnung der Erwärmung des Trinkwassers jeweils Schritt für Schritt, Gleichungen werden nur dann aufgeführt, wenn sie im Abschnitt 8 nicht enthalten sind. Für die energetische Bewertung des Heizsystems nach DIN V 18599-5 sind einige zusätzliche Eingangsparameter erforderlich, die in Tabelle 154 zusammengefasst sind.

Tabelle 154: Eingangsparameter für die Bewertung der Heizungsanlage

Eingangsparameter	Wert für das Berechnungsbeispiel
Art der Heizunterberechnung	Abschaltung (gemäß DIN V 18599-10)
Integriertes Pumpenmanagement	Nein
Wasserinhalt des Kessel	< 0,15 l/kW

Tabelle 154: (Fortsetzung) Eingangsparameter für die Bewertung der Heizungsanlage

Eingangsparameter	Wert für das Berechnungsbeispiel
Pumpenregelung	Δp = konstant
Pumpe auf den Bedarf ausgelegt	Ja
Pumpe mit intermittierenden Betrieb	Ja
Längenbezogener U-Werte der Heizungsrohre	Verteilleitung: 0,20 W/(m·K) Steigleitungen und Anbindeleitungen: 0,25 W/(m·K)
Rohrsystem	Zweirohrheizung
Anordnung der Heizkörper	Außenwand, nicht vor Glasflächen
Raumregelung	Thermostatventile 1 K Proportionalitätsbereich
Hydraulischer Abgleich	Ja

Schritt:1

Berechnung des Energieaufwandes der Wärmeübergabe

Quelle:

Gleichung 128 bis 129

Die Berechnung des Energieaufwandes für die Wärmeübergabe an den Raum erfolgt unter Zuhilfenahme der Gleichung 128.

Aufgrund der Tatsache, dass sowohl der Faktor für den Strahlungseinfluss als auch der Faktor für den intermittierenden Betrieb zu eins zu setzen sind, ist lediglich der Gesamtnutzungsgrad der Wärmeabgabe, der sich aus Gleichung 129 ergibt, für die Monate zu berechnen.

Wie in Tabelle 154 bestimmt, wird das Beispielgebäude mit freien Heizflächen (Plattenheizkörpern an den Außenwänden) ausgestattet, die über Proportionalitätsregler (Thermostatventile) mit 1 K Regelbereich verfügen. Die Systemtemperatur beträgt 55/45 °C. Aus Tabelle 50 können somit alle relevanten Nutzungsgrade entnommen werden. Die aus der Tabelle 50 resultierenden Nutzungsgrade enthält Tabelle 155.

Tabelle 155: Zusammenstellung der Nutzungsgrade für die Wärmeübergabe

Einflussgröße	Nutzungsgrad
Raumtemperaturregelung η_c	0,95
Übertemperatur η_{L1}	0,95
Wärmeverlust über Außenbauteile η_{L2}	0,95
Mittelwert aus η_{L1} und η_{L2}	0,95
Faktor für intermittierenden Betrieb f_{int}	0,97

Für das Beispielgebäude ist ein intermittierender Betrieb deshalb vorausgesetzt worden, weil die Randbedingungen für die Bewertung von Heizungsanlagen in EFH eine Abschaltung der Heizung in den Nachtstunden vorsehen.

Aus den Nutzungsgraden der Tabelle 155 resultiert ein Gesamtnutzungsgrad nach Gleichung 129 von 0,91. Der Verlust der Wärmeübergabe beträgt unter Annahme dieses Gesamtnutzungsgrades monatlich 6,7 % des Nutzwärmebedarfs. Die monatlichen Verlustwerte sind der Tabelle 156 zu entnehmen.

Tabelle 156: Monatlicher Verlust der Wärmeübergabe $Q_{h,ce}$ in kWh

Januar	Februar	März	April	Mai	Juni
122,35	97,22	79,89	28,83	10,40	0,61
Juli	August	September	Oktober	November	Dezember
0,00	0,00	6,22	46,72	79,64	109,28

Schritt:2

Berechnung der Verluste der Wärmeverteilung

Quelle:

Gleichung 130 bis 134

Gemäß den Projektvorgaben wird das Gebäude mit einer Warmwasserheizung ausgestattet. Der Wärmeverlust zentraler Warmwasserheizungs-Rohrnetze ist mit Gleichung 130 zu berechnen.

Eine genaue Rohrplanung für das Gebäude liegt zum Zeitpunkt der Nachweisführung noch nicht vor. Grundsätzlich sind für Warmwasserheizungs-Rohrnetze die im Bild 11 dargestellten Leitungsarten einzubeziehen.

Das Beispielgebäude verfügt über eine Zweirohrheizung. Es ist eine innenliegende Verteilung der Heizungsrohre vorgesehen. Die Leitungslängen werden mit der größten gestreckten Länge und der größten gestreckten Breite des Gebäudes berechnet.

Wie schon beim Trinkwarmwasser erläutert, ergeben sich im Vergleich der Normen 4701-10 und 18599-5 Unterschiede bei den Leitungslängen. Hinzu kommen Änderungen des Berechnungsansatzes für die Leitungslängen, die bereits mit dem Teil 100 der DIN V 18599 veröffentlicht, bauaufsichtlich jedoch noch nicht eingeführt worden sind. Die Tabelle 157 zeigt informativ diese bestehenden Differenzen, in der Berechnung der Verluste der Verteilung werden selbstverständlich nur die Verluste der DIN V 18599-5 verwendet. Auffällig ist, dass im Gegensatz zum Abschnitt Trinkwasser die Leitungslängen der DIN V 18599 geringer sind als nach DIN V 4701-10.

Tab.157: Rohrleitungslängen in m im Vergleich

	Länge in m		
Abschnitt	18599-8	4701-10	18599-100
Verteilung	35,68	68,35	36,05
Strangleitungen	8,55	7,46	8,55
Anbindeleitungen	62,21	54,68	62,21
Gesamt	106,43	130,48	106,81

Die Wärmeverluste über die Rohrleitungen eines Heizkreises stehen in unmittelbarer Abhängigkeit von den Temperaturen im Heizkreis. Als einfache Annahme könnte der Mittelwert von Vor- und Rücklauftemperatur (50 °C) als mittlere Heizkreistemperatur dienen, was die Verluste aber deutlich überzeichnete. In den Gleichungen 131 bis 133 sind die für die üblichen Nutzungsbedingungen (insbesondere in Abhängigkeit von der Soll-Innentemperatur und der tatsächlichen Belastung des Heizkreises) maßgebenden Einflussfaktoren aufgezeigt. Die Tabelle 158 beinhaltet den monatlichen Belastungsgrad der Verteilung, der zu den monatlichen mittleren Vor- und Rücklauftemperaturen des Heizkreises nach Tabelle 159 und 160 führt. Diese sind für einen Heizkörperexponent von 1,33 (Standardwert für Heizkörper) und der nach Abschnitt 13.9.2 berechneten Bilanztemperatur ermittelt worden. Mit der berechneten mittleren Vor- und Rücklauftemperatur lassen sich dann die mittleren Heizkreistemperaturen nach Gleichung 131 berechnen.

Tabelle 158: Monatlicher Belastungsgrad der Verteilung $\beta h,d$

Januar	Februar	März	April	Mai	Juni
0,43	0,38	0,28	0,10	0,05	0,05
Juli	August	September	Oktober	November	Dezember
0,05	0,05	0,05	0,16	0,29	0,38

Tabelle 159: Monatliche mittlere Vorlauftemperatur $\vartheta_{VL,m}$ in °C

Januar	Februar	März	April	Mai	Juni
38,57	36,86	33,48	26,42	23,86	23,86
Juli	August	September	Oktober	November	Dezember
23,86	23,86	23,86	29,00	33,78	37,06

Tabelle 160: Monatliche mittlere Rücklauftemperatur $\vartheta_{RL,m}$ in °C

Januar	Februar	März	April	Mai	Juni
33,26	32,05	29,63	24,59	22,76	22,76
Juli	August	September	Oktober	November	Dezember
22,76	22,76	22,76	26,43	29,84	32,18

Tabelle 161: Monatliche mittlere Heizkreistemperatur $\vartheta_{HK,m}$ in °C

Januar	Februar	März	April	Mai	Juni
35,92	34,45	31,55	25,50	23,31	23,31
Juli	August	September	Oktober	November	Dezember
23,31	23,31	23,31	27,72	31,81	34,62

Neben den Systemtemperaturen ist es wichtig, die Zeit zu kennen, in der die Heizung unter Beachtung einer Absenkung/Abschaltung in Betrieb ist. Die monatlichen rechnerischen Betriebstage sind bereits im Abschnitt 13.9.2 berechnet worden. Für ein Einfamilienhaus ist eine Abschaltung der Anlage anzunehmen, die Heizungsanlage ist laut Randbedingungen für Wohngebäude nach DIN V 18599-10 17 h in Betrieb, sachlogisch 7 h außer Betrieb. Da es sich um eine Abschaltung handelt, ist die tägliche rechnerische Laufzeit kongruent mit der Betriebszeit $t_{h,op}$ von 17 h.

Die monatliche rechnerische Laufzeit nach Gleichung 135 ist aus der Tabelle 162 zu entnehmen.

Tabelle 162: Monatliche rechnerische Laufzeit $t_{h,r.l}$ der Heizungsanlage in h

Januar	Februar	März	April	Mai	Juni
527,00	476,00	527,00	510,00	361,33	21,30
Juli	August	September	Oktober	November	Dezember
0,11	0,11	216,25	527,00	510,00	527,00

Abschließend sind die monatlichen Verluste der Verteilung nach Gleichung 130 zu ermitteln. Die Zahlenwerte sind in Tabelle 163 enthalten. In den typischen Heizmonaten belaufen sich die Verluste auf ca. 12 – 20 % des Nutzwärmebedarfs. Sie werden, so wie die Verluste aus der Übergabe, in späteren Berechnungsschritten (Iterationsschritte) an den Teil 2 zur Berechnung des Nutzwärmebedarfs als ungeregelte Wärmeeinträge übergeben.

Tabelle 163: Monatliche Wärmeverluste der Verteilung in kWh

Januar	Februar	März	April	Mai	Juni
232,79	191,01	169,41	80,97	35,07	1,95
Juli	August	September	Oktober	November	Dezember
0,01	0,01	20,36	113,47	166,70	212,96

Schritt:3

Berechnung der Wärmeverluste der Erzeugung

Quelle:

Gleichung 139 bis 151

Der Gesamtverlust der Heizwärmeerzeugung von brennstoffgespeisten Systemen $Q_{\mathrm{h,g}}$ bezogen auf den Brennwert ist nach Gleichung 139 zu berechnen.

Die täglichen Verluste des Wärmeerzeugers sind in Abhängigkeit von der mittleren Heizkesselbelastung und dem bei der Normprüfung zugrunde gelegten Teillastbereich (bei Öl- und Gaskesseln = 0,3) zu ermitteln.

Der mittlere Belastungsgrad nach Gleichung 142 ergibt sich aus dem Verhältnis der vom Erzeuger bereitzustellenden Erzeugernutzwärme zur maximalen Heizenergie (Heizleistung · Heizzeit) des Gebäudes. Naturgemäß ist sie in Monaten mit der geringsten Außentemperatur (Januar) am größten, in den Sommermonaten am geringsten. Der aus Gleichung 142 errechnete monatliche mittlere Belastungsgrad ist aus der Tabelle 164 zu entnehmen.

Tabelle 164: Mittlerer Monatlicher Belastungsgrad des Wärmeerzeugers

Januar	Februar	März	April	Mai	Juni
0,48	0,42	0,32	0,12	0,06	0,06
Juli	August	September	Oktober	November	Dezember
0,06	0,06	0,06	0,19	0,33	0,43

In DIN V 18599-5 wird für die Bestimmung der Verluste der Wärmeerzeugung zusätzlich eine Gleichung angegeben, die den Belastungsgrad aus dem Verhältnis der durchschnittlichen Wärmeabgabeleistung zur Heizkesselnennwärmeleistung ermittelt.

$$\beta_{\mathrm{h}} = \frac{\dot{Q}_{d,in}}{\dot{Q}_{\mathrm{N}}} \tag{251}$$

β_{h} Belastungsgrad;

$\dot{Q}_{d,in}$ durchschnittliche Wärmeabgabeleistung an das Heizsystem in kW;

$\dot{Q}_{\mathrm{n}}$ Heizkesselnennwärmeleitung.

Die Heizkesselnennwärmeleistung wird, wenn keine Angaben zur Auslegung des Wärmeerzeugers vorliegen, vereinfacht mit 130 % der maximalen Heizleistung des Gebäudes ermittelt. Die durchschnittliche Wärmeabgabeleistung wird für Systeme, die nur Heizwärme und Wärme für das Trinkwassersystem liefern, nach Gleichung 252 berechnet.

$$\dot{Q}_{\mathrm{d,in}} = Q_{\mathrm{h,outg}} / (d_{\mathrm{h,rB}} \cdot (t_{\mathrm{h,rL,T}} - t_{\mathrm{w,100\%}}) \tag{252}$$

$Q_{\mathrm{h,outg}}$ Erzeugernutzwärmeabgabe an das Heizsystem in kWh;

$d_{h,rB}$ monatliche rechnerische Betriebstage in d;
$t_{h,rL,T}$ tägliche Laufzeit der Heizung in h;
$t_{w,100\,\%}$ tägliche Laufzeit des Kessels für die TWW-Erwärmung bei Nennleistung in h.

Der sich aus den vorstehenden Gleichungen ergebende monatliche Belastungsgrad ist in Tabelle 165 dargestellt.

Tabelle 165: Monatlicher Belastungsgrad des Wärmeerzeugers

Januar	Februar	März	April	Mai	Juni
0,54	0,48	0,35	0,13	0,07	0,07
Juli	August	September	Oktober	November	Dezember
0,07	0,07	0,07	0,21	0,37	0,49

Im Vergleich zu den in Tabelle 164 enthaltenden Werten ist der monatliche Belastungsgrad, ermittelt nach Gleichung 251, etwas höher. Die Auswirkungen auf den Primärenergiebedarf des Gebäudes sind klein, sodass durchaus mit den Werten nach Tabelle 164 weitergerechnet werden könnte. Für dieses Beispiel werden jedoch die Werte des zweiten Berechnungsansatzes verwendet.

Die Verluste des Heizkessels im Stillstand sind in erster Linie abhängig vom Bereitschaftswärmeverlust des Kessels. Stehen keine Kennwerte zu Verfügung, so kann anhand der Tabelle 53 zunächst der Bereitschaftswärmeverlust unter üblichen Prüfbedingungen von 70 °C und dann der Bereitschaftswärmeverlust nach Gleichung 144 ermittelt werden. Der Wert für $q_{B,70}$ nach Tabelle 53 in Verbindung mit Gleichung 145 beträgt 0,0175 (also 1,75 %).

Die Bereitschaftswärmeverluste unter Prüfbedingungen werden an die tatsächlichen Systemtemperaturen angepasst. Hierbei ist die mittlere Heizkesseltemperatur maßgebend, die sich aus den Gleichungen 131 bis 133 ergibt. Die mittlere Vor- und Rücklauftemperatur ist aufgrund der Tatsache, dass der Belastungsgrad des Kessels höher ist, als für die Verteilung angenommen, größer als bei der Berechnung für die Verteilung (im Jahresmittel ca. 1,5 °C). Auf eine erneute Darstellung der Monatswerte der Vor- und Rücklauftemperatur wird an dieser Stelle verzichtet, stattdessen wird nur die sich ergebende Heizkesseltemperatur ausgegeben.

Tabelle 166: Monatliche Temperatur des Heizkessels in °C

Januar	Februar	März	April	Mai	Juni
38,97	37,23	33,74	26,62	24,09	24,04
Juli	August	September	Oktober	November	Dezember
24,02	24,03	24,08	29,29	34,16	37,53

Die Bereitschaftswärmeverluste unter Nutzbedingungen nach Gleichung 144 sind in der Tabelle 167 aufgezeigt.

Tabelle 167: Monatliche Bereitschaftswärmeverluste $q_{B,\vartheta}$

Januar	Februar	März	April	Mai	Juni
0,00720	0,00655	0,00523	0,00259	0,00162	0,00153
Juli	August	September	Oktober	November	Dezember
0,00146	0,00146	0,00158	0,00354	0,00536	0,00663

Die Bereitschaftswärmeverluste sind im nächsten Schritt nach Gleichung 143 in Verlustwerte zu transformieren. Dazu werden die Bereitschaftswärmeverluste auf die Kesselnennleistung bezogen. Da im Rahmen der DIN V 18599-5 alle Werte auf den Brennwert bezogen werden, ist eine brennstoffabhängige Korrektur vorzunehmen (in diesem Beispiel 1,11).

Der Kesselwirkungsgrad nach Gleichung 146 beträgt für den vorgesehenen Brennwertkessel bei Volllast 0,949, was einer Aufwandszahl von 1,05 entspricht. Die monatlichen Verlustleistungen im Falle des Stillstandes des Heizkessels sind der Tabelle 168 zu entnehmen. Sie betragen in diesem Beispiel im Maximum rund 67 W, im Minimum gerade mal rund 13,5 W. Die Heizkesselnennleistung war dabei nach Gleichung 143 mit 130 % der maximalen Heizleistung nach DIN V 18599-2 anzunehmen.

Tabelle 168: Monatliche Verluste des Heizkessels im Stillstand in kW

Januar	Februar	März	April	Mai	Juni
0,06665	0,06057	0,04842	0,02401	0,01499	0,01415
Juli	August	September	Oktober	November	Dezember
0,01350	0,01347	0,01460	0,03277	0,04960	0,06137

Um die Verlustleistung des Kessels ermitteln zu können, bedarf es der Kenntnis der Wirkungsgrade bei unterschiedlichen Betriebsbedingungen. Der monatliche Wirkungsgrad des in diesem Beispiel verwendeten Brennwertkessels bei 100 % Belastung, berechnet nach Gleichung 150 in Verbindung mit Tabelle 56, enthält Tabelle 169. Der monatliche Wirkungsgrad im Lastfall Teillast auf Basis der Gleichung 151 und der Tabelle 56 ist aus Tabelle 170 zu entnehmen.

Tabelle 169: Monatliche Wirkungsgrad des Heizkessels bei 100 % Belastung

Januar	Februar	März	April	Mai	Juni
1,011	1,015	1,021	1,036	1,041	1,041
Juli	August	September	Oktober	November	Dezember
1,041	1,041	1,041	1,030	1,021	1,014

Tabelle 170: Monatliche Wirkungsgrad des Heizkessels bei Teillast

Januar	Februar	März	April	Mai	Juni
1,021	1,025	1,031	1,046	1,051	1,051
Juli	August	September	Oktober	November	Dezember
1,051	1,051	1,051	1,040	1,031	1,024

Die beiden vorstehenden Tabellen verdeutlichen, dass der Wirkungsgrad von Brennwertkesseln bei Teillast nur leicht über dem Wert bei Volllast liegt. Dieser Umstand ergibt sich folgerichtig aus der Tatsache, dass die Nutzung des Brennwerteffektes insbesondere bei niedrigen Rücklauftemperaturen größer ist als bei höheren Rücklauftemperaturen, die sich unter Volllast regelmäßig einstellen.

Mit diesen bekannten Eingangsgrößen lassen sich nunmehr die monatlichen Verlustleistungen des Kessels unter Voll- und Teillast berechnen. Die sich ergebenden Verlustwerte unter Nutzung der Gleichungen 148 und 149 sind in den nachstehenden Tabellen enthalten.

Tabelle 171: Monatliche Verlustleistung des Heizkessels bei Volllast in kW

Januar	Februar	März	April	Mai	Juni
0,774	0,744	0,685	0,567	0,526	0,525
Juli	August	September	Oktober	November	Dezember
0,525	0,525	0,526	0,611	0,692	0,750

Tabelle 172: Monatliche Verlustleistung des Heizkessels bei Teillast in kW

Januar	Februar	März	April	Mai	Juni
0,207	0,198	0,181	0,146	0,134	0,133
Juli	August	September	Oktober	November	Dezember
0,133	0,133	0,134	0,159	0,183	0,200

Unter der Randbedingung dieses Beispiels, dass die Heizkessel-Nennwärmeleistung des Kessels mit 130 % der max. Heizleistung angenommen wurde, beträgt die max. Verlustleistung im Volllastbetrieb etwa 10 %, im Teillastbetrieb etwa 3 % der Nennwärmeleistung des Kessels.

Der tägliche Verlust der Heizwärmeerzeugung nach Gleichung 140 bzw. 141, abhängig vom Belastungsgrad, ist in der Tabelle 173 eingetragen.

Tabelle 173: Tägliche Verlust der Heizwärmeerzeugung in kW

Januar	Februar	März	April	Mai	Juni
5,796	4,857	3,220	1,259	0,686	0,673
Juli	August	September	Oktober	November	Dezember
0,661	0,656	0,676	1,867	3,329	4,928

Durch Multiplikation mit den rechnerischen monatlichen Betriebstagen (siehe Tabelle 128) ergeben sich die in Tabelle 174 aufgezeigten monatlichen Gesamtverluste der Heizwärmeerzeugung.

Tabelle 174: Monatlicher Gesamtverlust der Heizwärmeerzeugung in kWh

Januar	Februar	März	April	Mai	Juni
179,69	136,01	99,81	37,77	14,58	0,84
Juli	August	September	Oktober	November	Dezember
0,00	0,00	8,60	57,87	99,86	152,77

Schritt:4	Quelle:
Berechnung des Endenergiebedarfs der Erzeugung	Gleichung 89

Der Energiebedarf nach Gleichung 126 wird ermittelt als Produkt aus der Summe der Erzeugernutzwärmeabgabe und der Wärmeverluste des Wärmeerzeugers mit dem Korrekturfaktor „Pumpenmanagement“. Den Endenergiebedarf reduzierende Einträge aus erneuerbaren Energien sind in diesem Berechnungsbeispiel nicht vorgesehen.

Das Pumpenmanagement unterstützt die Vorlauftemperaturregelung von Heizkreisen in Abhängigkeit von der konkreten Leistungsanforderung, die entweder durch die vorhandene Außentemperatur oder durch die Innentemperatur als Regeleingangsgröße vorliegt. Das Pumpenmanagement zielt darauf ab, die elektrische Energie für den Betrieb der Umwälzpumpe zu verringern, also nur tatsächlich das zu fördern, was an Leistungen an der Verbraucherseite benötigt wird. Das integrierte Pumpenmanagement hat sowohl Einfluss auf den geförderten Volumenstrom als auch auf die Förderhöhe. Daraus resultieren Einsparungen beim Volumenstrom (ohne ein solches Management ist der Volumenstrom meist konstant) und bei der Förderhöhe, deren Produkt proportional zur eingesparten elektrischen Energie für die Umwälzpumpe ist. Diese Einsparungen konzentrieren sich demnach auf die aufzuwendende Hilfsenergie (Strom), nicht aber auf die vom System bereitzustellenden Wärmemengen, die je nach Ort des Temperaturfühlers (außen oder innen) sogar zu einer leichten Erhöhung der zu erzeugenden Wärmeleistung führen kann. Für den primärenergetischen Ansatz der EnEV ist der Einbau eines Pumpenmanagement auf jeden Fall vorteilhaft.

Für das Beispielgebäude ist kein gesondertes Pumpenmanagement vorgesehen, der Faktor $f_{g,PM}$ ist mit eins anzunehmen. Die monatlichen Endenergiebedarfswerte sind in der Tabelle 175 aufgeführt.

Tabelle 175: Monatlicher Endenergiebedarfs der Heizwärmeerzeugung in kWh

Januar	Februar	März	April	Mai	Juni
2360,90	1875,31	1541,51	577,93	215,24	12,56
Juli	August	September	Oktober	November	Dezember
0	0	128,07	915,44	1534,92	2106,03

Hinweis: Monate Juli und August werden zu null, da der Nutzwärmebedarf kleiner 1 kWh beträgt.

Der Primärenergiebedarf für die Bereitstellung der Heizwärme nach Gleichung 92 erhält unter der Voraussetzung, dass Erdgas als Energieträger eingesetzt wird, die in der nachstehenden Tabelle aufgeführten Werte.

Tabelle 176: Monatlicher Primärenergiebedarfs der Heizwärmeerzeugung in kWh

Januar	Februar	März	April	Mai	Juni
2339,63	1858,41	1527,62	572,73	213,31	12,45
Juli	August	September	Oktober	November	Dezember
0,00	0,00	126,91	907,19	1521,09	2087,06

Schritt:5

Berechnung rückgewinnbaren Wärmeverluste

Quelle: Gleichung 152

Da der Kessel gemäß den Randbedingungen im beheizten Bereich (in der thermischen Hülle des Gebäudes) aufgestellt wird, können die Verluste über die Außenhülle des Wärmeerzeugers als ungeregelte Wärmeeinträge in das Gebäude berücksichtigt werden. Die Berechnung erfolgt auf Basis der Gleichung 152, die Zahlenwerte sind der Tabelle 177 zu entnehmen.

Tabelle 177: Gesamtsumme der monatlichen Strahlungsverluste in kWh

Januar	Februar	März	April	Mai	Juni
22,57	18,53	16,40	7,87	3,48	0,19
Juli	August	September	Oktober	November	Dezember
0,00	0,00	2,03	11,10	16,26	20,78

Die Werte nach Tabelle 177 werden als ungeregelte Wärmeeinträge (innere Gewinne) zur erneuten Berechnung des Nutzwärmebedarfs im Zuge der nachfolgenden Iterationsschritte übergeben.

Schritt:6

Berechnung des Hilfsenergiebedarfs für die Bereitstellung der Heizwärme

Quelle: Gleichung 153 bis 168

Hilfsenergie (elektrischer Strom) ist in konventionellen Heizsystemen sowohl für den Betrieb des Heizkessels als auch für die Versorgung der Heizkörper mit einem ausreichenden Volumenstrom des Wärmeträgers erforderlich. Wird das erwärmte Wasser beispielsweise in Pufferspeichern (üblich bei Systemen mit niedrigen Systemtemperaturen) zwischengespeichert, so können zusätzliche Bedarfswerte für die Hilfsenergie aus der Beladung der Speicher oder aus der Nacherwärmung des Speicherinhalts entstehen. In diesem Berechnungsbeispiel sind nur Hilfsenergien für die Verteilung des Warmwassers und für den Betrieb des Heizkessels zu berücksichtigen.

Der Hilfsenergiebedarf für die Verteilung nach Gleichung 153 ist abhängig vom hydraulischen Energiebedarf und der Aufwandszahl für den Betrieb der Heizungspumpe. Der hydraulische Energiebedarf wird bestimmt durch die hydraulische Leistung der Pumpe, die in funktionaler Abhängigkeit vom Volumenstrom und vom vorhandenen Referenzdruck am Auslegungspunkt (Betriebspunkt) der Pumpe steht.

Der für die Monate ermittelte Volumenstrom nach Gleichung 156 ist abhängig von der Temperaturspreizung am Auslegungspunkt. Diese nach Gleichung 157 ermittelte Temperaturspreizung wird in Tabelle 178 dargestellt. Sie ist als Temperaturdifferenz zwischen Vorlauf und Rücklauf zu verstehen bei gegebenem Belastungsgrad für die Verteilung nach Tabelle 158. Da in den Monaten Juli und August kein Nutzwärmebedarf zu decken ist, werden für diese Monate in den nachfolgenden Tabellen keine Werte mehr ausgegeben.

Tabelle 178: Temperaturspreizung am Auslegungspunkt in K

Januar	Februar	März	April	Mai	Juni
5,31	4,82	3,85	1,83	1,10	1,10
Juli	August	September	Oktober	November	Dezember
-	-	1,10	2,57	3,94	4,87

Die nach Gleichung 156 ermittelten monatlichen Volumenströme zeigt Tabelle 179.

Tabelle 179: Monatlicher Volumenstrom in m^3/h

Januar	Februar	März	April	Mai	Juni
1,00	1,10	1,37	2,88	4,79	4,79
Juli	August	September	Oktober	November	Dezember
4,79	4,79	4,79	2,06	1,34	1,09

Der für die Berechnung erforderliche Differenzdruck am Auslegungspunkt der Pumpe nach Gleichung 158 erfordert die Eingabe der maximal vorhandenen Leitungslänge und des Differenzdruckes am Wärmeerzeuger. Gemäß den Randbedingungen für das Beispielgebäude handelt es sich um eine Zweirohrheizung, der letzter Summand in Gleichung 159 ist demzufolge mit 10 (10 m) anzunehmen. Die maximale Leitungslänge für das Gebäude beträgt somit 60,75 m. Der am Wärmeerzeuger anliegende Differenzdruck wird hautsächlich bestimmt durch den Wasserinhalt des Wärmeerzeugers und durch seine Nennleistung. Vereinfachend kann nach DIN V 18599-5 davon ausgegangen werden, dass bei Wärmeerzeugern, die eine maximale Heizleistung des Gebäudes von weniger als 35 kW zu decken haben und die über ein Wasserinhalt kleiner 0,15 l/kW verfügen, der Differenzdruck dem zwanzigfachen des erforderlichen zum Quadrat gesetzten Volumenstroms ist. Ist die Heizleistung größer, so kann einheitlich für alle Monate mit einem Wert für die Druckdifferenz von 80 kPa gerechnet werden. Ist der Wasserinhalt $>$ 0,15 l/kW, so ist eine Druckdifferenz von 1 kPa anzunehmen. Brennwertkessel verfügen oft über einen nur geringen Wasserinhalt, der aber die von der Norm gesetzte Grenze von 0,15 l/kW in den meisten Fällen überschreitet. Das gilt auch für wandhängende Geräte.

Tabelle 180: Differenzdruck am Wärmeerzeuger in kPa

Januar	Februar	März	April	Mai	Juni
1,00	1,00	1,00	1,00	1,00	1,00
Juli	August	September	Oktober	November	Dezember
-	-	1,00	1,00	1,00	1,00

Ist der Wasserinhalt kleiner als 0,15 l/kW, so ist der Differenzdruck am Wärmeerzeuger aufgrund des großen Volumenstroms in den Monaten außerhalb der üblichen Heizzeit recht groß. Aufgrund des geringen Belastungsgrades der Verteilung in diesen Monaten hat dieser Anstieg aber nur einen geringen Einfluss auf die erforderliche hydraulische Leistung der Pumpe und auf den Primärenergiebedarf des Gebäudes.

Mit den ermittelten Druckdifferenzwerten am Wärmeerzeuger wird der anliegende Differenzdruck im Auslegungspunkt der Pumpe nach Gleichung 158 berechnet.

Tabelle 181: Monatlicher Differenzdruck im Auslegungspunkt in kPa

Januar	Februar	März	April	Mai	Juni
10,90	10,90	10,90	10,90	10,90	10,90
Juli	August	September	Oktober	November	Dezember
-	-	10,90	10,90	10,90	10,90

Die hydraulische Leistung der Pumpe im Auslegungspunkt nach Gleichung 155 zeigt Tabelle 182.

Tabelle 182: Hydraulische Leistung im Auslegungspunkt in W

Januar	Februar	März	April	Mai	Juni
3,02	3,32	4,16	8,73	14,51	14,51
Juli	August	September	Oktober	November	Dezember
-	-	14,51	6,23	4,07	3,29

Mit dieser hydraulischen Leistung als Eingangswert wird der hydraulische Energiebedarf nach Gleichung 154 ermittelt. Aufgrund der Tatsache, dass ein hydraulischer Abgleich der Heizungsanlage vorgenommen werden soll und kein Pumpenmanagement vorgesehen ist, werden beide Faktoren in der Gleichung 154 mit eins angesetzt. Da es sich zudem um eine Zweirohrheizung handelt, ist auch keine Korrektur für die hydraulische Schaltung nach Gleichung 160 vorzunehmen, f_{sch} wird ebenfalls mit eins angenommen. Diese Eingangsparameter beachtend, folgt der monatliche hydraulische Energiebedarf nach Tabelle 183.

Tabelle 183: Hydraulischer Energiebedarf in kWh

Januar	Februar	März	April	Mai	Juni
0,967	0,846	0,870	0,659	0,395	0,023
Juli	August	September	Oktober	November	Dezember
-	-	0,236	0,761	0,848	0,940

Der durch den hydraulischen Energiebedarf entstehende elektrische Aufwand nach Gleichung 153 bedarf der Ermittlung einer sogenannten Aufwandszahl für den Betrieb der Heizungspumpe. Das Regelungskonzept für das Beispielgebäude sieht eine Pumpe vor, die mit konstantem Differenzdruck arbeitet. Die Förderhöhe der Pumpe bleibt dabei auch bei kleiner werdendem Volumenstrom konstant. Wird eine Pumpe mit variablem Differenzdruck eingesetzt, kann die Förderhöhe der Pumpe in Abhängigkeit vom erforderlichen Volumenstrom variabel angepasst werden, was zu einer weiteren Verringerung des Hilfsenergiebedarfs führt.

Der Effizienzfaktor nach Gleichung 162, der für die Berechnung der Aufwandszahl erforderlich ist, wird für dieses Beispiel unter der Voraussetzung ermittelt, dass das Verhältnis der tatsächlichen Pumpenleistung zur hydraulischen Leistung der Pumpe im Auslegungsfall unbekannt ist, aber eine bedarfsgerechte Auslegung der Pumpe vorgenommen wird ($b = 1,0$). Wird die Pumpe auf der Grundlage des Bedarfswertes ausgelegt, so wird der Faktor b gleich zwei. Der Effizienzfaktor der Pumpe ist aus der Tabelle 184 zu entnehmen.

Tabelle 184: Effizienzfaktor der Pumpe

Januar	Februar	März	April	Mai	Juni
9,39	9,01	8,18	6,04	4,96	4,96
Juli	August	September	Oktober	November	Dezember
-	-	4,96	6,92	8,26	9,05

Unter Berücksichtigung der Teilfaktoren nach Tabelle 57 und des monatlichen Belastungsgrades der Verteilung ergeben sich folgende Aufwandszahlen.

Tabelle 185: Aufwandszahlen der Pumpe

Januar	Februar	März	April	Mai	Juni
12,50	12,70	13,42	18,92	26,98	26,98
Juli	August	September	Oktober	November	Dezember
-	-	26,98	15,71	13,33	12,67

Der elektrische Aufwand für die Verteilung des Warmwassers im Heizungsnetz wird nach Gleichung 153 ermittelt und nimmt die in Tabelle 186 aufgezeigten Zahlenwerte in kWh an.

Tabelle 186: Elektrische Aufwand in kWh

Januar	Februar	März	April	Mai	Juni
12,08	10,74	11,67	12,47	10,65	0,63
Juli	August	September	Oktober	November	Dezember
-	-	6,38	11,96	11,30	11,91

Eine Verringerung des Aufwandes ist immer für die Fälle einzubeziehen, in denen die Heizungsanlage während der Nachtzeit abgeschaltet oder deren Leistung abgesenkt wird. Für das Berechnungsbeispiel ist der Korrekturfaktor $f_{p,A}$ für die Abschaltung (Randbedingung für EFH nach DIN V 18599-10) zu verwenden. Daraus ergibt sich ein Korrektiv nach Gleichung 164 von 0,73, der elektrische Aufwand kann demnach um 27 % verringert werden. Der monatliche Aufwand nach dieser Korrektur ist in Tabelle 187 dargestellt.

Tabelle 187: Elektrische Aufwand in kWh unter Beachtung der Abschaltung

Januar	Februar	März	April	Mai	Juni
8,81	7,84	8,51	9,10	7,77	0,46
Juli	August	September	Oktober	November	Dezember
-	-	4,65	8,73	8,25	8,69

Für die Berechnung des Hilfsenergiebedarfs zum Betrieb des Wärmeerzeugers ist die Gleichung 165 anzuwenden. Zunächst ist die elektrische Leistungsaufnahme des Wärmeerzeugers zu ermitteln. Da der Heizkessel sowohl im Volllast-, im Teillastbereich als auch im sogenannten Schlummerbetrieb (Nachtabschaltung) betrieben wird, sind unterschiedliche elektrische Leistungsaufnahmen zu berücksichtigen. Unter Anwendung der Tabelle 58 ergibt sich für die einzelnen Lastbereiche die in Tabelle 187a dargestellte elektrische Leistungsaufnahme.

Tabelle 187a: Elektrische Leistungsaufnahme des Heizkessels

Lastart	Elektrische Leistungsaufnahme in kW
Volllast	0,121
Teillast	0,040
Schlummerbetrieb	0,015

In Abhängigkeit vom Belastungsgrad des Heizkessels in Relation zum 30 %-Belastungsgrad ergeben sich nach Gleichung 166 bzw. 167 folgende elektrische Leistungsaufnahmen für den Betrieb des Heizkessels.

Tabelle 188: Elektrische Leistungsaufnahme für den Betrieb des Kessels in kW

Januar	Februar	März	April	Mai	Juni
0,0686	0,0611	0,0467	0,0264	0,0210	0,0209
Juli	August	September	Oktober	November	Dezember
-	-	0,0210	0,0329	0,0484	0,0624

Hinweis: Die elektrische Leistungsaufnahme für den Betrieb des Heizkessels zur Erwärmung des Trinkwassers ist bei der Bilanzierung des TWW bereits enthalten und umfasst hierorts auch die Monate Juli und August.

Die Hilfsenergie für die Heizwärmeerzeugung erhält nach Gleichung 165 unter Zugrundelegung der in Tabelle 188 dargestellten Werte für die elektrische Leistungsaufnahme die in der nachstehenden Tabelle aufgeführten Zahlenwerte.

Tabelle 189: Hilfsenergie für den Betrieb des Kessels in kWh

Januar	Februar	März	April	Mai	Juni
38,08	32,11	27,31	16,96	13,27	11,28
Juli	August	September	Oktober	November	Dezember
-	-	12,36	20,19	27,34	34,73

In der Tabelle 190 werden alle Werte des Hilfsenergiebedarfs für die Erzeugung und Verteilung der Heizwärme subsummiert.

Tabelle 190: Gesamt-Hilfsenergiebedarf in kWh

Januar	Februar	März	April	Mai	Juni
46,89	39,95	35,82	26,06	21,04	11,74
Juli	August	September	Oktober	November	Dezember
-	-	17,01	28,92	35,59	43,42

Dieser Summenwert ist mit dem Primärenergiefaktor für elektrischen Strom (der nicht erneuerbarer Anteil) von 2,6 zu multiplizieren, um den monatlichen Primärenergiebedarf der Hilfsenergie zu ermitteln.

Tabelle 191: Gesamt-Primärenergiebedarf für die Hilfsenergie kWh

Januar	Februar	März	April	Mai	Juni
121,92	103,86	93,14	67,75	54,70	30,53
Juli	August	September	Oktober	November	Dezember
-	-	44,22	75,18	92,53	112,90

13.9.5 Berechnung des Primärenergiebedarfs für das Gebäude

Der Primärenergiebedarf für das gesamte Gebäude ergibt sich aus der Summe der einzelnen Bedarfswerte der Prozessbereiche Heizung und Trinkwarmwasser. Das in Tabelle 192 dargestellte Ergebnis ist zunächst ohne Iterationsschritte ermittelt worden.

Tabelle 192: Primärenergiebedarf des Gebäudes in kWh

Januar	Februar	März	April	Mai	Juni
2703,43	2165,81	1783,59	669,33	367,43	188,11
Juli	August	September	Oktober	November	Dezember
148,26	187,93	318,80	1139,51	1830,88	2473,69

Der aus Tabelle 192 resultierende flächenbezogene primärenergetisch bezogene Bedarfswert beträgt 140,59 kWh/m²a.

13.9.6 Nachweis nach dem EEWärmG in Verbindung mit DIN V 18599

Das Beispielgebäude verfügt über eine thermische Solaranlage für die Trinkwasser-Erwärmung, die Aperturfläche wurde mit den Standardrandbedingungen nach DIN V 18599-8 ermittelt und ist mit 3,953 m² knapp unterhalb der nach dem EEWärmG erforderlichen Mindestaperturfläche von 4 % der Nutzfläche des Gebäudes (3,98 m²). Daher ist ein Nachweis nach dem EEWärmG erforderlich, der dann erfüllt ist, wenn der solare Strahlungsenergieeintrag mindestens 15 % des gesamten Wärmeenergiebedarfs des Gebäudes deckt.

Der für die Wärmebereitstellung verwendete Energieeintrag ist dabei nach Gleichung 253 zu berechnen.

$$Q_{sol} \geq 0{,}15 \cdot (Q_{w,outg} + Q_{h,outg}) \tag{253}$$

$Q_{h,w,in}$ Anteil Strahlungseintrag in kWh für Heizwärme und TW-Erwärmung;

$Q_{w,outg}$ Erzeugernutzwärmeabgabe in kWh an das Heizsystem TW-Erwärmung;

$Q_{h,outg}$ Erzeugernutzwärmeabgabe in kWh an das Heizsystem;

$Q_{W,sol}$ solarer Strahlungseintrag

Die Summe der beiden Erzeugernutzwärmeabgaben beträgt im Jahr 12978,95 kWh, was einen Anteil der solaren Strahlungsenergie von 1946,84 kWh zwecks Einhaltung der gesetzlichen Anforderungen aus dem EEWärmG erfordert. Der solare Strahlungsanteil am Wärmeenergiebedarf beträgt aber nur 1426,51 kWh im Jahr, was einem Deckungsgrad von ca. 11 % entspricht. Der Nachweis nach dem EEWärmG ist demnach nicht erbracht. Die Aperturfläche ist, abweichend von den Standardrandbedingungen der DIN V 18599-8, auf ca. 4 m² zu erhöhen. Damit kann zwar auch nicht der Nachweis über den 15 % Mindestanteil an der Deckung des Wärmebedarfs geführt werden, die vereinfachte Regel nach Anhang A des EEWärmG führt aber für diesen Fall zur Erfüllung der gesetzlichen Vorgaben.

13.10 Iterationsschritte

Mit den Ergebnissen der ersten Berechnungsroutine sind die Voraussetzungen geschaffen, die aus der Anlage herrührenden Wärmeeinträge in das Gebäude zu erfassen und in der Berechnung des Nutzwärmebedarfs einfließen zu lassen. Die DIN V 18599-1 verlangt, diese als Iteration bezeichnete Berechnungsroutine so lange zu wiederholen, bis sich zwei aufeinander folgende Ergebnisse für den Nutzwärmebedarf um nicht mehr als 0,01 % voneinander unterscheiden, jedoch höchstens 10-mal. Diese Berechnung kann ohne Computerprogramme nicht bewältigt werden bzw. würde zu einem enormen zeitlichen Aufwand führen, so man doch über eine Handrechnung Ergebnisse miteinander vergleichen will. Leider bieten viele Computerprogramme nicht die Möglichkeit, die Iteration auszuschalten und so das Nachrechnen per Taschenrechner zu erlauben. Das Streben nach Genauigkeit im Endergebnis geht demzufolge auf Kosten der Überprüfbarkeit der Ergebnisse - ein Zustand, der so nicht beibehalten werden sollte.

In den nachstehenden Tabellen werden alle aus den Berechnungsschritten resultierenden Wärmeeinträge in das Gebäude zusammengestellt. Im Einzelnen sind folgende Wärmeeinträge für das Gebäude zu berücksichtigen:

- Wärmeeinträge aus der Verteilung des Heiz- und Trinkwarmwassers;
- Wärmeeinträge aus der Speicherung des Trinkwarmwassers;
- Rückgewinnbare Wärmeverluste der Wärmeerzeugung.

Die Summe aller Wärmeeinträge für die Monate wird in Tabelle 193 dargestellt.

Tabelle 193: Summe aller monatlichen Wärmeeinträge in das Gebäude in kWh

Januar	Februar	März	April	Mai	Juni
380,98	321,91	307,73	202,81	176,43	177,15
Juli	August	September	Oktober	November	Dezember
182,45	182,28	172,60	243,66	301,15	358,18

Aus der ersten Iteration folgt der in Tabelle 194 dargestellte Nutzwärmebedarf des Gebäudes.

Tabelle 194: Nutzwärmebedarf des Gebäudes nach der 1. Iteration in kWh

Januar	Februar	März	April	Mai	Juni
1445,32	1129,54	886,29	260,23	69,02	2,41
Juli	August	September	Oktober	November	Dezember
0,01	0,01	31,42	460,71	888,31	1273,03

Der jährliche Nutzwärmebedarf ist nach dem ersten Iterationsschritt demzufolge um etwa 25 % geringer als nach der ersten Berechnungsroutine, was maßgeblich durch die Wärmeeinträge aus der Anlagentechnik bestimmt wird. Ein derartig immenser Sprung beim Nutzwärmebedarf sollte im zweiten Iterationsschritt nicht mehr auftreten. Die Ergebnisse des zweiten Iterationsschrittes sind in Tabelle 195 enthalten.

Tabelle 195: Nutzwärmebedarf des Gebäudes nach der 2. Iteration in kWh

Januar	Februar	März	April	Mai	Juni
1482,53	1161,98	919,36	278,34	76,54	2,44
Juli	August	September	Oktober	November	Dezember
0,01	0,01	34,57	488,80	920,75	1309,10

Nach Tabelle 195 ist das Konvergenzkriterium noch nicht erreicht, es wären noch weitere Iterationsschritte erforderlich.

Auf die Darstellung weiterer Iterationsschritte wird an dieser Stelle verzichtet, stattdessen werden im folgenden Kapitel die Ergebnisse anhand der ausgeführten PC-Berechnung mit dem Programm EnEV Pro 2011 dargestellt.

13.11 Berechnungsergebnisse unter Nutzung des PC-Programms EnEV Pro 2011

Auf der Basis der Computerberechnung mit max. 10 Iterationsschritten wird die Zusammenstellung der Ergebnisse in Tabelle 196 dargestellt.

Tabelle 196: Zusammenstellung der Ergebnisse

Projekt		
Primärenergie	**154,65**	kWh/m²a
	15.375,79	kWh/a
Endenergie	**144,16**	kWh/m²a
	14.332,84	kWh/a
H'_T vorhanden	**0,315**	W/(m²a)
CO_2	**37,27**	kg/(m²a)
Referenzgebäude		
Primärenergie	**176,93**	kWh/m²a
	17.589,99	kWh/a
Endenergie	**159,64**	kWh/m²a
	15.870,93	kWh/a
H'_T vorhanden	**0,316**	W/(m²a)
CO_2	**54,54**	kg/(m²a)
Bewertung		
Primärenergie vorhanden	**154,65**	kWh/m²a
Primärenergie zulässig	**176,93**	kWh/m²a
Die Anforderungen werden erfüllt.	**87,41**	%

13.12 Der Energiebedarfsausweis

Auf der Basis der Computerberechnung mit max. 10 Iterationsschritten wird der Bedarfsausweis für das Beispielgebäude ausgestellt.

ENERGIEAUSWEIS für Wohngebäude

gemäß den §§ 16 ff. Energieeinsparverordnung (EnEV)

Gültig bis: 18.07.2020

1

Gebäude

Gebäudetyp	Freistehendes Wohngebäude
Adresse	Musterstraße 123, 12345 Musterstadt
Gebäudeteil	
Baujahr Gebäude	2010
Baujahr Anlagentechnik[1)]	2010
Anzahl Wohnungen	1
Gebäudenutzfläche (A_N)	99 m²
Erneuerbare Energien	
Lüftung	
Anlass der Ausstellung des Energieausweises	☒ Neubau ☐ Vermietung/Verkauf ☐ Modernisierung (Änderung/Erweiterung) ☐ Sonstiges (freiwillig)

Gebäudefoto (freiwillig)

Hinweise zu den Angaben über die energetische Qualität des Gebäudes

Die energetische Qualität eines Gebäudes kann durch die Berechnung des **Energiebedarfs** unter standardisierten Randbedingungen oder durch die Auswertung des **Energieverbrauchs** ermittelt werden. Als Bezugsfläche dient die energetische Gebäudenutzfläche nach der EnEV, die sich in der Regel von den allgemeinen Wohnflächenangaben unterscheidet. Die angegebenen Vergleichswerte sollen überschlägige Vergleiche ermöglichen **(Erläuterungen – siehe Seite 4).**

☒ Der Energieausweis wurde auf der Grundlage von Berechnungen des **Energiebedarfs** erstellt. Die Ergebnisse sind auf **Seite 2** dargestellt. Zusätzliche Informationen zum Verbrauch sind freiwillig.

☐ Der Energieausweis wurde auf der Grundlage von Auswertungen des **Energieverbrauchs** erstellt. Die Ergebnisse sind auf **Seite 3** dargestellt.

Datenerhebung Bedarf/Verbrauch durch: ☐ Eigentümer ☒ Aussteller

☒ Dem Energieausweis sind zusätzliche Informationen zur energetischen Qualität beigefügt (freiwillige Angabe).

Hinweise zur Verwendung des Energieausweises

Der Energieausweis dient lediglich der Information. Die Angaben im Energieausweis beziehen sich auf das gesamte Wohngebäude oder den oben bezeichneten Gebäudeteil. Der Energieausweis ist lediglich dafür gedacht, einen überschlägigen Vergleich von Gebäuden zu ermöglichen.

Aussteller

Max Mustermann
Musterfirma GmbH
Musterstraße 12
12345 Musterstadt

18.07.2010

Datum — Unterschrift des Ausstellers

1) Mehrfachangaben möglich

ENERGIEAUSWEIS für Wohngebäude

gemäß den §§ 16 ff. Energieeinsparverordnung (EnEV)

Berechneter Energiebedarf des Gebäudes

Musterstraße 123, 12345 Musterstadt

2

Energiebedarf

CO_2-Emissionen[1] 37 [kg/(m²·a)]

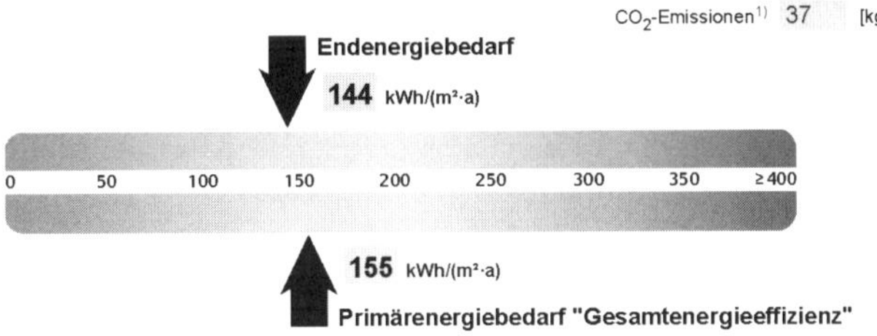

Anforderungen gemäß EnEV[2)]

Primärenergiebedarf

Ist-Wert 155 kWh/(m²·a) Anforderungswert 177 kWh/(m²·a)

Energetische Qualität der Gebäudehülle H'_T

Ist-Wert 0,32 W/(m²·K) Anforderungswert 0,40 W/(m²·K)

Sommerlicher Wärmeschutz (bei Neubau) ☐ eingehalten

Für Energiebedarfsberechnungen verwendetes Verfahren

☐ Verfahren nach DIN V 4108-6 und DIN V 4701-10

☒ Verfahren nach DIN V 18599

☐ Vereinfachungen nach § 9 Abs. 2 EnEV

Endenergiebedarf

Energieträger	Jährlicher Endenergiebedarf in kWh/(m²·a) für Heizung	Warmwasser	Hilfsgeräte[4)]	Gesamt in kWh/(m²·a)
Erdgas H	124,1	12,8	0,0	136,8
Strom-Mix	6,8	0,5	0,0	7,3

Ersatzmaßnahmen[3)]

Anforderungen nach § 7 Nr. 2 EEWärmeG

☐ Die um 15 % verschärften Anforderungswerte sind eingehalten.

Anforderungen nach § 7 Nr. 2 i. V. m. § 8 EEWärmeG

Die Anforderungswerte der EnEV sind um %verschärft.

Primärenergiebedarf

Verschärfter Anforderungswert: kWh/(m²·a)

Transmissionswärmeverlust H'_T

Verschärfter Anforderungswert: W/(m²·K)

Vergleichswerte Endenergiebedarf

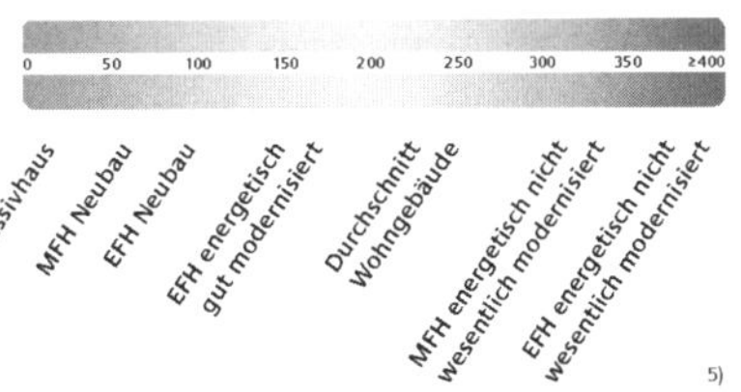

Erläuterungen zum Berechnungsverfahren

Die Energieeinsparverordnung lässt für die Berechnung des Energiebedarfs zwei alternative Berechnungsverfahren zu, die im Einzelfall zu unterschiedlichen Ergebnissen führen können. Insbesondere wegen standardisierter Randbedingungen erlauben die angegebenen Werte keine Rückschlüsse auf den tatsächlichen Energieverbrauch. Die ausgewiesenen Bedarfswerte sind spezifische Werte nach der EnEV pro Quadratmeter Gebäudenutzfläche (A_N).

1) Freiwillige Angabe 2) bei Neubau sowie bei Modernisierung im Fall des § 16 Abs. 1 Satz 2 EnEV 3) nur bei Neubau im Falle der Anwendung von § 7 Nr. 2 Erneuerbare-Energien-Wärmegesetz
4) Ggf. einschließlich Kühlung 5) EFH: Einfamilienhäuser, MFH: Mehrfamilienhäuser

14 Sonderthemen bei der energetischen Bewertung von Wohngebäuden

14.1 Berücksichtigung einer Photovoltaikanlage

Gemäß § 5 der EnEV kann bei der energetischen Bewertung von zu errichtenden Gebäuden der elektrische Strom aus erneuerbaren Energien berücksichtigt werden. Der für das Gebäude genutzte Anteil führt geradewegs zu einer Verringerung des monatlichen Endenergiebedarfs und des Primärenergiebedarfs des Gebäudes. Die ENEV formuliert zwei Voraussetzungen für die Anrechenbarkeit des Stromes aus erneuerbaren Energien:

1. Der Strom muss in unmittelbarem räumlichem Zusammenhang zum Gebäude erzeugt werden.
2. Der Strom muss vorrangig in dem Gebäude selbst genutzt und nur die überschüssige Energiemenge darf in das öffentliche Netzt eingespeist werden.

Gemäß Auslegung zur EnEV durch die Fachkommission Bautechnik der Länder ist von einem räumlichen Zusammenhang der Stromerzeugung dann auszugehen, wenn der Strom aus erneuerbaren Energien nicht über die Leitungen des öffentlichen Netzes in das Gebäude gelangt. Als unerheblich ist der Umstand zu werten, ob der Eigentümer des Gebäudes auch Eigentümer der Stromerzeugungsanlage selbst ist. So werden auch gemeinsame Stromerzeugungsanlagen akzeptiert, die mehrere Gebäude mit dem Strom aus erneuerbaren Energien versorgen (z.B. Windräder, Photovoltaikanlagen).

Die Forderung nach der Vorrangnutzung des produzierten Stromes für den Eigenbedarf ist vor allem in Verbindung mit den Vorschriften über die Vergütung der Stromeinspeisung in das öffentliche Netz zu sehen und überprüfbar. Allerdings ist in der Regelung nach §5 der EnEV kein Verbot der Einspeisung zu sehen, da ja die überschüssigen Mengen weiterhin in das Netz eingespeist werden dürfen. In der Praxis wird es schwierig sein, nachzuprüfen, ob tatsächlich nur eine überschüssige Menge des erzeugten Stroms in das Netz eingespeist wird. Ferner ist der vom Gesetzgeber geforderte Vorrang heute technisch noch recht schwer zu realisieren, insbesondere weil die schwankende Energiemenge aus den Photovoltaikmodulen aufgrund der saisonalen Unterschiede des Energieeintrages nicht mit dem im Gebäude anfallenden Energiebedarf harmoniert. Da das elektrische Licht bei Wohngebäuden nicht Bestandteil der energetischen Bilanzierung ist, kann der Strom, der hierfür aus erneuerbaren Energien gewonnen wird, nicht bilanzierungswirksam eingesetzt werden.

Erste technische Lösungen sind bereits am Markt erhältlich, die Photovoltaikanlagen mit Wärmepumpen-Heizungen oder mit der Nachheizung von Warmwasser in bivalenten Solarspeichern miteinander kombinieren. Da der Gesetzgeber auch den für den Eigenbedarf erzeugten Strom vergütet und Photovoltaikanlagen zudem finanziell gefördert werden, sollten die für die Deckung von Bedarfsanteilen notwendigen großen Flächen an Photovoltaikanlagen keine hemmende Wirkung gegen eine breitere Anwendung dieser Anlagen entfalten. Anders wird es sich darstellen, wenn die Förderung des Eigenbedarfs und der Einspeisung, wie politisch bereits in Planung, wegfällt. Auch sollten bei einer Investition in Photovoltaikanlagen in Kombination mit der Haustechnik die notwendigen Folgekosten aufgrund des Ersatzes der Photovoltaikmodule nach 20 - 25 Jahren nicht unterschätzt werden.

Für die Anrechnung der Strommenge im öffentlich-rechtlichen Nachweis gibt es bislang kein nationales Berechnungsverfahren, wie dies beispielsweise für die Solarthermie bereits entwickelt worden ist. Im Gegenteil: Die DIN V 18599 schließt die Anwendung des Stroms aus erneuerbaren Energien bis dato explizit aus.

Aus diesem Grunde hat die Fachkommission Bautechnik als Auslegungsstelle zur EnEV Vorschläge unterbreitet, wie der Energieeintrag aus Photovoltaikanlagen im Nachweis berücksichtigt werden kann und stellt dabei auf die europäische Norm EN 15316-4-6 ab. Da diese Norm keine solaren Einstrahlungswerte für Deutschland enthält, können die für das Referenzklima Deutschland in DIN V 4108-6/18599-10 enthaltenen Werte verwendet werden. Der Nachweis des Energieeintrages hat ebenfalls monatsweise zu erfolgen, was von der Vorgehensweise der EN 15316-4-6 abweicht, die nur einen jährlichen Energieeintrag ermittelt.

Im Folgenden wird auf Basis der Mitteilung der Fachkommission in Verbindung mit EN 15316-4-6 ein Nachweis des Energieeintrages über die Photovoltaikanlage demonstriert. Bis zu einem validierten Nachweisverfahren der DIN V 18599 kann die nachfolgend beschriebene Methode im öffentlich-rechtlichen Nachweis Verwendung finden.

Schritt:1

Festlegung der Eingangswerte für die Berechnung

Quelle:
DIN EN 15316-4-6
DIN V 18599-10

Der wichtigste Eingangswert ist die sogenannte Peakleistung der eingesetzten Module. Darunter ist die elektrische Leistung eines Photovoltaiksystems mit gegebener Fläche und für eine Solarbestrahlungsstärke auf dieser Fläche von $1\ \mathrm{kW/m^2}$ zu verstehen.

Diese Angabe kann den vom Hersteller zur Verfügung gestellten Systemwerten entnommen werden, wobei zu beachten ist, dass einige Hersteller die Peakleistung auch als Nennleistung bezeichnen. Bild 30 zeigt ein Modul eines Herstellers (Quelle: Viessmann) mit einer Fläche von $1{,}67\ \mathrm{m^2}$ und eine Nennleistung von 220 W_P.

Bild 30: Photovoltaikmodul
(Quelle: Viessmann)

Stehen keine Herstellerangaben zur Verfügung, so kann die Peakleistung auch über einen Peakleistungskoeffizient berechnet werden. Dieser in Tabelle 196 aufgeführte Wert ist systemabhängig und für einige Systeme nur als Wertebereich verfügbar. Wird zum Beispiel monokristallines Silizium als Modul eingesetzt, so sollte für die Nachweisführung der untere Wert benützt werden.

Tab. 196: Spitzenleistungskoeffizienten von Photovoltaikmodulen

Art des Photovoltaikmoduls	K_{pK} in kW/m²
Monokristallines Silizium	0,12 bis 0,18
Multikristallines Silizium	0,10 bis 0,16
Dünnschichtmodul aus amorphen Silizium	0,04 bis 0,08
Sonstige Dünnschichten	0,035
Kupfer-Idium-Gallium-Diselenid-Dünnschicht	0,105
Kadmium-Tellurid-Dünnschicht	0,095

Die Peakleistung wird berechnet als Produkt der Modulfläche mit dem Spitzenleistungskoeffizienten.

$$P_{pK} = K_{pK} \cdot A \quad (254)$$

P_{pK} Peakleistung des Photovoltaikmoduls in kW;
K_{pK} Spitzenleistungskoeffizient in kW/m²;
A Fläche des Photovoltaikmoduls.

Für die oben aufgeführte Fläche und unter der Voraussetzung, dass es sich um ein multikristallines Silizium-Modul handelt, wird eine Peakleistung von min. 167 W_P und maximal 267 W_P errechnet. Die Herstellerangabe liegt für dieses Modul in etwa in der Mitte des Bereiches.

Für die weitere Berechnung wird der vom Hersteller angegebene Wert von 220 W_P verwendet.

Ist die Peakleistung ermittelt, wird noch eine weitere Differenzierung zwischen den Systemen über einen Systemleistungsfaktor f_{perf} vorgenommen. Der Systemfaktor berücksichtigt die Systemleistung der gebäudeinternen Photovoltaikanlage in Abhängigkeit von verschiedenen Einflussgrößen, die noch innerhalb eines nationalen Anhanges zu definieren sind. Die europäische Norm bietet nur eine Unterscheidung in Bezug auf die Art der Belüftung der Module an. Liegen keine Angaben vor, so kann für die Nachweisführung vereinfachend der Faktor für unbelüftete Module angesetzt werden.

Tab. 197: Standardwerte für den Systemleistungsfaktor

Art der Gebäudeintegration der Photovoltaikmodule	f_{perf}
Unbelüftete Module	0,70
Mäßig belüftete Module	0,75
Stark belüftete Module	0,80

Um den von der Photovoltaikanlage erzeugten Strom berechnen zu können, ist die solare Einstrahlungsenergie auf die Module zu ermitteln. Wie oben angemerkt, sind für die Nachweise im Zusammenhang mit der energetischen Bewertung des Gebäudes die Einstrahlungswerte nach DIN V 18599-10 bzw. DIN V 4108-6 zu verwenden. Die monatlichen Strahlungsintensitäten nach DIN V 18599-10 sind aus der Tabelle 14 zu entnehmen. Tabelle 198 enthält beispielhaft die Werte für die Südrichtung bei einer Neigung von 30 °. Zusätzlich finden sich in der Tabelle 14 auch Jahreswerte der Strahlung in kWh/m². Da aber eine monatliche Bilanzierung vorzunehmen ist, müssen die monatlichen Strahlungswerte in kWh/m² ermittelt werden.

Tabelle 198: Monatliche Strahlungsintensitäten in W/m^2 nach DIN V 18599-10

Januar	Februar	März	April	Mai	Juni
51	67	99	210	213	250
Juli	August	September	Oktober	November	Dezember
252	186	157	93	55	31

Die in Tabelle 198 abgebildeten monatlichen Strahlungsintensitäten sind Mittelwerte. Um diese Strahlungsintensitäten in monatliche Strahlungswerte zu transformieren, bedarf es der Multiplikation mit der Anzahl der Monatsstunden. In Tabelle 199 sind für die angegebene Richtung und Neigung die monatlichen Strahlungswerte in kWh/m^2 enthalten.

Tabelle 199: Monatliche Strahlungswerte in kWh/m² nach DIN V 18599-10

Januar	Februar	März	April	Mai	Juni
37,9	45,0	73,7	151,2	158,5	180,0
Juli	August	September	Oktober	November	Dezember
187,5	138,4	113,0	69,2	39,6	23,1

Der in DIN V 18599-10 angegebene Summenwert beträgt für die ausgewählte Richtung und Neigung $1216\ kWh/m^2$, die Summe der Strahlungswerte nach Tabelle 199 beträgt $1217\ kWh/m^2$ (Rundungsdifferenzen).

Alternativ könnte auch der monatliche Verteilerschlüssel für die Strahlungswerte nach DIN V 18599-8 (siehe Berechnungsbeispiel Abschnitt Solaranlage) verwendet werden. Mit diesem Verteilerschlüssel ergäben sich die in Tabelle 200 dargestellten monatlichen Strahlungswerte.

Tabelle 200: Monatliche Strahlungswerte in kWh/m^2 nach DIN V 18599-10

Januar	Februar	März	April	Mai	Juni
32,9	38,9	84,0	166,7	149,7	163,1
Juli	August	September	Oktober	November	Dezember
172,8	143,6	130,2	85,2	40,2	9,7

Da in der Auslegung der Fachkommission Bautechnik zur EnEV ein Hinweis auf den in der DIN V 18599-8 enthaltenen Verteilerschlüssel fehlt, sollten die Werte nach Tabelle 200 für den öffentlich rechtlichen Nachweis verwendet werden.

Schritt:2	Quelle:
Berechnung des von der Photovoltaikanlage erzeugten Stromes	DIN EN 15316-4-6

Die Berechnung erfolgt gemäß DIN EN 15316-4-6 nach folgender Gleichung.

$$E_{el,pv,out} = E_{sol} \cdot P_{pK} \cdot f_{perf} \tag{255}$$

$E_{el,pv,out}$ erzeugter Strom in kWh;
E_{sol} monatlicher Strahlungswert in kWh/m^2;
P_{pK} Spitzenleistung in kW,
f_{perf} Systemleistungsfaktor der Anlage.

Der erzeugte Strom wird auf eine sogenannte Referenzsolarbestrahlungsstärke von $1\ kW/m^2$ bezogen, daher wird die Einheit des erzeugten Stroms nach Gleichung 255 in kWh angegeben.

Für die weitere Berechnung wird angenommen, dass 10 Module mit je $1{,}67\ m^2$ auf der Südseite des Beispielgebäudes mit einer Neigung von $30\ °$ installiert werden. Daraus folgt eine Gesamtfläche von $16{,}7\ m^2$ und eine Spitzenleistung von $2{,}2$ kWp. Der Systemleistungsfaktor beträgt 0,7. Der monatlich von der Photovoltaikanlage erzeugte Strom wird in Tabelle 201 dargestellt.

Tabelle 201: Monatliche Stromerzeugung durch die Photovoltaik in kWh

Januar	Februar	März	April	Mai	Juni
58	84	138	283	296	337
Juli	August	September	Oktober	November	Dezember
351	259	211	129	74	43

Dieser in Tabelle 201 ausgewiesene Monatswert wird als Energieeintrag in das Gebäude zur Verringerung des monatlichen Bedarfs an Hilfsenergie verwendet. Ist der Ertrag aus der Photovoltaik größer als der Hilfsenergiebedarf, so darf eine Reduzierung nur bis zur Höhe des maximalen monatlichen Strombedarfs erfolgen; eine indirekte Anrechnung über eine Reduzierung anderer Bedarfsanteile (z.B. Endenergie Wärmeerzeugung mittels Erdgas) ist nicht gestattet.

14.2 Lüftungsanlagen

14.2.1 Abluftanlagen nach DIN V 18599

Abluftanlagen werden im Wohnungsbau vor allem als ergänzende Lüftungsmaßnahmen eingesetzt, überwiegend in innenliegenden Bädern.

Eine Wärmerückgewinnung ist bei diesem System nicht möglich, erwägenswert ist aber die Koppelung der Abluftanlage mit einer Abluft- Wärmepumpe, die der Wassererwärmung oder dem Beheizen der Wohnung dient. Da nur Abluftventilatoren benötigt werden, verbrauchen reine Abluftanlagen im Vergleich zu Zu-/Abluftanlagen weniger Strom.

Wegen des Unterdruckprinzips bei Abluftanlagen ist darauf zu achten, dass bei Einsatz von offenen Feuerstellen besondere Sicherheitsanforderungen zu beachten sind.

Abluftanlagen werden in die Berechnung nach DIN V 18599-2 in der Weise einbezogen, dass der mechanische Luftwechsel n_{mech} zu null gesetzt wird. Der Abluftvolumenstrom wird nur in der DIN V 18599-3 bzw. DIN V 18599-6 zur Berechnung des Strombedarfs des Abluftventilators berücksichtigt. Der für Abluftanlagen notwendige Volumenstrom zur Nachströmung in den Raum, ist im Fensterluftwechsel für das Gebäude bereits enthalten und muss nicht gesondert berücksichtigt werden.

Die Berechnungsmethode zur Berücksichtigung von reinen Abluftanlagen wird in den folgenden Berechnungsschritten anhand des in diesem Buch berechneten Beispielgebäudes erläutert.

Schritt:1	Quelle:
Berechnung des Infiltrations- und Fensterluftwechsels	DIN V 18599-2

Der Hauptunterschied zur reinen Fensterlüftung besteht darin, dass der Infiltrationsluftwechsel mit einem Bemessungswert des Luftwechsels bei 50 Pa Druckunterschied nicht mit 2 h^{-1}, sondern nur mit 1 h^{-1} zu berechnen ist. Voraussetzung für diesen Berechnungsansatz ist eine erfolgreich durchgeführte oder durchzuführende Luftdichtheitsmessung mit einem n_{50}-Wert von $\leq 1{,}5\ h^{-1}$. Auch wenn die Abluftanlage nur in Teilbereichen (Bädern) angeordnet wird, gilt diese

Forderung für das gesamte Gebäude und nicht nur für den Teil, der über eine Abluftanlage verfügt.

Einen gleichen Windschutzkoeffizienten wie beim Berechnungsbeispiel von 0,07 vorausgesetzt (Standardwert), wird ein Tagesmittelwert des Infiltrationsluftwechsels von 0,07 h^{-1} ermittelt (siehe auch Gleichung 98).

Der Tagesmittelwert des Fensterluftwechsels n_{win} nach Gleichung 100 und der zusätzliche Fensterluftwechsel Δn_{win} während der Nutzungszeit sind in der Tabelle enthalten.

Tabelle 202: Berechnung des mittleren Fensterluftwechsels in h^{-1}

Zu berechnende Größe	Wert
Δn_{win}	0,379
n_{win}	0,479

Es ergibt sich demnach ein Gesamtluftwechsel aufgrund Infiltration und Fensterlüftung von $0{,}479 + 0{,}07 = 0{,}549 \approx 0{,}55\ h^{-1}$. Im Vergleich zur reinen Fensterlüftung wird der Luftwechsel aufgrund der Abluftanlage folglich um 0,05 h^{-1} erhöht, was auch der Vorgehensweise der DIN V 4108-6 entspricht.

Werden diese Ergebnisse auf das im Abschnitt 13 berechnete Einfamilienhaus übertragen, so resultieren daraus die nachfolgenden Differenzen bei den Wärmetransferkoeffizienten.

Tabelle 203: Vergleich der Wärmetransferkoeffizienten mit und ohne Abluftanlage

Wärmetransferkoeffizient	ohne Abluftanlage	mit Abluftanlage
Infiltration	12,38 W/K	6,19 W/K
Fensterlüftung	40,39 W/K	42,35 W/K

Ein Vergleich der Lüftungswärmesenken mit (oberer Wert) und ohne (unterer Wert) Abluftanlage ist der Tabelle 204 zu entnehmen. Die monatliche Abweichung der beiden Varianten liegt etwa bei 8 % zugunsten der Ausführung mit einer Abluftanlage.

Tabelle 204: Monatliche Lüftungswärmesenken in kWh

Januar	Februar	März	April	Mai	Juni
711,00	584,91	530,75	339,19	237,00	138,91
773,76	636,53	577,59	369,12	257,92	151,17
Juli	**August**	**September**	**Oktober**	**November**	**Dezember**
66,76	56,75	180,90	363,85	494,24	624,21
72,65	61,76	196,87	395,96	537,87	679,31

Schritt:2 Berechnung Hilfsenergiebedarfs für die Abluftventilatoren	Quelle: DIN V 18599-3/6

Nach DIN V 18599-2 ist die Berechnung des Hilfsenergiebedarfs nach DIN V 18599-3 vorzunehmen, obgleich im Normungsteil für die Wohnungslüftung, im Teil 6, ebenfalls eine Berechnung des Hilfsenergiebedarfs für reine Abluftanlagen angeboten wird. Die Intention dieses statischen Verweises ist unbekannt. Wie der Hilfsenergiebedarf nach DIN V 18599-3 zu berechnen ist, wird bereits in [Schoch-09] erläutert, sodass an dieser Stelle der Nachweis nach der Norm für Wohnungslüftungsanlagen (Teil 6) geführt wird.

Der Hilfsenergiebedarf der Ventilatoren $Q_{vent,aux,mth}$ wird unter Einbeziehung der volumenbezogenen Leistungsaufnahme der Ventilatoren, des mittleren Anlagenluftwechsels und der nach den Randbedingungen im Teil 10 der Norm vorgegebenen Betriebszeit der Wohnungslüftungsanlage berechnet.

$$Q_{\text{vent,aux,mth}} = p_{\text{el,vent}} \cdot n_{\text{mech,mth}} \cdot V_{\text{L}} \cdot t_{\text{r,V,day}} \cdot d \qquad (256)$$

$Q_{\text{vent,aux,mth}}$ monatlicher Hilfsenergiebedarf in kWh;
$p_{\text{el,vent}}$ elektrische Leistungsaufnahme des Ventilators in W;
$n_{\text{mech,mth}}$ der mittlere Anlagenluftwechsel in h^{-1};
V_{L} Lüftungsvolumen in m^3;
$t_{\text{r,V,day}}$ Betriebszeit der Abluftanlage am Tag;
d Anzahl der Tage des Monats in d.

Auf Standardwerte für die volumenbezogene Leistungsaufnahme von Abluftventilatoren wird in der Tabelle 204a hingewiesen.

Tabelle 204a: Volumenbezogene Leistungsaufnahme von Abluftventilatoren

Abluftsystem	Einheit	Ventilatoren	
		AC	DC
Zentral	$W/(m^3 \cdot h)$	0,20	0,10
Dezentral (Einzelventilatoren)	$W/(m^3 \cdot h)$	0,35	0,25

Wechselstromventilatoren arbeiten demnach mit einer höheren elektrischen Leistungsaufnahme als Gleichstromventilatoren.

Im nächsten Schritt ist der Anlagenluftwechsel festzulegen. Weder die DIN V 4701-10, noch die DIN V 18599-10 enthält für zentrale Abluftanlagen einen verbindlichen Wert für den Anlagenluftwechsel, sondern nur Mindestwerte des Anlagen- und des Gesamtluftwechsels.

Aus diesem Grunde hat die Fachkommission Bautechnik zumindest für die Berechnung des Referenzgebäudes einen Anlagenluftwechsel von $0{,}55\ h^{-1}$ festgelegt, der dem Wert entspricht, der sich nach DIN V 18599-2 auch für den Fenster- und Infiltrationsluftwechsel (siehe oben) ergibt. Muss dieser Wert auch zwangsläufig für die Berechnung des Hilfsenergiebedarfs der Ventilatoren des auszuführenden Gebäudes angenommen werden? Die DIN 18599-10 enthält Werte für den mittleren Anlagenluftwechsel in Abhängigkeit von der Bedarfssteuerung der Anlage. So darf bei bedarfsgeführten Anlagen ein Anlagenluftwechsel von $0{,}35\ h^{-1}$ und bei nicht bedarfsgeführten Anlagen von $0{,}4\ h^{-1}$ angenommen werden. Die Bedarfsführung richtet sich danach, ob geeignete nutzerabhängige Führungsgrößen wie z.B. Feuchte oder CO_2 zur Steuerung der Anlage eingesetzt werden. In den meisten Wohngebäuden dürfte bei reinen Abluftanlagen in Sanitärräumen eine solche Bedarfsführung fehlen, da diese Anlagen meist nur bei unmittelbarer Benutzung plus einer angemessenen Nachlaufzeit der Ventilatoren betrieben werden. Es sollte daher ausreichen, den Hilfsenergiebedarf für die üblichen Anwendungen in Wohnungen mit einem Anlagenluftwechsel von $0{,}4\ h^{-1}$ zu berechnen, da die nach den Randbedingungen anzunehmende Laufzeit von 24 h den Hilfsenergiebedarf der Anlage ohnehin überbewertet, selbst unter Einbeziehung der Tatsache, dass der Anlagenluftwechsel in der Nutzungszeit deutlich höher ist als angenommen. Alternativ kann der Anlagenluftwechsel des Referenzgebäudes von $0{,}55\ h^{-1}$ auch für das auszuführende Gebäude benützt werden.

Das Lüftungsvolumen ergibt sich bei zentralen Abluftanlagen aus dem Lüftungsvolumen des Gebäudes, bei nur in einzelnen Räumen vorgesehenen Abluftanlagen aus der jeweiligen Auslegung der Anlage.

Für unser Beispielgebäude aus Abschnitt 13 sei vorausgesetzt, dass nur das Bad auf der Nordseite (nunmehr fensterlos) über eine Abluftanlage verfügt. Das Lüftungsvolumen des Raumes beträgt ca. 19,35 m^3. Der unter Annahme eines Gleichstromventilators vorhandene monatliche Hilfsenergiebedarf wird in den Tabelle 205 und 206 dargestellt. Der Hilfsenergiebedarf wird zunächst für einen Anlagenluftwechsel von 0,4 und dann für einen von 0,55 h^{-1} berechnet.

Tabelle 205: Monatlicher Hilfsenergiebedarf für den Ventilator in kWh für $n = 0{,}4\ h^{-1}$

Januar	Februar	März	April	Mai	Juni
1,44	1,30	1,44	1,39	1,44	1,39
Juli	August	September	Oktober	November	Dezember
1,44	1,44	1,39	1,44	1,39	1,44

Tabelle 206: Monatlicher Hilfsenergiebedarf für den Ventilator in kWh für $n = 0{,}55\ h^{-1}$

Januar	Februar	März	April	Mai	Juni
1,98	1,79	1,98	1,92	1,98	1,92
Juli	August	September	Oktober	November	Dezember
1,98	1,98	1,92	1,98	1,92	1,98

Auf die gesamte Nutzfläche liegt der jährliche Hilfs-Endenergiebedarf für das Gebäude bei 0,18 bis 0,24 kWh/m^2a. Wird das gesamte Luftvolumen über die Abluftanlagen nach außen geleitet, so ergäbe sich ein Jahresbedarf von min. 2,13 und max. 3,16 kWh/m^2a, welcher deutlich über den Standardwerten der DIN V 4701-10 liegt. Der Grund dafür ist die Tatsache, dass die DIN V 4701-10 die Abluftanlagen nur für eine festgelegte Heizzeit von 185 Tagen bilanziert, die DIN V 18599 aber voraussetzt, dass die Abluftanlage an 365 Tagen genutzt wird.

14.2.2 Zu- und Abluftanlagen mit Wärmeübertrager nach DIN V 18599-6

Die kontrollierte Be- und Entlüftung von Gebäuden erfreut sich im Wohnungsbau selbst in der „Fensterlüftungs-Domäne" Deutschland zunehmender Beliebtheit bei Bauherrn und Planern. Mit dem Einbau einer solchen Anlage lassen sich sowohl die kalkulierten Energiekosten sparen als auch die hygienischen Anforderungen an die Innenraumluft besser erfüllen. Bild 31 zeigt eine für das Einfamilienhaus typische Anlagenkonfiguration.

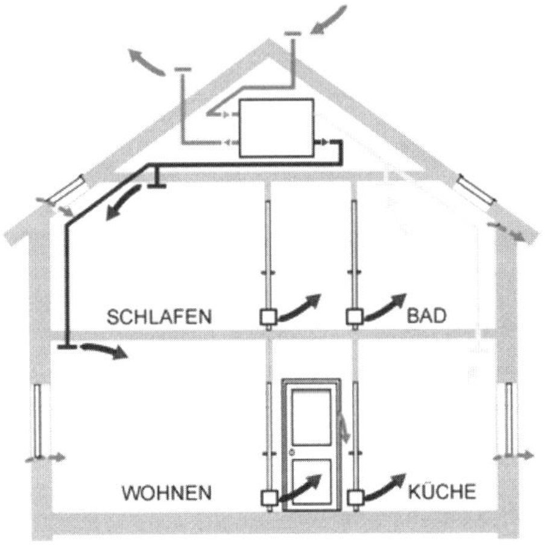

Bild 31: Anlagenschema einer Zu-/Abluftanlage mit Wärmeübertrager

Gekennzeichnet ist eine solche Anlage durch ein zentrales Gerät zur Wärmeübertragung (Wärmerückgewinnung) und ein Leitungsnetz für die Zu- und Abluftleitungen. Überströmöffnungen garantieren in den Bereichen, die nicht über eigene Zustromventile an der Decke oder an den Wänden verfügen, eine ausreichende Versorgung mit Frischluft. Neben den Zulufteinrichtungen sorgen aber auch die Luftströme, die über Infiltration und Fensterlüftung in das Gebäude gelangen, für eine ausreichende Versorgung mit Frischluft. Wärmeübertrager, die auch als Rekuperatoren bezeichnet werden, sorgen im Zentralgerät dafür, dass die abströmende Abluft die einströmende Zuluft erwärmen kann. Daraus folgend ist die energetische Bewertung solcher Anlagen vor allem darauf gerichtet, die Qualität der Wärmeübertragung und eventuell vorhandene Verluste der Verteilung einzuschätzen. Wie schon bei den reinen Abluftanlagen, ist auch bei diesen Anlagen der Hilfsenergiebedarf der Ventilatoren zu ermitteln, die sich sowohl im Zuluft- als auch im Abluftkanal befinden.

Alternativ zu den gebäudezentralen Anlagen können auch dezentrale Geräte eingesetzt werden, die einzelne Räume oder Raumgruppen mit wärmegetauschter Frischluft versorgen. Diese dezentralen Geräte arbeiten im Umkehrbetrieb, das heißt, dass eine vorgegebene Zeitspanne das Gerät als Abluftgerät und später als Zuluftgerät fungiert. Zu- oder Abluftleitungen sind für dezentrale Geräte nicht erforderlich, die elektrische Leistungsaufnahme der Ventilatoren von dezentralen Geräten ist aber meist größer als bei zentralen Geräten, was teilweise dadurch kompensiert werden kann, dass nicht alle Räume mit einem solchen Gerät ausgestattet werden.

Im Folgenden werden die erforderlichen Schritte zur energetischen Beurteilung von Zu-/Abluftanlagen mit Wärmeübertrager erläutert. Basis der Berechnung ist wiederum das in Abschnitt 13 vorgestellte Beispielgebäude. Es ist eine zentrale Anlage vorgesehen, alle Leitungen des Zu- und Abluftkanalnetzes befinden sich in der thermischen Hülle, was eine Bilanzierung der Verluste des Lufttransportes im Leitungssystem entbehrlich macht.

Schritt:1 Berechnung des Infiltrations-, Fensterluftwechsels und des mechanischen Luftwechsels.	Quelle: DIN V 18599-2

Die Berechnung des Infiltrationsluftwechsels erfolgt auf gleicher Basis wie bei Abluftanlagen (siehe oben), soweit die Anlage über den gleichen Zu- und Abluftvolumenstrom (balancierter Zu-/Abluftstrom) verfügt.

Auch für Lüftungsanlagen ist neben dem mechanischen Luftwechsel ein Fensterluftwechsel zu berücksichtigen, der nach DIN V 18599-2 mindestens $0{,}1\ h^{-1}$ beträgt. Der über den Tag gemittelte mechanische Luftwechsel ist abhängig davon, ob es sich um eine bedarfsgeführte Anlage handelt oder nicht. In diesem Beispiel wird davon ausgegangen, dass es sich um eine nicht bedarfsgeführte Anlage handelt, nach Tabelle 7 im Abschnitt 3 wird der n_{mech} unter dieser Bedingung $0{,}40$. Alle drei Luftwechselarten zusammengenommen, ergeben einen Gesamtluftwechsel von $0{,}57\ h^{-1}$. Damit liegt die Luftwechselrate nur knapp unterhalb derer, die für die Fensterlüftung ($0{,}6\ h^{-1}$) ermittelt wurde, wenn das Gebäude auch ohne Lüftungsanlage auf Luftdichtheit geprüft wird. Der gravierende Unterschied zwischen beiden Lüftungssystemen liegt demnach nicht in der Höhe des Luftwechsels, sondern in der Energiemenge, die benötigt wird, die einströmende Luft zu erwärmen. Diese ist wiederum abhängig von der Temperatur der einströmenden Luft nach dem Rekuperator. Für den Anteil der einströmenden Luft, der aus dem Fensterluftwechsel oder dem Infiltrationsluftwechsel resultiert, ist die Temperatur als Mittelwert der monatlichen Außentemperatur gegeben.

Schritt:2 Berechnung Temperatur der über die Lüftungsanlage einströmenden Luft	Quelle: DIN V 18599-6

Ausgangspunkt für die Berechnung der Zulufttemperatur ist der sich einstellende Gesamtnutzungsgrad der Wärmerückgewinnung. Die Berechnung des Gesamtnutzungsgrades hat nach Gleichung 257 zu erfolgen.

$$\eta_{WÜT,mth} = \eta'_{WRG} \left(1 - f_{v,WÜT,Frost} - f_{v,WÜT,Wärme} - f_{v,WÜT,Dicht} \right) \quad (257)$$

$\eta_{WÜT,mth}$ Gesamtnutzungsgrad der Wärmerückgewinnung;
η'_{WRG} Wärmebereitstellungsgrad im Heizperiodenmittel;
$f_{v,WÜT,Frost}$ Faktor zur Berücksichtigung des Abtaubetriebes;
$f_{v,WÜT,Wärme}$ Faktor zur Berücksichtigung des Wärmeverlustes des Gerätes;
$f_{v,WÜT,Dicht}$ Faktor zur Berücksichtigung der Dichtheit des Gerätes.

Die Größen der zu berücksichtigen Faktoren sind aus der Tabelle 207 zu entnehmen. In aller Regel werden zum Zeitpunkt der energetischen Bewertung der Lüftungsanlagen die einzelnen Faktoren noch unbekannt sein, sodass vor allem die in der Norm enthaltenen Standardwerte des Gesamtnutzungsgrades Anwendung finden werden.

- Standardwert $\eta_{WÜT,mth}$: 0,60
- Verbesserter Standardwert $\eta_{WÜT,mth}$: 0,80

Bei Wohnungslüftungsanlagen, welche die Außenluft über einen Erdreich-Zuluft-Wärmeübertrager ansaugen, kann der Standardwert jeweils um 10 % erhöht werden (0,66 bzw. 0,88).

Tabelle 207: Allgemeine Randbedingungen zur Bestimmung des Gesamtnutzungsgrades

Kennwerte		Zeichen	Einheit	Wert
Abtaubetrieb				
Abschalten Zuluftventilator bei Außentemperaturen	≥ -6 °C	$f_{v,WÜT,Frost}$	–	0,06
	< -6 °C			0,04
	< -9 °C			0,02
	< -12 °C			0
Erdreich-Zuluft-Wärmeübertrager zur Luftvorwärmung				
Heizregister zur Luftvorwärmung				
Heizregister zur Luftvorwärmung				
Aufstellung im beheizten Bereich		$f_{v,WÜT,Wärme}$	–	0
Aufstellung im unbeheizten Bereich mit R_λ [a] $\geq 0{,}5$ m²K/W				0
Aufstellung im unbeheizten Bereich mit R_λ [a] $< 0{,}5$ m²K/W				0,02
Dichtheit des Lüftungsgerätes				
Leckage $< 2{,}5\ \% \cdot V_{mech,m}$ [b] bei Über-/Unterdruck von 100 Pa		$f_{v,WÜT,Dicht}$	–	0
Leckage $< 5\ \% \cdot V_{mech,m}$ [b] bei Über-/Unterdruck von 100 Pa				0,01
[a] Wärmeleitwiderstand des Gehäuses des Lüftungsgerätes.				
[b] Mittelwert des Volumenstrombereiches des Lüftungsgerätes.				

Für das Berechnungsbeispiel wird davon ausgegangen, dass der Gesamtnutzungsgrad der

Wärmerückgewinnung 80 % (0,8) beträgt. Standardwerte der sich einstellenden Zulufttemperatur bei einer angenommenen Ablufttemperatur von 21 °C sind der Tabelle 208 zu entnehmen.

Tabelle 208: Standardwerte für monatliche Zulufttemperatur bei Abluft-Zuluft-Wärmeübertrager ohne vorgeschalteten Erdreich-Zuluft-Wärmeübertrager, errichtet nach 1999 nach DIN V 18599-6

Monat	Jan	Feb	Mrz	Apr	Mai	Jun	Jul	Aug	Sep	Okt	Nov	Dez
$\vartheta_{e,mth}$	–1,3	0,6	4,1	9,5	12,9	15,7	18,0	18,3	14,4	9,1	4,7	1,3
$\vartheta_{V,mech}$ bei $\eta_{WÜT,mth} = 0,60$	12,1	12,8	14,2	16,4	17,8	18,9	19,8	19,9	18,4	16,2	14,5	13,1
$\vartheta_{V,mech}$ bei $\eta_{WÜT,mth} = 0,80$	16,5	16,9	17,6	18,7	19,4	19,9	20,4	20,5	19,7	18,6	17,7	17,1
ANMERKUNG: Wird das Lüftungssystem nicht ganzjährig oder in den Sommermonaten ohne Wärmerückgewinnung betrieben, gilt außerhalb der Betriebs- bzw. Wärmerückgewinnungszeiten $\vartheta_{V,mech} = \vartheta_{e,mth}$.												

Die Anmerkung in der vorstehenden Tabelle ist für die energetische Bewertung der Lüftungsanlagen im Rahmen des öffentlich-rechtlichen Nachweises nicht relevant, da die Randbedingungen nach DIN V 18599-10 davon ausgehen, dass die Anlage 365 Tage in Betrieb ist. In den Sommermonaten ergeben sich bei einem Gesamtnutzungsgrad von 60 % bzw. in den Übergangsmonaten bei einem Gesamtnutzungsgrad von 80 % Zulufttemperaturen, die über den berechneten Bilanztemperaturen liegen können. In diesem Falle ist die einströmende Luft nicht als Lüftungssenke, sondern als Lüftungsquelle zu betrachten und vermindert daher den Nutzwärmebedarf für das Gebäude in Abhängigkeit vom Ausnutzungsgrad der Wärmequellen.

Infolge der Situation, dass die Zuluftströme mit unterschiedlichen Temperaturen im Berechnungsverfahren zu berücksichtigen sind – Infiltration und Fensterlüftung mit der mittleren monatlichen Außentemperatur, Anlagenluftstrom mit der Zulufttemperatur nach Tabelle 208 – werden drei Wärmetransferkoeffizienten maßgebend, wobei der für Fensterlüftung und Infiltration summiert werden kann.

Wärmetransferkoeffizient	Wert in W/K
Infiltration	6,19
Fensterlüftung	8,84
Anlagenlüftung	35,36

Die monatlichen Wärmesenken aus Infiltration und Lüftung in kWh für das Beispielgebäude sind aus Tabelle 209, die monatlichen Wärmesenken und Wärmequellen (kursive Schrift) aus der Anlagenlüftung aus Tabelle 210 zu entnehmen. Als Innentemperatur ist die im Abschnitt 13.9.2 berechnete Bilanztemperatur verwendet worden.

Tabelle 209: Monatliche Lüftungswärmesenken aufgrund Infiltration/Fensterlüftung

Januar	Februar	März	April	Mai	Juni
219,96	180,95	164,20	104,94	73,32	42,97
Juli	August	September	Oktober	November	Dezember
20,65	17,56	55,97	112,56	152,91	193,11

Tabelle 210: Monatliche Lüftungswärmequellen/-senken aufgrund Anlagenlüftung

Januar	Februar	März	April	Mai	Juni
49,25	38,43	31,17	12,67	1,51	5,82
Juli	August	September	Oktober	November	Dezember
14,55	16,57	3,26	14,91	28,79	38,69

Tabelle 211 subsummiert alle monatlichen Lüftungssenken aus den drei Lüftungsanteilen.

Tabelle 211: Monatliche Lüftungswärmesenken aufgrund Infiltration/Fensterlüftung

Januar	Februar	März	April	Mai	Juni
269,22	219,39	195,37	117,60	74,83	42,97
Juli	August	September	Oktober	November	Dezember
20,65	17,56	55,97	127,48	181,69	231,81

Für das Beispielgebäude führt die Verwendung einer Wohnungslüftungsanlage mit Wärmeübertrager zu einer Reduzierung der Lüftungssenken um durchschnittlich 70 %.

Schritt:3

Berechnung des Hilfsenergiebedarfs für die Zu- und Abluftventilatoren

Quelle:
DIN V 18599-3/6

Der Hilfsenergiebedarf der Ventilatoren $\vartheta_{\text{vent,aux,mth}}$ wird, wie bereits bei den reinen Abluftanlagen erörtert, unter Einbeziehung der volumenbezogenen Leistungsaufnahme der Ventilatoren, des mittleren Anlagenluftwechsels und der nach den Randbedingungen im Teil 10 der Norm vorgegebenen Betriebszeit der Wohnungslüftungsanlage berechnet. Wird die Luft über einen Erdwärmetauscher ausgesaugt, so kann der monatliche Hilfsenergiebedarf um 20 % verringert werden.

Standardwerte für die volumenbezogene Leistungsaufnahme von Zu- und Abluftventilatoren sind in der Tabelle 212 ausgewiesen.

Tabelle 212: Standardwert für die elektr. Leistungsaufnahme für Zu-/Abluftventilatoren

Abluftsystem	Einheit	Ventilatoren	
		AC	DC
Zentral	$W/(m^3 \cdot h)$	0,55	0,40
Dezentral (Raumgerät)	$W/(m^3 \cdot h)$	0,70	0,55

Wechselstromventilatoren arbeiten demnach mit einer höheren elektrischen Leistungsaufnahme als Gleichstromventilatoren.

Der Anlagenluftwechsel ist für unser Beispiel mit $0{,}4\ h^{-1}$ festgelegt worden, das Lüftungsvolumen in unserem Beispiel beträgt $260{,}016\ m^3$. Der monatliche Hilfsenergiebedarf bei Verwendung von Gleichstromventilatoren ist in Tabelle 213 dargestellt.

Tabelle 213: Monatlicher Hilfsenergiebedarf für den Ventilator in kWh für $n = 0{,}4\ h^{-1}$

Januar	Februar	März	April	Mai	Juni
30,95	27,96	30,95	29,95	30,95	29,95
Juli	August	September	Oktober	November	Dezember
30,95	30,95	29,95	30,95	29,95	30,95

Auf die Nutzfläche des Gebäudes bezogen wird durch die Ventilatoren ein flächenbezogener Hilfsenergiebedarf von 3,7 kWh/m²a hervorgerufen, der vergleichbare Wert nach DIN V 4701-10 liegt etwa bei 1,7 kWh/m²a. Der Hauptgrund für diesen Anstieg ist schon unter dem Berechnungsschritt 2 der Abluftanlage benannt worden: Die Annahme der DIN V 18599-10, dass eine Lüftungsanlage im Wohnungsbau an 365 Tage jeweils 24 h in Betrieb ist.

14.2.3 Unbeheizte Glasvorbauten nach DIN V 18599-2

Unbeheizte Glasvorbauten, die auch als Wintergärten bezeichnet werden, beeinflussen einerseits den solaren Eintrag in das Gebäude und andererseits vermindern sie den Transmissions- und Lüftungsverlust des Gebäudes an die Außenluft. Die Nachweisführung der DIN V 4108-6 basierte einerseits darauf, die direkten solaren Gewinne, die über die Verglasung des Wintergartens und die Verglasung des beheizten Bereiches in das Gebäude eindringen, zu quantifizieren und andererseits auf eine Berücksichtigung sogenannter indirekter Gewinne, die entstehen, wenn der Transmissionswärmeverlust durch die Trennwände zwischen Gebäude und Wintergarten aufgrund der absorbierter Strahlung im Wintergarten vermindert wird.

Die DIN V 18599 hat im Teil 2 den zweitgenannten Berechnungsansatz ersetzt durch eine Betrachtung des Wintergartens als eigenständige Zone, die über eine von der Außenluft abweichende Innentemperatur verfügt und demzufolge den Wärmestrom des Gebäudes nach außen beeinflusst.

Die für das von der DIN V 18599-2 verwendete Berechnungsverfahren erforderlichen Berechnungselemente zeigt Bild 32, die hier aufgeführten Kürzel werden bei den nachstehenden Gleichungen näher erläutert.

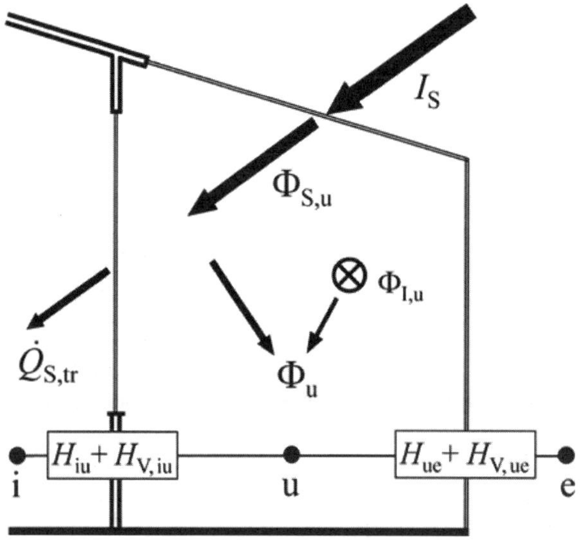

Bild 32: Zu berücksichtigende Größen unbeheizter Glasvorbauten nach DIN V 18599-2

Die notwendigen Berechnungsschritte werden im Folgenden anhand eines Wintergartens, der an der Südseite unseres Beispielgebäudes angeordnet werden soll, näher erläutert.

Schritt:1	Quelle:
Berechnung der direkten solaren Wärmeeinträge in das Gebäude	DIN V 18599-2

Als direkte solare Wärmeeinträge werden solche bezeichnet, die durch die Verglasung des

Wintergartens und durch die Verglasung des Gebäudes in das Gebäude eindringen können (im Bild 32 = $Q_{S,tr}$). Sie werden nach folgender Gleichung berechnet, innerhalb der Formelerläuterung in Klammern gesetzte Werte dokumentieren Standardwerte.

$$\dot{Q}_{S,tr} = F_{F,iu} \cdot A_{iu} \cdot g_{eff,iu} \cdot F_{F,ue} \cdot \tau_{e,ue} \cdot I_s \cdot t \qquad (258)$$

$\dot{Q}_{S,tr}$ direkte solare Wärmeeinträge;

$F_{F,iu}$ Abminderungsfaktor Rahmenanteil innere Verglasung (0,7);

A_{iu} Fläche des transparenten Bauteils zum unbeheizten Vorbau;

$g_{eff,iu}$ effektive Gesamtenergiedurchlassgrad;

$F_{F,ue}$ Abminderungsfaktor Rahmenanteil äußere Verglasung (0,9);

$\tau_{e,ue}$ Transmissionsgrad der äußeren Verglasung;

I_s globaler Strahlungswert nach DIN V 18599-3 in W/m²;

t der Zeitschritt für die Berechnung.

Der Abminderungsfaktor für die innere Verglasung ist bereits im Abschnitt 13.5 erläutert worden, er beträgt insgesamt 0,567, eine Verschattung wird bei Wohngebäuden in der Bilanzierung nicht berücksichtigt.

Für das Beispielgebäude wird ein Wintergarten an der Südseite rechts oben vor dem großen Terrassenfenster (3,00 · 2,265) angeordnet. Der Wintergarten ist zur jeder Seite jeweils 2 m breiter als das Fenster. Die Tiefe des Wintergartens beträgt 3,00 m, die Höhe der Glaselemente 2,60 m. Alle notwendigen weiteren Eingangsdaten für die Berechnung sind der nachfolgenden Tabelle zu entnehmen.

Tabelle 214: Eingangsdaten für die Berechnung des Wintergartens

Beschreibung	Wert
Transmissionsgrad der äußeren Verglasung	0,63
Fläche Wand West des Wintergarten	7,91 m²
Fläche Wand Ost des Wintergartens	7,91 m²
Fläche Wand Süd des Wintergartens	18,2 m²
Dachfläche Wintergarten	21 m² (leichte Dachneigung bei der Flächenberechnung vernachlässigt)
Bodenfläche Wintergarten	21 m²
Gesamtenergiedurchlassgrad Verglasung zum Gebäude	0,60
Fläche des Fensters zum Wintergarten	6,795 m²
Abminderungsfaktor für die solare Einstrahlung durch das transparente Bauteil des Gebäudes	0,567
U-Wert der Wintergartenverglasung	2,0 W/(m²K)
U-Wert der Gebäudeverglasung	1,3 W/(m²K)
U-Wert Außenwand zum Wintergarten	0,28 W/(m²K)
Fläche der Außenwand zum Wintergarten	10,40 m²
Volumen des Wintergartens	55,37 m³
U-Wert Bodenplatte Wintergarten (ungedämmte 15 cm Betonbodenplatte	4,14

Der direkte solare Wärmeeintrag über das an den Wintergarten angrenzende Fenster ist in Tabelle 215 dargestellt. Kurz ausgedrückt: Der solare Wärmeeintrag in die Gebäudezone über das Fenster zum Wintergarten wird um den auf die Nettofläche bezogenen Transmissionsgrad der äußeren Verglasung abgemindert.

Tabelle 215: Monatlicher solarer Wärmeeintrag in die beheizte Zone in kWh

Januar	Februar	März	April	Mai	Juni
54,61	53,73	78,01	129,29	116,05	122,68
Juli	August	September	Oktober	November	Dezember
131,65	109,22	108,53	78,99	50,96	32,18

Schritt:2

Berechnung der im Wintergarten wirksamen Wärmeeinträge

Quelle:

DIN V 18599-2

Um die monatliche mittlere Temperatur im Wintergarten berechnen zu können, ist es erforderlich, die im Wintergarten wirksam werdenden Wärmeeinträge zu kennen. Diese setzen sich zusammen aus den solaren und den inneren Wärmeeinträgen.

$$\Phi_{u} = \sum \Phi_{S,u} - \frac{\sum \dot{Q}_{S,tr}}{t} + \sum \Phi_{I,u} \qquad (259)$$

Φ_{u} Wärmestrom in den Wintergarten;

$\Phi_{S,u}$ solare Einstrahlung in den Wintergarten;

$\dot{Q}_{S,tr}$ solare Einstrahlung über den Wintergarten in das Gebäude;

$\Phi_{I,u}$ innere Wärmequellen.

Welche inneren Wärmequellen für unbeheizte Glasvorbauten anzunehmen sind, wird weder in den Randbedingungen nach DIN V 18599-10 noch in den nach EnEV erläutert. Es wird daher empfohlen, für den öffentlich-rechtlichen Nachweis die inneren Wärmeeinträge zu null zu setzen.

Für die Ermittlung der solaren Einträge in den Wintergarten gilt Gleichung 260.

$$\Phi_{S,u} = F_{F,ue} \cdot A_{ue} \cdot g_{eff,ue} \cdot I_{S} \qquad (260)$$

$F_{F,ue}$ Abminderung Rahmenanteil äußere Verglasung;

A_{ue} Fläche der äußeren Verglasung;

$g_{eff,ue}$ der effektive Gesamtenergiedurchlassgrad;

I_{S} die orientierungsabhängige solare Sonneneinstrahlung.

Die Gesamtabminderung der solaren Einstrahlung der Verglasung (Verschattung, Sonnenschutz, Verschmutzung) des Wintergartens beträgt 0,729 (Verschattung: 0,9; Verschmutzung: 1,0; Abminderung bei für senkrechten Strahlungseinfall: 0,9; Abminderung infolge des Rahmenanteils: 0,9). Die orientierungsabhängigen Strahlungswerte sind der Tabelle 14 zu entnehmen, für das Dach wurden die Strahlungswerte für die horizontale Einstrahlung verwendet.

Die Ausgabe der Wärmeeinträge erfolgt in Watt, da für die Berechnung der Innentemperatur des Wintergartens die Angabe der Wärmeleistung benötigt wird.

Tabelle 216: Monatlicher solarer Wärmeeintrag in den Wintergarten in W

Januar	Februar	März	April	Mai	Juni
1075,56	1422,48	2049,60	4317,60	4423,90	5161,68
Juli	**August**	**September**	**Oktober**	**November**	**Dezember**
5245,84	3886,80	3241,32	1967,73	1145,50	663,34

Unter Abzug der solaren Einstrahlung in das Gebäude ergeben sich folgende monatliche Wärmeströme in den Wintergarten. Hinweis: Zahlenwerte aus Tabelle 215 sind vorher in Watt umzurechnen (= Zahlenwert nach Tabelle 215 geteilt durch die 24 und die Anzahl der Tage des Monats, dann alles multipliziert mit 1000).

Tabelle 217: Monatlicher Wärmestrom in den Wintergarten in W

Januar	Februar	März	April	Mai	Juni
1002,2	1342,5	1944,7	4138,0	4267,9	4991,3
Juli	**August**	**September**	**Oktober**	**November**	**Dezember**
5068,9	3740,0	3090,6	1861,6	1074,7	620,1

Schritt:3

Berechnung der im Wintergarten vorhandenen monatlichen Innentemperatur

Quelle: DIN V 18599-2

Die monatliche Innentemperatur des Wintergartens ist nach Gleichung 261 zu bestimmen.

$$\vartheta_u = \frac{\Phi_u + \vartheta_i \cdot \left(H_{T,iu} + H_{V,iu}\right) + \vartheta_e \cdot \left(H_{T,ue} + H_{V,ue}\right)}{H_{T,iu} + H_{V,iu} + H_{T,ue} + H_{V,ue}} \tag{261}$$

ϑ_u Temperatur im unbeheizten Glasvorbau in °C;

Φ_u Wärmestrom in den Wintergarten in W;

Φ_i Bilanzinnentemperatur in °C;

$H_{T,iu}$ Transmissions-Wärmetransferkoeffizient zwischen Gebäude und Wintergarten in W/K;

$H_{V,iu}$ Lüftungs-Wärmetransferkoeffizient zwischen Gebäude und Wintergarten in W/K;

ϑ_e monatliche mittlere Außentemperatur in °C;

$H_{T,ue}$ Transmissions-Wärmetransferkoeffizient des Wintergartens nach außen W/K;

$H_{V,ue}$ Lüftungs-Wärmetransferkoeffizient des Wintergartens nach außen in W/K;

Der Lüftungs-Wärmetransferkoeffizient zwischen dem Gebäude und dem Wintergarten kann zu null gesetzt werden. Für den Lüftungs-Wärmetransferkoeffizienten des Wintergartens nach außen wird in DIN V 18599-2 ein Wert von $0{,}6\ h^{-1}$ vorgeschlagen, eine Erhöhung auf $2{,}0\ h^{-1}$ ist möglich, um unerwünschte Überhitzung in den Sommermonaten zu vermeiden (für Wohngebäude nicht maßgebend, da der Kühlbedarf unter vereinfachten Annahmen der EnEV bilanziert wird).

Die mittleren monatlichen Bilanztemperaturen und die berechneten Wärmetransferkoeffizienten sind der nachstehenden Tabelle zu entnehmen. Für die Bodenplatte des Wintergartens ist für die Berechnung des Wärmetransferkoeffizienten in Übereinstimmung mit DIN V 18599-2 keine Temperaturkorrektur verwendet worden, da sich diese erst aus der sich einstellenden Innentemperatur ergeben wird. Damit wird die Innentemperatur des Wintergartens zu niedrig berechnet, was unter der Beachtung der nachfolgenden Berechnung des Wärmetransfers zwischen dem beheizten Gebäude und dem Wintergarten aber auf der sicheren Seite liegt.

Tabelle 218: Berechnete Wärmetransferkoeffizienten und Temperaturen

$H_{T,iu}$	11,75 W/K
$H_{V,iu}$	0
$H_{T,ue}$	196,98 W/K
$H_{V,ue}$	11,29 W/K
ϑ_i	Bilanztemperatur siehe Abschnitt 13.9.2
ϑ_e	Mittlere Außentemperatur siehe Tabelle 14

Tabelle 219: Monatliche mittlere Temperatur des Wintergartens

Januar	Februar	März	April	Mai	Juni
4,30	7,66	13,72	28,83	32,65	38,60
Juli	August	September	Oktober	November	Dezember
41,14	35,38	28,72	18,10	10,34	5,04

In den typischen Heizmonaten Oktober bis März treten an den wärmeübertragenden Umfassungsflächen zwischen dem Gebäude und dem Wintergarten demzufolge Transmissionswärmesenken auf, in den übrigen Monate kehrt sich der Wärmestrom um und der Wintergarten wird zur Wärmequelle.

14.3 Wärmepumpen

14.3.1 Allgemeines

Mit der Einführung des Rechenverfahrens zur energetischen Bewertung von Gebäuden auf der Grundlage der DIN V 18599 wurde erstmals in Deutschland auch eine Umstellung des Bewertungsverfahrens für Wärmepumpen auf die inzwischen international anerkannten Prüf- und Berechnungsnormen vorgenommen. Dies wird aus der Umstellung von Begriffen und Definitionen sichtbar (die Arbeitszahl wird zur *COP* = coefficient of performance) und mündet in einem neuen Berechnungsverfahren, in dessen Mittelpunkt das sogenannte Bin-Verfahren steht. Als „Bin" werden dabei statistische Temperaturklassen (mitunter auch Klassenintervalle) für die Außenlufttemperatur verstanden, wobei die Klassengrenzen in einer Temperatureinheit angegeben werden. Bild 33 zeigt diese Klasseneinteilung für einen kombinierten Heizungs-/Trinkwarmwasser-Prozess.

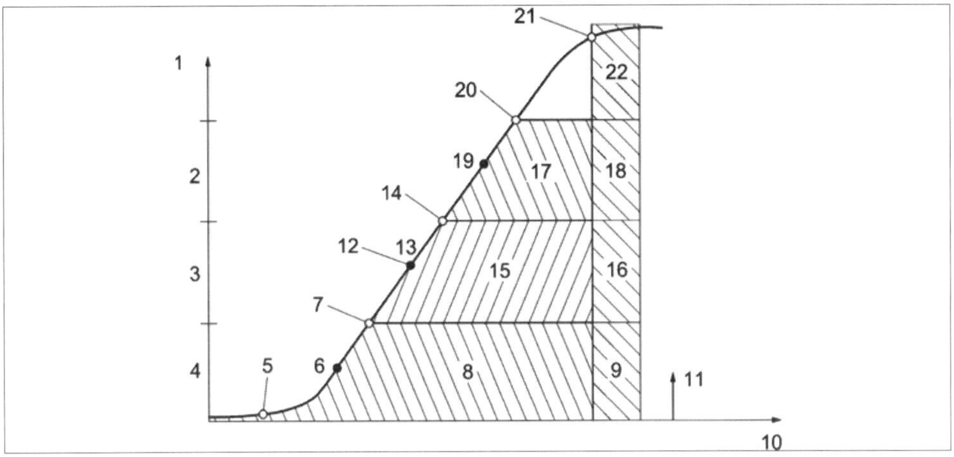

Bild 33: Bin-Stunden als Funktion der Außentemperatur nach DIN EN 15316-4-2

Erläuterung zu Bild 33:

Das Bin-Verfahren basiert auf der Bewertung der Summenhäufigkeit der Außenlufttemperatur.

Auf der Abszisse ist der Verlauf der Außentemperatur angegeben, die Ordinate zeigt die kumulativen Bin-Stunden. Für die Raumheizung ist die Außentemperatur in 3 Bin eingeteilt, deren Mittelpunkte in der Regel von Prüfpunkten (Betriebspunkten) nach DIN EN 14511 gebildet werden (hier: 6/13 und 19). Für diese Prüfpunkte liegen Prüfwerte für den *COP* und für die Heizleistung vor. Die Temperaturklassen werden jeweils durch obere und untere Temperaturen begrenzt (z.B. Bin 6 durch 5 und 7). In der Berechnung wird davon ausgegangen, dass der Betriebspunkt die Betriebsbedingungen für die Wärmepumpe des gesamten Bins definiert. Die Außentemperaturkurve wird durch einen unteren und oberen Punkt begrenzt. Der untere Punkt (5) stellt dabei die Auslegungstemperatur und der obere Punkt (20) die sogenannte Heizgrenztemperatur dar. Die Flächen 8, 15 und 17 zeigen die Summenhäufigkeit der Außenlufttemperaturen in der jeweiligen Temperaturklasse. Die Flächen 9, 16, 18 und 22 kennzeichnen den Anteil in der jeweiligen Temperaturklasse, der für die Erwärmung des Trinkwassers benötigt wird. Dieser Anteil ist nicht von der Außentemperatur abhängig.

Neben den Betriebspunkten nach DIN EN 14511 sind sowohl die Außentemperaturen am Standort als auch die aus der Differenz der Bilanzinnentemperatur mit der Außentemperatur resultierenden Heizgradstunden als Eingangsgrößen erforderlich. Als Häufigkeitsverteilung der Außentemperatur (Stundensummen) sind für den öffentlich-rechtlichen Nachweis in Deutschland die in DIN V 18599-5 enthaltenen Werte für den Standort Würzburg maßgebend. Diese Werte sind in Tabelle 220 dargestellt.

Tabelle 220: Monatliche Stundensummen in den Temperaturklassen

	Temperatur-klasse	w -7	w 2	w 7	w 10	w 20	Monats-summe
	Prüfpunkt	-7	2	7	10	20	
	Temperatur-grenzen, °C	-15 bis -2	-2 bis 4	4 bis 8	8 bis15	15 bis 32	
Januar	Stunden	103	540	88	13	0	744
Februar	Stunden	95	448	99	30	0	672
März	Stunden	23	259	273	166	23	744
April	Stunden	0	102	267	319	32	720
Mai	Stunden	0	37	116	308	283	744
Juni	Stunden	0	0	4	296	420	720
Juli	Stunden	0	0	1	159	584	744
August	Stunden	0	0	0	162	582	744
September	Stunden	0	0	15	388	317	720
Oktober	Stunden	0	63	206	428	47	744
November	Stunden	48	272	267	129	4	720
Dezember	Stunden	104	461	115	64	0	744
Jahr	Stunden	373	2182	1451	2462	2292	8760

Die Temperaturklassen nach Tabelle 220 sind so gewählt, dass die Prüfpunkte nach DIN EN 14511 etwa den Mittelpunkt der Temperaturklasse bilden. Als Heizgrenztemperatur (Punkt 20 nach Bild 33) sind nach DIN V 18599-5 folgende Standardwerte zulässig:

a) Passivhäuser: 10 °C

b) Gebäude mit normalen Innentemperaturen, die den Anforderungen nach EnEV 2002/2204 entsprechen: 12 °C

c) Alle anderen Gebäude: 15 °C

Alternativ kann die Heizgrenztemperatur nach einem anerkannten Verfahren (z.B. DIN V 4108-6) berechnet werden.

Neben den bereits erläuterten Eingangsgrößen ist es erforderlich, die vorgesehene Betriebsweise der Wärmepumpe zu kennen. Wärmepumpen können unter Umständen nicht immer monovalent eingesetzt werden, es wird ein zweiter Wärmeerzeuger erforderlich, der entweder alternativ zur Wärmepumpe, parallel oder teilparallel operiert. Beim Alternativbetrieb liefert die Wärmepumpe die gesamte Heizwärme bis zu einer definierten Einsatzgrenze (Außentemperatur), danach übernimmt ein anderer Wärmeerzeuger vollständig die Erzeugung der Heizwärme. Im Parallelbetrieb erfolgt kein Abschalten der Wärmepumpe, sondern unterhalb der definierten Außentemperatur arbeiten beide Wärmeerzeuger parallel. Beim Teilparallelbetrieb schaltet sich die Wärmepumpe an der unteren Einsatzgrenze der Wärmepumpe ab und der zweite Wärmeerzeuger liefert ab dieser Außentemperatur allein die Heizwärme. Für den Teilparallel- und den Parallelbetrieb der Wärmeerzeuger werden sogenannte Bivalenzpunkte definiert. Als Bivalenzpunkt wird die Temperatur bezeichnet, bei der die Wärmeleistung der Wärmepumpe und die Heizlast des Gebäudes gleich sind. Der Bivalenzpunkt ist demnach keine für die Wärmepumpe festgelegte Eigenschaft, sondern ergibt sich aus den Einsatzbedingungen im Gebäude. Er kann für den Nachweis vereinfachend aus der nach DIN V 18599-2 errechneten Heizleistung des Gebäudes und der in den jeweiligen Temperaturklassen vorhandenen Heizleistung der Wärmepumpe bestimmt werden.

Der Energieanteil, der für die Erwärmung des Trinkwassers erforderlich ist, wird mit den für den Kombibetrieb vorhandenen Prüfwerten berechnet. Die aufsummierte Stundenzahl je Klasse und Monat wird dabei mit einer Gesamtstundenzahl von 8760 h für den Trinkwasserbetrieb gewichtet.

Die Energiebilanz einer Wärmepumpe wird in Bild 34 dargestellt.

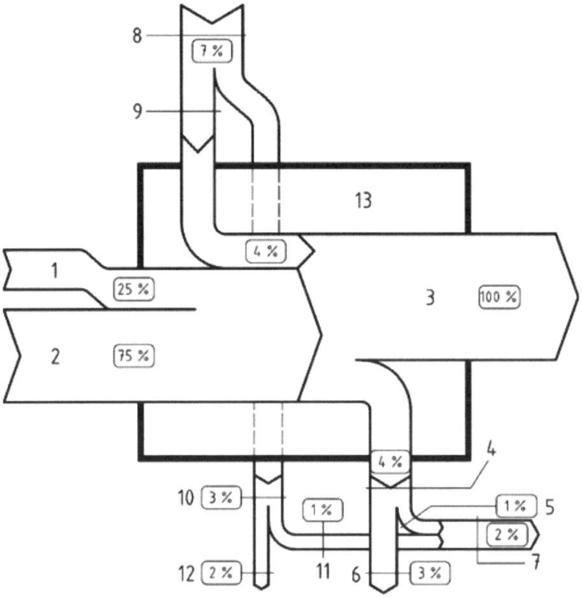

Bild 34: Energiebilanz der Wärmepumpe nach DIN EN 15316-4-2 (Prinzipdarstellung)

Erläuterungen zu Bild 34:

Die Wärmepumpe (13) soll 100 % des Wärmebedarfs decken (monovalente Betriebsweise). Dazu werden 75 % (2) aus der Umweltwärme entnommen und 25% sind als Antriebsenergie (Strom, Brennstoff) der Wärmepumpe zuzuführen. Insgesamt sind 7% Verluste auszugleichen, die sich aus den thermischen Verlusten (4) und der nicht zurückgewonnenen Hilfsenergie (10) zusammensetzen. Die thermischen Verluste untergliedern sich in rückgewinnbare (5) und nicht rückgewinnbare (6) Verluste. Gleiches gilt für die Hilfsenergien (11= rückgewinnbar; 12 = nicht rückgewinnbar). Die zurückgewonnene Hilfsenergie (9) geht in die Energiebilanz ein, sie stellt den Anteil der Hilfsenergie dar, der als thermische Energie zurückgewonnen wurde. Dieser Anteil ist im *COP* nach DIN EN 14511 bereits enthalten. Die Energiebilanz einer Wärmepumpe lässt sich daher mathematisch wie folgt darstellen:

$$E_{HW,gen,in} = Q_{HW,gen,out} + Q_{HW,gen,ls} - Q_{HW,gen,in} - k_{gen,aux,ls,rvd} \cdot W_{HW,gen,aux} \tag{262}$$

$E_{HW,gen,in}$ die Zufuhr von elektrischer Antriebsenergie, Brennstoffe oder Wärme;

$Q_{HW,gen,out}$ der Wärmeenergiebedarf (für Heizung und Trinkwarmwasser);

$Q_{HW,gen,ls}$ die thermischen Verluste des Erzeugers;

$Q_{HW,gen,in}$ die als Wärmequelle genutzte Umgebungswärme;

$k_{gen,aux,ls,rvd}$ der zurückgewonnene Hilfsenergieanteil (0, da im *COP* enthalten);

$W_{HW,gen,aux}$ die Hilfsenergiezufuhr für den Betrieb der Wärmepumpe.

Im Bin-Verfahren werden die Temperaturklassen gemäß dem Verlauf der Außentemperatur und den zur Verfügung stehenden Prüfpunkten festgelegt. Wie verhält es sich aber bei Wärmepumpen, deren Quelle nicht die Außenluft, sondern beispielsweise das Erdreich (Sole) oder das Grundwasser ist? Für eine Erdwärme- oder Wasserwärmepumpe ist die Rücklauftemperatur des Erdwärmetauschers oder des Wasserwärmetauschers bzw. die Grundwasser-Eintrittstemperatur anzusetzen. Tabelle 221 enthält die nach DIN V 18599-5 für Deutschland gültigen Randbedingungen.

Tabelle 221: Mittlere Quellentemperatur für Erdreich und Grundwasser nach DIN V 18599-5

	Mittlere Außentemperatur °C	Mittlere Soletemperatur °C	Mittlere Grundwasser-temperatur °C
Januar	–1,3	1,3	9,1
Februar	0,6	1,6	9,4
März	4,1	2,1	9,9
April	9,5	2,9	10,6
Mai	12,9	3,4	11,0
Juni	15,7	3,9	11,4
Juli	18	4,2	11,7
August	18,3	4,2	11,8
September	14,4	3,7	11,2
Oktober	9,1	2,9	10,5
November	4,7	2,2	9,9
Dezember	1,3	1,7	9,5

Alternativ können nach DIN EN 15316-4-2 die Betriebspunkte wie bei einer Luft-Wasser-Wärmepumpe gewählt werden, da diese Betriebspunkte etwa gleichmäßig auf den Betriebsbereich verteilt sind. Für diesen Fall sind allerdings Korrekturen (Interpolation) des COP und der Heizleistung im Hinblick auf die tatsächlichen Temperaturbedingungen der Quellen- und Senkentemperatur (Vorlauftemperatur des Sekundärkreises) vorzunehmen.

14.3.1.1 Beispiel Luft-Wasser-Wärmepumpe

Für das Beispielgebäude aus Abschnitt 13 soll eine Luft-Wasser-Wärmepumpe die erforderliche Heizwärme für die Raumheizung zu Verfügung stellen. Die Wärmepumpe soll monovalent arbeiten. Die untere Betriebsgrenze der Wärmepumpe beträgt - 25 °C, demnach ist kein weiterer Wärmeerzeuger aufgrund der einzuhaltenden Betriebsgrenze erforderlich. Die Vor- und Rücklauftemperatur entspricht der Temperatur, die bei der Berechnung des Beispielgebäudes festgelegt worden ist (55 / 45 °C). Es wird beispielhaft die Nachweisführung anhand des Monats Januar für die Heizwärme demonstriert. Hinweise zur Berechnung unter Berücksichtigung der Trinkwasser-Erwärmung finden sich am Schluss dieses Abschnittes.

Schritt:1	Quelle:
Zusammenstellung aller Ausgangsgrößen	DIN V 18599-5 bzw. Herstellerangaben

Zunächst werden alle verfügbaren Eingangswerte für die zur Verwendung vorgesehene Wärmepumpe zusammengestellt. In der Regel werden Herstellerangaben verwendet, fehlen solche, so kann auf Standardwerte der DIN V 18599-5 zurückgegriffen werden. Wichtig für die Auswahl der Eingangswerte ist die Überprüfung, ob es sich um Prüfwerte nach DIN EN 14511 handelt, da nur diese im Rechenverfahren verwendet werden dürfen. Bei der Auswahl der notwendigen Heizleistung der Wärmepumpe kann zunächst die nach DIN V 18599-2 (siehe

Abschnitt Beispielberechnung) berechnete erforderliche Heizleistung für das Gebäude herangezogen werden. Für das Beispielgebäude ist eine Heizleistung von ca. 6 kW erforderlich. Die wichtigsten Daten sind der Tabelle 222 zu entnehmen.

Tabelle 222: Eingangswerte für die Berechnung

Vorlauftemperatur	50 °C				
Prüfpunkt	–7 °C	2 °C	7 °C	10 °C	20 °C
Heizleistung in kW	7,07	8,74	10,4	12,90	14,14
Leistungszahl (*COP*)	2,0	2,3	2,8	3,3	3,5

Als Art des Wärmeübergabesystems werden, wie im Abschnitt 13 beschrieben, Radiatoren verwendet.

Die monatliche Erzeugernutzwärmeabgabe im Januar beträgt gemäß den im Beispiel berechneten Monatswerten 2181,21 kWh. Als Raumsolltemperatur ist gemäß DIN V 18599 einheitlich 20 °C anzunehmen.

Schritt:2	Quelle:
Aufteilung in Temperaturklassen mit entsprechenden Prüfpunkten	DIN V 18599-5

Die Aufteilung in Temperaturklassen (Bin) erfolgt gemäß Bild 33. Es ergeben sich folglich die in Tabelle 220 dargestellten Temperaturklassen, wobei die letzte Temperaturklasse (15 bis 32 °C) für den Monat Januar keine Stundensummen aufweist und folglich nicht weiter betrachtet werden muss. Die jeweiligen Prüfpunkte stimmen mit den Eingangswerten nach Tabelle 220 überein.

Schritt:3	Quelle:
Aufteilung der Erzeugernutzwärmeabgabe des Monats auf die einzelnen Temperaturklassen	DIN V 18599-5

Die Aufteilung der Erzeugernutzwärmeabgabe auf die einzelnen Temperaturklassen erfolgt über sogenannte Gewichtsfaktoren, die das Verhältnis der in der Temperaturklasse vorhandenen Heizgradstunden zu den Gesamtheizgradstunden in allen Temperaturklassen darstellt.

$$w_i = \frac{HDH_{\vartheta \mathrm{upper}} - HDH_{\vartheta \mathrm{lower}}}{HDH_t} \quad (263)$$

w_i der Gewichtsfaktor der Klasse i,

$HDH_{\vartheta upper}$ die Heizgradstunden bis zur oberen Grenztemperatur der Klasse i;

$HDH_{\vartheta lower}$ die Heizgradstunden bis zur unteren Grenztemperatur der Klasse i;

HDH_t die Gesamtheizgradstunden bis zur Heizgrenztemperatur.

Die Heizgradstunden werden in kh (Kelvinstunden) angegeben. Als Heizgrenztemperatur wird 12°C angenommen (Gebäude mit Dämmstandard nach EnEV 2009, aber kein Passivhausstandard). Die Stundenhäufigkeit der Außentemperaturen für den Monat Januar ist für den Standort Deutschland der DIN V 18599-5 entnommen. Die Heizgradstunden sind der Tabelle 223 zu entnehmen.

Tabelle 223: Heizgradstunden und kumulative Heizgradstunden für den Monat Januar

Außentemperatur	Innentemperatur in °C	Häufigkeit in h	Heizgradstunden in kh	Kumulative Heizgradstunden
-15	20	0	0,0	0,0
-14	20	0	0,0	0,0
-13	20	2	66,0	66,0
-12	20	2	64,0	130,0
-11	20	6	186,0	316,0
-10	20	2	60,0	376,0
-9	20	14	406,0	782,0
-8	20	11	308,0	1090,0
-7	20	11	297,0	1387,0
-6	20	4	104,0	1491,0
-5	20	3	75,0	1566,0
-4	20	3	72,0	1638,0
-3	20	14	322,0	1960,0
-2	20	31	682,0	2642,0
-1	20	46	966,0	3608,0
0	20	101	2020,0	5628,0
1	20	164	3116,0	8744,0
2	20	112	2016,0	10760,0
3	20	80	1360,0	12120,0
4	20	37	592,0	12712,0
5	20	46	690,0	13402,0
6	20	23	322,0	13724,0
7	20	7	91,0	13815,0
8	20	12	144,0	13959,0
9	20	4	44,0	14003,0
10	20	1	10,0	14013,0
11	20	4	36,0	14049,0
12	20	3	24,0	14073,0
13	20	1	7,0	14080,0

Hinweis: Alle nicht enthaltenen Temperaturen sind für den Monat Januar ohne Bedeutung.

Die sich unter Anwendnung der Tabelle 223 ergebenden Gewichtsfaktoren und die daraus folgende Aufteilung der Erzeugernutzwärmeabgabe auf die einzelnen Temperaturklassen zeigt Tabelle 224. Für den Monat Januar wird demzufolge der COP für die Temperaturklasse zwischen - 2 und 4 °C entscheidend für die energetische Bewertung des Gebäudes sein.

Tabelle 224: Gewichtsfaktoren und anteilige Nutzwärmeabgabe

Temperaturklasse	Gewichtsfaktor (gerundet)	anteilige Nutzwärmeabgabe in kWh
-15 bis -2 °C	0,188	409,29
-2 bis 4 °C	0,715	1560,00
4 bis 8 °C	0,089	193,18
8 bis 15 °C	0,009	18,74

Schritt:4

Korrektur der Leistungszahl (*COP*)

Quelle:

DIN V 18599-5

Die von den Herstellern angegebene Leistungszahl auf Basis der Prüfnorm DIN EN 14511 ist an die tatsächlich im Gebäude vorliegenden Betriebsbedingungen anzupassen. Zunächst ist die Leistungszahl in Abhängigkeit von der mittleren monatlichen Vorlauftemperatur zu korrigieren. Dazu erfolgt in jeder Klasse eine lineare Interpolation bzw. Extrapolation der Prüfpunkte auf die mittlere Vorlauftemperatur des Verteilnetzes. Um eine solche Interpolation bzw. Extrapolation durchführen zu können, ist es erforderlich, die Leistungszahl min. einer weiteren Vorlauftemperatur zu kennen. Für eine Luft-Wärmepumpe sind meistens auch die Werte für eine Vorlauftemperatur von 35 °C bekannt.

Tabelle 225: Eingangswerte für die Berechnung für eine Vorlauftemperatur 35 °C

Vorlauftemperatur	35 °C				
Prüfpunkt	–7 °C	2 °C	7 °C	10 °C	20 °C
Leistungszahl (COP)	2,7	3,1	3,7	4,3	4,9

Die mittlere Vorlauftemperatur des Verteilnetzes kann aus Tabelle 159 entnommen werden. Vereinfachend wird an dieser Stelle eine mittlere Vorlauftemperatur für alle Zonen von 42,13 °C (Mittelwert) angenommen. Die Interpolation der *COP* für die angegebene Vorlauftemperatur ist der Tabelle 226 zu entnehmen.

Tabelle 226: korrigierte Leistungszahl *COP* für die mittlere Vorlauftemperatur

Mittlere Vorlauftemperatur	42,13 °C				
Prüfpunkt	–7 °C	2 °C	7 °C	10 °C	20 °C
Leistungszahl (*COP*)	2,37	2,72	3,27	3,82	4,23

Eine weitere Korrektur ist erforderlich für die Unterschiede zwischen der Vor- und Rücklauftemperatur-Differenz bei der Prüfstandmessung und beim Betrieb der Wärmepumpe. Es wird vorausgesetzt, dass die Prüfstandmessung bei 5 K erfolgte. Die Auslegungsspreizung beträgt 10 K, demnach ist eine Korrektur von 1,051 zu verwenden. Die korrigierten COP sind der Tabelle 227 zu entnehmen.

Tabelle 227: korrigierte Leistungszahl *COP* Abweichung Prüfstandsmessung/Auslegung

	Mit $f\Delta\vartheta = 1{,}051$				
Prüfpunkt	–7 °C	2 °C	7 °C	10 °C	20 °C
Leistungszahl (COP_T)	2,49	2,86	3,44	4,02	4,45

Schritt:5

Leistungszahl im Teillastbetrieb

Quelle:

DIN V 18599-5

Wärmepumpen mit Verdichter ohne Leistungsregelung takten im Teillastbetrieb, was zu Verlusten durch das gegebenenfalls häufige Zu- und Abschalten des Verdichters führt. Demzufolge hat ein häufiges Takten auch einen Einfluss auf die Leistungszahl (*COP*). Geräte mit variabler Leistung, die unter Zuhilfenahme z.B. eines Inverters schrittweise und kontinuierlich geregelt werden, weisen im Teillastbereich unter Umständen aber sogar bessere *COP*-Werte auf als im Volllastbereich. DIN V 18599-5 und die DIN EN 15316 verlangen eine Korrektur der Leistungszahl nur für den Fall, dass mindestens eine nach DIN CEN/TS 14825 gemessene Leistungszahl bei 50 % Last vorliegt. Diese Angabe liegt bislang nur selten vor, sodass für den öffentlich-rechtlichen Nachweis auf diese Korrektur in der Regel verzichtet werden kann.

Soll die Leistungszahl im Teillastbetrieb berücksichtigt werden, so ist folgendermaßen vorzugehen:

a) Ermittlung der Laufzeit der Wärmepumpe in den Klassen:

$$t_{\mathrm{ON,G,i}} = \frac{Q_{\mathrm{h,outg,i}}}{\Phi_{\mathrm{g,i}}} \tag{264}$$

$t_{\mathrm{ON,G,i}}$ die Laufzeit der Wärmepumpe in Klasse i;

$Q_{\mathrm{h,outg,i}}$ die Erzeugernutzwärmeabgabe in Klasse i ;

$\Phi_{\mathrm{g,i}}$ die Heizleistung der Wärmepumpe in Klasse i in kW.

Tabelle 228: Die Laufzeit der Wärmepumpe in den Klassen

	Temperaturklassen				
Prüfpunkt	–7 °C	2 °C	7 °C	10 °C	20 °C
Laufzeit $t_{\mathrm{ON,G,i}}$ in h	57,87	178,57	18,57	1,454	nicht maßgebend

b) Ermittlung des Lastfaktors F_C:

$$F_C = \frac{t_{\mathrm{ON,g,i}}}{t_i} \tag{265}$$

F_C der Lastfaktor;

$t_{\mathrm{ON,G,i}}$ die Laufzeit der Wärmepumpe in der Klasse i;

t_i die Gesamtzeit der Klasse .

Es ergeben sich folgenden Lastfaktoren:

Tabelle 229: Die Lastfaktoren der Wärmepumpe in den Klassen

	Temperaturklassen			
Prüfpunkt	- 7 °C	2 °C	7 °C	10 °C
Lastfaktor F_C	0,562	0,331	0,211	0,112

c) Ermittlung der Leistungszahl im Teillastbetrieb:

$$COP_{pl} = COP_{fl} \cdot f_{pl} \tag{266}$$

COP_{pl} die Leistungszahl im Teillastbetrieb;

COP_{fl} die Leistungszahl in Volllastbetrieb;

f_{pl} der Korrekturfaktor für den Teillastbetrieb.

In Abhängigkeit vom gewählten Wärmeverteilsystem kann der Korrekturfaktor direkt aus den Tabellen nach DIN V 18599-5 entnommen werden. Beispielhaft werden in Tabelle 230 die Korrekturfaktoren für Konvektoren/Radiatoren angegeben.

Tabelle 230: Korrekturfaktoren für den Teillastbetrieb in Abhängigkeit vom Lastfaktor

Art des Wärme-verteiler-systems	Äquivalenter Wassergehalt l/kW	Lastfaktor %									
		10	20	30	40	50	60	70	80	90	99
Konvek-toren/ Radiato-ren	5	58,8	58,8	58,8	58,8	58,8	71,4	80,0	85,7	92,3	99,5
	10	80,1	80,1	80,1	80,1	80,1	84,8	89,1	92,2	95,5	99,6
	15	85,9	85,9	85,9	85,9	85,9	91,7	94,4	96,0	97,5	99,7
	20	89,1	89,1	89,1	89,1	89,1	93,8	95,8	97,1	98,3	99,8

Zwischenwerte können linear interpoliert werden. Unter der Annahme, dass der äquivalente Wassergehalt nicht mehr als 5 Liter/kW beträgt, ergibt sich für die Klassen die nachfolgende Leistungszahl.

Tabelle 231: Leistungszahl COP_T im Teillastbetrieb

Prüfpunkt	–7 °C	2 °C	7 °C	10 °C	20 °C
Leistungszahl (COP_T)	2,37	1,76	2,02	2,36	nicht maßgebend

Im Vergleich zu den Tabellen 226 und 227 zeigen sich erhebliche Unterschiede, die zu enormen Differenzen bei der energetischen Bewertung von Gebäuden führen können, da der Anteil der dem System zuzuführenden Antriebsenergie (hier Strom) steigt. Im Zweifelsfall sollten beim Hersteller Prüfwerte eingefordert werden. In diesem Beispiel wird die Korrektur nicht weiter beachtet, es werden die Leistungszahlen nach Tabelle 227 verwendet.

Schritt:6

Elektrische Energieaufnahme der Wärmepumpe im Heizbetrieb

Quelle: DIN V 18599-5

Die elektrische Energieaufnahme ist nach Gleichung 267 zu bestimmen. Der Anteil der Hilfsenergie, der thermisch zurückgewonnen wird, kann bereits als in der Leistungszahl enthalten angenommen werden.

$$Q_{h,f,l} = \sum_{i=1}^{n_{bin}} \frac{Q_{h,outg,WP,i} + Q_{h,g,i}}{COP_{sin}} \tag{267}$$

$Q_{h,f,l}$ der Endenergiebedarf (Strom) zum Betrieb der Wärmepumpe;
$Q_{h,outg,WP,i}$ die Erzeugernutzwärmeabgabe in Klasse i (im Monat);
$Q_{h,g,i}$ der Wärmeverlust des Erzeugers;
COP_{sin} die Leistungszahl der Wärmepumpe in Klasse i.

Der Wärmeverlust des Erzeugers wird im Rahmen der Nachweisführung vernachlässigt ($Q_{h,g,i} = 0$).

Die Erzeugernutzwärmeabgabe wird nach Gleichung 268 berechnet:

$$Q_{h,outg,i,WP} = t_{ON,g,i,WP} \cdot \Phi_{g,i} \tag{268}$$

$t_{ON,g,i,WP}$ die tatsächliche Laufzeit der Wärmepumpe in Klasse i;
$\Phi_{g,i}$ die Heizleistung der Wärmepumpe in Klasse i in kW.

Die Klassenwerte sind in der Tabelle 232 aufgeführt.

Tabelle 232: $Q_{h,outg,i,WP}$ in den Temperaturklassen

Prüfpunkt	–7 °C	2 °C	7 °C	10 °C
$Q_{h,outg,i,WP}$ in kWh	409,29	1560,00	193,18	18,74

Unter Berücksichtigung der Leistungszahlen in den Klassen ergeben sich die in Tabelle 233 enthaltenen Bedarfswerte $Q_{h,f,l}$.

Tabelle 233: $Q_{h,f,l}$ in den Temperaturklassen

Prüfpunkt	–7 °C	2 °C	7 °C	10 °C
$Q_{h,f,l}$ in kWh	164,50	545,75	56,17	4,66

Es ergibt sich demnach ein Endenergiebedarf von 771,09 kWh. Der Primärenergiebedarf ergibt sich aus der Multiplikation des Endenergiebedarfes mit Primärenergiefaktor für Strom von 2,6. Im Vergleich zum konventionellen Heizkessel wäre das allein für Januar eine Reduzierung des Primärenergiebedarfs um ca. 1568,54 kWh. Für die anderen Heizmonate sind erfahrungsgemäß die Einsparungen noch größer, da hier überwiegend die Wärmepumpe in Temperaturklassen mit höherer Leistungszahl betrieben werden kann.

Schritt:7	Quelle:
Berechnung des Hilfsenergiebedarfs für die Wärmepumpe	DIN V 18599-5

Der gesamte Hilfsenergiebedarf für die Wärmepumpe ergibt sich aus einem Leistungsbedarf im Primärkreis (Quelle) und im Sekundärkreis. Für Luft-Wasser-Wärmepumpen sind primärseitig keine Hilfsenergien zu berücksichtigen, da die Wärmepumpe als Einheit geprüft wird, der Bedarf an Hilfsenergie demnach schon in der Leistungszahl berücksichtigt worden ist. Auf der Sekundärseite sind nur dann Hilfsenergien zu berücksichtigen, wenn Pufferspeicher oder hydraulische Weichen vorgesehen sind. Wenn Hilfsenergie zu berücksichtigen ist (z.B. bei Sole-Wasser-WP), so erfolgt die Berechnung nach Gleichung 269.

$$Q_{h,g,aux} = (\Phi_{prim,aux} + \Phi_{sek,aux}) \cdot 0{,}001 \cdot t_{ON,g,aux} \qquad (269)$$

$Q_{h,g,aux}$ der Gesamthilfsenergiebedarf im Monat

$\Phi_{prim,aux}$ der Leistungsbedarf des Primärkreises in W;

$\Phi_{sek,aux}$ der Leistungsbedarf des Sekundärkreises in W;

$t_{ON,g,aux}$ die Laufzeit der jeweiligen Hilfskomponente in h.

Ist der Leistungsbedarf nicht bekannt, so kann dieser nach Gleichung 270 ermittelt werden.

$$\Phi_{prim,sek,aux} = \frac{\dot{V} \cdot \Delta p}{\eta_{aux} \cdot 3600} \qquad (270)$$

$\Phi_{prim,sek,aux}$ der Leistungsbedarf des Primär-/Sekundärkreises;

$\dot{V}$ der Volumenstrom in m^3/h;

Δp der Druckabfall der Primär- bzw. Sekundärseite in Pa;

η_{aux} der Wirkungsgrad der Umwälzpumpe in [-].

Beispiel:

Herstellerangaben für eine Sole-Wasser-Wärmepumpe:

Primärseite: Volumenstrom: 5,6 m^3/h, Druckabfall: 13000 Pa

Sekundärseite: Volumenstrom: 2,2 m^3/h, Druckabfall: 3100 Pa

Wirkungsgrad der Pumpen: nicht bekannt, daher wird gemäß DIN V 18599 $\eta_{aux} = 0{,}3$ angenommen.

Ergebnis:

$\Phi_{prim,aux} = 67{,}41$ W

$\Phi_{sek,aux} = 6{,}31$ W

$Q_{h,g,aux} = 30{,}15$ kWh (für den Monat Januar)

Der Hilfsenergiebedarf ist abschließend mit dem Primärenergiefaktor für Strom (2,6) zu multiplizieren. Es ergäbe sich für diesen Fall demnach ein Primärenergiebedarf für den Monat Januar von 78,39 kWh.

Hinweis: Der Gesamthilfsenergiebedarf wurde mit der Summe der Laufzeiten aller Klassen ermittelt. Sollten keine Produktangaben vorliegen, so kann bei Sole-Wasser-Wärmepumpen auf der Primärseite mit einem Druckverlust von 40 kPa und auf der Sekundärseite mit 10 kPa gerechnet werden.

Schritt:8 Berechnung der Jahresarbeitszahl	Quelle: DIN V 18599-5

Alternativ zu dem im Abschnitt EEWärmeG beschriebenen Verfahren kann zum Nachweis nach dem EEWarmG auch direkt aus der Berechnung nach DIN V 18599 eine Jahresarbeitszahl ermittelt werden. Die Jahresarbeitszahl der Wärmepumpe ergibt sich aus:

$$SPF_{\mathrm{g,t,a}} = \frac{\sum_{\mathrm{Monate}} Q_{\mathrm{h,outg}}}{\sum_{\mathrm{Monate}} Q_{\mathrm{h,f}} + Q_{\mathrm{h,aux,g}}} \qquad (271)$$

$SPF_{\mathrm{g,t,a}}$ die Jahresarbeitszahl der Wärmepumpe;
$Q_{\mathrm{h,outg}}$ die Erzeugernutzwärmeabgabe für das Heizsystem;
$Q_{\mathrm{h,f}}$ der Endenergiebedarf für das Heizsystem;
$Q_{\mathrm{h,aux,g}}$ der Hilfsenergiebedarf der Wärmepumpe.

14.3.2 Alternativ-, Teilparallel- und Parallelbetrieb

Wärmepumpen werden nur selten als monovalent arbeitende Wärmeerzeuger verwendet, da in dieser Betriebsweise eine hohe Heizleistung erforderlich wird, die jedoch aufgrund des monatlichen Verlaufes der Quellentemperatur zu einer Zeit zur Verfügung steht, in der diese hohe Leistung gar nicht benötigt wird. Geringe Quelltemperaturen gehen einher mit geringen Leistungszahlen, aber einem hohen Leistungsbedarf des Raumes/des Gebäudes. Aus diesem Grunde werden Wärmepumpen oftmals in Kombination mit einem zweiten Wärmeerzeuger eingesetzt, der je nach Schaltung einen Teil oder den gesamten Energiebedarf für Heizung/Warmwasser übernimmt. In diesen Fällen wird von einem Alternativ-, Teilparallel- oder Parallelbetrieb gesprochen.

Alternativbetrieb:

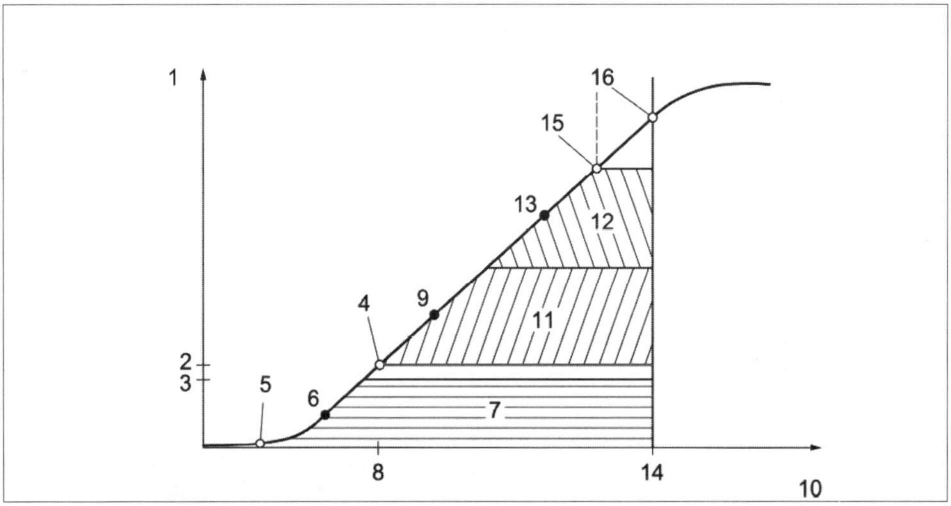

Bild 35: Darstellung des Alternativbetriebes nach DIN EN 15316-4-2

Legende:

1	kumulative Bin-Stunden
2	kumulative Stunden bis zur Bivalenztemperatur
3	kumulative Stunden bis zur oberen Temperatur der Klasse i
4/8	Bivalenztemperatur
5	Auslegungs-Außentemperatur
6/9/13	Prüfpunkte

7 Nutzwärmeanteil des zweiten Wärmeerzeugers (kumulative Bin-Stunden)

11/12 Nutzwärmeanteil der Wärmepumpe (kumulative Bin-Stunden)

10 Außenlufttemperatur

15 Heizgrenztemperatur

16 Raumsolltemperatur

In der Betriebsweise Alternativbetrieb liefert die Wärmepumpe bis zu einer festgelegten Einsatzgrenze die gesamte Heizwärme (11,12), danach schaltet sich der zweite Wärmeerzeuger zu. Der sogenannte Bivalenzpunkt (4) kann an einer Bin-Grenze angeordnet sein, er kann diese (wie im Bild 35 dargestellt) aber auch überschreiten. Die Berechnung des Endenergiebedarfs erfolgt wie unter Abschnitt 14.3.1 dargestellt, nur dass der Energieanteil des zweiten Wärmeerzeugers gemäß Gleichung 272 zu berechnen ist:

$$p_{\mathrm{bu,h}} = \frac{HDH(\vartheta_{\mathrm{ltc}})}{HDH_{\mathrm{t}}} \qquad (272)$$

$p_{\mathrm{bu,h}}$ der Energieanteil des zweiten Wärmeerzeugers;

$HDH(\vartheta_{\mathrm{ltc}})$ die kumulierten Heizgradstunden des zweiten Wärmeerzeugers bis zur Einsatzgrenze in kh;

HDH_{t} die gesamten Heizgradstunden in kh.

Der Wichtungsfaktor für die einzelnen Temperaturklassen ist neu zu berechnen. Fällt der Bivalenzpunkt in eine Klasse, so bietet es sich an, eine neue Temperaturklasse zu bilden, dessen untere Temperaturgrenze der Bivalenzpunkt bildet.

Beispiel:

Die Luft-Wasser-Wärmepumpe aus 14.3.1 soll in alternativer Betriebsweise eingesetzt werden. Der Bivalenzpunkt sei - 5 °C, demnach also direkt in der Temperaturklasse 1.

Lösung:

Es wird eine neue Temperaturklasse gebildet, deren untere Temperatur der Bivalenzpunkt ist.

(- 5 bis - 2 °C). Der Energieanteil des zweiten Wärmeerzeugers wird zu:

$$p_{\mathrm{bu,h}} = \frac{1566}{14080,0} = 0,111 \qquad (273)$$

Es folgen daraus für die Wärmepumpe die nachstehend aufgeführten Gewichtsfaktoren und anteilige Nutzwärmeabgaben.

Tabelle 234: Gewichtsfaktoren und anteilige Nutzwärmeabgabe für den Bivalenzpunkt - 5°C

Temperaturklasse	Gewichtsfaktor (gerundet)	anteilige Nutzwärmeabgabe in kWh
-5 bis -2 °C	0,076	166,69
-2 bis 4 °C	0,715	1560,00
4 bis 8 °C	0,089	193,18
8 bis 15 °C	0,009	18,74

Wird der $p_{\mathrm{bu,h}}$ mit dem gesamten Nutzwärmebedarf von 2181,21 kWh multipliziert, so folgt daraus ein anteiliger Nutzwärmebedarf des zweiten Wärmeerzeugers von 242,11 kWh. Je nachdem, wie diese Energie erzeugt wird (z.B. durch einen elektrischen Heizstab oder durch einen anderen Kessel), hat auf der Grundlage der DIN V 18599 eine Bewertung der Energieerzeugung zu erfolgen. Die Leistungszahl (COP) in der ersten Temperaturklasse (- 5 bis - 2°C) ist nicht genau bestimmt, da nur ein Prüfpunkt für - 7 °C vorliegt. Für den Nachweis kann vereinfachend die Leistungszahl dieses Prüfpunktes verwendet werden, oder es wird alternativ die Leistungszahl mittels Interpolation zwischen den beiden vorhandenen Prüfpunkten bestimmt.

Parallelbetrieb:

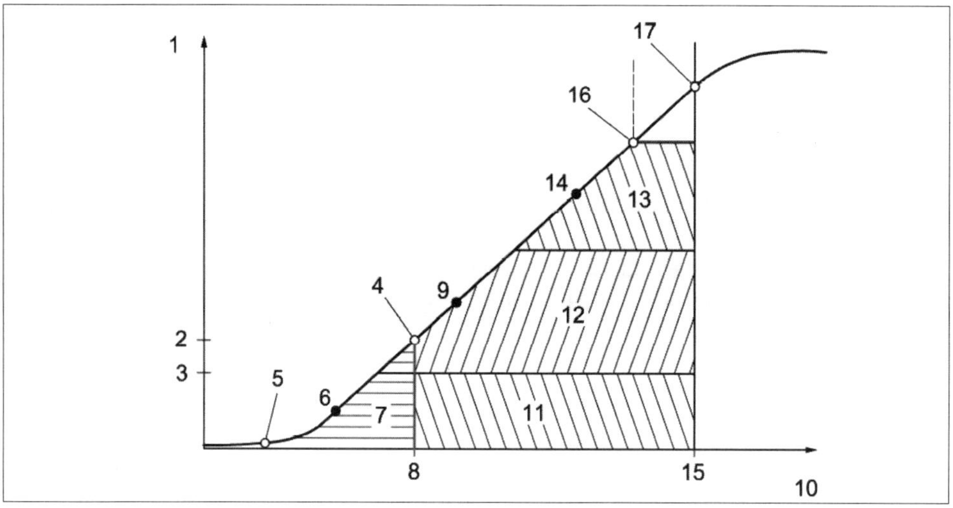

Bild 36: Darstellung des Parallelbetriebes nach DIN EN 15316-4-2

Beim Parallelbetrieb liefert die Wärmepumpe bis zu einer bestimmten Außentemperatur (Bivalenzpunkt) den kompletten Wärmebedarf, unterhalb des Bivalenzpunktes (4) liefert ein zweiter Wärmeerzeuger (7) nur die Heizwärme, die die Wärmepunkte aufgrund der Leistungsbegrenzung nicht liefern kann. Der Energieanteil des zweiten Wärmeerzeugers folgt aus Gleichung 274:

$$p_{\mathrm{bu,h}} = \frac{HDH\left(\vartheta_{\mathrm{bp}}\right) - (\vartheta_i - \vartheta_{bp}) \cdot n_{\mathrm{hours}}(\vartheta_{\mathrm{bp}})}{HDH_{\mathrm{t}}} \tag{274}$$

$p_{\mathrm{bu,h}}$	der Energieanteil des zweiten Wärmeerzeugers (Nachheizung);
$HDH(\vartheta_{\mathrm{bp}})$	die kumulierten Heizgradstunden des zweiten Wärmeerzeugers bis zur Bivalenztemperatur;
ϑ_{i}	die Umgebungstemperatur (20 °C nach DIN V 18599-5);
ϑ_{bp}	die Bivalenztemperatur;
n_{hours}	die aufsummierten Stunden bis zum Bivalenzpunkt;
HDH_{t}	die gesamten Heizgradstunden in kh.

Beispiel:

Gleiche Randbedingungen wie beim Alternativbetrieb. Bis zum Bivalenzpunkt sind gemäß Standort Würzburg (siehe DIN V 18599) 55 h zu berücksichtigen. Die kumulierten Heizgradstunden bis zum Bivalenzpunkt betragen 1566 kh. Daraus ergibt sich folgender Energieanteil des zweiten Wärmeerzeugers:

$$p_{\text{bu,h}} = \frac{1566-(20--5)\cdot 55}{14080} = 0{,}0135 \quad (275)$$

Dieser Anteil wird in diesem Fall in der ersten Temperaturklasse vom anteiligen Nutzwärmebedarf, den die Wärmepumpe zu erbringen hat, abgezogen.

Teilparallelbetrieb:

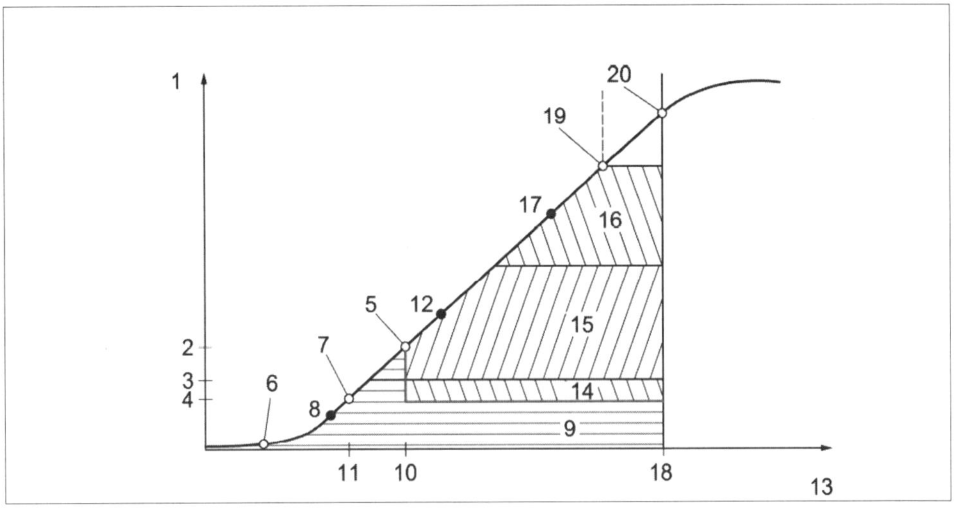

Bild 37: Darstellung des Teilparallelbetriebes nach DIN EN 15316-4-2

Der Teilparallelbetrieb ist eine Kombination zwischen dem Alternativ- und dem Parallelbetrieb. Beide Wärmeerzeuger arbeiten unterhalb des Bivalenzpunktes (5) parallel, ab der unteren Einsatzgrenze (7) der Wärmepumpe schaltet sich diese ab und der zweite Wärmeerzeuger liefert allein die erforderliche Wärme. Der Anteil des zweiten Wärmeerzeugers ergibt sich für diese Schaltung aus:

$$p_{\text{bu,h}} = \frac{HDH\left(\vartheta_{\text{bp}}\right)-\left(\left(\vartheta_{i}-\vartheta_{bp}\right)\cdot n_{\text{hours}}\left(\vartheta_{\text{bp}}\right)-n_{\text{hours}}(\vartheta_{\text{ltc}})\right)}{HDH_{\text{t}}} \quad (276)$$

Formelzeichen wie in Gleichung 274, zusätzlich:

$n_{\text{hours}}(\vartheta_{\text{ltc}})$ die aufsummierten Stunden bis zu Einsatzgrenze

Beispiel: Wie beim Parallelbetrieb, die unteren Einsatzgrenze wird mit - 8 °C angenommen. Die aufsummierten Stunden bis zur Einsatzgrenze betragen 10 h.

$$p_{\text{bu,h}} = \frac{1566-\left((20--5)\cdot 55-10\right)}{14080} = 0{,}0142 \quad (277)$$

Weitere Vorgehensweise wie bei Parallelbetrieb, nur dass der Energiebetrag, den die Wärmepumpe in der ersten Temperaturklasse zu liefern hat, etwas geringer ist.

14.3.3 Besonderheiten bei Wärmepumpen mit von der Außentemperatur abweichenden Quellentemperaturen

Das Temperaturklassen-Verfahren (Bin-Verfahren) wurde eigens für Wärmepumpen konzipiert, die als Wärmequelle die monatlich schwankende Außentemperatur nutzen. Grundsätzlich ist der Berechnungsalgorithmus auch auf Wärmepumpen übertragbar, die statt der Außenluft andere Wärmequellen verwenden (Grundwasser, Abluft, Sole). Da die Prüfpunkte nach DIN EN 14511 aber keinen Außentemperaturbezug aufweisen, müssten bei Verwendung des Bin-Verfahrens die Temperaturen an die Quellentemperaturen angepasst werden. Für den öffentlich-rechtlichen Nachweis enthält DIN V 18599-5/8 die folgende Vorgehensweise. Die Quellentemperaturen werden als konstant angesehen und folgendermaßen gewichtet:

Quelle Erdreich (Sole): die Temperaturklasse 0 °C erhält den Gewichtsfaktor 1;

Quelle Grundwasser: die Temperaturklasse 10 °C erhält den Gewichtsfaktor 1;

Quelle Abluft: die Temperaturklasse 20 °C erhält den Gewichtsfaktor 1.

Damit wird festgelegt, dass die für diese Temperaturklasse maßgebenden Eingangsgrößen der Wärmepumpe (*COP*, Heizleistung) zu verwenden sind. Die Anpassung der *COP* an die tatsächlichen Betriebsbedingungen erfolgt wie im oben beschriebenen Verfahren. Werden andere Betriebsweisen als die monovalente gewählt, so sind die Anteile des zusätzlichen Wärmeerzeugers vom Nutzwärmeanteil der Wärmepumpe abzuziehen.

14.3.4 Besonderheiten bei Erzeugung von Heizwärme und Trinkwarmwasser

Die Prüfung von elektrisch betriebenen Trinkwasser-Wärmepumpen erfolgt mit einbaufertigen Systemen auf der Grundlage der EN 255-3, in deren Ergebnis in der Regel nur ein *COP*-Wert zu Verfügung steht. Dieser Wert wird auch als COP_t bezeichnet und gilt nur für die Entnahme des Trinkwarmwassers und nicht für die Beladung des Speichers ohne Entnahme von Trinkwarmwasser (Bereitschaftsbetrieb). Durch die Normprüfung ergibt sich jedoch eine erforderliche Elektroenergiezufuhr zur Deckung der Speicherverluste, die als P_{es} bezeichnet wird. Mit diesem Wert kann der zur Deckung der Bereitschaftsverluste notwendige Stromverbrauch berechnet werden. Standardwerte für den COP_t und die P_{es} sind im Anhang zur DIN V 18599-8 enthalten.

Mit den in DIN V 18599-8 abgebildeten Standardwerten und mit den von Herstellern angebotenen Anlagenwerten ist keine Interpolation auf andere Temperaturklassen möglich.

Für die Berechnung von Wärmepumpen für den TWW-Betrieb sind deshalb vorab Korrekturen auf die tatsächlich vorhandenen Quellen- und Senkentemperaturen vorzunehmen. Diese Korrektur erfolgt mit dem sogenannten exergetischen Wirkungsgrad, der als Verhältnis zwischen der realen Leistungszahl des Prozesses und der idealen Leistungszahl des Carnot-Prozesses definiert ist.

$$\eta_{ex} = \frac{COP_t}{COP_c} \tag{278}$$

η_{ex} exergetischer Wirkungsgrad;

COP_t die Leistungszahl der WP;

COP_c die Carnot-Leistungszahl.

Die Carnot Leistungszahl ist dabei nach Gleichung 279 zu ermitteln.

$$COP_c = \frac{\Theta_{Si} + 273{,}15}{\Theta_{Si} + \Theta_{So}} \quad (279)$$

Θ_{Si} die Senkentemperatur in °C;

Θ_{So} die Quellentemperatur in °C.

Eine weitere Besonderheit bei gleichzeitiger Nutzung der Wärmepumpe für Trinkwarmwasser und Heizung besteht darin, dass unterschiedliche Betriebsarten mit unterschiedlichen Leistungszahlen der Wärmepumpe einzubeziehen sind. Aufgrund des Lastverlaufes kann sowohl ein Simultanbetrieb (parallele TWW-/ und Heizungsanforderung) als auch einen Einzelbetrieb zutreffen (nur TWW). Die Aufteilung des Energiebedarfs für Heizung und TWW auf die Temperaturklassen erfolgt nach den Laufzeiten. Sind keine Leistungszahlen für den Kombibetrieb bekannt, so kann vereinfachend mit den Leistungszahlen für den Einzelbetrieb gerechnet werden.

14.3.5 Abluft-Wasser-Wärmepumpen in Wohngebäuden

Abluft-Wasser-Wärmepumpen werden in Wohngebäuden oft zusammen mit zentralen Lüftungsanlagen mit Wärmerückgewinnung eingesetzt. Sie entziehen der Abluft nach dem Rekuperator noch zusätzlich Wärme und übertragen diese auf das Senkenmedium Heizwasser bzw. Trinkwasser. Die Bilanzierung der Erzeugernutzwärmeabgabe nach DIN V 18599-6 erfolgt getrennt für die Betriebsart Heizung und Trinkwarmwasser und wird anschließend der nach DIN V 18599-5/8 berechneten Erzeugernutzwärmeabgabe gegenübergestellt. Kann die Wärmepumpe den Bedarf nicht vollständig decken, so ist ein Nachheizsystem einzusetzen und energetisch zu bewerten.

Die energetische Bewertung einer Abluft-Wasser-Wärmepumpe in Kombination mit einer Wärmerückgewinnung wird anhand des Beispielgebäudes erläutert, dabei werden die im Abschnitt Lüftungsanlagen gewonnenen Ergebnisse verwendet.

Es wird davon ausgegangen, dass die Wärmepumpe ausschließlich für die Trinkwassererwärmung eingesetzt wird.

Schritt:1	Quelle:
Ermittlung der Ausgangswerte	DIN V 18599-6

Die für die Berechnung erforderlichen Eingangswerte inkl. der für das Beispiel gewählten Werte sind in Tabelle 235 aufgeführt.

Tabelle 235: Eingangswerte für die Berechnung der Abluft-Wasser-Wärmepumpe

Größe	Wert	Quelle
elektrische Leistungsaufnahme der Pumpe im TWW-Betrieb	1,5 Wh/(m³·h)	Standardwert nach DIN V 18599-6
Leistungszahl (*COP*) der Wärmepumpe im TWW-Betrieb	4,0	Standardwert nach DIN V 18599-6
elektrische Leistungsaufnahme der Pumpe im Heizungs-Betrieb	1,5 Wh/(m³·h)	Standardwert nach DIN V 18599-6
Leistungszahl (*COP*) der Wärmepumpe im Heizungs-Betrieb	4,0	Standardwert nach DIN V 18599-6
Anlagenluftwechsel	$0{,}4\ h^{-1}$	DIN V 18599-10 und Vorgabe aus der Beispielberechnung Lüftungsanlagen
Gesamtwirkungsgrad des Wärmeübertragers	0,8	DIN V 18599-6 und Vorgabe aus dem Berechnungsbeispiel Lüftungsanlagen
Tägliche Betriebszeit der Lüftungsanlage	24 h	DIN V 18599-10
Ablufttemperatur	Monatsweise	Gemäß Berechnung aus dem Abschnitt Beispielberechnung

Schritt:2

Berechnung der max. monatlichen Erzeugernutzwärmeabgabe der Abluft-Wasser-Wärmepumpe

Quelle: DIN V 18599-6

Die Berechnung der max. monatlichen Erzeugernutzwärmeabgabe erfolgt nach Gleichung 280

$$Q_{rv,w,outg,max} = (p_{el,w,WP} \cdot n_{mech} \cdot V_L \cdot f_T \cdot COP_T \cdot t_{ON,w,max}) - Q_{rv,h,outg,WÜT} \qquad (280)$$

$p_{el,w,WP}$ elektrische Leistungsaufnahme der WP für TWW-Betrieb in W/(m³/h);
n_{mech} mittlere Anlagenluftwechsel im Monat in h^{-1};
V_L Lüftungsvolumen in m³;
f_T Korrekturfaktor Temperaturabweichung in [-];
COP_T Leistungszahl der WP im TWW-Betrieb;
$t_{ON,w,max}$ max. Betriebszeit der Wärmepumpe im Monat in h;
$Q_{rv,h,outg,WÜT}$ Erzeugernutzwärmeabgabe des Wärmeübertragers.

Die Erzeugernutzwärmeabgabe des Wärmeübertragers ergibt sich dabei aus Gleichung 281.

$$Q_{rv,h,outg,WÜT} = n_{mech} \cdot V_L \cdot n_{WÜT} \cdot (\vartheta_{ex} - \vartheta_e) \cdot t_{rv,mech} \cdot t_{rv,mech,day} \cdot c_{\rho,a} \cdot \rho_a \qquad (281)$$

$n_{WÜT}$ Gesamtnutzungsgrad des Wärmeübertragers in [-];
ϑ_{ex} monatliche mittlere Ablufttemperatur in °C;
ϑ_e monatliche mittlere Außentemperatur in °C;
$t_{rv,mech}$ Gesamtbetriebszeit der Lüftungsanlage in Monat in d;
$t_{rv,mech,day}$ Gesamtbetriebszeit der Lüftungsanlage am Tag in h;
$c_{\rho,a} \cdot \rho_a$ Wärmekapazität der Luft (0,34 Wh/m³·K).

Die monatliche Erzeugernutzwärmeabgabe des Wärmeübertragers ist in Tabelle 236 eingetragen. Als Ablufttemperatur ist die im Abschnitt 13.9.2 berechnete Bilanztemperatur verwendet worden.

Hinweis: Die Ergebnisse aus Gleichung 281 sind durch 1000 zu dividieren, um die Einheit kWh zu erhalten.

Tabelle 236: Monatliche Erzeugernutzwärmeabgabe des Wärmeübertragers in kWh

Januar	Februar	März	April	Mai	Juni
414,050	340,620	309,079	197,525	138,017	80,891
Juli	August	September	Oktober	November	Dezember
38,878	33,046	105,347	211,885	287,822	363,508

Mögliche Korrekturfaktoren infolge der Temperaturabweichung der Abluft vom Standardwert (21 °C) zeigt Tabelle 237.

Tabelle 237: Korrekturfaktoren für die Temperaturabweichung

Heizkreisauslegungstemperaturen		Zeichen	Einheit	Wert
Temperaturabweichung Abluft				
Ablufttemperatur	20 °C	f_T	-	0,98
	21 °C			1,0
	22 °C			1,02

Der Temperaturkorrekturfaktor für die Ablufttemperatur variiert in diesem Beispiel von Monat zu Monat in Abhängigkeit von der Bilanztemperatur. Da die Tabelle 237 keine Werte unterhalb 20 °C enthält, ist zu extrapolieren. Für die Monate April bis September ergibt sich ein Temperaturkorrekturfaktor von 0,96, die restlichen Monate erhalten einen Temperaturkorrekturfaktor von 0,94. Die monatliche maximale Erzeugernutzwärmeabgabe für die TWW-Bereitung ist aus Tabelle 238 zu entnehmen.

Tabelle 238: Monatliche Erzeugernutzwärmeabgabe der WP für TWW in kWh

Januar	Februar	März	April	Mai	Juni
22,38	53,57	127,35	233,81	307,70	350,45
Juli	August	September	Oktober	November	Dezember
406,84	412,67	325,99	233,83	134,53	72,92

Dieser in Tabelle 238 dargestellte Monatswert ist ins Verhältnis zu setzen mit dem nach DIN V 18599-8 (siehe Beispielgebäude) errechneten Wert für die Erzeugernutzwärmeabgabe. Ist der Monatswert größer, so kann die gesamte Erzeugernutzwärmeabgabe mit der Abluft-Wärmepumpe gedeckt werden; ist er kleiner, so ist die Differenz von einem zweiten Erzeuger beizubringen. Ist der Anteil, der durch die Wärmepumpe erbracht wird, größer als die berechnete Erzeugernutzwärmeabgabe, so kann die monatliche Laufzeit der Wärmepumpe im Verhältnis der erforderlichen zur vorhandenen Erzeugernutzwärmeabgabe reduziert werden.

Die monatliche Erzeugernutzwärmeabgabe der Wärmepumpe für die Heizung wird nach Gleichung 282 berechnet.

$$Q_{rv,h,outg,max} - (0{,}001(p_{el,h,WP} \cdot n_{mech} \cdot V_L \cdot f_T \cdot f_\vartheta \cdot COP_h \cdot t_{on,g,h,max}) - Q_{rv,w,outg} \quad (282)$$

$p_{el,h,WP}$ elektrische Leistungsaufnahme der WP für Heizung in W/(m³/h);

n_{mech} mittlere Anlagenluftwechsel im Monat in h^{-1};

V_L Lüftungsvolumen in m^3;

f_T Korrekturfaktor Temperaturabweichung in [-];

f_{ϑ}	Korrekturfaktor für Auslegungsspreizung der Heizung in [-]
COP_h	Leistungszahl der WP im Heizungs-Betrieb;
$t_{on,g,h,max}$	max. Betriebszeit der Wärmepumpe im Monat in h;
$Q_{rv,w,outg}$	Erzeugernutzwärmeabgabe der WP im TWW-Betrieb in kWh.

Als Temperaturfaktor zur Berücksichtigung der Auslegungsspreizung ist für das Beispielgebäude ein Wert von 0,853 (55 / 45 °C) anzunehmen.

Da gemäß den Randbedingungen die Lüftungsanlage 24 h am Tag in Betrieb ist, kann mit dem Verfahren nach DIN V 18599-6 keine Abluft-Wasser-WP im Kombibetrieb bilanziert werden, da sich die monatlichen Betriebsstunden nach Abzug der Betriebsstunden für die Wassererwärmung ergeben, die aber schon mit 24 h die gesamte Nutzungszeit in Anspruch nehmen.

Schritt:3

Wärmeverluste der Erzeugung und ungeregelter Wärmeeintrag aus der Erzeugung

Quelle: DIN V 18599-6

So wie bei konventionellen Heizkesseln schon erläutert, kann der Wärmeverlust des Wärmeerzeugers als Wärmeeintrag in das Gebäude bewertet werden. Im Gegensatz zu diesen Erzeugern ist bei Abluft-Wasser-Wärmepumpen davon auszugehen, dass bei einer Aufstellung im beheizten Bereich keine zusätzlichen Wärmeverluste und demzufolge auch keine Wärmeeinträge in das Gebäude aus den Erzeugungsverlusten zu berücksichtigen sind.

Schritt:4

Primärenergetische Bewertung

Quelle: DIN V 18599-6

Die mit der Gleichung 280 berechnete monatliche Erzeugerwärmeabgabe für die Warmwasserbereitung wird nur zum Teil mit der aus der Abluft stammenden Wärme gedeckt. Die monatliche Erzeugerwärmeabgabe kann daher nicht zu 100 % als regenerativ mit einem Primärenergiefaktor von Null bewertet werden. Die Berechnung des regenerativen Anteils erfolgt nach Gleichung 283 (Formelzeichen siehe oben).

$$Q_{rv,w,reg,mth} = Q_{rv,w,outg,mth} - (p_{el,w,WP} \cdot n_{mech} \cdot V_L \cdot t_{on,w,mth}) \qquad (283)$$

Für das Beispielgebäude ergeben sich folgende regenerative Einträge. In den Monaten, in denen kein regenerativer Eintrag erfolgt, wird dieser zu null gesetzt. Dieser Umstand tritt regelmäßig dann ein, wenn die Abluft geringere Temperaturen aufweist als in den Randbedingungen nach DIN V 18599-6 angegeben und der Wärmeübertrager über einen hohen Gesamtwirkungsgrad verfügt.

Tabelle 239: Regenerativer Anteil der Erzeugernutzwärmeabgabe kWh

Januar	Februar	März	April	Mai	Juni
0	0	11,278	121,485	191,627	238,118
Juli	**August**	**September**	**Oktober**	**November**	**Dezember**
290,765	296,597	213,663	117,759	22,202	0

Anhang A Auszug aus EnEV 2009, wichtige Paragraphen für den Wohnbau

§ 1 Anwendungsbereich

(1) Diese Verordnung gilt

1. für Gebäude, soweit sie unter Einsatz von Energie beheizt oder gekühlt werden, und
2. für Anlagen und Einrichtungen der Heizungs-, Kühl-, Raumluft- und Beleuchtungstechnik sowie der Warmwasserversorgung von Gebäuden nach Nummer 1.

Der Energieeinsatz für Produktionsprozesse in Gebäuden ist nicht Gegenstand dieser Verordnung.

(2) Mit Ausnahme der §§ 12 und 13 gilt diese Verordnung nicht für

1. Betriebsgebäude, die überwiegend zur Aufzucht oder zur Haltung von Tieren genutzt werden,
2. Betriebsgebäude, soweit sie nach ihrem Verwendungszweck großflächig und lang anhaltend offen gehalten werden müssen,
3. unterirdische Bauten,
4. Unterglasanlagen und Kulturräume für Aufzucht, Vermehrung und Verkauf von Pflanzen,
5. Traglufthallen und Zelte,
6. Gebäude, die dazu bestimmt sind, wiederholt aufgestellt und zerlegt zu werden, und provisorische Gebäude mit einer geplanten Nutzungsdauer von bis zu zwei Jahren,
7. Gebäude, die dem Gottesdienst oder anderen religiösen Zwecken gewidmet sind,
8. Wohngebäude, die für eine Nutzungsdauer von weniger als vier Monaten jährlich bestimmt sind, und
9. sonstige handwerkliche, landwirtschaftliche, gewerbliche und industrielle Betriebsgebäude, die nach ihrer Zweckbestimmung auf eine Innentemperatur von weniger als 12 Grad Celsius oder jährlich weniger als vier Monate beheizt sowie jährlich weniger als zwei Monate gekühlt werden.

Auf Bestandteile von Anlagensystemen, die sich nicht im räumlichen Zusammenhang mit Gebäuden nach Absatz 1 Satz 1 Nummer 1 befinden, ist nur § 13 anzuwenden.

§ 2 Begriffsbestimmungen

Im Sinne dieser Verordnung

1. sind Wohngebäude Gebäude, die nach ihrer Zweckbestimmung überwiegend dem Wohnen dienen, einschließlich Wohn-, Alten- und Pflegeheimen sowie ähnlichen Einrichtungen,
2. sind Nichtwohngebäude Gebäude, die nicht unter Nummer 1 fallen,

3. sind kleine Gebäude Gebäude mit nicht mehr als 50 Quadratmetern Nutzfläche, 3a. sind Baudenkmäler nach Landesrecht geschützte Gebäude oder Gebäudemehrheiten,
4. sind beheizte Räume solche Räume, die auf Grund bestimmungsgemäßer Nutzung direkt oder durch Raumverbund beheizt werden,
5. sind gekühlte Räume solche Räume, die auf Grund bestimmungsgemäßer Nutzung direkt oder durch Raumverbund gekühlt werden,
6. sind erneuerbare Energien solare Strahlungsenergie, Umweltwärme, Geothermie, Wasserkraft, Windenergie und Energie aus Biomasse,
7. ist ein Heizkessel der aus Kessel und Brenner bestehende Wärmeerzeuger, der zur Übertragung der durch die Verbrennung freigesetzten Wärme an den Wärmeträger Wasser dient,
8. sind Geräte der mit einem Brenner auszurüstende Kessel und der zur Ausrüstung eines Kessels bestimmte Brenner,
9. ist die Nennleistung die vom Hersteller festgelegte und im Dauerbetrieb unter Beachtung des vom Hersteller angegebenen Wirkungsgrades als einhaltbar garantierte größte Wärme- oder Kälteleistung in Kilowatt,
10. ist ein Niedertemperatur-Heizkessel ein Heizkessel, der kontinuierlich mit einer Ein-trittstemperatur von 35 bis 40 Grad Celsius betrieben werden kann und in dem es unter bestimmten Umständen zur Kondensation des in den Abgasen enthaltenen Wasserdampfes kommen kann,
11. ist ein Brennwertkessel ein Heizkessel, der für die Kondensation eines Großteils des in den Abgasen enthaltenen Wasserdampfes konstruiert ist,

11a. sind elektrische Speicherheizsysteme Heizsysteme mit vom Energielieferanten unterbrechbarem Strombezug, die nur in den Zeiten außerhalb des unterbrochenen Betriebes durch eine Widerstandsheizung Wärme in einem geeigneten Speicher-medium speichern,

12. ist die Wohnfläche die nach der Wohnflächenverordnung oder auf der Grundlage anderer Rechtsvorschriften oder anerkannter Regeln der Technik zur Berechnung von Wohnflächen ermittelte Fläche,
13. ist die Nutzfläche die Nutzfläche nach anerkannten Regeln der Technik, die beheizt oder gekühlt wird,
14. ist die Gebäudenutzfläche die nach Anlage 1 Nummer 1.3.3 berechnete Fläche,
15. ist die Nettogrundfläche die Nettogrundfläche nach anerkannten Regeln der Technik, die beheizt oder gekühlt wird.

§ 3 Anforderungen an Wohngebäude

(1) Zu errichtende Wohngebäude sind so auszuführen, dass der Jahres-Primärenergiebedarf für Heizung, Warmwasserbereitung, Lüftung und Kühlung den Wert des Jahres-Primärenergiebedarfs eines Referenzgebäudes gleicher Geometrie, Gebäudenutzfläche und Ausrichtung mit der in Anlage 1 Tabelle 1 angegebenen technischen Referenzausführung nicht überschreitet.

(2) Zu errichtende Wohngebäude sind so auszuführen, dass die Höchstwerte des spezifischen, auf die wärmeübertragende Umfassungsfläche bezogenen Transmissionswärmeverlusts nach Anlage 1 Tabelle 2 nicht überschritten werden.

(3) Für das zu errichtende Wohngebäude und das Referenzgebäude ist der Jahres-Primärenergiebedarf nach einem der in Anlage 1 Nummer 2 genannten Verfahren zu berechnen. Das zu errichtende Wohngebäude und das Referenzgebäude sind mit demselben Verfahren zu berechnen.

(4) Zu errichtende Wohngebäude sind so auszuführen, dass die Anforderungen an den sommerlichen Wärmeschutz nach Anlage 1 Nummer 3 eingehalten werden.

§ 5 Anrechnung von Strom aus erneuerbaren Energien

Wird in zu errichtenden Gebäuden Strom aus erneuerbaren Energien eingesetzt, darf der Strom in den Berechnungen nach § 3 Absatz 3 und § 4 Absatz 3 von dem Endenergiebedarf abgezogen werden, wenn er

1. im unmittelbaren räumlichen Zusammenhang zu dem Gebäude erzeugt und
2. vorrangig in dem Gebäude selbst genutzt und nur die überschüssige Energiemenge in ein öffentliches Netz eingespeist

wird. Es darf höchstens die Strommenge nach Satz 1 angerechnet werden, die dem berechneten Strombedarf der jeweiligen Nutzung entspricht.

§ 6 Dichtheit, Mindestluftwechsel

(1) Zu errichtende Gebäude sind so auszuführen, dass die wärmeübertragende Umfassungsfläche einschließlich der Fugen dauerhaft luftundurchlässig entsprechend den anerkannten Regeln der Technik abgedichtet ist. Die Fugendurchlässigkeit außen liegender Fenster, Fenstertüren und Dachflächenfenster muss den Anforderungen nach Anlage 4 Nummer 1 genügen. Wird die Dichtheit nach den Sätzen 1 und 2 überprüft, kann der Nachweis der Luftdichtheit bei der nach § 3 Absatz 3 und § 4 Absatz 3 erforderlichen Berechnung berücksichtigt werden, wenn die Anforderungen nach Anlage 4 Nummer 2 eingehalten sind.

(2) Zu errichtende Gebäude sind so auszuführen, dass der zum Zwecke der Gesundheit und Beheizung erforderliche Mindestluftwechsel sichergestellt ist.

§ 7 Mindestwärmeschutz, Wärmebrücken

(1) Bei zu errichtenden Gebäuden sind Bauteile, die gegen die Außenluft, das Erdreich oder Gebäudeteile mit wesentlich niedrigeren Innentemperaturen abgrenzen, so auszuführen, dass die Anforderungen des Mindestwärmeschutzes nach den anerkannten Regeln der Technik eingehalten werden. Ist bei zu errichtenden Gebäuden die Nachbarbebauung bei aneinandergereihter Bebauung nicht gesichert, müssen die Gebäudetrennwände den Mindestwärmeschutz nach Satz 1 einhalten.

(2) Zu errichtende Gebäude sind so auszuführen, dass der Einfluss konstruktiver Wärmebrücken auf den Jahres-Heizwärmebedarf nach den anerkannten Regeln der Technik und den im jeweiligen Einzelfall wirtschaftlich vertretbaren Maßnahmen so gering wie möglich gehalten wird.

(3) Der verbleibende Einfluss der Wärmebrücken bei der Ermittlung des Jahres-Primärenergiebedarfs ist nach Maßgabe des jeweils angewendeten Berechnungsverfahrens zu berücksichtigen. Soweit dabei Gleichwertigkeitsnachweise zu führen wären, ist dies für solche Wärmebrücken nicht erforderlich, bei denen die angrenzenden Bauteile kleinere Wärmedurchgangskoeffizienten aufweisen, als in den Musterlösungen der DIN 4108 Beiblatt 2 : 2006-03

zugrunde gelegt sind.

§ 8 Anforderungen an kleine Gebäude und Gebäude aus Raumzellen

Werden bei zu errichtenden kleinen Gebäuden die in Anlage 3 genannten Werte der Wärmedurchgangskoeffizienten der Außenbauteile eingehalten, gelten die übrigen Anforderungen dieses Abschnitts als erfüllt. Satz 1 ist auf Gebäude entsprechend anzuwenden, die für eine Nutzungsdauer von höchstens fünf Jahren bestimmt und aus Raumzellen von jeweils bis zu 50 Quadratmetern Nutzfläche zusammengesetzt sind.

§ 9 Änderung, Erweiterung und Ausbau von Gebäuden

(1) Änderungen im Sinne der Anlage 3 Nummer 1 bis 6 bei beheizten oder gekühlten Räumen von Gebäuden sind so auszuführen, dass die in Anlage 3 festgelegten Wärmedurchgangskoeffizienten der betroffenen Außenbauteile nicht überschritten werden. Die Anforderungen des Satzes 1 gelten als erfüllt, wenn

1. geänderte Wohngebäude insgesamt den Jahres-Primärenergiebedarf des Referenzgebäudes nach § 3 Absatz 1 und den Höchstwert des spezifischen, auf die wärmeübertragende Umfassungsfläche bezogenen Transmissionswärmeverlusts nach Anlage 1 Tabelle 2,
2. geänderte Nichtwohngebäude insgesamt den Jahres-Primärenergiebedarf des Referenzgebäudes nach § 4 Absatz 1 und die Höchstwerte der mittleren Wärmedurchgangskoeffizienten der wärmeübertragenden Umfassungsfläche nach Anlage 2 Tabelle 2

um nicht mehr als 40 vom Hundert überschreiten.

(2) In Fällen des Absatzes 1 Satz 2 sind die in § 3 Absatz 3 sowie in § 4 Absatz 3 angegebenen Berechnungsverfahren nach Maßgabe der Sätze 2 und 3 und des § 5 entsprechend anzuwenden. Soweit

1. Angaben zu geometrischen Abmessungen von Gebäuden fehlen, können diese durch vereinfachtes Aufmaß ermittelt werden;
2. energetische Kennwerte für bestehende Bauteile und Anlagenkomponenten nicht vorliegen, können gesicherte Erfahrungswerte für Bauteile und Anlagenkomponenten vergleichbarer Altersklassen verwendet werden;

hierbei können anerkannte Regeln der Technik verwendet werden; die Einhaltung solcher Regeln wird vermutet, soweit Vereinfachungen für die Datenaufnahme und die Ermittlung der energetischen Eigenschaften sowie gesicherte Erfahrungswerte verwendet werden, die vom Bundesministerium für Verkehr, Bau und Stadtentwicklung im Einvernehmen mit dem Bundesministerium für Wirtschaft und Technologie im Bundesanzeiger bekannt gemacht worden sind. Bei Anwendung der Verfahren nach § 3 Absatz 3 sind die Randbedingungen und Maßgaben nach Anlage 3 Nummer 8 zu beachten.

(3) Absatz 1 ist nicht anzuwenden auf Änderungen von Außenbauteilen, wenn die Fläche der geänderten Bauteile nicht mehr als 10 vom Hundert der gesamten jeweiligen Bauteilfläche des Gebäudes betreffen.

(4) Bei der Erweiterung und dem Ausbau eines Gebäudes um beheizte oder gekühlte Räume mit zusammenhängend mindestens 15 und höchstens 50 Quadratmetern Nutzfläche sind die betroffenen Außenbauteile so auszuführen, dass die in Anlage 3 festgelegten Wärmedurchgangskoeffizienten nicht überschritten werden.

(5) Ist in Fällen des Absatzes 4 die hinzukommende zusammenhängende Nutzfläche größer als 50 Quadratmeter, sind die betroffenen Außenbauteile so auszuführen, dass der neue Gebäudeteil die Vorschriften für zu errichtende Gebäude nach § 3 oder § 4 einhält.

§ 10 Nachrüstung bei Anlagen und Gebäuden

(1) Eigentümer von Gebäuden dürfen Heizkessel, die mit flüssigen oder gasförmigen Brennstoffen beschickt werden und vor dem 1. Oktober 1978 eingebaut oder aufgestellt worden sind, nicht mehr betreiben. Satz 1 ist nicht anzuwenden, wenn die vorhandenen Heizkessel Niedertemperatur-Heizkessel oder Brennwertkessel sind, sowie auf heizungstechnische Anlagen, deren Nennleistung weniger als vier Kilowatt oder mehr als 400 Kilowatt beträgt, und auf Heizkessel nach § 13 Absatz 3 Nummer 2 bis 4.

(2) Eigentümer von Gebäuden müssen dafür sorgen, dass bei heizungstechnischen Anlagen bisher ungedämmte, zugängliche Wärmeverteilungs- und Warmwasserleitungen sowie Armaturen, die sich nicht in beheizten Räumen befinden, nach Anlage 5 zur Begrenzung der Wärmeabgabe gedämmt sind.

(3) Eigentümer von Wohngebäuden sowie von Nichtwohngebäuden, die nach ihrer Zweckbestimmung jährlich mindestens vier Monate und auf Innentemperaturen von mindestens 19 Grad Celsius beheizt werden, müssen dafür sorgen, dass bisher ungedämmte, nicht begehbare, aber zugängliche oberste Geschossdecken beheizter Räume so gedämmt sind, dass der Wärmedurchgangskoeffizient der Geschossdecke 0,24 Watt/($m^2 \cdot K$) nicht überschreitet. Die Pflicht nach Satz 1 gilt als erfüllt, wenn anstelle der Geschossdecke das darüber liegende, bisher ungedämmte Dach entsprechend gedämmt ist.

(4) Auf begehbare, bisher ungedämmte oberste Geschossdecken beheizter Räume ist Absatz 3 nach dem 31. Dezember 2011 entsprechend anzuwenden.

(5) Bei Wohngebäuden mit nicht mehr als zwei Wohnungen, von denen der Eigentümer eine Wohnung am 1. Februar 2002 selbst bewohnt hat, sind die Pflichten nach den Absätzen 1 bis 4 erst im Falle eines Eigentümerwechsels nach dem 1. Februar 2002 von dem neuen Eigentümer zu erfüllen. Die Frist zur Pflichterfüllung beträgt zwei Jahre ab dem ersten Eigentumsübergang. Sind im Falle eines Eigentümerwechsels vor dem 1. Januar 2010 noch keine zwei Jahre verstrichen, genügt es, die obersten Geschossdecken beheizter Räume so zu dämmen, dass der Wärmedurchgangskoeffizient der Geschossdecke 0,30 Watt/($m^2 \cdot K$) nicht überschreitet.

(6) Die Absätze 2 bis 5 sind nicht anzuwenden, soweit die für die Nachrüstung erforderlichen Aufwendungen durch die eintretenden Einsparungen nicht innerhalb angemessener Frist erwirtschaftet werden können.

§ 10a Außerbetriebnahme von elektrischen Speicherheizsystemen

(1) In Wohngebäuden mit mehr als fünf Wohneinheiten dürfen Eigentümer elektrische Speicherheizsysteme nach Maßgabe des Absatzes 2 nicht mehr betreiben, wenn die Raumwärme in den Gebäuden ausschließlich durch elektrische Speicherheizsysteme erzeugt wird. Auf Nichtwohngebäude, die nach ihrer Zweckbestimmung jährlich mindestens vier Monate und auf Innentemperaturen von mindestens 19 Grad Celsius beheizt werden, ist Satz 1 entsprechend anzuwenden, wenn mehr als 500 Quadratmeter Nutzfläche mit elektrischen Speicherheizsystemen beheizt werden. Auf elektrische Speicherheizsysteme mit nicht mehr als 20 Watt Heizleistung pro Quadratmeter Nutzfläche einer Wohnungs-, Betriebs- oder sonstigen Nutzungs einheit sind die Sätze 1 und 2 nicht anzuwenden.

(2) Vor dem 1. Januar 1990 eingebaute oder aufgestellte elektrische Speicherheizsysteme dürfen nach dem 31. Dezember 2019 nicht mehr betrieben werden. Nach dem 31. Dezember

1989 eingebaute oder aufgestellte elektrische Speicherheizsysteme dürfen nach Ablauf von 30 Jahren nach dem Einbau oder der Aufstellung nicht mehr betrieben werden. Wurden die elektrischen Speicherheizsysteme nach dem 31. Dezember 1989 in wesentlichen Bauteilen erneuert, dürfen sie nach Ablauf von 30 Jahren nach der Erneuerung nicht mehr betrieben werden. Werden mehrere Heizaggregate in einem Gebäude betrieben, ist bei Anwendung der Sätze 1, 2 oder 3 insgesamt auf das zweitälteste Heizaggregat abzustellen.

(3) Absatz 1 ist nicht anzuwenden, wenn

1. andere öffentlich-rechtliche Pflichten entgegenstehen,
2. die erforderlichen Aufwendungen für die Außerbetriebnahme und den Einbau einer neuen Heizung auch bei Inanspruchnahme möglicher Fördermittel nicht innerhalb angemessener Frist durch die eintretenden Einsparungen erwirtschaftet werden können oder
3. wenn
   a) für das Gebäude der Bauantrag nach dem 31. Dezember 1994 gestellt worden ist,
   b) das Gebäude schon bei der Baufertigstellung das Anforderungsniveau der Wärmeschutzverordnung vom 16. August 1994 (BGBl. I S. 2121) eingehalten hat oder
   c) das Gebäude durch spätere Änderungen mindestens auf das in Buchstabe b bezeichnete Anforderungsniveau gebracht worden ist. Bei der Ermittlung der energetischen Eigenschaften des Gebäudes nach Satz 1 Nummer 3 Buchstabe b und c können die Bestimmungen über die vereinfachte Datenerhebung nach § 9 Absatz 2 Satz 2 und die Datenbereitstellung durch den Eigentümer nach § 17 Absatz 5 entsprechend angewendet werden. § 25 Absatz 1 und 2 bleibt unberührt.

§ 11 Aufrechterhaltung der energetischen Qualität

(1) Außenbauteile dürfen nicht in einer Weise verändert werden, dass die energetische Qualität des Gebäudes verschlechtert wird. Das Gleiche gilt für Anlagen und Einrichtungen nach dem Abschnitt 4, soweit sie zum Nachweis der Anforderungen energieeinsparrechtlicher Vorschriften des Bundes zu berücksichtigen waren.

(2) Energiebedarfssenkende Einrichtungen in Anlagen nach Absatz 1 sind vom Betreiber betriebsbereit zu erhalten und bestimmungsgemäß zu nutzen. Eine Nutzung und Erhaltung im Sinne des Satzes 1 gilt als gegeben, soweit der Einfluss einer energiebedarfssenkenden Einrichtung auf den Jahres-Primärenergiebedarf durch andere anlagentechnische oder bauliche Maßnahmen ausgeglichen wird.

(3) Anlagen und Einrichtungen der Heizungs-, Kühl- und Raumlufttechnik sowie der Warmwasserversorgung sind vom Betreiber sachgerecht zu bedienen. Komponenten mit wesentlichem Einfluss auf den Wirkungsgrad solcher Anlagen sind vom Betreiber regelmäßig zu warten und instand zu halten. Für die Wartung und Instandhaltung ist Fachkunde erforderlich. Fachkundig ist, wer die zur Wartung und Instandhaltung notwendigen Fachkenntnisse und Fertigkeiten besitzt.

§ 12 Energetische Inspektion von Klimaanlagen

(1) Betreiber von in Gebäude eingebauten Klimaanlagen mit einer Nennleistung für den Käl-

tebedarf von mehr als zwölf Kilowatt haben innerhalb der in den Absätzen 3 und 4 genannten Zeiträume energetische Inspektionen dieser Anlagen durch berechtigte Personen im Sinne des Absatzes 5 durchführen zu lassen.

(2) Die Inspektion umfasst Maßnahmen zur Prüfung der Komponenten, die den Wirkungsgrad der Anlage beeinflussen, und der Anlagendimensionierung im Verhältnis zum Kühlbedarf des Gebäudes. Sie bezieht sich insbesondere auf

1. die Überprüfung und Bewertung der Einflüsse, die für die Auslegung der Anlage verantwortlich sind, insbesondere Veränderungen der Raumnutzung und -belegung, der Nutzungszeiten, der inneren Wärmequellen sowie der relevanten bauphysikalischen Eigenschaften des Gebäudes und der vom Betreiber geforderten Sollwerte hinsichtlich Luftmengen, Temperatur, Feuchte, Betriebszeit sowie Toleranzen, und
2. die Feststellung der Effizienz der wesentlichen Komponenten. Dem Betreiber sind Ratschläge in Form von kurz gefassten fachlichen Hinweisen für Maßnahmen zur kostengünstigen Verbesserung der energetischen Eigenschaften der Anlage, für deren Austausch oder für Alternativlösungen zu geben. Die inspizierende Person hat dem Betreiber die Ergebnisse der Inspektion unter Angabe ihres Namens sowie ihrer Anschrift und Berufsbezeichnung zu bescheinigen.

(3) Die Inspektion ist erstmals im zehnten Jahr nach der Inbetriebnahme oder der Erneuerung wesentlicher Bauteile wie Wärmeübertrager, Ventilator oder Kältemaschine durchzuführen. Abweichend von Satz 1 sind die am 1. Oktober 2007 mehr als vier und bis zu zwölf Jahre alten Anlagen innerhalb von sechs Jahren, die über zwölf Jahre alten Anlagen innerhalb von vier Jahren und die über 20 Jahre alten Anlagen innerhalb von zwei Jahren nach dem 1. Oktober 2007 erstmals einer Inspektion zu unterziehen.

(4) Nach der erstmaligen Inspektion ist die Anlage wiederkehrend mindestens alle zehn Jahre einer Inspektion zu unterziehen.

(5) Inspektionen dürfen nur von fachkundigen Personen durchgeführt werden. Fachkundig sind insbesondere

1. Personen mit berufsqualifizierendem Hochschulabschluss in den Fachrichtungen Versorgungstechnik oder Technische Gebäudeausrüstung mit mindestens einem Jahr Berufserfahrung in Planung, Bau, Betrieb oder Prüfung raumlufttechnischer Anlagen,
2. Personen mit berufsqualifizierendem Hochschulabschluss in
    a) den Fachrichtungen Maschinenbau, Elektrotechnik, Verfahrenstechnik, Bauingenieurwesen oder
    b) einer anderen technischen Fachrichtung mit einem Ausbildungsschwerpunkt bei der Versorgungstechnik oder der Technischen Gebäudeausrüstung

    mit mindestens drei Jahren Berufserfahrung in Planung, Bau, Betrieb oder Prüfung raumlufttechnischer Anlagen.

Gleichwertige Ausbildungen, die in einem anderen Mitgliedstaat der Europäischen Union, einem anderen Vertragsstaat des Abkommens über den Europäischen Wirtschaftsraum oder der Schweiz erworben worden sind und durch einen Ausbildungsnachweis belegt werden können, sind den in Satz 2 genannten Ausbildungen gleichgestellt.

(6) Der Betreiber hat die Bescheinigung über die Durchführung der Inspektion der nach Landesrecht zuständigen Behörde auf Verlangen vorzulegen.

§ 13 Inbetriebnahme von Heizkesseln und sonstigen Wärmeerzeugersystemen

(1) Heizkessel, die mit flüssigen oder gasförmigen Brennstoffen beschickt werden und deren Nennleistung mindestens vier Kilowatt und höchstens 400 Kilowatt beträgt, dürfen zum Zwecke der Inbetriebnahme in Gebäuden nur eingebaut oder aufgestellt werden, wenn sie mit der CE-Kennzeichnung nach § 5 Absatz 1 und 2 der Verordnung über das Inverkehrbringen von Heizkesseln und Geräten nach dem Bauproduktengesetz vom 28. April 1998 (BGBl. I S. 796) oder nach Artikel 7 Absatz 1 Satz 2 der Richtlinie 92/42/EWG des Rates vom 21. Mai 1992 über die Wirkungsgrade von mit flüssigen oder gasförmigen Brennstoffen beschickten neuen Warmwasserheizkesseln (ABl. Nr. L 167 vom 22.6.1992, S. 17, L 195 S. 32), die zuletzt durch die Richtlinie 2005/32/EG des Europäischen Parlaments und des Rates vom 6. Juli 2005 (ABl. L 191 vom 22.7.2005, S. 29) geändert worden ist, versehen sind. Satz 1 gilt auch für Heizkessel, die aus Geräten zusammengefügt werden, soweit dabei die Parameter beachtet werden, die sich aus der den Geräten beiliegenden EG-Konformitätserklärung ergeben.

(2) Heizkessel dürfen in Gebäuden nur dann zum Zwecke der Inbetriebnahme eingebaut oder aufgestellt werden, wenn die Anforderungen nach Anlage 4a eingehalten werden. In Fällen der Pflicht zur Außerbetriebnahme elektrischer Speicherheizsysteme nach § 10a sind die Anforderungen nach Anlage 4a auch auf sonstige Wärmeerzeugersysteme anzuwenden, deren Heizleistung größer als 20 Watt pro Quadratmeter Nutzfläche ist. Ausgenommen sind bestehende Gebäude, wenn deren Jahres-Primärenergiebedarf den Wert des Jahres-Primärenergiebedarfs des Referenzgebäudes um nicht mehr als 40 vom Hundert überschreitet.

(3) Absatz 1 ist nicht anzuwenden auf

1. einzeln produzierte Heizkessel,
2. Heizkessel, die für den Betrieb mit Brennstoffen ausgelegt sind, deren Eigenschaften von den marktüblichen flüssigen und gasförmigen Brennstoffen erheblich abweichen,
3. Anlagen zur ausschließlichen Warmwasserbereitung,
4. Küchenherde und Geräte, die hauptsächlich zur Beheizung des Raumes, in dem sie eingebaut oder aufgestellt sind, ausgelegt sind, daneben aber auch Warmwasser für die Zentralheizung und für sonstige Gebrauchszwecke liefern,
5. Geräte mit einer Nennleistung von weniger als sechs Kilowatt zur Versorgung eines Warmwasserspeichersystems mit Schwerkraftumlauf.

(4) Heizkessel, deren Nennleistung kleiner als vier Kilowatt oder größer als 400 Kilowatt ist, und Heizkessel nach Absatz 3 dürfen nur dann zum Zwecke der Inbetriebnahme in Gebäuden eingebaut oder aufgestellt werden, wenn sie nach anerkannten Regeln der Technik gegen Wärmeverluste gedämmt sind.

§ 14 Verteilungseinrichtungen und Warmwasseranlagen

(1) Zentralheizungen müssen beim Einbau in Gebäude mit zentralen selbsttätig wirkenden Einrichtungen zur Verringerung und Abschaltung der Wärmezufuhr sowie zur Ein- und Ausschaltung elektrischer Antriebe in Abhängigkeit von

1. der Außentemperatur oder einer anderen geeigneten Führungsgröße und
2. der Zeit

ausgestattet werden. Soweit die in Satz 1 geforderten Ausstattungen bei bestehenden Gebäuden nicht vorhanden sind, muss der Eigentümer sie nachrüsten. Bei Wasserheizungen, die ohne Wärmeübertrager an eine Nah- oder Fernwärmeversorgung angeschlossen sind, gilt Satz 1 hinsichtlich der Verringerung und Abschaltung der Wärmezufuhr auch ohne entsprechende Einrichtungen in den Haus- und Kundenanlagen als eingehalten, wenn die Vorlauftemperatur des Nah- oder Fernwärmenetzes in Abhängigkeit von der Außentemperatur und der Zeit durch entsprechende Einrichtungen in der zentralen Erzeugungsanlage geregelt wird.

(2) Heizungstechnische Anlagen mit Wasser als Wärmeträger müssen beim Einbau in Gebäude mit selbsttätig wirkenden Einrichtungen zur raumweisen Regelung der Raumtemperatur ausgestattet werden. Satz 1 gilt nicht für Einzelheizgeräte, die zum Betrieb mit festen oder flüssigen Brennstoffen eingerichtet sind. Mit Ausnahme von Wohngebäuden ist für Gruppen von Räumen gleicher Art und Nutzung eine Gruppenregelung zulässig. Fußbodenheizungen in Gebäuden, die vor dem 1. Februar 2002 errichtet worden sind, dürfen abweichend von Satz 1 mit Einrichtungen zur raumweisen Anpassung der Wärmeleistung an die Heizlast ausgestattet werden. Soweit die in Satz 1 bis 3 geforderten Ausstattungen bei bestehenden Gebäuden nicht vorhanden sind, muss der Eigentümer sie nachrüsten.

(3) In Zentralheizungen mit mehr als 25 Kilowatt Nennleistung sind die Umwälzpumpen der Heizkreise beim erstmaligen Einbau und bei der Ersetzung so auszustatten, dass die elektrische Leistungsaufnahme dem betriebsbedingten Förderbedarf selbsttätig in mindestens drei Stufen angepasst wird, soweit sicherheitstechnische Belange des Heizkessels dem nicht entgegenstehen.

(4) Zirkulationspumpen müssen beim Einbau in Warmwasseranlagen mit selbsttätig wirkenden Einrichtungen zur Ein- und Ausschaltung ausgestattet werden.

(5) Beim erstmaligen Einbau und bei der Ersetzung von Wärmeverteilungs- und Warmwasserleitungen sowie von Armaturen in Gebäuden ist deren Wärmeabgabe nach Anlage 5 zu begrenzen.

(6) Beim erstmaligen Einbau von Einrichtungen, in denen Heiz- oder Warmwasser gespeichert wird, in Gebäude und bei deren Ersetzung ist deren Wärmeabgabe nach anerkannten Regeln der Technik zu begrenzen.

§ 16 Ausstellung und Verwendung von Energieausweisen

(1) Wird ein Gebäude errichtet, hat der Bauherr sicherzustellen, dass ihm, wenn er zugleich Eigentümer des Gebäudes ist, oder dem Eigentümer des Gebäudes ein Energieausweis nach dem Muster der Anlage 6 oder 7 unter Zugrundelegung der energetischen Eigenschaften des fertig gestellten Gebäudes ausgestellt wird. Satz 1 ist entsprechend anzuwenden, wenn

1. an einem Gebäude Änderungen im Sinne der Anlage 3 Nummer 1 bis 6 vorgenommen oder
2. die Nutzfläche der beheizten oder gekühlten Räume eines Gebäudes um mehr als die Hälfte erweitert wird

und dabei unter Anwendung des § 9 Absatz 1 Satz 2 für das gesamte Gebäude Berechnungen nach § 9 Absatz 2 durchgeführt werden. Der Eigentümer hat den Energieausweis der nach Landesrecht zuständigen Behörde auf Verlangen vorzulegen.

(2) Soll ein mit einem Gebäude bebautes Grundstück, ein grundstücksgleiches Recht an einem bebauten Grundstück oder Wohnungs- oder Teileigentum verkauft werden, hat der Verkäufer dem potenziellen Käufer einen Energieausweis mit dem Inhalt nach dem Muster der Anlage 6 oder 7 zugänglich zu machen, spätestens unverzüglich, nachdem der potenzielle Käufer dies verlangt hat. Satz 1 gilt entsprechend für den Eigentümer, Vermieter, Verpächter und Leasinggeber bei der Vermietung, der Verpachtung oder beim Leasing eines Gebäudes,

einer Wohnung oder einer sonstigen selbständigen Nutzungseinheit.

(3) Für Gebäude mit mehr als 1 000 Quadratmetern Nutzfläche, in denen Behörden und sonstige Einrichtungen für eine große Anzahl von Menschen öffentliche Dienstleistungen erbringen und die deshalb von diesen Menschen häufig aufgesucht werden, sind Energieausweise nach dem Muster der Anlage 7 auszustellen. Der Eigentümer hat den Energieausweis an einer für die Öffentlichkeit gut sichtbaren Stelle auszuhängen; der Aushang kann auch nach dem Muster der Anlage 8 oder 9 vorgenommen werden.

(4) Auf kleine Gebäude sind die Vorschriften dieses Abschnitts nicht anzuwenden. Auf Baudenkmäler sind die Absätze 2 und 3 nicht anzuwenden.

§ 17 Grundsätze des Energieausweises

(1) Der Aussteller hat Energieausweise nach § 16 auf der Grundlage des berechneten Energiebedarfs oder des erfassten Energieverbrauchs nach Maßgabe der Absätze 2 bis 6 sowie der §§ 18 und 19 auszustellen. Es ist zulässig, sowohl den Energiebedarf als auch den Energieverbrauch anzugeben.

(2) Energieausweise dürfen in den Fällen des § 16 Absatz 1 nur auf der Grundlage des Energiebedarfs ausgestellt werden. In den Fällen des § 16 Absatz 2 sind ab dem 1. Oktober 2008 Energieausweise für Wohngebäude, die weniger als fünf Wohnungen haben und für die der Bauantrag vor dem 1. November 1977 gestellt worden ist, auf der Grundlage des Energiebedarfs auszustellen. Satz 2 gilt nicht, wenn das Wohngebäude

1. schon bei der Baufertigstellung das Anforderungsniveau der Wärmeschutzverordnung vom 11. August 1977 (BGBl. I S. 1554) eingehalten hat oder

2. durch spätere Änderungen mindestens auf das in Nummer 1 bezeichnete Anforderungsniveau gebracht worden ist.

Bei der Ermittlung der energetischen Eigenschaften des Wohngebäudes nach Satz 3 können die Bestimmungen über die vereinfachte Datenerhebung nach § 9 Absatz 2 Satz 2 und die Datenbereitstellung durch den Eigentümer nach Absatz 5 angewendet werden.

(3) Energieausweise werden für Gebäude ausgestellt. Sie sind für Teile von Gebäuden auszustellen, wenn die Gebäudeteile nach § 22 getrennt zu behandeln sind.

(4) Energieausweise müssen nach Inhalt und Aufbau den Mustern in den Anlagen 6 bis 9 entsprechen und mindestens die dort für die jeweilige Ausweisart geforderten, nicht als freiwillig gekennzeichneten Angaben enthalten; sie sind vom Aussteller unter Angabe von Name, Anschrift und Berufsbezeichnung eigenhändig oder durch Nachbildung der Unterschrift zu unterschreiben. Zusätzliche Angaben können beigefügt werden.

(5) Der Eigentümer kann die zur Ausstellung des Energieausweises nach § 18 Absatz 1 Satz 1 oder Absatz 2 Satz 1 in Verbindung mit den Anlagen 1, 2 und 3 Nummer 8 oder nach § 19 Absatz 1 Satz 1 und 3, Absatz 2 Satz 1 oder 3 und Absatz 3 Satz 1 erforderlichen Daten bereitstellen. Der Eigentümer muss dafür Sorge tragen, dass die von ihm nach Satz 1 bereitgestellten Daten richtig sind. Der Aussteller darf die vom Eigentümer bereitgestellten Daten seinen Berechnungen nicht zugrunde legen, soweit begründeter An lass zu Zweifeln an deren Richtigkeit besteht. Soweit der Aussteller des Energieausweises die Daten selbst ermittelt hat, ist Satz 2 entsprechend anzuwenden.

(6) Energieausweise sind für eine Gültigkeitsdauer von zehn Jahren auszustellen. Unabhängig davon verlieren Energieausweise ihre Gültigkeit, wenn nach § 16 Absatz 1 ein neuer Energieausweis erforderlich wird.

§ 18 Ausstellung auf der Grundlage des Energiebedarfs

(1) Werden Energieausweise für zu errichtende Gebäude auf der Grundlage des berechneten Energiebedarfs ausgestellt, sind die Ergebnisse der nach den §§ 3 bis 5 erforderlichen Berechnungen zugrunde zu legen. Die Ergebnisse sind in den Energieausweisen anzugeben, soweit ihre Angabe für Energiebedarfswerte in den Mustern der Anlagen 6 bis 8 vorgesehen ist.

(2) Werden Energieausweise für bestehende Gebäude auf der Grundlage des berechneten Energiebedarfs ausgestellt, ist auf die erforderlichen Berechnungen § 9 Absatz 2 entsprechend anzuwenden. Die Ergebnisse sind in den Energieausweisen anzugeben, soweit ihre Angabe für Energiebedarfswerte in den Mustern der Anlagen 6 bis 8 vorgesehen ist.

§ 19 Ausstellung auf der Grundlage des Energieverbrauchs

(1) Werden Energieausweise für bestehende Gebäude auf der Grundlage des erfassten Energieverbrauchs ausgestellt, ist der witterungsbereinigte Energieverbrauch (Energieverbrauchskennwert) nach Maßgabe der Absätze 2 und 3 zu berechnen. Die Ergebnisse sind in den Energieausweisen anzugeben, soweit ihre Angabe für Energieverbrauchskennwerte in den Mustern der Anlagen 6, 7 und 9 vorgesehen ist. Die Bestimmungen des § 9 Absatz 2 Satz 2 über die vereinfachte Datenerhebung sind entsprechend anzuwenden.

(2) Bei Wohngebäuden ist der Energieverbrauch für Heizung und zentrale Warmwasserbereitung zu ermitteln und in Kilowattstunden pro Jahr und Quadratmeter Gebäudenutzfläche anzugeben. Die Gebäudenutzfläche kann bei Wohngebäuden mit bis zu zwei Wohneinheiten mit beheiztem Keller pauschal mit dem 1,35-fachen Wert der Wohnfläche, bei sonstigen Wohngebäuden mit dem 1,2-fachen Wert der Wohnfläche angesetzt werden. Bei Nichtwohngebäuden ist der Energieverbrauch für Heizung, Warmwasserbereitung, Kühlung, Lüftung und eingebaute Beleuchtung zu ermitteln und in Kilowattstunden pro Jahr und Quadratmeter Nettogrundfläche anzugeben. Der Energieverbrauch für Heizung ist einer Witterungsbereinigung zu unterziehen.

(3) Zur Ermittlung des Energieverbrauchs sind

1. Verbrauchsdaten aus Abrechnungen von Heizkosten nach der Heizkostenverordnung für das gesamte Gebäude,
2. andere geeignete Verbrauchsdaten, insbesondere Abrechnungen von Energielieferanten oder sachgerecht durchgeführte Verbrauchsmessungen, oder
3. eine Kombination von Verbrauchsdaten nach den Nummern 1 und 2

zu verwenden; dabei sind mindestens die Abrechnungen aus einem zusammenhängenden Zeitraum von 36 Monaten zugrunde zu legen, der die jüngste vorliegende Abrechnungsperiode einschließt. Bei der Ermittlung nach Satz 1 sind längere Leerstände rechnerisch angemessen zu berücksichtigen. Der maßgebliche Energieverbrauch ist der durchschnittliche Verbrauch in dem zugrunde gelegten Zeitraum. Für die Witterungsbereinigung des Energieverbrauchs ist ein den anerkannten Regeln der Technik entsprechendes Verfahren anzuwenden. Die Einhaltung der anerkannten Regeln der Technik wird vermutet, soweit bei der Ermittlung von Energieverbrauchskennwerten Vereinfachungen verwendet werden, die vom Bundesministerium für Verkehr, Bau und Stadtentwicklung im Einvernehmen mit dem Bundesministerium für Wirtschaft und Technologie im Bundesanzeiger bekannt gemacht worden sind.

(4) Als Vergleichswerte für Energieverbrauchskennwerte eines Nichtwohngebäudes sind in den Energieausweis die Werte einzutragen, die jeweils vom Bundesministerium für Verkehr,

Bau und Stadtentwicklung im Einvernehmen mit dem Bundesministerium für Wirtschaft und Technologie im Bundesanzeiger bekannt gemacht worden sind.

§ 20 Empfehlungen für die Verbesserung der Energieeffizienz

(1) Sind Maßnahmen für kostengünstige Verbesserungen der energetischen Eigenschaften des Gebäudes (Energieeffizienz) möglich, hat der Aussteller des Energieausweises dem Eigentümer anlässlich der Ausstellung eines Energieausweises entsprechende, begleitende Empfehlungen in Form von kurz gefassten fachlichen Hinweisen auszustellen (Modernisierungsempfehlungen). Dabei kann ergänzend auf weiterführende Hinweise in Veröffentlichungen des Bundesministeriums für Verkehr, Bau und Stadtentwicklung im Einvernehmen mit dem Bundesministerium für Wirtschaft und Technologie oder von ihnen beauftragter Dritter Bezug genommen werden. Die Bestimmungen des § 9 Absatz 2 Satz 2 über die vereinfachte Datenerhebung sind entsprechend anzuwenden. Sind Modernisierungsempfehlungen nicht möglich, hat der Aussteller dies dem Eigentümer anlässlich der Ausstellung des Energieausweises mitzuteilen.

(2) Die Darstellung von Modernisierungsempfehlungen und die Erklärung nach Absatz 1 Satz 4 müssen nach Inhalt und Aufbau dem Muster in Anlage 10 entsprechen. § 17 Absatz 4 und 5 ist entsprechend anzuwenden.

(3) Modernisierungsempfehlungen sind dem Energieausweis mit dem Inhalt nach den Mustern der Anlagen 6 und 7 beizufügen.

§ 21 Ausstellungsberechtigung für bestehende Gebäude

(1) Zur Ausstellung von Energieausweisen für bestehende Gebäude nach § 16 Absatz 2 und 3 und von Modernisierungsempfehlungen nach § 20 sind nur berechtigt

1. Personen mit berufsqualifizierendem Hochschulabschluss in
   a) den Fachrichtungen Architektur, Hochbau, Bauingenieurwesen, Technische Gebäudeausrüstung, Physik, Bauphysik, Maschinenbau oder Elektrotechnik oder
   b) einer anderen technischen oder naturwissenschaftlichen Fachrichtung mit einem Ausbildungsschwerpunkt auf einem unter Buchstabe a genannten Gebiet,
2. Personen im Sinne der Nummer 1 Buchstabe a im Bereich Architektur der Fachrichtung Innenarchitektur,
3. Personen, die für ein zulassungspflichtiges Bau-, Ausbau- oder anlagentechnisches Gewerbe oder für das Schornsteinfegerwesen die Voraussetzungen zur Eintragung in die Handwerksrolle erfüllen, sowie Handwerksmeister der zulassungsfreien Handwerke dieser Bereiche und Personen, die auf Grund ihrer Ausbildung berechtigt sind, eine solches Handwerk ohne Meistertitel selbständig auszuüben,
4. staatlich anerkannte oder geprüfte Techniker, deren Ausbildungsschwerpunkt auch die Beurteilung der Gebäudehülle, die Beurteilung von Heizungs- und Warmwasserbereitungsanlagen oder die Beurteilung von Lüftungs- und Klimaanlagen umfasst,
5. Personen, die nach bauordnungsrechtlichen Vorschriften der Länder zur Unterzeichnung von bautechnischen Nachweisen des Wärmeschutzes oder der Energieeinsparung bei der Errichtung von Gebäuden berechtigt sind,

im Rahmen der jeweiligen Nachweisberechtigung,

wenn sie mit Ausnahme der in Nummer 5 genannten Personen mindestens eine der in Absatz 2 genannten Voraussetzungen erfüllen. Die Ausstellungsberechtigung nach Satz 1 Nummer 2 bis 4 in Verbindung mit Absatz 2 bezieht sich nur auf Energieausweise für bestehende Wohngebäude einschließlich Modernisierungsempfehlungen im Sinne des § 20. Satz 2 gilt entsprechend für in Satz 1 Nummer 1 genannte Personen, die die Voraussetzungen des Absatzes 2 Nummer 1 oder 3 nicht erfüllen, deren Fortbildung jedoch den Anforderungen des Absatzes 2 Nummer 2 Buchstabe b genügt.

(2) Voraussetzung für die Ausstellungsberechtigung nach Absatz 1 Satz 1 Nummer 1 bis 4

ist

1. während des Studiums ein Ausbildungsschwerpunkt im Bereich des energiesparenden Bauens oder nach einem Studium ohne einen solchen Schwerpunkt eine mindestens zweijährige Berufserfahrung in wesentlichen bau- oder anlagentechnischen Tätigkeitsbereichen des Hochbaus,
2. eine erfolgreiche Fortbildung im Bereich des energiesparenden Bauens, die
   a) in Fällen des Absatzes 1 Satz 1 Nummer 1 den wesentlichen Inhalten der Anlage 11,
   b) in Fällen des Absatzes 1 Satz 1 Nummer 2 bis 4 den wesentlichen Inhalten der Anlage 11 Nummer 1 und 2

entspricht, oder

3. eine öffentliche Bestellung als vereidigter Sachverständiger für ein Sachgebiet im Bereich des energiesparenden Bauens oder in wesentlichen bau- oder anlagentechnischen Tätigkeitsbereichen des Hochbaus.

(3) § 12 Absatz 5 Satz 3 ist auf Ausbildungen im Sinne des Absatzes 1 entsprechend anzuwenden.

§ 22 Gemischt genutzte Gebäude

(1) Teile eines Wohngebäudes, die sich hinsichtlich der Art ihrer Nutzung und der gebäudetechnischen Ausstattung wesentlich von der Wohnnutzung unterscheiden und die einen nicht unerheblichen Teil der Gebäudenutzfläche umfassen, sind getrennt als Nichtwohngebäude zu behandeln.

(2) Teile eines Nichtwohngebäudes, die dem Wohnen dienen und einen nicht unerheblichen Teil der Nettogrundfläche umfassen, sind getrennt als Wohngebäude zu behandeln.

(3) Für die Berechnung von Trennwänden und Trenndecken zwischen Gebäudeteilen gilt in Fällen der Absätze 1 und 2 Anlage 1 Nummer 2.6 Satz 1 entsprechend.

Anlage 1 Anforderungen an Wohngebäude

1 Höchstwerte des Jahres-Primärenergiebedarfs und des spezifischen Transmissionswärmeverlusts für zu errichtende Wohngebäude (zu § 3 Absatz 1 und 2)

1.1 Höchstwerte des Jahres-Primärenergiebedarfs

Der Höchstwert des Jahres-Primärenergiebedarfs eines zu errichtenden Wohngebäudes ist der auf die Gebäudenutzfläche bezogene, nach einem der in Nr. 2.1 angegebenen Verfahren berechnete Jahres-

Primärenergiebedarf eines Referenzgebäudes gleicher Geometrie, Gebäudenutzfläche und Ausrichtung wie das zu errichtende Wohngebäude, das hinsichtlich seiner Ausführung den Vorgaben der Tabelle 1 entspricht.

Soweit in dem zu errichtenden Wohngebäude eine elektrische Warmwasserbereitung ausgeführt wird, darf diese anstelle von Tabelle 1 Zeile 6 als wohnungszentrale Anlage ohne Speicher gemäß den in Tabelle 5.1-3 der DIN V 4701-10 : 2003-08, geändert durch A1 : 2006-12, gegebenen Randbedingungen berücksichtigt werden. Der sich daraus ergebende Höchstwert des Jahres-Primärenergiebedarfs ist in Fällen des Satzes 2 um 10,9 kWh/(m²·a) zu verringern; dies gilt nicht bei Durchführung von Maßnahmen zur Einsparung von Energie nach § 7 Nummer 2 in Verbindung mit Nummer VI.1 der Anlage des Erneuerbare-Energien-Wärmegesetzes.

Tabelle 1 - Ausführung des Referenzgebäudes

Zeile	Bauteil/System	Referenzausführung / Wert (Maßeinheit)	
		Eigenschaft (zu Zeilen 1.1 bis 3)	
1.1	Außenwand, Geschossdecke gegen Außenluft	Wärmedurchgangskoeffizient	$U = 0{,}28\ W/(m^2 \cdot K)$
1.2	Außenwand gegen Erdreich, Bodenplatte, Wände und Decken zu unbeheizten Räumen (außer solche nach Zeile 1.1)	Wärmedurchgangskoeffizient	$U = 0{,}35\ W/(m^2 \cdot K)$
1.3	Dach, oberste Geschossdecke, Wände zu Abseiten	Wärmedurchgangskoeffizient	$U = 0{,}20\ W/(m^2 \cdot K)$
1.4	Fenster, Fenstertüren	Wärmedurchgangskoeffizient	$U_w = 1{,}30\ W/(m^2 \cdot K)$
		Gesamtenergiedurchlassgrad der Verglasung	$g_\perp = 0{,}60$
1.5	Dachflächenfenster	Wärmedurchgangskoeffizient	$U_w = 1{,}40\ W/(m^2 \cdot K)$
		Gesamtenergiedurchlassgrad der Verglasung	$g_\perp = 0{,}60$
1.6	Lichtkuppeln	Wärmedurchgangskoeffizient	$U_w = 2{,}70\ W/(m^2 \cdot K)$
		Gesamtenergiedurchlassgrad der Verglasung	$g_\perp = 0{,}64$
1.7	Außentüren	Wärmedurchgangskoeffizient	$U = 1{,}80\ W/(m^2 \cdot K)$
2	Bauteile nach den Zeilen 1.1 bis 1.7	Wärmebrückenzuschlag	$\Delta U_{WB} = 0{,}05\ W/(m^2 \cdot K)$
3	Luftdichtheit der Gebäudehülle	Bemessungswert n_{50}	Bei Berechnung nach • DIN V 4108-6 : 2003-06: mit Dichtheitsprüfung • DIN V 18599-2 : 2007-02: nach Kategorie I
4	Sonnenschutzvorrichtung	keine Sonnenschutzvorrichtung	
5	Heizungsanlage	• Wärmeerzeugung durch Brennwertkessel (verbessert), Heizöl EL, Aufstellung: - für Gebäude bis zu 2 Wohneinheiten innerhalb der thermischen Hülle - für Gebäude mit mehr als 2 Wohneinheiten außerhalb der thermischen Hülle • Auslegungstemperatur 55/45 °C, zentrales Verteilsystem innerhalb der wärmeübertragenden Umfassungsfläche, innen liegende Stränge und Anbindeleitungen, Pumpe auf Bedarf ausgelegt (geregelt, Δp konstant), Rohrnetz hydraulisch abgeglichen, Wärmedämmung der Rohrleitungen nach Anlage 5 • Wärmeübergabe mit freien statischen Heizflächen, Anordnung an normaler Außenwand, Thermostatventile mit Proportionalbereich 1 K	
6	Anlage zur Warmwasserbereitung	• zentrale Warmwasserbereitung • gemeinsame Wärmebereitung mit Heizungsanlage nach Zeile 5 • Solaranlage (Kombisystem mit Flachkollektor) entsprechend den Vorgaben nach DIN V 4701-10 : 2003-08 oder DIN V 18599-5 : 2007-02 • Speicher, indirekt beheizt (stehend), gleiche Aufstellung wie Wärmeerzeuger, Auslegung nach DIN V 4701-10 : 2003-08 oder DIN V 18599-5 : 2007-02 als - kleine Solaranlage bei $A_N < 500\ m^2$ (bivalenter Solarspeicher) - große Solaranlage bei $A_N \geq 500\ m^2$ • Verteilsystem innerhalb der wärmeübertragenden Umfassungsfläche, innen liegende Stränge, gemeinsame Installationswand, Wärmedämmung der Rohrleitungen nach Anlage 5, mit Zirkulation, Pumpe auf Bedarf ausgelegt (geregelt, Δp konstant)	
7	Kühlung	keine Kühlung	
8	Lüftung	zentrale Abluftanlage, bedarfsgeführt mit geregeltem DC-Ventilator	

1.2 Höchstwerte des spezifischen, auf die wärmeübertragende Umfassungsfläche bezogenen Transmissionswärmeverlusts

Der spezifische, auf die wärmeübertragende Umfassungsfläche bezogene Transmissionswärmeverlust eines zu errichtenden Wohngebäudes darf die in Tabelle 2 angegebenen Höchstwerte nicht überschreiten.

Tabelle 2

Höchstwerte des spezifischen, auf die wärmeübertragende Umfassungsfläche bezogenen Transmissionswärmeverlusts

Zeile	Gebäudetyp		Höchstwert des spezifischen Transmissionswärmeverlusts
1	Freistehendes Wohngebäude	mit $A_N \leq 350m^2$	$H'_T = 0{,}40\ W/(m^2 \cdot K)$
		mit $A_N > 350m^2$	$H'_T = 0{,}50\ W/(m^2 \cdot K)$
2	Einseitig angebautes Wohngebäude		$H'_T = 0{,}45\ W/(m^2 \cdot K)$
3	alle anderen Wohngebäude		$H'_T = 0{,}65\ W/(m^2 \cdot K)$
4	Erweiterungen und Ausbauten von Wohngebäuden gemäß § 9 Absatz 5		$H'_T = 0{,}65\ W/(m^2 \cdot K)$

1.3 Definition der Bezugsgrößen

1.3.1 Die wärmeübertragende Umfassungsfläche A eines Wohngebäudes in m² ist nach Anhang B der DIN EN ISO 13789 : 1999-10, Fall „Außenabmessung", zu ermitteln. Die zu berücksichtigenden Flächen sind die äußere Begrenzung einer abgeschlossenen beheizten Zone. Außerdem ist die wärmeübertragende Umfassungsfläche A so festzulegen, dass ein in DIN V 18599-1 : 2007-02 oder in DIN EN 832 : 2003-06 beschriebenes Ein-Zonen-Modell entsteht, das mindestens die beheizten Räume einschließt.

1.3.2 Das beheizte Gebäudevolumen Ve in m³ ist das Volumen, das von der nach Nr. 1.3.1 ermittelten wärmeübertragenden Umfassungsfläche A umschlossen wird.

1.3.3 Die Gebäudenutzfläche A_N in m² wird bei Wohngebäuden wie folgt ermittelt:

$$A_N = 0{,}32\ m^{-1} \cdot V_e$$

mit A_N Gebäudenutzfläche in m²

V_e beheiztes Gebäudevolumen in m³.

Beträgt die durchschnittliche Geschosshöhe h_G eines Wohngebäudes, gemessen von der Oberfläche des Fußbodens zur Oberfläche des Fußbodens des darüber liegenden Geschosses, mehr als 3 m oder weniger als 2,5 m, so ist die Gebäudenutzfläche A_N abweichend von Satz 1 wie folgt zu ermitteln:

$$A_N = \left(\frac{1}{h_G} - 0{,}04 m^{-1} \right) \cdot V_e$$

mit A_N Gebäudenutzfläche in m²

h_G Geschossdeckenhöhe in m

V_e beheiztes Gebäudevolumen in m³.

2 Berechnungsverfahren für Wohngebäude (zu § 3 Absatz 3, § 9 Absatz 2 und 5)

2.1 Berechnung des Jahres-Primärenergiebedarfs

2.1.1 Der Jahres-Primärenergiebedarf Qp ist nach DIN V 18599 : 2007-02 für Wohngebäude zu ermitteln. Als Primärenergiefaktoren sind die Werte für den nicht erneuerbaren Anteil nach DIN V 18599-1 : 2007-02 zu verwenden. Dabei sind für flüssige Biomasse der Wert für den nicht erneuerbaren Anteil „Heizöl EL“ und für gasförmige Biomasse der Wert für den nicht erneuerbaren Anteil „Erdgas H“ zu verwenden. Für flüssige oder gasförmige Biomasse im Sinne des § 2 Absatz 1 Nummer 4 des Erneuerbare-Energien-Wärmegesetzes kann für den nicht erneuerbaren Anteil der Wert 0,5 verwendet werden, wenn die flüssige oder gasförmige Biomasse im unmittelbaren räumlichen Zusammenhang mit dem Gebäude erzeugt wird. Satz 4 ist entsprechend auf Gebäude anzuwenden, die im räumlichen Zusammenhang zueinander stehen und unmittelbar gemeinsam mit flüssiger oder gasförmiger Biomasse im Sinne des § 2 Absatz 1 Nummer 4 des Erneuerbare-Energien-Wärmegesetzes versorgt werden. Für elektrischen Strom ist abweichend von Satz 2 als Primärenergiefaktor für den nicht erneuerbaren Anteil der Wert 2,6 zu verwenden. Bei der Berechnung des Jahres-Primärenergiebedarfs des Referenzwohngebäudes und des Wohngebäudes sind die in Tabelle 3 genannten Randbedingungen zu verwenden.

Tabelle 3

Randbedingungen für die Berechnung des Jahres-Primärenergiebedarfs

Zeile	Kenngröße	Randbedingungen
1	Verschattungsfaktor F_S	$F_S = 0{,}9$ soweit die baulichen Bedingungen nicht detailliert berücksichtigt werden.
2	Solare Wärmegewinne über opake Bauteile	- Emissionsgrad der Außenfläche für Wärmestrahlung: $\varepsilon = 0{,}8$ - Strahlungsabsorptionsgrad an opaken Oberflächen: $\alpha = 0{,}5$; für dunkle Dächer kann abweichend $\alpha = 0{,}8$ angenommen werden.

2.1.2 Alternativ zu Nr. 2.1.1 kann der Jahres-Primärenergiebedarf Q_p für Wohngebäude nach DIN EN 832 : 2003-06 in Verbindung mit DIN V 4108-6 : 2003-06*) und DIN V 4701-10 : 2003-08, geändert durch A1 : 2006-12, ermittelt werden; § 23 Absatz 3 bleibt unberührt. Als Primärenergiefaktoren sind die Werte für den nicht erneuerbaren Anteil nach DIN V 4701-10 : 2003-08, geändert durch A1 : 2006-12, zu verwenden. Nummer 2.1.1 Satz 3 bis 6 ist entsprechend anzuwenden. Der in diesem Rechengang zu bestimmende Jahres-Heizwärmebedarf Q_h ist nach dem Monatsbilanzverfahren nach DIN EN 832 : 2003-06 mit den in DIN V 4108-6 : 2003-06*) Anhang D.3 genannten Randbedingungen zu ermitteln. In DIN V 4108-6 : 2003-06*) angegebene Vereinfachungen für den Berechnungsgang nach DIN EN 832 : 2003-06 dürfen angewendet werden. Zur Berücksichtigung von Lüftungsanlagen mit Wärmerückgewinnung sind die methodischen Hinweise unter Nr. 4.1 der DIN V 4701-10 : 2003-08, geändert durch A1 : 2006-12, zu beachten.

2.1.3 Werden in Wohngebäude bauliche oder anlagentechnische Komponenten eingesetzt, für deren energetische Bewertung keine anerkannten Regeln der Technik oder gemäß § 9 Absatz 2 Satz 2 Halbsatz 3 bekannt gemachte gesicherte Erfahrungswerte vorliegen, so sind hierfür Komponenten anzusetzen, die ähnliche energetische Eigenschaften aufweisen.

2.2 Berücksichtigung der Warmwasserbereitung Bei Wohngebäuden ist der Energiebedarf für Warmwasser in der Berechnung des Jahres-Primärenergiebedarfs wie folgt zu berücksichtigen:

a) Bei der Berechnung gemäß Nr. 2.1.1 ist der Nutzenergiebedarf für Warmwasser nach Tabelle 3 der DIN V 18599-10 : 2007-02 anzusetzen.

b) Bei der Berechnung gemäß Nr. 2.1.2 ist der Nutzwärmebedarf für die Warmwasserbereitung QW im Sinne von DIN V 4701-10 : 2003-08, geändert durch A1 : 2006-12, mit 12,5 kWh/(m²·a) anzusetzen.

2.3 Berechnung des spezifischen Transmissionswärmeverlusts

Der spezifische, auf die wärmeübertragende Umfassungsfläche bezogene Transmissionswärmeverlust H'_T in W/(m²·K) ist wie folgt zu ermitteln:

$$H'_T = \frac{H_T}{A}$$

mit

H_T nach DIN EN 832 : 2003-06 mit den in DIN V 4108-6 : 2003-06*) Anhang D genannten Randbedingungen berechneter Transmissionswärmeverlust in W/K. In DIN V 4108-6 : 2003-06*) angegebene Vereinfachungen für den Berechnungsgang nach DIN EN 832 : 2003-06 dürfen angewendet werden;

A wärmeübertragende Umfassungsfläche nach Nr. 1.3.1 in m2.

2.4 Beheiztes Luftvolumen

Bei der Berechnung des Jahres-Primärenergiebedarfs nach Nr. 2.1.1 ist das beheizte Luftvolumen V in m3 gemäß DIN V 18599-1 : 2007-02, bei der Berechnung nach Nr. 2.1.2 gemäß DIN EN 832 : 2003-06 zu ermitteln. Vereinfacht darf es wie folgt berechnet werden:

$V = 0{,}76 \cdot V_e$ in m³ bei Wohngebäuden bis zu drei Vollgeschossen

$V = 0{,}80 \cdot V_e$ in m³ in den übrigen Fällen

2.5 Ermittlung der solaren Wärmegewinne bei Fertighäusern und vergleichbaren Gebäuden. Werden Gebäude nach Plänen errichtet, die für mehrere Gebäude an verschiedenen Standorten erstellt worden sind, dürfen bei der Berechnung die solaren Gewinne so ermittelt werden, als wären alle Fenster dieser Gebäude nach Osten oder Westen orientiert.

2.6 Aneinandergereihte Bebauung

Bei der Berechnung von aneinandergereihten Gebäuden werden Gebäudetrennwände

a) zwischen Gebäuden, die nach ihrem Verwendungszweck auf Innentemperaturen von mindestens 19 Grad Celsius beheizt werden, als nicht wärmedurchlässig angenommen und bei der Ermittlung der wärmeübertragenden Umfassungsfläche A nicht berücksichtigt,

b) zwischen Wohngebäuden und Gebäuden, die nach ihrem Verwendungszweck auf Innentemperaturen von mindestens 12 Grad Celsius und weniger als 19 Grad Celsius beheizt werden, bei der Berechnung des Wärmedurchgangskoeffizienten mit einem Temperatur-Korrekturfaktor Fnb nach DIN V 18599-2 : 2007-02 oder nach DIN V 4108-6 : 2003-06*) gewichtet und

c) zwischen Wohngebäuden und Gebäuden mit wesentlich niedrigeren Innentemperaturen im Sinne von DIN 4108-2 : 2003-07 bei der Berechnung des Wärmedurchgangskoeffizienten mit einem Temperatur-Korrekturfaktor Fu = 0,5 gewichtet.

Werden beheizte Teile eines Gebäudes getrennt berechnet, gilt Satz 1 Buchstabe a sinngemäß für die Trennflächen zwischen den Gebäudeteilen. Werden aneinandergereihte Wohngebäude gleichzeitig erstellt, dürfen sie hinsichtlich der Anforderungen des § 3 wie ein Gebäude behandelt werden. Die Vorschriften des Abschnitts 5 bleiben unberührt.

2.7 Anrechnung mechanisch betriebener Lüftungsanlagen Im Rahmen der Berechnung nach Nr. 2 ist bei mechanischen Lüftungsanlagen die Anrechnung der Wärmerückgewinnung oder einer regelungstechnisch verminderten Luftwechselrate nur zulässig, wenn

a) die Dichtheit des Gebäudes nach Anlage 4 Nr. 2 nachgewiesen wird und

b) der mit Hilfe der Anlage erreichte Luftwechsel § 6 Absatz 2 genügt.

Die bei der Anrechnung der Wärmerückgewinnung anzusetzenden Kennwerte der Lüftungsanlagen sind nach anerkannten Regeln der Technik zu bestimmen oder den allgemeinen bauaufsichtlichen Zulassungen der verwendeten Produkte zu entnehmen. Lüftungsanlagen müssen mit Einrichtungen ausgestattet sein, die eine Beeinflussung der Luftvolumenströme jeder Nutzeinheit durch den Nutzer erlauben. Es muss sichergestellt sein, dass die aus der Abluft gewonnene Wärme vorrangig vor der vom Heizsystem bereitgestellten Wärme genutzt wird.

2.8 Energiebedarf der Kühlung

Wird die Raumluft gekühlt, sind der nach DIN V 18599-1 : 2007-02 oder der nach DIN V 4701-10 : 2003-08, geändert durch A1 : 2006-12, berechnete Jahres-Primärenergiebedarf und die Angabe für den Endenergiebedarf (elektrische Energie) im Energieausweis nach § 18 nach Maßgabe der zur Kühlung eingesetzten Technik je m² gekühlter Gebäudenutzfläche wie folgt zu erhöhen:

a) bei Einsatz von fest installierten Raumklimageräten (Split-, Multisplit- oder Kompaktgeräte) der Energieeffizienzklassen A, B oder C nach der Richtlinie 2002/31/EG der Kommission zur Durchführung der Richtlinie 92/75/EWG des Rates betreffend die Energieetikettierung für Raumklimageräte vom 22. März 2002 (ABl. L 86 vom 3.4.2002, S. 26) sowie bei Kühlung mittels Wohnungslüftungsanlagen mit reversibler Wärmepumpe der Jahres-Primärenergiebedarf um 16,2 kWh/(m²·a) und der Endenergiebedarf um 6 kWh/(m²·a),

b) bei Einsatz von Kühlflächen im Raum in Verbindung mit Kaltwasserkreisen und elektrischer Kälteerzeugung, z. B. über reversible Wärmepumpe, der Jahres-Primärenergiebedarf um 10,8 kWh/(m²·a) und der Endenergiebedarf um 4 kWh/(m²·a),

c) bei Deckung des Energiebedarfs für Kühlung aus erneuerbaren Wärmesenken (wie Erdsonden, Erdkollektoren, Zisternen) der Jahres-Primärenergiebedarf um 2,7 kWh/(m²·a) und der Endenergiebedarf um 1 kWh/(m²·a),

d) bei Einsatz von Geräten, die nicht unter den Buchstaben a bis c aufgeführt sind, der Jahres-Primärenergiebedarf um 18,9 kWh/(m²·a) und der Endenergiebedarf um 7 kWh/(m²·a).

3 Sommerlicher Wärmeschutz (zu § 3 Absatz 4)

3.1 Als höchstzulässige Sonneneintragskennwerte nach § 3 Absatz 4 sind die in DIN 4108-2: 2003-07 Abschnitt 8 festgelegten Werte einzuhalten.

3.2 Der Sonneneintragskennwert ist nach dem in DIN 4108-2 : 2003-07 Abschnitt 8 genannten Verfahren zu bestimmen. Wird zur Berechnung nach Satz 1 ein ingenieurmäßiges Verfahren (Simulationsrechnung) angewendet, so sind abweichend von DIN 4108-2 : 2003-07 Randbedingungen zu beachten, die die aktuellen klimatischen Verhältnisse am Standort des Gebäudes hinreichend gut wiedergeben.

Anlage 3 Anforderungen bei Änderung von Außenbauteilen und bei Errichtung kleiner Gebäude; Randbedingungen und Maßgaben für die Bewertung bestehender Wohngebäude

1 Außenwände

Soweit bei beheizten oder gekühlten Räumen Außenwände

a) ersetzt, erstmalig eingebaut

oder in der Weise erneuert werden, dass

b) Bekleidungen in Form von Platten oder plattenartigen Bauteilen oder Verschalungen sowie Mauerwerks-Vorsatzschalen angebracht werden,

c) Dämmschichten eingebaut werden oder

d) bei einer bestehenden Wand mit einem Wärmedurchgangskoeffizienten größer 0,9 W/(m²·K) der Außenputz erneuert wird,

sind die jeweiligen Höchstwerte der Wärmedurchgangskoeffizienten nach Tabelle 1 Zeile 1 einzuhalten. Bei einer Kerndämmung von mehrschaligem Mauerwerk gemäß Buchstabe c gilt die Anforderung als erfüllt, wenn der bestehende Hohlraum zwischen den Schalen vollständig mit Dämmstoff ausgefüllt wird. Beim Einbau von innenraumseitigen Dämmschichten gemäß Buchstabe c gelten die Anforderungen des Satzes 1 als erfüllt, wenn der Wärmedurchgangskoeffizient des entstehenden Wandaufbaus 0,35 W/(m²·K) nicht überschreitet. Werden bei Außenwänden in Sichtfachwerkbauweise, die der Schlagregenbeanspruchungsgruppe I nach DIN 4108-3: 2001-06 zuzuordnen sind und in besonders geschützten Lagen liegen, Maßnahmen gemäß Buchstabe a, c oder d durchgeführt, gelten die Anforderungen gemäß Satz 1 als erfüllt, wenn der Wärmedurchgangskoeffizient des entstehenden Wandaufbaus 0,84 W/(m²·K) nicht überschreitet; im Übrigen gelten bei Wänden in Sichtfachwerkbauweise die Anforderungen nach Satz 1 nur in Fällen von Maßnahmen nach Buchstabe b. Werden Maßnahmen nach Satz 1 ausgeführt und ist die Dämmschichtdicke im Rahmen dieser Maßnahmen aus technischen Gründen begrenzt, so gelten die Anforderungen als erfüllt, wenn die nach anerkannten Regeln der Technik höchstmögliche

Dämmschichtdicke (bei einem Bemessungswert der Wärmeleitfähigkeit λ = 0,040 W/(m·K)) eingebaut wird.

2 Fenster, Fenstertüren, Dachflächenfenster und Glasdächer

Soweit bei beheizten oder gekühlten Räumen außen liegende Fenster, Fenstertüren, Dachflächenfenster und Glasdächer in der Weise erneuert werden, dass

a) das gesamte Bauteil ersetzt oder erstmalig eingebaut wird,

b) zusätzliche Vor- oder Innenfenster eingebaut werden oder

c) die Verglasung ersetzt wird,

sind die Anforderungen nach Tabelle 1 Zeile 2 einzuhalten. Satz 1 gilt nicht für Schaufenster und Türanlagen aus Glas. Bei Maßnahmen gemäß Buchstabe c gilt Satz 1 nicht, wenn der vorhandene Rahmen zur Aufnahme der vorgeschriebenen Verglasung ungeeignet ist. Werden Maßnahmen nach Buchstabe c ausgeführt und ist die Glasdicke im Rahmen dieser Maßnahmen aus technischen Gründen begrenzt, so gelten die Anforderungen als erfüllt, wenn eine Verglasung mit einem Wärmedurchgangskoeffizienten von höchstens 1,30 W/(m²·K) eingebaut wird. Werden Maßnahmen nach Buchstabe c an Kasten- oder Verbundfenstern durchgeführt, so gelten die Anforderungen als erfüllt, wenn eine Glastafel mit einer infrarot-reflektierenden Beschichtung mit einer Emissivität $\varepsilon n \leq 0{,}2$ eingebaut wird. Werden bei Maßnahmen nach Satz 1

1. Schallschutzverglasungen mit einem bewerteten Schalldämmmaß der Verglasung von Rw,R > 40 dB nach DIN EN ISO 717-1 : 1997-01 oder einer vergleichbaren Anforderung oder

2. Isolierglas-Sonderaufbauten zur Durchschusshemmung, Durchbruchhemmung oder Sprengwirkungshemmung nach anerkannten Regeln der Technik oder

3. Isolierglas-Sonderaufbauten als Brandschutzglas mit einer Einzelelementdicke von mindestens 18 mm nach DIN 4102-13 : 1990-05 oder einer vergleichbaren Anforderung verwendet, sind abweichend von Satz 1 die Anforderungen nach Tabelle 1 Zeile 3 einzuhalten.

3 Außentüren

Bei der Erneuerung von Außentüren dürfen nur Außentüren eingebaut werden, deren Türfläche einen Wärmedurchgangskoeffizienten von 2,9 W/(m²·K) nicht überschreitet. Nr. 2 Satz 2 bleibt unberührt.

4 Decken, Dächer und Dachschrägen

4.1 Steildächer

Soweit bei Steildächern Decken unter nicht ausgebauten Dachräumen sowie Decken und Wände (einschließlich Dachschrägen), die beheizte oder gekühlte Räume nach oben gegen die Außenluft abgrenzen,

a) ersetzt, erstmalig eingebaut oder in der Weise erneuert werden, dass

b) die Dachhaut bzw. außenseitige Bekleidungen oder Verschalungen ersetzt oder neu aufgebaut werden,

c) innenseitige Bekleidungen oder Verschalungen aufgebracht oder erneuert werden,

d) Dämmschichten eingebaut werden,

e) zusätzliche Bekleidungen oder Dämmschichten an Wänden zum unbeheizten Dachraum eingebaut werden,

sind für die betroffenen Bauteile die Anforderungen nach Tabelle 1 Zeile 4a einzuhalten. Wird bei Maßnahmen nach Buchstabe b oder d der Wärmeschutz als Zwischensparrendämmung ausgeführt und ist die Dämmschichtdicke wegen einer innenseitigen Bekleidung oder der Sparrenhöhe begrenzt, so gilt die Anforderung als erfüllt, wenn die nach anerkannten Regeln der Technik höchstmögliche Dämmschichtdicke eingebaut wird. Die Sätze 1 und 2 gelten nur für opake Bauteile.

4.2 Flachdächer

Soweit bei beheizten oder gekühlten Räumen Flachdächer

a) ersetzt, erstmalig eingebaut

oder in der Weise erneuert werden, dass

b) die Dachhaut bzw. außenseitige Bekleidungen oder Verschalungen ersetzt oder neu aufgebaut werden,

c) innenseitige Bekleidungen oder Verschalungen aufgebracht oder erneuert werden,

d) Dämmschichten eingebaut werden,

sind die Anforderungen nach Tabelle 1 Zeile 4b einzuhalten. Werden bei der Flachdacherneuerung Gefälledächer durch die keilförmige Anordnung einer Dämmschicht aufgebaut, so ist der Wärmedurchgangskoeffizient nach DIN EN ISO 6946 : 1996-11 Anhang C zu ermitteln. Der Bemessungswert des Wärmedurchgangswiderstandes am tiefsten Punkt der neuen Dämmschicht muss den Mindestwärmeschutz nach § 7 Absatz 1 gewährleisten. Werden Maßnahmen nach Satz 1 ausgeführt und ist die Dämmschichtdicke im Rahmen dieser Maßnahmen aus technischen Gründen begrenzt, so gelten die Anforderungen als erfüllt, wenn die nach anerkannten Regeln der Technik höchstmögliche Dämmschichtdicke (bei einem Bemessungswert der Wärmeleitfähigkeit λ = 0,040 W/(m·K)) eingebaut wird. Die Sätze 1 bis 4 gelten nur für opake Bauteile.

5 Wände und Decken gegen unbeheizte Räume, Erdreich und nach unten an Außenluft

Soweit bei beheizten Räumen Decken oder Wände, die an unbeheizte Räume, an Erdreich oder nach unten an Außenluft grenzen,

a) ersetzt, erstmalig eingebaut

oder in der Weise erneuert werden, dass

b) außenseitige Bekleidungen oder Verschalungen, Feuchtigkeitssperren oder Drainagen angebracht oder erneuert,

c) Fußbodenaufbauten auf der beheizten Seite aufgebaut oder erneuert,

d) Deckenbekleidungen auf der Kaltseite angebracht oder

e) Dämmschichten eingebaut werden,

sind die Anforderungen nach Tabelle 1 Zeile 5 einzuhalten, wenn die

Änderung nicht von Nr. 4.1 erfasst wird. Werden Maßnahmen nach Satz 1 ausgeführt und ist die Dämmschichtdicke im Rahmen dieser Maßnahmen aus technischen Gründen begrenzt, so gelten die Anforderungen als erfüllt, wenn die nach anerkannten Regeln der Technik höchstmögliche Dämmschichtdicke (bei einem Bemessungswert der Wärmeleitfähigkeit λ = 0,040 W/(m·K)) eingebaut wird.

6 Vorhangfassaden

Soweit bei beheizten oder gekühlten Räumen Vorhangfassaden in der Weise erneuert werden, dass das gesamte Bauteil ersetzt oder erstmalig eingebaut wird, sind die Anforderungen nach Tabelle 1 Zeile 2d einzuhalten. Werden bei Maßnahmen nach Satz 1 Sonderverglasungen entsprechend Nr. 2 Satz 2 verwendet, sind abweichend von Satz 1 die Anforderungen nach Tabelle 1 Zeile 3 c einzuhalten.

7 Anforderungen

Tabelle 1

Höchstwerte der Wärmedurchgangskoeffizienten bei erstmaligem Einbau, Ersatz und Erneuerung von Bauteilen

Zeile	Bauteil	Maßnahme nach	Wohngebäude und Zonen von Nichtwohngebäuden mit Innentemperaturen ≥ 19°C	Zonen von Nichtwohngebäuden mit Innentemperaturen von 12 bis < 19°C
			Höchstwerte der Wärmedurchgangskoeffizienten U_{max} 1)	
	1	2	3	4
1	Außenwände	Nr. 1 a bis d	0,24 W/(m²·K)	0,35 W/(m²·K)
2a	Außen liegende Fenster, Fenstertüren	Nr. 2 a und b	1,30 W/(m²·K) 2)	1,90 W/(m²·K) 2)
2b	Dachflächenfenster	Nr. 2 a und b	1,40 W/(m²·K) 2)	1,90 W/(m²·K) 2)
2c	Verglasungen	Nr. 2 c	1,10 W/(m²·K) 3)	keine Anforderung
2d	Vorhangfassaden	Nr. 6 Satz 1	1,50 W/(m²·K) 4)	1,90 W/(m²·K) 4)
2e	Glasdächer	Nr. 2a und c	2,00 W/(m²·K) 3)	2,70 W/(m²·K) 3)
3a	Außen liegende Fenster, Fenstertüren, Dachflächenfenster mit Sonderverglasungen	Nr. 2 a und b	2,00 W/(m²·K) 2)	2,80 W/(m²·K) 2)
3b	Sonderverglasungen	Nr. 2 c	1,60 W/(m²·K) 3)	keine Anforderung
3c	Vorhangfassaden mit Sonderverglasungen	Nr. 6 Satz 2	2,30 W/(m²·K) 4)	3,00 W/(m²·K) 4)
4a	Decken, Dächer und Dachschrägen	Nr. 4.1	0,24 W/(m²·K)	0,35 W/(m²·K)
4b	Flachdächer	Nr. 4.2	0,20 W/(m²·K)	0,35 W/(m²·K)
5a	Decken und Wände gegen unbeheizte Räume oder Erdreich	Nr. 5 a, b, d und e	0,30 W/(m²·K)	keine Anforderung
5b	Fußbodenaufbauten	Nr. 5 c	0,50 W/(m²·K)	keine Anforderung
5c	Decken nach unten an Außenluft	Nr. 5 a bis e	0,24 W/(m²·K)	0,35 W/(m²·K)

8 Randbedingungen und Maßgaben für die Bewertung bestehender Wohngebäude (zu § 9 Absatz 2)

Die Berechnungsverfahren nach Anlage 1 Nr. 2 sind bei bestehenden Wohngebäuden mit folgenden Maßgaben anzuwenden:

8.1 Wärmebrücken sind in dem Falle, dass mehr als 50 vom Hundert der Außenwand mit einer innen liegenden Dämmschicht und einbindender Massivdecke versehen sind, durch Erhöhung der Wärmedurchgangskoeffizienten um ΔU_{WB} = 0,15 W/(m²·K) für die gesamte wärmeübertragende Umfassungsfläche zu berücksichtigen.

8.2 Die Luftwechselrate ist bei der Berechnung abweichend von DIN V 4108-6 : 2003-06*) Tabelle D.3 Zeile 8 bei offensichtlichen Undichtheiten, wie bei Fenstern ohne funktionstüchtige Lippendichtung oder bei beheizten Dachgeschossen mit Dachflächen ohne luftdichte Ebene, mit 1,0 h^{-1} anzusetzen.

8.3 Bei der Ermittlung der solaren Gewinne nach DIN V 18599 : 2007-02 oder DIN V 4108-6 : 2003-06*) Abschnitt 6.4.3 ist der Minderungsfaktor für den Rahmenanteil von Fenstern mit F_F = 0,6 anzusetzen.

Anhang B Erneuerbare-Energien-Wärme-Gesetz - EEWärmeG

§ 1 Zweck und Ziel des Gesetzes

(1) Zweck dieses Gesetzes ist es, insbesondere im Interesse des Klimaschutzes, der Schonung fossiler Ressourcen und der Minderung der Abhängigkeit von Energieimporten, eine nachhaltige Entwicklung der Energieversorgung zu ermöglichen und die Weiterentwicklung von Technologien zur Erzeugung von Wärme aus Erneuerbaren Energien zu fördern.

(2) Um den Zweck des Absatzes 1 unter Wahrung der wirtschaftlichen Vertretbarkeit zu erreichen, verfolgt dieses Gesetz das Ziel, dazu beizutragen, den Anteil Erneuerbarer Energien am Endenergieverbrauch für Wärme (Raum-, Kühl- und Prozesswärme sowie Warmwasser) bis zum Jahr 2020 auf 14 Prozent zu erhöhen.

§ 2 Begriffsbestimmungen

(1) Erneuerbare Energien im Sinne dieses Gesetzes sind

1. die dem Erdboden entnommene Wärme (Geothermie),
2. die der Luft oder dem Wasser entnommene Wärme mit Ausnahme von Abwärme (Umweltwärme),
3. die durch Nutzung der Solarstrahlung zur Deckung des Wärmeenergiebedarfs technisch nutzbar gemachte Wärme (solare Strahlungsenergie) und
4. die aus fester, flüssiger und gasförmiger Biomasse erzeugte Wärme. Die Abgrenzung erfolgt nach dem Aggregatszustand zum Zeitpunkt des Eintritts der Biomasse in den Apparat zur Wärmeerzeugung. Als Biomasse im Sinne dieses Gesetzes werden nur die folgenden Energieträger anerkannt:
   a. Biomasse im Sinne der Biomasseverordnung vom 21. Juni 2001 (BGBl. I S. 1234), geändert durch die Verordnung vom 9. August 2005 (BGBl. I S. 2419), in der jeweils geltenden Fassung,
   b. biologisch abbaubare Anteile von Abfällen aus Haushalten und Industrie,
   c. Deponiegas,
   d. Klärgas,
   e. Klärschlamm im Sinne der Klärschlammverordnung vom 15. April 1992 (BGBl. I S. 912), zuletzt geändert durch Artikel 4 der Verordnung vom 20. Oktober 2006 (BGBl. I S. 2298, 2007 I S. 2316), in der jeweils geltenden Fassung und
   f. Pflanzenölmethylester.

(2) Im Sinne dieses Gesetzes ist

1. Abwärme die Wärme, die aus technischen Prozessen und baulichen Anlagen stammenden Abluft- und Abwasserströmen entnommen wird,
2. Nutzfläche
   a. bei Wohngebäuden die Gebäudenutzfläche nach § 2 Nr. 14 der Energieeinsparverordnung vom 24. Juli 2007 (BGBl. I S. 1519) in der jeweils geltenden Fassung,
   b. bei Nichtwohngebäuden die Nettogrundfläche nach § 2 Nr. 15 der Energieeinsparverordnung,
3. Sachkundiger jede Person, die nach § 21 der Energieeinsparverordnung zur Ausstellung von Energieausweisen berechtigt ist, jeweils entsprechend im Rahmen der für Wohn- und Nichtwohngebäude geltenden Berechtigung,
4. Wärmeenergiebedarf die zur Deckung
   a. des Wärmebedarfs für Heizung und Warmwasserbereitung sowie
   b. des Kältebedarfs für Kühlung, jeweils einschließlich der Aufwände für Übergabe, Verteilung und Speicherung jährlich benötigte Wärmemenge. Der Wärmeenergiebedarf wird nach den technischen Regeln berechnet, die den Anlagen 1 und 2 zur Energieeinsparverordnung zugrunde gelegt werden,
5. a) Wohngebäude jedes Gebäude, das nach seiner Zweckbestimmung überwiegend dem Wohnen dient, einschließlich Wohn-, Alten- und Pflegeheimen sowie ähnlichen Einrichtungen und b) Nichtwohngebäude jedes andere Gebäude.

§ 3 Nutzungspflicht

(1) Die Eigentümer von Gebäuden nach § 4, die neu errichtet werden, (Verpflichtete) müssen den Wärmeenergiebedarf durch die anteilige Nutzung von Erneuerbaren Energien nach Maßgabe der §§ 5 und 6 decken.

(2) Die Länder können eine Pflicht zur Nutzung von Erneuerbaren Energien bei bereits errichteten Gebäuden festlegen. Als bereits errichtet gelten auch die Gebäude nach § 19 Abs. 1 und 2.

§ 4 Geltungsbereich der Nutzungspflicht

Die Pflicht nach § 3 Abs. 1 gilt für alle Gebäude mit einer Nutzfläche von mehr als 50 Quadratmetern, die unter Einsatz von Energie beheizt oder gekühlt werden, mit Ausnahme von

1. Betriebsgebäuden, die überwiegend zur Aufzucht oder zur Haltung von Tieren genutzt werden,
2. Betriebsgebäuden, soweit sie nach ihrem Verwendungszweck großflächig und lang anhaltend offen gehalten werden müssen,
3. unterirdischen Bauten,
4. Unterglasanlagen und Kulturräumen für Aufzucht, Vermehrung und Verkauf von Pflanzen,

5. Traglufthallen und Zelten,
6. Gebäuden, die dazu bestimmt sind, wiederholt aufgestellt und zerlegt zu werden, und provisorischen Gebäuden mit einer geplanten Nutzungsdauer von bis zu zwei Jahren,
7. Gebäuden, die dem Gottesdienst oder anderen religiösen Zwecken gewidmet sind,
8. Wohngebäuden, die für eine Nutzungsdauer von weniger als vier Monaten jährlich bestimmt sind,
9. sonstigen Betriebsgebäuden, die nach ihrer Zweckbestimmung auf eine Innentemperatur von weniger als 12 Grad Celsius oder jährlich weniger als vier Monate beheizt sowie jährlich weniger als zwei Monate gekühlt werden, und
10. Gebäuden, die Teil oder Nebeneinrichtung einer Anlage sind, die vom Anwendungsbereich des Treibhausgas-Emissionshandelsgesetzes vom 8. Juli 2004 (BGBl. I S. 1578), zuletzt geändert durch Artikel 19a Nr. 3 des Gesetzes vom 21. Dezember 2007 (BGBl. I S. 3089, in der jeweils geltenden Fassung erfasst ist.

§ 5 Anteil Erneuerbarer Energien

(1) Bei Nutzung von solarer Strahlungsenergie nach Maßgabe der Nummer I der Anlage zu diesem Gesetz wird die Pflicht nach § 3 Abs. 1 dadurch erfüllt, dass der Wärmeenergiebedarf zu mindestens 15 Prozent hieraus gedeckt wird.

(2) Bei Nutzung von gasförmiger Biomasse nach Maßgabe der Nummer II.1 der Anlage zu diesem Gesetz wird die Pflicht nach § 3 Abs. 1 dadurch erfüllt, dass der Wärmeenergiebedarf zu mindestens 30 Prozent hieraus gedeckt wird.

(3) Bei Nutzung von

1. flüssiger Biomasse nach Maßgabe der Nummer II.2 der Anlage zu diesem Gesetz und
2. fester Biomasse nach Maßgabe der Nummer II.3 der Anlage zu diesem Gesetz wird die Pflicht nach § 3 Abs. 1 dadurch erfüllt, dass der Wärmeenergiebedarf zu mindestens 50 Prozent hieraus gedeckt wird.

(4) Bei Nutzung von Geothermie und Umweltwärme nach Maßgabe der Nummer III der Anlage zu diesem Gesetz wird die Pflicht nach § 3 Abs. 1 dadurch erfüllt, dass der Wärmeenergiebedarf zu mindestens 50 Prozent aus den Anlagen zur Nutzung dieser Energien gedeckt wird.

§ 6 Versorgung mehrerer Gebäude

Die Pflicht nach § 3 Abs. 1 kann auch dadurch erfüllt werden, dass Verpflichtete, deren Gebäude in räumlichem Zusammenhang stehen, ihren Wärmeenergiebedarf insgesamt in einem Umfang decken, der der Summe der einzelnen Verpflichtungen nach § 5 entspricht. Betreiben Verpflichtete zu diesem Zweck eine oder mehrere Anlagen zur Erzeugung von Wärme aus Erneuerbaren Energien, so können sie von den Nachbarn verlangen, dass diese zum Betrieb der Anlagen in dem notwendigen und zumutbaren Umfang die Benutzung ihrer Grundstücke, insbesondere das Betreten, und gegen angemessene Entschädigung die Führung von Leitungen über ihre Grundstücke dulden.

§ 7 Ersatzmaßnahmen

Die Pflicht nach § 3 Abs. 1 gilt als erfüllt, wenn Verpflichtete

1. den Wärmeenergiebedarf zu mindestens 50 Prozent
   a. aus Anlagen zur Nutzung von Abwärme nach Maßgabe der Nummer IV der Anlage zu diesem Gesetz oder
   b. unmittelbar aus Kraft-Wärme-Kopplungsanlagen (KWK-Anlagen) nach Maßgabe der Nummer V der Anlage zu diesem Gesetz decken,
2. Maßnahmen zur Einsparung von Energie nach Maßgabe der Nummer VI der Anlage zu diesem Gesetz treffen oder
3. den Wärmeenergiebedarf unmittelbar aus einem Netz der Nah- oder Fernwärmeversorgung nach Maßgabe der Nummer VII der Anlage zu diesem Gesetz decken.

§ 8 Kombination

(1) Erneuerbare Energien und Ersatzmaßnahmen nach § 7 können zur Erfüllung der Pflicht nach § 3 Abs. 1 untereinander und miteinander kombiniert werden.

(2) Die prozentualen Anteile der tatsächlichen Nutzung der einzelnen Erneuerbaren Energien und Ersatzmaßnahmen im Sinne des Absatzes 1 im Verhältnis zu der jeweils nach diesem Gesetz vorgesehenen Nutzung müssen in der Summe 100 ergeben.

§ 9 Ausnahmen

Die Pflicht nach § 3 Abs. 1 entfällt, wenn

1. ihre Erfüllung und die Durchführung von Ersatzmaßnahmen nach § 7
   a. anderen öffentlich-rechtlichen Pflichten widersprechen oder
   b. im Einzelfall technisch unmöglich sind oder
2. die zuständige Behörde den Verpflichteten auf Antrag von ihr befreit. Von der Pflicht nach § 3 Abs. 1 ist zu befreien, soweit ihre Erfüllung und die Durchführung von Ersatzmaßnahmen nach § 7 im Einzelfall wegen besonderer Umstände durch einen unangemessenen Aufwand oder in sonstiger Weise zu einer unbilligen Härte führen.

§ 10 Nachweise

(1) Die Verpflichteten müssen

1. die Erfüllung des in § 5 Abs. 2 und 3 vorgesehenen Mindestanteils für die Nutzung von Biomasse nach Maßgabe des Absatzes 2,
2. die Erfüllung der Anforderungen nach den Nummern I bis VII der Anlage zu diesem Gesetz nach Maßgabe des Absatzes 3,

3. das Vorliegen einer Ausnahme nach § 9 Nr. 1 nach Maßgabe des Absatzes 4

nachweisen. Im Falle des § 6 gelten die Pflichten nach Satz 1 Nr. 1 und 2 als erfüllt, wenn sie bei mehreren Verpflichteten bereits durch einen Verpflichteten erfüllt werden. Im Falle des § 8 müssen die Pflichten nach Satz 1 Nr. 1 und 2 für die jeweils genutzten Erneuerbaren Energien oder durchgeführten Ersatzmaßnahmen erfüllt werden.

(2) Die Verpflichteten müssen bei Nutzung von gelieferter

1. gasförmiger und flüssiger Biomasse die Abrechnungen des Brennstofflieferanten

    a. für die ersten fünf Kalenderjahre ab dem Inbetriebnahmejahr der Heizungsanlage der zuständigen Behörde bis zum 30. Juni des jeweiligen Folgejahres vorlegen,

    b. für die folgenden zehn Kalenderjahre

        aa. jeweils mindestens fünf Jahre ab dem Zeitpunkt der Lieferung aufbewahren und

        bb. der zuständigen Behörde auf Verlangen vorlegen,

2. fester Biomasse die Abrechnungen des Brennstofflieferanten für die ersten 15 Jahre ab dem Inbetriebnahmejahr der Heizungsanlage

    a. jeweils mindestens fünf Jahre ab dem Zeitpunkt der Lieferung aufbewahren und

    b. der zuständigen Behörde auf Verlangen vorlegen.

(3) Die Verpflichteten müssen zum Nachweis der Erfüllung der Anforderungen nach den Nummern I bis VII der Anlage zu diesem Gesetz die dort in den Nummern I.2, II.1 Buchstabe c, II.2 Buchstabe c, II.3 Buchstabe b, III.3, IV.4, V.2, VI.3 und VII.2 jeweils angegebenen Nachweise

1. der zuständigen Behörde innerhalb von drei Monaten ab dem Inbetriebnahmejahr der Heizungsanlage des Gebäudes und danach auf Verlangen vorlegen und

2. mindestens fünf Jahre ab dem Inbetriebnahmejahr der Heizungsanlage aufbewahren, wenn die Nachweise nicht bei der Behörde verwahrt werden. Satz 1 gilt nicht, wenn die Tatsachen, die mit den Nachweisen nachgewiesen werden sollen, der zuständigen Behörde bereits bekannt sind.

(4) Die Verpflichteten müssen im Falle des Vorliegens einer Ausnahme nach § 9 Nr. 1 der zuständigen Behörde innerhalb von drei Monaten ab der Inbetriebnahme der Heizungsanlage anzeigen, dass die Erfüllung der Pflicht nach § 3 Abs. 1 und die Durchführung von Ersatzmaßnahmen nach § 7 öffentlich-rechtlichen Vorschriften widersprechen oder technisch unmöglich sind. Im Falle eines Widerspruchs zu öffentlich-rechtlichen Pflichten gilt dies nicht, wenn die zuständige Behörde bereits Kenntnis von den Tatsachen hat, die den Widerspruch zu diesen Pflichten begründen. Im Falle einer technischen Unmöglichkeit ist der Behörde mit der Anzeige eine Bescheinigung eines Sachkundigen vorzulegen.

(5) Es ist verboten, in einem Nachweis, einer Anzeige oder einer Bescheinigung nach den Absätzen 2 bis 4 unrichtige oder unvollständige

Angaben zu machen.

§ 11 Überprüfung

(1) Die zuständigen Behörden müssen zumindest durch geeignete Stichprobenverfahren die Erfüllung der Pflicht nach § 3 Abs. 1 und die Richtigkeit der Nachweise nach § 10 kontrollieren.

(2) Die mit dem Vollzug dieses Gesetzes beauftragten Personen sind berechtigt, in Ausübung ihres Amtes Grundstücke und bauliche Anlagen einschließlich der Wohnungen zu betreten. Das Grundrecht der Unverletzlichkeit der Wohnung (Artikel 13 des Grundgesetzes) wird insoweit eingeschränkt.

§ 12 Zuständigkeit

Die Zuständigkeit der Behörden richtet sich nach Landesrecht.

§ 13 Fördermittel

Die Nutzung Erneuerbarer Energien für die Erzeugung von Wärme wird durch den Bund bedarfsgerecht in den Jahren 2009 bis 2012 mit bis zu 500 Millionen Euro pro Jahr gefördert. Einzelheiten werden durch Verwaltungsvorschriften des Bundesministeriums für Umwelt, Naturschutz und Reaktorsicherheit im Einvernehmen mit dem Bundesministerium der Finanzen geregelt.

§ 14 Geförderte Maßnahmen

Gefördert werden können Maßnahmen für die Erzeugung von Wärme, insbesondere die Errichtung oder Erweiterung von

1. solarthermischen Anlagen,
2. Anlagen zur Nutzung von Biomasse,
3. Anlagen zur Nutzung von Geothermie und Umweltwärme sowie
4. Nahwärmenetzen, Speichern und Übergabestationen für Wärmenutzer, wenn sie auch aus Anlagen nach den Nummern 1 bis 3 gespeist werden.

§ 15 Verhältnis zu Nutzungspflichten

(1) Maßnahmen können nicht gefördert werden, soweit sie der Erfüllung der Pflicht nach § 3 Abs. 1 oder einer landesrechtlichen Pflicht nach § 3 Abs. 2 dienen.

(2) Absatz 1 gilt nicht bei den folgenden Maßnahmen:

1. Maßnahmen, die technische oder sonstige Anforderungen erfüllen, die
   a. im Falle des § 3 Abs. 1 anspruchsvoller als die Anforderungen nach den Nummern I bis V der Anlage zu diesem Gesetz oder
   b. im Falle des § 3 Abs. 2 anspruchsvoller als die Anforderungen nach der landesrechtlichen Pflicht sind,

2. Maßnahmen, die den Wärmeenergiebedarf zu einem Anteil decken, der
   a. im Falle des § 3 Abs. 1 um 50 Prozent höher als der Mindestanteil nach § 5 oder
   b. im Falle des § 3 Abs. 2 höher als der landesrechtlich vorgeschriebene Mindestanteil ist,
3. Maßnahmen, die mit weiteren Maßnahmen zur Steigerung der Energieeffizienz verbunden werden,
4. Maßnahmen zur Nutzung solarthermischer Anlagen auch für die Heizung eines Gebäudes und
5. Maßnahmen zur Nutzung von Tiefengeothermie.

(3) Die Förderung kann in den Fällen des Absatzes 2 auf die Gesamtmaßnahme bezogen werden. (4) Einzelheiten werden in den Verwaltungsvorschriften nach § 13 Satz 2 geregelt. (5) Fördermaßnahmen durch das Land oder durch ein Kreditinstitut, an dem der Bund oder das Land beteiligt sind, bleiben unberührt.

§ 16 Anschluss- und Benutzungszwang

Die Gemeinden und Gemeindeverbände können von einer Bestimmung nach Landesrecht, die sie zur Begründung eines Anschluss- und Benutzungszwangs an ein Netz der öffentlichen Nah- oder Fernwärmeversorgung ermächtigt, auch zum Zwecke des Klima- und Ressourcenschutzes Gebrauch machen.

§ 17 Bußgeldvorschriften

(1) Ordnungswidrig handelt, wer vorsätzlich oder leichtfertig

1. entgegen § 3 Abs. 1 den Wärmeenergiebedarf nicht oder nicht richtig mit Erneuerbaren Energien deckt,
2. entgegen § 10 Abs. 1 Satz 1 einen Nachweis nicht, nicht richtig, nicht vollständig oder nicht rechtzeitig erbringt,
3. entgegen § 10 Abs. 2 Nr. 1 Buchstabe b Doppelbuchstabe aa oder Nr. 2 Buchstabe a oder Abs. 3 Satz 1 Nr. 2 einen Nachweis nicht oder nicht mindestens fünf Jahre aufbewahrt oder
4. entgegen § 10 Abs. 5 eine unrichtige oder unvollständige Angabe macht.

(2) Die Ordnungswidrigkeit kann in den Fällen des Absatzes 1 Nr. 1, 2 und 4 mit einer Geldbuße bis zu fünfzigtausend Euro und im Falle des Absatzes 1 Nr. 3 mit einer Geldbuße bis zu zwanzigtausend Euro geahndet werden.

§ 18 Erfahrungsbericht

Die Bundesregierung hat dem Deutschen Bundestag bis zum 31. Dezember 2011 und danach alle vier Jahre einen Erfahrungsbericht zu diesem Gesetz vorzulegen. Sie soll insbesondere über

1. den Stand der Markteinführung von Anlagen zur Erzeugung von Wärme und Kälte aus Erneuerbaren Energien im Hinblick auf die Erreichung des Zwecks und Ziels nach § 1,

2. die technische Entwicklung, die Kostenentwicklung und die Wirtschaftlichkeit dieser Anlagen,
3. die eingesparte Menge Mineralöl und Erdgas sowie die dadurch reduzierten Emissionen von Treibhausgasen und
4. den Vollzug dieses Gesetzes berichten. Der Erfahrungsbericht macht Vorschläge zur weiteren Entwicklung des Gesetzes.

§ 19 Übergangsvorschrift

(1) § 3 Abs. 1 ist nicht anzuwenden auf die Errichtung von Gebäuden, wenn für das Vorhaben vor dem 1. Januar 2009 der Bauantrag gestellt oder die Bauanzeige erstattet ist.

(2) § 3 Abs. 1 ist nicht anzuwenden auf die nicht genehmigungsbedürftige Errichtung von Gebäuden, die nach Maßgabe des Bauordnungsrechts der zuständigen Behörde zur Kenntnis zu bringen sind, wenn die erforderliche Kenntnisgabe an die Behörde vor dem 1. Januar 2009 erfolgt ist. Auf sonstige nicht genehmigungsbedürftige, insbesondere genehmigungs-, anzeige- und verfahrensfreie Errichtungen von Gebäuden ist § 3 Abs. 1 nicht anzuwenden, wenn vor dem 1. Januar 2009 mit der Bauausführung begonnen worden ist.

§ 20 Inkrafttreten

Dieses Gesetz tritt am 1. Januar 2009 in Kraft.

Anforderungen an die Nutzung von Erneuerbaren Energien, Abwärme und Kraft-Wärme-Kopplung sowie an Energieeinsparmaßnahmen und Wärmenetze

I. Solare Strahlungsenergie

II. Biomasse

1. Gasförmige Biomasse
2. Flüssige Biomasse
3. Feste Biomasse

III. Geothermie und Umweltwärme

IV. Abwärme

V. Kraft - Wärme - Kopplung

VI. Maßnahmen zur Einsparung von Energie

VII. Wärmenetze

I. Solare Strahlungsenergie

1. Sofern solare Strahlungsenergie durch Solarkollektoren genutzt wird, gilt
   a. der Mindestanteil nach § 5 Abs. 1 als erfüllt, wenn
      aa) bei Wohngebäuden mit höchstens zwei Wohnungen Solarkollektoren mit einer Fläche von mindestens 0,04 Quadratmetern Aperturfläche je Quadratmeter Nutzfläche und
      bb) bei Wohngebäuden mit mehr als zwei Wohnungen Solarkollektoren mit einer Fläche von mindestens 0,03 Quadratmetern Aperturfläche je Quadratmeter Nutzfläche installiert werden; die Länder können insoweit höhere Mindestflächen festlegen,
   b. diese Nutzung nur dann als Erfüllung der Pflicht nach § 3 Abs. 1, wenn die Solarkollektoren nach dem Verfahren der DIN EN 12975-1 (2006-06), 12975-2 (2006-06), 12976-1 (2006-04) und 12976-2 (2006-04) mit dem europäischen Prüfzeichen „Solar Keymark“ zertifiziert sind.*)
2. Nachweis im Sinne des § 10 Abs. 3 ist für Nummer 1 Buchstabe b das Zertifikat „Solar Keymark“.

II. Biomasse

1. Gasförmige Biomasse
   a. Die Nutzung von gasförmiger Biomasse gilt nur dann als Erfüllung der Pflicht nach § 3 Abs. 1, wenn die Nutzung in einer KWK-Anlage erfolgt.
   b. Die Nutzung von gasförmiger Biomasse, die auf Erdgasqualität aufbereitet und eingespeist wird, gilt unbeschadet des Buchstaben a nur dann als Erfüllung der Pflicht nach § 3 Abs. 1, wenn aa) bei der Aufbereitung und Einspeisung des Gases – die Methanemissionen in die Atmosphäre und - der Stromverbrauch nach der jeweils besten verfügbaren Technik gesenkt werden und bb) die Prozesswärme, die zur Erzeugung und Aufbereitung der gasförmigen Biomasse erforderlich ist, aus Erneuerbaren Energien oder aus Abwärme gewonnen wird. Die Einhaltung der besten verfügbaren Technik wird bei Satz 1 Doppelbuchstabe aa erster Spiegelstrich vermutet, wenn die Qualitätsanforderungen für Biogas nach § 41f Abs. 1 der Gasnetzzugangsverordnung vom 25. Juli 2005 (BGBl. I S. 2210), die zuletzt durch Artikel 1 des Gesetzes vom 8. April 2008 (BGBl. I S. 693) geändert worden ist, in der jeweils geltenden Fassung eingehalten werden.
   c. Nachweis im Sinne des § 10 Abs. 3 ist für Buchstabe a die Bescheinigung eines Sachkundigen, des Anlagenherstellers oder des Fachbetriebs, der die Anlage eingebaut hat, und für Buchstabe b die Bescheinigung des Brennstofflieferanten.
2. Flüssige Biomasse
   a. Die Nutzung von flüssiger Biomasse gilt nur dann als Erfüllung der Pflicht nach § 3 Abs. 1, wenn die Nutzung in einem Heizkessel erfolgt, der der besten verfügbaren Technik entspricht.
   b. Nach Inkrafttreten der Verordnung, die die Bundesregierung auf Grund des § 37d Abs. 2 Nr. 3 und 4, Abs. 3 Nr. 2 des Bundes-Immissionsschutzgesetzes in der Fassung der Bekanntmachung vom 26. September 2002 (BGBl. I S. 3830), das zuletzt durch Artikel 1 des Gesetzes vom 23. Oktober 2007 (BGBl. I S. 2470) geändert worden ist, erlässt (Nachhaltigkeitsverordnung), gilt die Nutzung von flüssiger Biomasse nur dann als Erfüllung der Pflicht nach § 3 Abs. 1, wenn bei der Erzeugung dieser Biomasse nachweislich die Anforderungen erfüllt werden, die in der Nachhaltigkeitsverordnung gestellt werden. Vor Inkrafttreten der Nachhaltigkeitsverordnung gilt die Nutzung von Palmöl und Sojaöl, raffiniert und unraffiniert, nicht als Erfüllung der Pflicht nach § 3 Abs. 1.
   c. Nachweis im Sinne des § 10 Abs. 3 ist für Buchstabe a die Bescheinigung eines Sachkundigen, des Anlagenherstellers oder des Fachbetriebs, der die Anlage eingebaut hat, und für Buchstabe b der in der Nachhaltigkeitsverordnung vorgesehene Nachweis.
3. Feste Biomasse
   a. Die Nutzung von fester Biomasse beim Betrieb von Feuerungsanlagen im Sinne der Verordnung über kleine und mittlere Feuerungsanlagen in der Fassung der Bekanntmachung vom 14. März 1997 (BGBl. I S. 490),

zuletzt geändert durch Artikel 4 der Verordnung vom 14. August 2003 (BGBl. I S. 1614), in der jeweils geltenden Fassung gilt nur dann als Erfüllung der Pflicht nach § 3 Abs. 1, wenn aa) die Anforderungen der Verordnung über kleine und mittlere Feuerungsanlagen erfüllt werden, bb) ausschließlich Biomasse nach § 3 Abs. 1 Nr. 4, 5, 5a oder 8 der Verordnung über kleine und mittlere Feuerungsanlagen eingesetzt wird und cc) der entsprechend dem Verfahren der DIN EN 303-5 (1999-06) ermittelte Kesselwirkungsgrad für Biomassezentralheizungsanlagen – bis einschließlich einer Leistung von 50 Kilowatt 86 Prozent und – bei einer Leistung über 50 Kilowatt 88 Prozent nicht unterschreitet.

b. Nachweis im Sinne des § 10 Abs. 3 ist die Bescheinigung eines Sachkundigen, des Anlagenherstellers oder des Fachbetriebs, der die Anlage eingebaut hat.

III. Geothermie und Umweltwärme

1.

a) Sofern Geothermie und Umweltwärme durch elektrisch angetriebene Wärmepumpen genutzt werden, gilt diese Nutzung nur dann als Erfüllung der Pflicht nach § 3 Abs. 1, wenn

- die nutzbare Wärmemenge mindestens mit der Jahresarbeitszahl nach Buchstabe b bereitgestellt wird und
- die Wärmepumpe über die Zähler nach Buchstabe c verfügt.

b) Die Jahresarbeitszahl beträgt bei

- Luft/Wasser- und Luft/Luft-Wärmepumpen 3,5 und
- allen anderen Wärmepumpen 4,0.

Wenn die Warmwasserbereitung des Gebäudes durch die Wärmepumpe oder zu einem wesentlichen Anteil durch andere Erneuerbare Energien erfolgt, beträgt die Jahresarbeitszahl abweichend von Satz 1 bei

- Luft/Wasser- und Luft/Luft-Wärmepumpen 3,3 und
- allen anderen Wärmepumpen 3,8.

Die Jahresarbeitszahl wird nach den anerkannten Regeln der Technik berechnet. Die Berechnung ist mit der Leistungszahl der Wärmepumpe, mit dem Pumpstrombedarf für die Erschließung der Wärmequelle, mit der Auslegungs- Vorlauf- und bei Luft/Luft-Wärmepumpen mit der Auslegungs-Zulauftemperatur für die jeweilige Heizungsanlage, bei Sole/Wasser-Wärmepumpen mit der Soleeintritts-Temperatur, bei Wasser/Wasser-Wärmepumpen mit der primärseitigen Wassereintritts-Temperatur und bei Luft/Wasser- und Luft/Luft-Wärmepumpen zusätzlich unter Berücksichtigung der Klimaregion durchzuführen.

c) Die Wärmepumpen müssen über einen Wärmemengen- und Stromzähler verfügen, deren Messwerte die Berechnung der Jahresarbeitszahl der Wärmepumpen ermöglichen. Satz 1 gilt nicht bei Sole/Wasser- und Wasser/Wasser- Wärmepumpen, wenn die Vorlauftemperatur der Heizungsanlage nachweislich bis zu 35 Grad Celsius beträgt.

2. Sofern Geothermie und Umweltwärme durch mit fossilen Brennstoffen

angetriebene Wärmepumpen genutzt werden, gilt diese Nutzung nur dann als Erfüllung der Pflicht nach § 3 Abs. 1, wenn

- die nutzbare Wärmemenge mindestens mit der Jahresarbeitszahl von 1,2 bereitgestellt wird; Nummer 1 Buchstabe b Satz 3 und 4 gilt entsprechend, und
- die Wärmepumpe über einen Wärmemengen- und Brennstoffzähler verfügt, deren Messwerte die Berechnung der Jahresarbeitszahl der Wärmepumpe ermöglichen; Nummer 1 Buchstabe c Satz 2 gilt entsprechend.

3. Nachweis im Sinne des § 10 Abs. 3 ist die Bescheinigung eines Sachkundigen.

IV. Abwärme

1. Sofern Abwärme durch Wärmepumpen genutzt wird, gelten die Nummern III.1 und III.2 entsprechend.
2. Sofern Abwärme durch raumlufttechnische Anlagen mit Wärmerückgewinnung genutzt wird, gilt diese Nutzung nur dann als Ersatzmaßnahme nach § 7 Nr. 1 Buchstabe a, wenn
   a. der Wärmerückgewinnungsgrad der Anlage mindestens 70 Prozent und
   b. die Leistungszahl, die aus dem Verhältnis von der aus der Wärmerückgewinnung stammenden und genutzten Wärme zum Stromeinsatz für den Betrieb der raumlufttechnischen Anlage ermittelt wird, mindestens 10 betragen.
3. Sofern Abwärme durch andere Anlagen genutzt wird, gilt diese Nutzung nur dann als Ersatzmaßnahme nach § 7 Nr. 1 Buchstabe a, wenn sie nach dem Stand der Technik erfolgt.
4. Nachweis im Sinne des § 10 Abs. 3 ist die Bescheinigung eines Sachkundigen, bei Nummer 2 auch die Bescheinigung des Anlagenherstellers oder des Fachbetriebs, der die Anlage eingebaut hat.

V. Kraft - Wärme - Kopplung

1. Die Nutzung von Wärme aus KWK-Anlagen gilt nur dann als Erfüllung der Pflicht nach § 3 Abs. 1 und als Ersatzmaßnahme nach § 7 Nr. 1 Buchstabe b, wenn die KWK-Anlage hocheffizient im Sinne der Richtlinie 2004/8/EG des Europäischen Parlaments und des Rates vom 11. Februar 2004 über die Förderung einer am Nutzwärmebedarf orientierten Kraft-Wärme-Kopplung im Energiebinnenmarkt und zur Änderung der Richtlinie 92/94/EWG (ABl. EU Nr. L 52 S. 50) ist. KWK-Anlagen mit einer elektrischen Leistung unter einem Megawatt sind hocheffizient, wenn sie Primärenergieeinsparungen im Sinne von Anhang III der Richtlinie 2004/8/EG erbringen.
2. Nachweis im Sinne des § 10 Abs. 3 ist bei Nutzung von Wärme aus KWK-Anlagen,
   a. die der Verpflichtete selbst betreibt, die Bescheinigung eines Sachkundigen, des Anlagenherstellers oder des Fachbetriebs, der die

Anlage eingebaut hat,

b. die der Verpflichtete nicht selbst betreibt, die Bescheinigung des Anlagenbetreibers.

VI. Maßnahmen zur Einsparung von Energie

1. Maßnahmen zur Einsparung von Energie gelten nur dann als Ersatzmaßnahme nach § 7 Nr. 2, wenn damit bei der Errichtung von Gebäuden

   a) der jeweilige Höchstwert des Jahres-Primärenergiebedarfs und

   b) die jeweiligen für das konkrete Gebäude zu erfüllenden Anforderungen an die Wärmedämmung der Gebäudehülle

   nach der Energieeinsparverordnung in der jeweils geltenden Fassung um mindestens 15 Prozent unterschritten werden.

2. Soweit andere Rechtsvorschriften höhere Anforderungen an den baulichen Wärmeschutz als die Energieeinsparverordnung stellen, treten diese Anforderungen an die Stelle der Anforderungen nach der Energieeinsparverordnung in Nummer 1.

3. Nachweis im Sinne des § 10 Abs. 3 ist der Energieausweis nach § 18 der Energieeinsparverordnung.

VII. Wärmenetze

1. Die Nutzung von Wärme aus einem Netz der Nah- oder Fernwärmeversorgung gilt nur dann als Ersatzmaßnahme nach § 7 Nr. 3, wenn die Wärme

   a) zu einem wesentlichen Anteil aus Erneuerbaren Energien,

   b) zu mindestens 50 Prozent aus Anlagen zur Nutzung von Abwärme,

   c) zu mindestens 50 Prozent aus KWK-Anlagen oder

   d) zu mindestens 50 Prozent durch eine Kombination der in den Buchstaben a bis c genannten Maßnahmen stammt. Die Nummern I bis V gelten entsprechend.

2. Nachweis im Sinne des § 10 Abs. 3 ist die Bescheinigung des Wärmenetzbetreibers.

Verzeichnis der verwendeten Normen/Verordnungen und Kommentierungen zur EnEV

EnEV 2009	Verordnung über energiesparenden Wärmeschutz und energiesparende Anlagentechnik bei Gebäuden, Oktober 2009
DIN V 18599 Teil 1-10 (2007)	Energetische Bewertung von Gebäuden – Berechnung des Nutz-, End- und Primärenergiebedarfs für Heizung, Lüftung, Trinkwarmwasser und Beleuchtung
DIN EN ISO 10211 (2008)	Wärmebrücken im Hochbau Wärmeströme und Oberflächentemperaturen
DIN 4108-2 (2003)	Wärmeschutz und Energieeinsparung in Gebäuden Teil 2: Mindestanforderungen an den Wärmeschutz
DIN 4108, Beiblatt 2 (2006)	Wärmebrücken Planungs- und Ausführungsbeispiele
DIN EN ISO 10077-1 (2006)	Wärmetechnisches Verhalten von Fenstern, Türen und Abschlüssen Berechnung des Wärmedurchgangskoeffizienten Teil 1: Allgemeines
DIN EN ISO 10077-2 (2006)	Wärmetechnisches Verhalten von Fenstern, Türen und Abschlüssen Berechnung des Wärmedurchgangskoeffizienten Teil 2: Numerische Verfahren für Rahmen
DIN EN ISO 13370 (2008)	Wärmeübertragung über das Erdreich Berechnungsverfahren
DIN EN ISO 13789 (2008)	Spezifischer Transmissions- und Lüftungswärmeverlust Berechnungsverfahren
DIN EN ISO 6946 (2008)	Wärmedurchlasswiderstand und Wärmedurchgangskoeffizient Berechnungsverfahren
DIN EN ISO 7345 (1995)	Wärmeschutz Physikalische Größen und Definitionen
DIN V 4108-4 (2007)	Wärmeschutz und Energieeinsparung in Gebäuden Teil 4: Wärme- und feuchtetechnische Bemessungswerte

Literaturverzeichnis

[1] David, de Boer, Erhorn, Reiß, Rouval, Schiller,Weiß, Wenning (2006); Heizen, Kühlen, Belüften und Beleuchten, Bilanzierungsgrundlagen zur DIN V 18599, IRB Verlag, Stuttgart

[2] Schoch, T.(2008): Die Energieeinsparverordnung 2007, in Mauerwerksbau Aktuell 2008, Bauwerk Verlag, Berlin

[3] Schoch, T.(2008): Auswirkungen der EnEV 2009 auf dem Mauerwerksbau, in „Das Mauerwerk“ 3/2008, Verlag Ernst und Sohn

[4] Schoch, T., Heße, M.(2008): Energetisch optimiertes Bauen nach der EnEV in deutschen Erdbebengebieten, in Das Mauerwerk 1/2008, Verlag Ernst und Sohn

[5] Schoch, T.(2008): Wärmebrückenkatalog, 2. Auflage, Bauwerk Verlag, Berlin

[6] Bundesministerium für Verkehr, Bau und Stadtentwicklung (2008); Leitfaden für Energiebedarfsausweise im Nichtwohnungsbau

[7] Recknagel et al (2007); Taschenbuch für Heizung und Klimatechnik; Oldenbourg Industrieverlag, München

[8] Hegner, Hans- Dieter (2008); Energieausweis für die Praxis; IRB Verlag, Stuttgart

[9] Schoch, T.(2009): EnEV 2009 Nichtwohnbau, 2009, Bauwerk Verlag, Berlin

[10] Schoch, T.(2002): EnEV 2002; Wohnbau, 2002, Bauwerk Verlag, Berlin

[10] Schoch, T.(2002): EnEV 2002; Nichtwohnbau, 2002, Bauwerk Verlag, Berlin

[11] Schoch, T.(2004): EnEV Novelle 2004; Altbau, 2004, Bauwerk Verlag, Berlin

[12] Liersch, Langner(2009): EnEV Praxis 2009 Wohnbau, 2009, Bauwerk Verlag, Berlin

[13] Dirk, R.(2009): EnEV Schritt für Schritt, Werner Verlag, Köln

Stichwortverzeichnis

Abminderungsfaktor	30, 79, 124, 127, 141, 213
Abluft-Wasser-WP	236
Absorptionsgrad	68
Amplitude	162
Anlagenluftwechsel	22, 36, 206, 211, 234
Aufwandszahl	23, 26, 33, 41, 56, 92, 104, 148, 154, 188, 191
Ausnutzungsgrad	27, 32, 69, 72, 80, 165, 210
Beheiztes Luftvolumen	253
Beheizte Räume	238
Belastungsfaktor	41, 43
Belastungsgrad	42, 50, 56, 58, 64, 85, 87, 94, 184
Bereitschaftsverlust	41, 56, 88, 92, 103, 172, 232
Bereitschaftswärmeverlust	43, 56, 61, 88, 100, 102, 104, 151, 172, 187
Deckungsanteil	34, 40, 43, 55, 66, 134, 155
Detailliertes Verfahren	34, 37
Durchlauferhitzer	106
Energiebedarf	11, 26, 35, 50, 64, 72, 92, 108, 155, 189, 191, 200, 228, 246, 253
Energiedurchlassgrad	123, 127
Einstrahlwinkel	174
Fensterflächenanteil	122
Gebäudenutzfläche	17, 34, 44, 49, 65, 77, 144, 238, 247, 249, 251, 254, 261
Heizleistung	81, 87, 93, 151, 168, 186, 217, 220
Heizregister	209
Heiztage	53
Heizunterbrechung	68
Heizwärmebedarf	26, 34, 40, 43, 69, 72, 81, 109, 239, 252
Hilfsenergie	34, 40, 50, 64, 72, 94, 97, 104, 107, 180, 189, 194, 204, 219, 225
Interne Gewinne	148
Kesselwirkungsgrad	42, 89, 130, 188, 270
Kollektorfläche	132, 138, 151, 154, 174
Konversionsfaktor	151, 174
Längenspezifischer U-Wert	45, 59
Laufzeit	43, 45, 51, 56, 58, 64, 83, 86, 92, 104, 170, 185, 206, 224, 235
Leichte Gebäude	33
Leitungslängen	5, 59, 171, 180, 184,
Lüftungsanlage	43, 208, 212, 234, 236
Luftdichtheit	19, 30, 76, 159, 208, 239
Luftvolumenstrom	24
Maximale Heizleistung	81, 87, 93, 168, 191
Mittlere Temperatur	38, 45, 49, 58, 83, 98, 160, 170, 177, 214, 216
Monatsbilanzverfahren	26, 28, 36, 109, 145, 252
Monatliche Wärmeverluste	27, 186

Nachtabschaltung 27, 86, 193
Nachweisverfahren 5, 78, 191
Nennwärmeleistung 44, 50, 57, 64, 107, 168, 177, 179, 189

Oberer Grenzwert 140

Phasenverschiebung 163
Pumpen 40, 51, 64, 170, 227
Primärenergie 33, 71, 148

Rohdichte 126, 165

Schwere Gebäude 33
Solaranlage 20, 128, 131, 151, 155, 172, 195, 203
Solare Gewinne 147
Solarspeicher 20, 138, 151, 172
Sole-Wasser-WP 226
Sonneneintragskennwert 18, 122, 124, 127, 255
Sonnenschutz 80, 127, 141, 214
Speicherverluste 61, 63, 173, 232
Spezifischer Wärmeverlust 27, 113
Spezifischer Wärmebrückenzuschlag 21, 73, 109, 113, 119, 137
Spezifische Wärmekapazität 30, 74, 105
Steigleitungen 46, 60, 170, 183

Tabellenverfahren 33, 36, 44, 145, 156
Teilbeheizungsfaktor 38
Temperaturabsenkung 82
Trinkwasser Wärmebedarf 36, 66

unbeheizte Räume 112, 137, 157, 166, 257
Unterer Grenzwert 140

Ventilatoren 52, 205, 211
Vereinfachtes Verfahren 126
Verschattung 30, 79, 141, 213

Wärmebereitstellungsgrad 209
Wärmeverlustfaktor 38, 42, 45, 49, 59
Wintergarten 212
Wirkungsgrad 23, 41, 56, 90, 101, 151, 177, 188, 227, 232, 242

Zeitkonstante 33, 80, 165,
Zirkulation 20, 46, 59, 98, 103, 177, 181